ISBN 978-0-243-91974-1
PIBN 10735533

1 MONTH OF
FREE
READING

at
www.ForgottenBooks.com

By purchasing this book you are eligible for one month membership to ForgottenBooks.com, giving you unlimited access to our entire collection of over 1,000,000 titles via our web site and mobile apps.

To claim your free month visit:
www.forgottenbooks.com/free735533

TRATTATO
DELLA
AGRICOLTURA
DI
.PIERO DE' CRESCENZI
Traslatato nella favella Fiorentina
RIVISTO
DALLO 'NFERIGNO
ACCADEMICO DELLA CRUSCA.
VOLUME II.

IN BOLOGNA

NELL' INSTITUTO DELLE SCIENZE. MDCCLXXXIV.
CON APPROVAZIONE.

INCOMINCIA
IL
LIBRO SESTO

*Degli Orti, e della natura, e utilità, così dell'
erbe, che si seminano in quelli, come dell'
altre, che in altri luoghi, sanza industria, naturalmente nascono.*

A Dover trattar degli Orti, e della industria del
loro cultivamento, e di tutte l'erbe, che per
alimento dell'uman corpo si seminano in quelli, dirò mischiatamente, secondo l'ordine dell'a, b,
c, di quelle, che sanza operazion d'huomo, per
commistione degli alimenti, in altri luoghi nascono: le
quali spesse volte usiamo, acciocchè per la lor virtù,
i corpi, in alcuna infermità caduti, alla prima sanità si riducano, o vero, che innanzi al cadimento sani si servino: imperocchè il conoscimento di queste
cose molto utile farà a tutti, e massimamente agli a-
bitanti nelle ville, dove la copia delle medicine
non s'ha.

Della virtù dell'Erbe in comune.

CAP. I.

D Iciamo adunque, che l'arbore solo ha perfetta
natura di pianta, e in quella le qualitadi elementali maggiormente si partono dall'eccellenze, le
quali hanno in quelli semplici elementi. Ma l'erbe,
e i camangiari, secondo assai minor cagione, prendo-

no la ragione, e 'l nome di pianta, e le qualitadi elementali, in quelle maggiormente fono acute, e meno dall' eccellenze de' femplici elementi partentifi. Perlaqualcofa ancora fono migliori, e perchè dal primo umore, ingraffante in terra, meno fi partono, e non fi levano alte, per la debol virtù dell' anime vegetabili in quelle, e in quanto fono più proffimane agli elementi, tanto fono più preffo alla materia : e quella forma, ch' è di vegetevole anima, meno vince in quelle, e però fon più efficaci a trafmutare i corpi : e imperò maggiormente date fono alle medicine, che altra cofa. Dico adunque, sì come dice Alberto Filofofo nobile, che alcune qualità hanno da' componenti, alcune dalla compofizione, e alcune dalle fpezie, fecondo le Stelle. Ma da' componenti hanno lo fcaldare, lo raffreddare, inumidire, e feccare. Ma dalla compofizione hanno quefte qualitadi rotte, e alcuna volta inerenti, e alcuna volta fottili, e paffanti. Imperocchè molte di quelle, fe non hanno calori rotti in umido, maffimamente freddo, fenza dubbio, quelle cofe, che s' accoftano, arderebbono, e incenderebbono. Quel medefimo è della frigidità, che, fe rotta non foffe, mortificherebbe. Similmente è dell' umido, e del fecco : ed anche il caldo, il quale s' aggiugne a' fiori, non iftarebbe, fe non foffe rattenuto dall' umido, e dal fecco, alquanto paffo : nè il fecco pafferebbe, fe non riceveffe fottilità dall' umido, e aguzzamento dal caldo, e la retinenza dal freddo. Dalla fpecie hanno qualità, e operazioni molte, e mirabili, sì come quello, che con alcuna virtù, purga la collera, sì come la fcamonea, e che, per alcuna virtù, purga la flemma, sì come l' ebbio, e altra la malinconia, sì come la fena, e così dell' altre. Ma quefte virtù non hanno da' primi componenti elementi, nè dalla compofizione: imperocchè la compo-

fizio-

fizione non dà virtù, ma alla virtù del componente
ella dà modo da operare, o vero di patire : ma fon
quefte qualitadi, e operazioni, cagionate dalla 'ntera
fuftanzia, dalle virtù celeftiali, e dalla virtù dell' a-
nima : imperocchè mai il caldo non purgherebbe, ma
più tofto confumerebbe, fe dalla virtù celeftiale non
fi criaffe quefta operazione. Imperocchè, sì come nello 'ntelletto pratico fono forme, le quali muovono
per fe il corpo di colui, nel cui intelletto fono, e
nell' eftimazione degli animali fon forme, che muovono gli animali, così fono forme da' motori de' Cieli,
nelle cofe generate, influffe per figure di Stelle, che
fono forme moventi, ancora per fe medefime, ad alcune cofe, alle quali le qualità elementali, per quel
modo, in niuno modo muovono. Per efperimento fap-
piamo la forma della femmina per lo 'ntelletto ftante,
muovere a luffuria, per fe medefima : e quella a fe
muove gli inftrumenti, e i membri, per li quali s'a-
dopera la luffuria. E fimilmente la forma dell' arte,
per fe medefima, muove, e addomanda gli ftrumenti
al fuo fine convenienti. E fecondo quefto modo più
efficaci fono i movitori de' Cieli, moventi le forme,
a muovere, o vero difcorrere alle fue materie, le quali muovono per movimento di Stelle, e del Cielo,
che fia l' anima ad influere cotali forme al corpo a fe
congiunto. Quefte forme continenti le materie delle
cofe da generare, e da corrompere, con molti effetti
fi pruovano delle pietre, e delle piante. Imperocchè
molti effetti fono di pietre, e di piante, i quali per
efperimento s'imprendono in quelle cofe, nelle quali
ftudiano i magici, e per quelli maravigliofe cofe adoperano : e quefte operazioni fon quelle, le quali, nè
di compofti elementi fono, nè di fua compofizione,
fecondo fe : ma fono delle forme, fecondo che influffe fono, cioè difcorfe dalle intellettuali, e feparate fu-

ftan-

ſtanzie . Ancora è da ſapere , che la materia niente a-
dopera per ſe , ma in ogni coſa patiſce , e non ſon
ſe non tre coſe formalmente nelle piante . Le forme,
che ſono in loro , o elle ſono compleſſionali , o elle
ſon celeſtiali , o animali d' anima vegetabile , la quale
è in loro . E la forma della compleſſione è in loro
aſſoluta , o compoſta . Aſſoluta è sì come il caldo , ed
il freddo , l' umidità , e ſecchezza : e queſte aſſolute
forme ſi variano , maſſimamente , ſecondo due coſe ,
che ſono nelle piante , delle quali l' una è la quantità
degli elementi componenti , ſecondo la virtù : imperocchè nell' una è più di calore , nell' altra più di
freddezza . Ma l' altra coſa , perchè ſi varia queſta
forma , in adoperare , è la natura del luogo , nel quale creſce . Le piante hanno le qualità de' luoghi , ne'
quali creſcono , e ſecondo le diverſità delle regioni ,
ſi varia l' operazion delle qualità delle piante . Le
piante radicalmente alla terra s' accoſtano , e hanno
più della qualità del luogo , che tutte l' altre coſe , le
quali ſi muovon da luogo a luogo , avvegnachè ſieno , ſecondo 'l luogo , immobili : ma perchè ſon dure , non ſuccianti gli umor de' luoghi , imperò non
tanto , quanto le piante acquiſtano proprietà de' luoghi : e quelle ancora , che morbide ſono primamen-
te , e maſſimamente l' erbe , e ſucciano il nutrimento
ſuo da' luoghi , sì come da alcun ventre : e queſte medeſime qualità compoſte , diventano acute , e deboli .
Il calore ſi ſottiglia per ſignoreggiamento del ſecco ,
debilitaſi , e impigriſce dall' umidità dell' acqua , e
quindi ſi fa , che alcuna volta due piante hanno due
qualità eguali , ſecondo l' eſſenzia , e nientedimeno di-
faggualiatamente aoperano , ſecondo quella , imperocchè la caldezza dell' una è aguta , e dell' altra è debole . E ancora ſi fa , che l' una più fortemente aopera
in profondo , e l' altra più forte nella ſuperficie . Quella

la in verità, che è in fottile umido, più forte paffa
nel profondo, e a quello s'accofta, e in quello fi ra-
guna la fua virtù, e quella, che s'accofta al groffo
del fecco, fors'è maggiore, e nientedimeno non aggiugne, fe non alla fuperficie, imperocchè paffar non
può la groffa fecchezza fua: e in quefto modo ancora, il freddo è agguagliato al fecco, e all'umido.
Imperocchè, avvegnachè ogni qualità operativa fi fortifichi in groffa fuftanzia, poichè l'avrà ricevuta, non
per tanto la groffezza fua impedimentifce il paffare,
ed imperò meno aopera nell'altra, che la minore, o
vero l'eguale, la quale è in fuftanzia fottile: e anche
quella qualità attiva, la quale è in fuftanzia fottile,
avvegnachè per la ventura maggior fia, che l'altra, che
è in fuftanzia groffa: impertanto non compierà l'operazion fua, imperocchè evaporrà col fottile umido,
nel quale è, innanzi cne compia l'operazion fua. Ma
la fecca, per più tempo adopera, imperocchè quella
qualità attiva è rattenuta in fuftanzia groffa.

Degli Orti, e della loro cultivazione.

CAP. II.

PArlando generalmente degli Orti, dico prima, che
l'aere defideran libero, e temperato, o al temperato proffimano, e ciò è manifefto: imperocchè i
tempi, e i luoghi di troppa caldezza, o vero di
freddezza, temono. E in quegli l'erbe, quafi
all'ultima aridità pervengono, fe allora da molte piove, o vero da bagnamento, non s'ajutino. E fimilmente veggiamo, che i luoghi, e i tempi non poffono foftenere della mortificante frigidità. Ancora veggiamo, che ne'luoghi ombrofi di niuna, o vero poca
utilita fono. E la terra defiderano mezza afciutta, e
umi-

umida più toſto, che ſecca : imperocchè la terra creta, e l' argilla ſono agli orti, e a' loro cultivatori, molto nimiche. E l' erbe, nella troppo ſoluta terra, poſte nel principio di Primavera, ottimamente ſi producono, ma nella State ſi ſeccano. Ancora l' orto deſidera d' eſſere innaffiato, e che ſopra ſe rivo abbia,
per lo quale ſi poſſa, per convenienti ſolchi, quando
biſogno ſarà, innaffiare. E ſe queſto non puote avere, abbia in ſe una piſcina, o vero fonte, o pozza,
che in luogo di rivo ſucceda. E ſe niuno di queſti puote avere, faccianſi molte foſſe piccole per l' orto, nelle quali l' umor delle piove, per alcun lungo tempo
ſi ritenga. Onde Palladio nobilmente diſſe, che l' orto che, al Cielo temperaro ſoggiace, e di fontane, o
umore innaffiato, è quaſi libero, e non abbiſogna
d' alcuna ſcienzia di ſeminare. Anche richiede la terra graſſiſſima, e imperò nella più alta parte ſua, letame ſempre abbia, il cui ſugo quello da ſe feconda.
E di quello una volta ogni anno, ſed e' ſen' ha abbondanza, catuno ſpazio degli orti s' ingraſſi, in quel
tempo, che ſeminare, o vero piantar ſi dovranno.
Sia ancora l' orto alla caſa proſſimano, ma il ſito ſia
di lungi dall' aja, imperocchè la polvere della paglia
ha per nimica, perchè fora, e ſecca l' erbe, La ven-
turoſa poſtura dell' orto è quella, alla qual lievemente il piano inchinato, il corſo dell' acqua diſcorren-
te per li ſpazii ſpartiti, fa diſcorrere. Sed egli s' ha
copia della terra agli orti diſpoſta, le parti ſue così
ſono da dividere, acciocchè quelle, nelle quali l' Autunno ſi ſemina, nel tempo del Verno ſi vanghino : e
quelle, che nella Primavera ſemineremo, nel tempo
d' Autunno dobbiam cavare, acciocchè l' una, e l' altra
vangata ſi ricuoca, per beneficio del caldo, e del
freddo. Ma ne' luoghi umidi da ſeminare, nella Primavera, utile ſarà, e appreſſo alla fine di Novembre,

far

far molti folchi concavi, a' quali difcorra il foperchio
umore dell' aje, nel tempo della fementa, acciocchè
più maturamente cotal luogo, quando i folchi faranno
ripieni, fi riempian di femi. Ma fe mancanza di terra s' abbia, in qualunque tempo dell' anno la terra intra umidità, e ficcità fi truova iguale, fi può lavorare; e incontanente feminare. Ma fe ottimamente farà
ingraffata, quelle cofe, che feminate faranno, maggior
riceveranno l' accrefcimento: ma il paftino fi faccia
profondo. La prima volta groffo con vanga, e fi fpanda letame fopra la terra, e poi, co' marroni ancora
minutamente fi paftini, e quanto far fi può, il letame, e la terra fi mifchino, e in polvere fi riducano.
Ma quando farà da feminare, con una fune fi facciano ajuole, quafi due, o tre piedi ampie, e lunghe
quanto vorrai, fopra le quali fi gitterà il feme, e col
raftrello fi copirrà. E s' alcuna cofa di terra dura nella fuperficie farà rimafa, fi triti, e di nuovo l' ajuole,
cioè le porche, fi cuoprano di letame, e maffimamente, quando fi fa fementa vernale, imperocchè ingraffa
la terra, e 'l feme dal freddo difende. All' erbe, cioè
lattughe, bietole, borrana, cavolr, e tutte l' altre,
che nel luogo, dove fi fa il femenzajo predetto, erano
divelte, quando fi fa il pofticcio, utilmente fi piantano attorno alle porche, acciocchè fen' abbia la Quarefima feguente, e non faranno nocimento al femenzajo: e di quelle potrai, quante vorrai, ferbar per
feme. Puoffi ancora negli orti far fementa di più erbe
tutto 'l tempo dell' anno, nel quale l' aria, e la terra
naturalmente, o per induftria d' huomo fi truovano i-
guali, intra umidità, e ficcità, o che non partano
troppo dall' egualità. Ma la principale e miglior fementa è in due modi. L' una è di Primavera, che fi
fa nel mefe di Febbrajo, o vero di Marzo: l' altra
Autunnale, che fi fa del mefe di Settembre, o vero
d' Ot-

d' Ottobre, in tal modo, che ne' luoghi freddi l' Autunnale fementa più avaccio, e quella della Primavera più tardi fi faccia. Ma nelle calde regioni l' Autunnale più tardi far fi puote, e quella della Primavera più avaccio. Ma quefto impertanto fappi, che, ne' temperati luoghi, e ne' caldi, la fementa miglior fi truova, fe fatta farà in fine di Novembre, o vero nel principio di Dicembre, che fe del mefe di Marzo, o di Febbrajo fi faccia (avvegnachè innanzi all' avvenimento di Febbrajo i femi non nafcano) che molto più maturamente l' erbe per la Quarefima s' avranno, e i porri, e le cipolle più tofto fi potranno trafporre. E poffonfi accomodevolmente feminar l' erbe feparatamente, e mefcolatamente, imperocchè fe mifchiatamente fi feminino, quando faranno crefciute, fi divelgano quelle, che faranno da trafporre, sì come cavoli, porri, e cipolle. E di quefte, quelle, che trafpor non fi debbon prima, fi divelgano, come gli atrebici, e gli fpinaci, che non durano negli orti: rimangano la bietola, e 'l pretofemolo, e fantoreggia, e alcuni cavoli, ed alcune delle lattughe, e de' finocchi, e altre, le quali catuna, a convenevole radezza ridotte, fi farchieranno, acciocchè a dovuto compimento vengano. E l' erbe fi debbono feminar più rade, che trafpiantar non fi dovranno: ma quelle, che fi trafpongon, più fitte fono da feminare. Ed è da notare, che colà, dove piantar fi debbono i porri, cipolle, e cavoli, fagiuoli, miglio, panìco, zucche, melloni, cocomeri, cedriuoli, e poponi, fi poffono del mefe di Dicembre Gennajo, e Febbrajo feminare tutte l' erbe, che fi confumano, o vero fi trafpiantano, innanzi alla piantagione delle predette cofe, sì come fono fpinaci, atrebici, lattughe, cavoli, porrìne, cipolline, e tutte altre fimili: è da guardare, che i femi, che fi fpargono, non fien corrotti:

ti: Ed imperò da elegger fono quelli, che hanno dentro
farina bianca, e che maggiormente faranno pefanti, e
graffi, e groffi, e ne' più di quegli fieno tali, che non
avanzin l'età d'un'anno. Impertanto fpeffe volte adiviene, che i femi, quantunque buoni fieno, fe feminati faranno, non nafcano, per alcuna malizia de' corpi celefti, impediti. Ed imperò utile fpeffe volte fi
truova, feminarfi infieme diverfi femi, acciocchè 'l
tempo, ad alcuno de' femi contrario, al tutto non ignu-
di la terra, avvegnachè le piante intra loro s'impedifcano alcuna volta, sì come di fopra provato è nel libro fecondo. Ma l'erbe, il più delle volte, veggiamo
commodevolmente infieme nafcere, e vivere, sì come
apertamente fi manifefta ne' prati, ed in altri luoghi,
ne' quali diverfe erbe infieme, e rade volte folamente
d'una generazione, la natura, per fuo natural movimento, produce, la quale feguitar dobbiamo in tutte
le cofe, sì come guida. Ma fappi, che di tutte l'erbe
ottima fementa è, quando la Luna farà in crefcimento, per la ragion, che di fopra diffi, nel libro fecondo. E fpeffevolte adiviene, che non fia utile fementa, che fi fa, quando avrà proceduto troppo oltre,
con lo fcemare. L'erbe fi trafpongono in terra ben
lavorata, fatto il foro col palo, o nelle porche, o
dattorno a molte porche, le quali fieno nuovamente
feminate. Il trafpiantamento fi fa quafi di tutte erbe,
trattone fpinaci, e atrebici, e anèti, in ogni tempo,
nel quale le piante alquanto faranno crefciute, e la
terra non farà troppo fecca, avvegna non fia molle,
sì come molte richieggono. Faffi il trapiantare, acciòc-
chè 'l fapor dell'erbe in meglio fi muti, e dimeftichi-
fi. E quelle, che troppo fpeffe nate faranno, così
rade fi pongano, che farchiar fi poffano, e pervenire
al dovuto accrefcimento. E non è neceffario, nel
trafporre, fermar le radici: ma in alcune utile è ta-

gliar la fommità delle radici, sì come nel trattato di.
catuna fi manifefterà. apertamente. Sarchianfi quante
volte l'erbe nocive nafcon tra loro, che così col far-
chio, come con mano, ottimamente fi tolgono, acciocchè alle migliori erbe non rubino il nutrimento.
Faffi ancora farchiamento, quando per lo pefo della
terra, e per l'operazioni de'ventipiovoli, e calcamen-
to degli andanti, la terra farà troppo affodata: ma
quefto fappi, che quando la terra è troppo molle,
non fi tocchi: ma fe farà troppo fecca, avvegnachè
la terra muover non fi poffa, l'erbe nientedimeno
col farchietto fi ricidano, la qual cofa molto farà prò
agli orti. Avvengono agli orti molti nocumenti,
imperocchè alcuna volta la neceffità ci coftrigne fare
orto in terra troppo foda, e cretofa, alla quale molto
fa prode, fe fabbione vi fi mifchi, o vero moltitudine di letame, e la terra fpeffamente fi muova. E alcuna volta è sì rara, cioè afciutta, che l'umor ricevuto agevolmente fi rifolve, e l'orto nel tempo della State troppo fi fecca: al quale fa prode fe vi fi
mefcola letame, e creta, fe non può agevolmente in-
naffiarfi, o non piova per lungo tempo. Ma fe l'orto è al poftutto troppo acquofo, fia attorniato di grandi foffi, e per l'orto fi facciano anche tali, che l'u-
more acquofo fuperchievole, difcorra alle parti eftreme. Ma fe farà troppo fecco, e arido, non fia intorno affoffato, imperocchè traggono l'umor dell'orto: e fi lavori alto due piedi, imperocchè così coltivato abbandona la fecchità. E nel tempo del gran
caldo s'innaffi, e le piante piccole s'adombrino: e
nel Verno freddo fi cuoprano le nuove femente, acciocchè dal foverchio freddo, quelle, che lavorate faranno, non fi corrompano. Contra le nebbie, e ru-
bigine, come dice Palladio, dei ardere paglie, e i
purgamenti in più luoghi, per l'orto difpofti infieme
tut-

tutti, quando vedrai fopraftar la nebbia. Contro alle lumache fieno raccoglitori, che quelle dell'orto rimuovano. Contro alle formiche, fe hanno nell'orto foro, il cuor della coccoveggia al foro fi ponga, sì come Palladio dice, o vero, con origano, e zolfo trito, fpargi il forame. Se di fuori vengono, tutto lo fpazio dell'orto con cenere, o vero di creta cigniamo: e fe farai una linea d'olio, non ardiranno d'entrare, infinattanto, che fia fecco. Ma quefto è malagevole: ma farà utile quefto fare intorno all' arbore, ch'ha le formiche. Contr'all'eruche, i femi, che da feminar fono, di fugo di fopravvivolo fempre s'imbagnino, o vero del fangue dell'eruche, o vero per mano de'fanciulli fi colgano, e uccidanfi, quando l'orto moleftano. Il cece è da feminare intra i camangiari, come dice Palladio, per molte maraviglie, acciocchè i camangiari, infettevoli animali non generino. In cuojo di teftuggine tutti i femi, che fparger dei, fecca, o vero metti in più luoghi, o la menta femina tra 'l camangiare, in molti luoghi, e maffimamente intra i cavoli. Contro a'topi, e talpe fa prò negli orti gatte, o manfuete, e dimeftiche donnole. Alcuni i forami loro con creta, e con fugo di cocomeri falvatichi empiono, e alcuni il foro con lavorìo, infino alla terra foda, cavano, e poi pongono acqua nel forame, il quale è in terra foda, e uccidono l'animale, il quale efce quindi. E ancora ogni feme degli orti, o vero de'campi, fi potranno falvare da ogni male, e nocevoli animali, o vero cofe contraffatte, fe nel fugo delle radici de'cocomeri falvatichi, e dell'eruche, mefcolate infieme, fi macerino. L'erbe, che fi colgono per lo cibo, alcune fi ricidono col coltello, rafente terra, e di molte folo le foglie fi colgono, le quali a dovuto crefcimento fien pervenute, sì come s'offer-

va

va nella bietola, fchiarèa, borrana, prezzemolo, e cavoli: ma nel Verno i cavoli al tutto fi ricidano. Ancora in tutte quefte cofe, fuori che nel prezzemolo, e finocchio, e falvia, e alcun'altre, fe fpeffe volte lo ftipite, quando nato farà, e crefciuto, fi tolga via; più lungo tempo verde, e fanza feme s'avrà. Ma per medicine fi convien cogliere, poichè cominciano avere intera quantità, la quale è innanzi, che de' fiori fi varj il colore, e caggiano. Ma i femi fi colgono, poichè 'l loro termine è compiuto, e feccanfi da loro la crudezza, e l'acquofitade. E le radici fono da corre, quando le foglie caggiono. I fiori coglier fi vogliono, poichè interamente fono aperti, innanzi che fi disfacciano, e caggiano. Ma tutta l'erba coglier fi dee, quando alla fua integrità farà pervenuta: e i frutti fono da cogliere, poichè finifce il compimento loro, e innanzi, che fieno a cadere apparecchiati. E tutte cofe, che fi colgono, al difcrefcere della Luna, migliori fono, e più confervevoli, che quelle, che fi colgon nel crefcimento. E fimigliantemente tutte cofe, che fi colgon nel tempo chiaro, fon migliori, che quelle, che fi colgono in difpofizione d'umidità d'aria, o proffimano a piova. E le falvatiche in veritade fono più forti, che le dimeftiche, e di minor grandezza, fecondo Plinio: e delle falvatiche quelle de' monti, e quelle, i cui luoghi fon ventofi: e i più alti fon più forti. E quelle il cui colore farà più tinto, e il fapore più apparente, e l'odor più forte, faranno, in fua generazion, più potenti. Ancora fappi, che la virtù dell'erbe s'addebolifce in due, o in tre anni al più. L'erbe, e i fiori, e i femi da fervar fono in luoghi fecchi, e ofcuri, ed in facchi: od in vafi ben turati meglio fi fervano, acciocchè l'odore, e la virtù non fi parta, e fpezialmente i fiori. Ma le radici meglio in fottile rena fi

fervano, fe elle non fon radici, che feccate fi fervi-
no, le quali fimilmente in luogo fecco, e fcuro meglio fi ferveranno. Ma i femi de'porri, e delle cipolle, meglio che altrimenti, ne'fuoi gufci fi ferveranno.

Dell' Aglio.

C A P. I I I.

L'Aglio del mefe di Novembre ottimamente fi pianta, in terra, maffimamente bianca, cavata, e lavorata, fanza letame, avvegnachè in altra terra letaminata provenga: ma feminar fi può del mefe di Settembre, e d'Ottobre, e ottimamente di Febbrajo, e
di Marzo: e in luoghi caldi, del mefe di Dicembre:
e fe fi lafcino nella terra, quando maturi fono, rinnuovanfi le lor radici, e foglie, e fanno feme nel feguente anno, che feminar fi può, e agli produce.
Piantanfi nelle lor porche, per diftanzia d'un palmo,
o di quello andare. Anche fi poffon piantar nelle porche, due, o tre ordini d'erbe in catuna. Da farchiar
fono fpeffo, acciocchè meglio i lor capi crefcano. Se
lo vorrai far ben capitato, quando comincerà a nafcere, il fuo ftipite dalla lungi calca, e così il fugo
tornerà a lui. Colgonfi quando i loro ftipiti più foftener non fi poffono, nel mancar della Luna, e nel
chiaro aere. Si dice, che fe fi feminano, quando la
Luna è fotterra, e fotterra la Luna ftante, fi divelgano, faranno fenza mal'odore. Ancora nella paglia
pofti, o vero al fummo appiccati, dureranno. L'aglio
è caldo, e fecco nel mezzo del quarto grado. Virtù
ha di confumare, e diffolvere, e di fcacciare il veleno. Contr'al morfo de'velenofi animali togli gli a-
gli, e peftagli, e impiaftragli. Il fugo ancora dentro
ricevuto difcaccia il veleno, onde è detto utriaca de'
vil-

villani. Contra i vermini prendi aglio, e un poco di pepe, fugo di pretofemolo, e di menta, e aceto, e fanne falfa, e intignivi dentro il pane, o la carne. Ad aprir le vie del fegato, e gli andamenti dell'orinare, facciafi falfamento con vino, e con fugo d'erbe diuretiche, e diefi al paziente. Contr'alla flranguria, diffenteria, e dolor di fianco, togli agli, e cuocigli in vino, e olio, e fanne impiaftro, e imponi al pettignone, e intorno alla verga, e a'luoghi, che hanno la doglia. L'aglio alla vifta nuoce, imperocchè difecca, e a tutto il corpo nuoce, fe oltre modo fi prenda, imperocchè genera lebbra, e apopleffia, fmania, e molte altre cofe. Avicenna ancora dice, che l'aglio cotto chiarifica la voce, e 'l gorgozzule; ed è utile alla toffa antica, e a' dolori del petto, per freddo. Ifac dice, ch'e' danno poco nutrimento, e fon nocivi a' collerici, e a coloro, ch'hanno calor naturale forte: a' freddi, e umidi naturalmente l'orina provocano, e 'l ventre inumidifcono: e a' fecchi, di natura, fanno il contrario. Ma vogliendo del calor loro il nocimento fchifare, quegli bisleffino, e poi condifcano con aceto.

Dell' Atrebice.

C A P. I V.

L'Atrebice fi femina del mefe di Febbrajo, e di Marzo, e d'Aprile, e tutti altri mefi, infino all' Autunno, fe fi può innaffiare, e non defidera effer trafpiantata: e da alcuni fi femina del mefe di Dicembre, in terra ben cultivata, e letaminata, e meglio fi proviene fe farà feminata rada. Puoffi feminare da fe in fue porche, ed infieme con altre erbe, e fempre è da tagliare con ferro, imperocchè pullular non ceffa.

fà. Spesse volte anche innaffiarsi desidera, se farà tempo di gran secchezza. I semi suoi, per quattr'anni, serbar si possono. L'atrebice è fredda in primo grado, e umida in secondo: poco nutrica, e 'l suo liquore è acquoso, e tosto si gitta, ed imperò è del ventre solutiva. Impiastrata sopra caldo apostema, incontanente raffredda, e sana. Il seme suo mondificativo, e colativo è utile agl'itterici, i quali hanno itterizia, la qual nasce da oppilazion del fegato. Se di quello due dramme con mele, e acqua calda, in beveraggio fia dato, provoca il vomito grandemente a' collerici.

Dell'Anice.

C. A. P. V.

L'Anice desidera la terra ben lavorata, e grassa: e ottimamente proviene, se, con bagnare, s'ajuti, e con letame. Seminasi del mese di Febbrajo, e di Marzo, di per se, e con altre erbe, e 'l seme suo appiccato, per tre anni dura. L'anice è caldo, e secco in secondo grado: per altro nome è detto comino, o vero finocchio Romano, ed è seme d'un'erba, che per simile nome è chiamata. Virtù ha di dissolvere, e di consumare. Puossi serbar per quattr'anni con molta efficacia. Quando si lava la faccia dell'acqua sua, la chiarifica: e similmente il prender di quella, e usarla con misura: ma il troppo uso suo fa la faccia gialla. Contr'alla ventusità, e indigestione, e acetosa eruttazione, deasi. Il vino della decozion dell'anice, e del finocchio, e della mastice, o la polvere di questi, in cibo, aggiunto polvere di cinnamomo, il dolor degl'intestini, fatto per freddezza, mitiga. Contra 'l vizio della matrice per freddezza, vale la

la decozion sua, con triferamagna. Contr' all'oppilazion del fegato diesi la decozion sua con altre erbe
diuretiche. Contra 'l lividore di percossa, e massimamente della faccia, intorno agli occhi, cuocasi con
comìno, e mischisi con cera calda, e pongavisi. Ad
accrescimento del latte: e di sperma, vale la polvere
sua, presa in cibo, e in beveraggio, e quella aopera, aprendo le vie del latte, e dello sperma, per suo
calore.

Dell' Anèto.

C A P. V I.

L'Anèto desidera comune terra degli orti, e seminasi del mese di Febbrajo, e di Marzo, e di
Settembre, e d'Ottobre, ed in luoghi temperati, ed
ancora nel mese di Dicembre, per se, e con altre
erbe. Ogni stato del Ciel sostiene, ma più del tiepido
si rallegra. Rado si semini, e innaffisi, s' e' non piove. Alcuni i semi suoi non ricuoprono, pensando, che
da niuno uccello sia tocco. L'anèto è caldo, e secco in secondo grado, e 'l suo seme principalmente si
conviene a medicina. Secondamente la radice verde
ha virtù diuretica, di romper la pietra, e d'aprir le
vie all'orina, ma la secca non è da nulla, e poscia
l'erba. Il seme per tre anni si può serbare: meglio è
se catuno anno si rinnuova. La decozion dell'erba,
del seme, vale alla stranguria, e alla dissenteria, e il
latte accresce. Contra 'l dolor della matrice, un fa-
scetto d'anèto bollano in vino, e faccianne impiastro.
Il seme suo, la ventusità, le 'nfiature, e ogni tumor
dissolve: e similmente i rami suoi. F il seme, il ventre dalla putredine degli umori mondifica. Hae ancora
proprietà di spegnere il singhiozzo, fatto per ripieno.

Ma,

Ma, fe fia arfo, è caldo, e fecco in terzo grado, e
vale contro alle fedite impuzzolite, e di lunghi tempi nel ventre nate. Avicenna dice, che la continuan-
za del mangiar l'anèto addebolifce la vifta.

Dell' Appio.

C A P.   V I I.

L'Appio del mefe di Febbrajo, o di Marzo, d'A-
prile, e di Maggio, fi può feminare, e dove fi femina molto multiplica intorno: ma j fuo' più vecchi femi, più tofto nafcono, e i novelli più tardi. Dell' appio
altro è dimeftico, e altro è falvatico. Il dimettico,
altro è d'orto, e altro d'acqua. Quello, che negli
orti nafce, è caldo nel principio del terzo grado, e
fecco nel mezzo: e imperò dato cotto, o crudo a
mangiare, l'oppilazione apre, l'orina provoca, e 'l
ventre ftrigne, ed ha proprietà di diffolvere la coftipazion de' membri, e di far via agli umori, e quegli
allo ftomaco, alla vulva, e al capo attrarre; onde nuoce agli epiletici, e alle pregnanti, e 'l vomito induce. Il vino della decozion fua, le doglie del ventre,
fatte per ventufità, coftrigne. Il feme è di maggiore
efficacia, fecondamente la radice, e pofcia l'erba.
L'aquatico è detto ranino, imperocchè nell'acque nafce, dove le rane dimorano, o vero, perocchè alle
rane fa prò. E poco caldo, onde più digeftibile è,
e a' caldi di natura conveniente. Ed impiaftro fatto di
quefto, con midolla di pane, pofto fopra lo ftomaco, il fuo ardor mitiga. Il falvatico è detto Appiorifo, perocchè purga il malinconico umore, per la
cui abbondanza la triftizia fi genera. L'Appiorifo, in
vino, o in acqua decotto, diffolve la ftranguria, e la
diffuria. La fuffumicazion di lui fatta, i meftrui pro-

voca, o vero il fugo fuo fottopofto. E nota, che l' Appiorifo per bocca prendere non fi dee, imperocchè in alcuni luoghi fi truova violentiffimo in tanto, che fe fene prende, è cagion di morte.

Dell' Affenzio.

CAP. VIII.

L'Affenzio è caldo in primo grado, e fecco in fecondo, e dicefi aver due virtù contrarie, cioè purgativa, e coftrettiva. La prima, per la caldezza, e amaritudine, la feconda per la groffezza, e ponticità di fuftanzia, onde non è da dare, fe la materia non è digefta. Defi cogliere preffo a mezzo Maggio, e all' ombra feccarlo. Contra i vermi, che ftanno nelli più infimi inteftini, diefi con polvere di centuria, o vero di perficaria, o vero di noccioli di pefche, o vero delle foglie. A provocare i meftrui, pongafi nella natura delle femmine il fugo fuo, o facciafi fuppofitorio di quello, e d' appio, e artemifia, cotte in olio. Contr' alla ebrietà, diefi il fugo fuo, con mele, e acqua tiepida. Contr' alla fuffocazione per funghi, diefi lo fugo fuo con aceto, e acqua calda. Alla durezza della milza, facciafi impiaftro d' affenzio cotto. Contra 'l dolore, e lividore de' membri, per percoffe, facciafi impiaftro con fugo d' affenzio, e polvere di comino, e di mele. Contr' a' vermini degli orecchi, ftillifi il fugo fuo. Il fuo fugo bevuto, la vifta chiarifica, e agli occhi pofto, la roffezza, e 'l panno rimuove. I libri, e i panni da topi, e da tignuole ficuri rende: e lo 'nchioftro, e le carte da corrofione, e da corruzione.

Dell'

Dell' Artemisia.

CAP. IX.

L'Artemisia, che per altro nome è detta madre dell' erbe, è calda, e secca in terzo grado, e le foglie sue maggiormente, che le radici, si convengono in medicina, e le verdi più, che le secche. Vale contra la sterilità, che si fa per freddezza: ma se fosse per caldezza, e siccità, più nocerebbe, che assai avveder sene puote, per la complession della femmina, s' ella è magra, o grassa. Diesi adunque la polvere sua con la polvere della bistorta, e noce moscada, con mele confettata, o vero sciroppo semplice, in modo di lattovaro. Anche s' imbagni in acqua, nella quale cotta sia l' artemisia, o vero di cotale acqua sia fomentata la natura, o vero di quella, e d' olio comune si faccia suppositorio. A provocare i mestrui facciasi suppositorio del sugo suo. Contra i pondi, per fredda cagione, il paziente riceva il fummo suo, per lo sesso, e segga sopra l' erba scaldata, e posta sopra la pietra.

Dell' Aristologia.

CAP. X.

L'Aristologia è di due maniere, cioè lunga, e ritonda, e catuna è calda, e secca in secondo grado, e alcuni dicono, che è secca in terzo. Le radici più che le foglie si convengono a medicina. La radice si coglie nell' Autunno, e seccata, per due anni, si può serbar, con molta efficacia. Le foglie, co' fiori, hanno virtude dissolutiva, e di consumare, e di

cac-

cacciare il veleno, e fervar fi poffono per due anni.
Contra 'l veleno, e morfo de' velenofi animali, diefi
la polvere fua con fugo di menta. La fua polvere la
carne corrode nella ferita, e nella fiſtola. A cacciare
il feto morto, cuocafi bene in vino, e olio la radice
fua, e facciafi imbagnamento nelle parti del pettignone. La fua polvere, con aceto miſchiata, da puzza,
e fcabbia, ottimamente mondifica la cotenna. Alberto dice, che ha mirabil virtù in trarre fpine, e altre
cofe fitte nella carne. Quel medefimo dice ancora A-
vicenna. Anche dice, che mondifica ogni bruttura
degli orecchi, e conforta l' udire, quando fi pone in
quelli con mele, e ceffa la puzza, fe fi generaffe in
quegli. E fe s'unga fopra la milza con aceto, molto
fa prò: e la ritonda in ogni cofa è più forte.

Dell' Abruotina.

CAP. XI.

L' Abruotina è erba calda, e umida in primo grado, e fottigliativa, e apritiva molto, e 'l fuo
impiaſtro rimuove l' attrazion de' nervi alle membra.
Anche fpezza la pietra nelle reni, e provoca i meſtrui fedendo fopra la fua decozione, e fa prò all' ulcerazioni fue. Caccia fuori la feconda, e 'l feto, e
fa prò al ragunamento della bocca della matrice, e
apre quella, e la fua durezza, bevuta, e a modo
d' impiaſtro fottopoſta: e bevefi di quella infino in
cinque dramme.

Degli Anfodigli.

CAP. XII.

GLi Anfodigli, cento capi, e Albuzio, fono una medefima cofa: e caldo, e fecco in fecondo grado: le foglie fue fono fimiglianti alle foglie del porro. La radice fua fi conviene a medicina, più che l'erba, e la verde è miglior, che la fecca. Nelle radici fue fi truovano alcuni capi a modo di granelli dell'huomo. Ha virtù diuretica, d'attrarre, e di feccare, e di confumare, e vale a quelle cofe, che val l'anèto, e in quel medefimo modo. Anche vale contro alle macole, e ogni vizio d'occhi, in quefto modo. Togli once una di gruogo, e once tre di mirra, e bolli, in mezza libbra di buon vin roffo, e mezza libbra di fugo d'Anfodigli, infino alla confumazion della mezza parte, o vero fi ponga al Sole in vafo di rame, per tanti dì, che al mezzo fi riduca: e maravigliofamente fa prò, fe di cotale decozione s'ungano gli occhi.

Dell' Acetofa.

CAP. XIII.

L'Acetofa è fredda, e fecca in fecondo grado: in quella è ftitichezza, e fopraftà alla collera, e 'l fuo umore è lodevole. La radice fua, con l'aceto, fa prò alla fcabbia ulcerofa, e allo fcorticamento dell'anguinaja. Di quella fi fa impiaftro alle fcrofole, sì che fi dice, che fe la radice fua s'appicchi al collo di quegli, che ha le fcrofole, che gli vale. E la fua decozione, con acqua calda, fa prò al pizzicore: e fimigliangliantemente ella medefima è utiliffima in bagno, e fi mangia per difiderio del cibo.

Della Bietola.

CAP. XIV.

LA Bietola defidera la terra graffiffima, umida, letaminata, e lavorata, acciocchè ben profitti. Seminafi quella, che per cibo fi vuole, del mefe di Dicembre, di Gennajo, di Febbrajo, e di Marzo maffimamente: ma puoffi anche d'ogni tempo feminare, fe la terra fi truova eguale: e ottimamente quella fi diradi, che farà fpeffa, e altrove fi trafponga (quando alquanto farà crefciuta alle quattro, o vero cinque foglie) con le radici col letame recente fotterrate: e quella, che fi truova ne' luoghi dove è feminario d'erbe, fi divelga, e alle lavorate aje fi ripianti, da ogni parte de' folchi. Anche fi può feminare in campi, dove fono i poponi, o cedriuoli, o vero zucche, quando incominciano a ftendere i rami, avvegnachè vi fieno quivi cipolle, o nò. Quelle che rimarranno, levatine i poponi, o vero zucche, o vero i cedriuoli, fon da farchiare fpeffo, e dall'erbe inutili liberarle, fe farà polta da fe fola. Ma la bietola, che per aver feme fi femina, ottima farà, fe del mefe d'Agofto fi femini, e di poi del mefe di Gennajo, per gli folchi degli orti, o vero per aje fi trafpianti. Quelle in verità, poi più nobili femi producono. E nota, che d'un medefimo feme di bietole, ne nafcono alcune nobili, che 'l primo anno femi non producono, ma folamente l'anno feguente: e quefte ferbar fi debbono per mangiare. E alcune altre nafcono ignobili, che nella prima State fi lievano in iftipite, e feme producono: e quefte fi traggono dell'orto, quando 'l feme

pro-

producono, imperocchè utili effer non poffono. Ancora feminar fi poffono, per fe, e con altri, mifchiatamente: e quella, che rimane fi furchierà, rimoffe quafi tutte l'altre erbe: e 'l fuo feme, per quattro anni dura. La bietola è fredda, e umida in terzo grado, e genera buon fangue. Il ventre inumidifce, ed è fana a quelli di calda natura, o che accidentalmente fon rifcaldati, e cava la fete. La bietola, i lendini, e altre brutture del capo, e le macchie della faccia ammenda. I capelli del capo ripara, e conferva. I mali umori nutrica, fe troppo s'ufa, come dice Diofcoride. Avicenna dice di quefta, che fopra la fua radice, sì come fopra 'l cavolo, fi può piantare il forcolo, cioè inneftare: il qual forcolo, alla per fine, fortificata la radice, in arbore fi trafmuta.

Della Borrana.

C A P. X V.

LA Borrana fi femina del mefe d'Agofto, e di Settembre, e ottimamente del mefe d'Aprile, e non bene in altro tempo fi può feminare, e trafponfi comodamente, quafi tutto 'l tempo dell'anno, o fola in porche, o vero intorno a nuove porche d'altre erbe. I femi fuoi non fi colgono maturi, acciocchè de' fuoi gufci non caggiano: e l'erba co'femi fuoi, per due, o vero tre dì, fi pone in monticello, acciocchè i femi compimento di maturità abbiano, e fopra lenzuoli fi percuote, fopra i quali il feme agevolmente cade. In altro modo in verità aver non fi potrebbe: e 'l feme per due anni fi ferba. La Borrana calda, e umida è nel primo grado, ed ha proprietà di letizia generare, fe in vino meffa, a ber fi dia, imperocchè il cuore molto conforta, onde vale a'cordiachi.

chi. Ed in acqua cotta, e con mele, o vero zucchero in beveraggio data, i canali del polmone, del petto, e della gola, ottimamente monda. Ottimo sangue genera, onde vale a quelli, che si lievano di nuovo da infermità, e a' sincopizzanti, e a' cordiáci, e a' malinconici, mangiata con carni, o vero condita con lardo. Contr' alla sincope, si dia sciroppo fatto del sugo suo, e di zucchero. Contr' alla cordiaca, aggiungasi al detto sciroppo, polvere di cuor di Cervio. Contra l' itterizia mangisi frequentemente cotta con carni, e ancora il sugo suo, e della lattuga.

Del Baffilico.

CAP. XVI.

IL Baffilico è caldo, e secco nel primo grado, del quale son tre spezie, cioè, garofanato, il quale ha le foglie minute, e questo è di maggiore efficacia, e virtude. L' altra spezie s' appella Beneventano, il quale ha larghissime foglie. E un' altra spezie di baffilico, il quale ha le foglie mezzane. Questa erba, per lo suo odore, ha virtù di confortare, e dalle sue qualità ha virtù dissolutiva, e consuntiva, estrattiva, ed estersiva, e mondificativa. Contra 'l tramortimento, e contra la cordiaca si dia la sua decozion con acqua rosata. A quel medesimo vale il vino, nel quale la medesima erba sarà stata una notte. E se in esso sarà cotta, cotal vino sarà molto confortativo, e odorifero, e vale contr' alle predette cose, e contra la 'ndigestione, e contra 'l flusso del ventre, per freddezza. Ma contra 'l flusso spezialmente vale, se l' erba, o 'l seme, il quale è migliore, si cuoca in acqua piovana, e con un poco d' aceto si dia cotale acqua allo

allo 'nfermo. Anche vale a mondificar la matrice, e
a provocare i meſtrui.

Della Brettonica.

C A P. X V I I.

LA Brettonica è calda, e ſecca nel quarto grado,
le cui foglie ſi confanno a uſo di medicina, verdi, e ſecche. Alla doglia del capo, per freddo, ſi
faccia gargariſmo della colatura della ſua decozione in
aceto, con la ſtrafizzeca inſieme. Contra la doglia
dello ſtomaco ſi dia la ſua decozione, in ſugo d'aſ-
ſenzio, con acqua calda. A mondificar la matrice,
e ajutar la concezione, ſi faccia fomento dell'acqua
della ſua decozione, e ſene faccia ancora ſuppoſitorio,
e ſi dia lattovaro confortativo, fatto della ſua polvere, e di mele.

Della Brancorſina.

C A P. X V I I I.

LA Brancorſina è calda, e umida nel primo grado, ed ha virtù mollificativa. Contr'alle fredde apoſteme ſi peſtino le ſue foglie, con la ſugna del
porco vieta, e vi ſi pongano. Contra 'l vizio della milza ſe ne faccia unguento, peſtandola prima, e
mettendola a macerare in olio, e alla ſua colatura
s'aggiunga cera.

Della Bistorta.

C A P. X I X.

LA Bistorta è radice d' un' erba, che s' appella similmente Bistorta, la quale è fredda, e secca nel secondo, e nel terzo grado, ed ha virtù di costrignere, e di saldare, e di confortare. Contra 'l vomito, per freddezza, o per riscaldamento, si confetti la sua polvere con albumi d' uovo, e si cuoca sopra una tegghia, e si dia allo 'nfermo. Contr' alla dissenteria si dia col sugo della piantaggine. A costrignere i mestrui, si faccia fomento dell' acqua della sua decozione, e della sua polvere.

Della Zucca.

C A P. X X.

LA Zucca desidera terra grassa, ben lavorata, letaminata, e umida. Piantasi nella fine d' Aprile, e nel cominciamento di Maggio, tre, o quattro piedi l' una dall' altra lontana, in questa maniera, cioè. Due granella si sotterrino insieme adentro, intorno, di tre dita, per modo, che la punta venga di sopra. Ma innanzi una notte, che si piantino, si mettano in un vaso pien d' acqua, e poi si gittino quelle, che vanno a galla, e si piantino l' altre, che vanno sotto. E nel luogo, dove si pongono, si mescoli il letame con la terra, e non si deon piantare in fosse, acciocchè le piove non si raunino, e covinle, e ammortino il germoglio. E quando saranno nate, e alquanto levate sopra terra, si sarchino, e vi si ponga intorno terra, e quando farà mestiere, soavemente s' adacquino.

no. E se saranno piantate in terra poco lavorata, e cavata, quando cominceranno a crescere, si cavi tutta la terra dattorno ad esse profondamente, acciocchè possano spandere le radici per tutti gli spazii: e quando saranno cresciute, si faccia sopra copritura a modo di vigna, d'altezza, e statura d'un'huomo, e i rami fogliuti si pongano di sopra, per l'ombra. E sopra le dette zucche, per lo troppo caldo, si ponga erba, acciocchè meglio crescano, o si lascino, chi vuole, li suoi rami andar per terra: alla quale farà utile molto, acciocchè più tosto, e più zucche produca, se i suo' capi principali, e più grossi, un poco nella vetta si rompano, acciocchè facciano i rami, i quali producon le zucche. Anche s'è trovato un modo di piantar più tosto le zucche, e i melloni, e averne più tosto i frutti, cioè. Che si pone un poco di terra trita sopra la massa del letame caldo, che di presente, delle stalle si cava, del mese di Marzo: e sopra la detta terra si piantino i semi, i quali tosto nasceranno, per lo caldo fummo del letame. E poichè saranno nate, si deono dalla rugiada della notte difendere con alcuna covertura: e nel tempo, che la rugiada sarà ristata di cadere, incontanente si traspongano, con un poco di quella terra, e di letame, nel luogo, ove vorrai, che stieno. Quelle, che si serbano per seme, sien quelle, che prima nascono, che son più grosse, le quali si deono lasciare indurare in sul gambo, infino al Verno, e poi si deono appiccare sopra picciolo fummo, e ottimamente si conserveranno. E sappi, che la grossezza del picciuolo dimostra, per innanzi, di che grossezza sarà la zucca. Poi quando la vorrai piantare, aprila, e trane il seme: e sappi, che quanto in più alto luogo saranno i semi nella zucca, tanto le faranno più lunghe. E anche sappi, che i semi serbati nel predetto modo, si serbano per tre anni. La zuc-

ca è fredda, e umida nel secondo grado, e genera
umor flemmatico, onde si confà a coloro, che fon di
calda natura, e propriamente a' collerici, o a coloro,
che sono accidentalmente riscaldati, imperocchè mitiga il lor calore, e spegne la sete, ed è loro ottima,
e massimamente, se col sugo delle melecotogne, o
delle melagrane si dia, o con agresto, o con aceto
di melagrane. E a' flemmatici si dee dare con pepe,
con senape, o con menta: e se s'arrostisce, involta
nella patta, il sugo, che dentro si troverrà, se si dia
a bere ad alcuno febbricoso, mitigherà il calor della febbre, e spegnerà la sete. Nell'acute febbri si dia
la sua acqua, o lo sciroppo fatto di quella. E la
zucca cotta con la carne, al tempo di State, fa utilità a' collerici. I suo' semi sono freddi, e diuretichi,
per la sottilità della sua sustanzia, e spezialmente si
convengono a medicina. Contr' all' oppilazion del fegato, delle reni, e della vescica, e contr' all' aposteme del petto, si prendano le sue granella monde, e
si pestin bene, e si cuocano alquanto in acqua d'orzo, e colata, si dia allo 'nfermo. Ma se non potesse
ber cotale acqua, si faccia d'essa sciroppo, e gli si
dia. E nota, ch' avranno maggiore efficacia, se non
bolliranno, ma sene faccia latte.

De' Cocomeri, e Cedriuoli.

CAP. XXI.

I Cocomeri, e Cedriuoli desiderano una medesima
terra, con la zucca, e di quelli mesi medesimi,
ed in un modo si piantano, e si cavano dattorno,
ma deono aver minori intervalli: e poichè saranno
nati i semi suoi, non s'annaffino, imperciocchè, per
annaffiamento, agevolmente si distruggono: e poscia-
chè

chè faranno piantati, per fei, o per otto dì, fi cerchi i femi, fe fon corrotti: la qual cofa fi faprà, fe fon duri, o s'aprano. E fe faranno molli, non fon buoni, ed imperò in lor luogo fi debbe porne degli altri, e ancora dopo i fei giorni fi deono cercare, e fe farà bifogno, fi deono ancora fcambiare. Sono ajutati dall'erbe, ed imperciò non hanno meftier di farchiello, e di mondamento d'erba. E fe macererai le fue granella, o vero femi, in latte di pecora, ed in mulfa, cioè in acqua melata, diventeranno dolci, e candidi, e lunghi, e teneri, fecondo che certi dicono. E fe metterai acqua in vafello aperto, due palmi fott'effe, diventeranno altrettali, fecondo che Virgilio, e Marziale afferma. I cocomeri, e i cedriuoli fon freddi, e umidi nel fecondo grado, e fono molto indigeftibili. E i cedriuoli fono piggiori, che i cocomeri, ed in ciafcuno è la parte di fuori duriffima a fmaltire, ma la loro midolla genera più perfetto umore, e fanno prode, con la lor fuftanzia, mangiati, a coloro, ch'hanno lo ftomaco caldo, e forte, e a coloro, che s'affatican la State. Ma a' flemmatici, e a coloro, che non fi travagliano, nocciono molto, e fpezialmente allo ftomaco, e alla fua nervofitade. E l'acqua loro, o vero il fugo, vale a color, ch'hanno febbre, e mitigano la fete. Non fi mangiano cotti, ma folamente crudi. Ma le zucche fi mangiano cotte folamente. I cedriuoli quanto minori fono, e più teneri, e più verdi, o vero più bianchi, tanto fono migliori: e non fon buoni, poichè la lor fuftanzia a durezza, e il colore a citrinitade perviene: ma i cocomeri fon migliori, quando fon maturi, la qual cofa fi conofce, quando immezzano, e diventano più leggieri.

De'

De' Cavoli.

CAP. XXII.

I Cavoli quaſi in ogni aere allignano, e deſiderano terra graſſa, letaminata, e profondamente cavata. Amano maggiormente terra mezzana, che 'l ſabbione, o creta. E de' cavoli, certi hanno le foglie piane, late, e groſſe, e queſti comunemente uſiamo nelle noſtre contrade. Altri hanno le foglie creſpiſſime, e queſti, avvegnachè ſieno molto buoni, tuttavia ſon meno netti, per l'eruche, e altri vermini, che in eſſi troppo ſi naſcondono. Sono ancora certi cavoli che hanno le foglie grandi, ſottili, e alquanto creſpe per tutto, i quali s'appellano cavoli Romani: e queſti ſon migliori, che tutti gli altri, e che più avaccio ſi cuocono, s'egli avranno terra ben graſſa, imperocchè nella magra, non ſono miglior, che gli altri. Poſſonſi ſeminare, e traſpiantare, per tutto 'l tempo dell'anno, nel quale non ſia la terra ghiacciata, nè ſecca, per modo, che non ſi poſſa lavorare. Ma quelli, che ſi ſeminano del meſe di Dicembre, di Febbrajo, e di Marzo, d'Aprile, e di Maggio, ſi potranno avere tutta la State, e 'l Verno, infino, che non ſi conſumano, e guaſtano per brina, o per troppo freddo. E ſe i loro gambi non ſi divellano, produceranno nella Primavera il ſeme, il quale, quando ſarà maturo, ſi coglie. Ma ſe ſi ſchianteranno da' eſſi più volte i rami de' ſemi, quando naſcono, sì che la materia de' ſemi ſi conſumi tutta, sì ſi domano, e poi producono belle foglie, e per queſto modo durerà la lor vita più anni. Tuttavia ſon certi cavoli, i quali troppo agevolmente producon ſeme, e queſti non ſi poſſono, in cotal modo, agevolmente conſervare.

Altri

Altri fono, i quali non così agevolmente fanno feme,
e a quefti propriamente fi convien questa cautela. E
quelli, che fi feminano dopo mezzo 'l mefe d'Agofto,
infino d' otto dì, entrante Settembre, fi piantano
poi del mefe di Settembre, o d' Ottobre, quando
faranno alquanto crefciuti, e faranno grandi, e belli la feguente Quarefima: e poi appreffo non faranno feme in quella State, e non temeranno il gielo, o la rugiada del Verno. Ma fe innanzi il detto
tempo fi femineranno, produceranno la Quarefima il
feme, e non faranno convenevoli a manicare. E fe fi
femineranno dopo 'l tempo predetto, faranno troppo
teneri, e debili, e vegnendo il freddo, non dureranno: e quefte cofe nelle contrade di Tofcana, e a Bologna fono provate. Poffonfi feminar molto fpeffi, e
fi poffono adacquare in tempo di grande afciutto: e
dicefi, che i lor femi fi poffon ferbar per cinque anni. Quando fi piantano nel pertugio, fatto col palo,
fi taglino le fommitadi delle radici, acciocchè, quando fi pongono, non fi ripieghino in fu, la qual cofa
farebbe ad effi molto dannofa. E nota, che le più
crefciute, e maggiori piante fi deono porre, che, benchè più fi penino ad apprendere, tuttavolta diventeranno più forti. E non è bifogno, che le radici s'impiaftrino con fango, o con molle letame, nè che la
terra fia molle, imperocchè nella mezzanamente fecca, piantati, allignano, avvegnachè fi fecchino le foglie, infinattanto, che 'l lor vigor fi conforti, per la
prima pioggia vegnente. E non folamente i cavoli,
piantati del mefe di Marzo, o d' Aprile, ma eziandio
quegli, che di Giugno, o di Luglio, o del mefe d'A-
gofto fi piantano, faranno il Verno grandi: e piantin-
fi foli, in luogo, ove niun'altra cofa fia. E fimigliantemente fi piantano ottimamente, per li folchi di tutte l'erbe, come delle cipolle, e degli agli, cioè una
ri-

riga per folco, o due, cioè una riga in ciafcuna ripa
del folco, fpartiti l'uno dall'altro, per un braccio,
o meno. Ma quanto più radi fi piantano, tanto maggiori diventano, e quanto più fpeffi, minori. Anche
i cavoli, i quali diffi, che fi deono, per la Quarefima, piantare, ottimamente fi piantano intra i grandi
cavoli, il doppio più fpeffi, che i grandi, lavorata
prima ottimamente la terra, e quafi ridotta in polvere, i quali, levati via i cavoli grandi, rimarranno, e
potrannofi diradare, acciocchè diventino grandi, e
durino per tutto l'anno, imperocchè in quella State
non produceranno feme. Ancora fi poffono per li campi piantare, intra il miglio, panìco, e fave, e per li
folchi del grano, e dell'altre biade: e intra i ceci,
e intra i folchi de' melloni, e de' cocomeri, e cedriuoli. Anche fi poffon piantar nelle vigne, nelle quali bene allignano, ma molto le dannificano, perocchè
fi truova, per efperienza, che 'l cavolo è nimico,
della vite, imperocchè la 'ndebolifce, e la riarde,
quando le foffe allato. Ancora abbi riguardo, quando pianti il cavolo, che non lo fotterri tanto, che la
fommità del gambo della pianta, fopra terra non rimanga, imperocchè incontanente perirebbe. I cavoli
fi deon farchiare, e purgare dall'erbe inutili, e quando verranno le piove, dopo gran fecco della State,
per li quali fi fpera, che rinverdifcano, e fi rinnuovino, fi deono rimuovere da effi le foglie inutili, le
quali faranno fecche, o forate. Il cavolo è freddo,
e fecco nel primo grado, ma Avicenna dice, ch' egli
è fecco nel fecondo, e genera fangue torbido, e malinconico, e 'l fuo nutrimento è picciolo. Ma quan-
dò fi cuoce con carne graffa, o con galline, diventa
migliore. La lor cocitura, o vero brodo, poco mollifica il ventre, e provoca l'orina, e la lor fuftanzia
è fecca, ond'è coftrettiva. Adunque in operazione

fon

fon temperati, fe fi mangerà l'uno, e l'altro infieme, cioè il brodo, e la foglia. Ma, dato folamente il brodo, folve il ventre, e la fuftanzia fola coftrigne, e indura. Il loro nocimento fi rimuove, e corregge, fe fi leffano, e gittata via la prima cocitura, fien cotti in altra acqua, con carne graffa di pecora, o di porco, e fi dieno a mangiar con pepe, o comino, o con olio. E Avicenna dice, che la fua decozione, e 'l feme, tardano l'ebrietade, ed ha proprietà di difeccar la lingua, e far fonno, e di chiarificar la voce. E Galieno dice, che fe i cavoli fi danno arroftiti a mangiare a' fanciulli, gli ajuteranno più tofto andare. E Plinio dice, che le foglie de' cavoli maravigliofamente fanano i morfi de' cani. Anche dice, che 'l cavolo, poco cotto, folve il ventre, e molto cotto, lo ftrigne. Anche dice, che 'l cavolo conforta i nervi, onde vale a' paralitici, e a' tremolofi, e fa abbondanza di latte, e 'l fuo fugo vale contra 'l veleno, e contra 'l morfo del can rabbiofo.

Delle Cipolle.

CAP XXIII.

LE Cipolle defiderano terra foluta, graffa, e ottimamente lavorata, e i fuo' femi trebbiati durano un'anno folamente, ma, fofpefi, ne' gufci, fi confervano, per tre anni, fanza lefione. Seminanfi da alcuni intorno al cominciamento del mefe di Novembre, e maffimamente per tutta Tofcana, e faffi fopra lor femenzajo, quafi come un pergoleto, coperto di certi ftrami, di verfo Aquilone, per ifpazio d'un braccio, e verfo il Meriggio, per ifpazio di due, levato da terra. E molti fono, che le feminano di Dicembre, di Gennajo, di Febbrajo, e di Marzo,

al-

allora che dopo 'l Verno, primieramente feminar fi
poffono, e fi feminano fole nelle porche : e ancora
fi poffono con l' altre erbe mefcolatamente feminare.
E quando faranno alquanto crefciute, benchè d' Aprile, o di Maggio, o di Giugno fia, fi piantino l' u-
na dall'altra un fommeffo, o vero per una fpanna,
dilungi. E fene deono porre quattro righe nella porca. E quelle, che vorrai mangiare, innanzi che fien
mature, pianterai nelle porche, ove fono le zucche,
cedriuoli, i cocomeri, o vero melloni, e quando faranno crefciute, fi colgano: ove eziandio, fe faranno
lafciate, fi maturanno, avvegnachè non diventino così
groffe, come quelle, che nelle porche fole fi piantano. E quando fi deono piantare, fi ricidano le loro
radici, infino alla groffezza d' un dito, o d'un mezzo, allato alla cipolla, e fi ficchino folamente un dito
fotterra : imperocchè sì agevolmente s' appigliano, che
fe fi poneffero folamente, o cadeffero fopra la terra,
o fi portaffero in lontane parti, eziandio difcoperte,
o fi piantaffero in terra, quafi fecca, purchè foffe bene polverizzata, nafcerebbono, e crefcerebbono ottimamente. Defiderano d' effere fpeffo cavate dattorno,
e d'effer purgate da tutte l' erbe. E fe la terra non
farà ftata in quel medefimo anno letaminata, sì fi dee
nel tempo, che fi piantano, letaminare, acciocchè ottimamente allignino. E colte le cipolle mature (la qual
cofa fi manifefta, quando non fi poffono foftenere, e
non crefcon più), le migliori di quelle fi piantano del
mefe d' Agofto, acciocchè l' anno feguente facciano
feme. E le più cattive fi piantano, acciocchè la Quarefima fi poffano aver verdi. E le mezzane fi ferbano,
le quali, fe faranno, a Luna crefcente, divelte, effendo 'l tempo chiaro, e afciutto, fi conferveranno meglio in luogo tuttavolta ofcuro, e afciutto. Le cipolle
fon calde, e umide nel terzo grado, e fe s' uferanno

fpef-

ſpeſſo di mangiare, con la loro acuitade, ingenerano nello ſtomaco mali umori, e generano ſete, e enfiamento, e ventuſità, e fanno doler la teſta, e venir pazzo, per la loro fummoſità, che ſaglie al capo, e che percuote al celabro: onde coloro, che s' auſano a mangiarne, impazzano, e hanno terribili, e maninconici ſogni, e ſpezialmente ſe le mangeranno, levandoſi d' infermità, e ſe le mangiano crude, non danno al corpo nutrimento neſſuno: ma ſe ſi leſſano, e gittaſi via la prima acqua, ed in un' altra ſi cuocano, danno buon nutrimento, e aſſai, maſſimamente, ſe con graſſiſſima carne, e con buon condimento odorifero ſi condiſcano. E ſe ſi prenderanno crude temperatamente, ſecondo che ſi conviene, per via di medicina, riſcaldano, e tagliano i groſſi umori, e viſcoſi, e aprono le bocche delle vene, e provocano i meſtrui e l'orina, e accreſcono l'appetito, e provocano la luſſuria, per la lor caldezza, e umidità. Il lor ſugo meſſo per le nari, o ſe ſi riceverà il ſuo odore, per le nari, dallo 'nfermo, purgherà il capo ottimamente: e mangiate crude, fanno creſcere i capelli. Avicenna dice, che nella cipolla e acuità (*) incenſiva, e amaritudine, e ſtiticitade, cioè afrezza, o vero lazzitade, e quella, che è più lunga e più acuta: e la roſſa è più acuta, che la bianca, e la ſecca più che l'umida, e la cruda è più acuta, che la cotta: ed ha virtù di trarre il ſangue alle parti di fuori, perlaqualcoſa fa roſſa la cotenna. Anche è utile al nocimento dell' acqua, quando ſi mangia. E il ſuo ſeme rimuove la ſozzura della cotenna: e quando ſi frega intorno al luogo, ov'è l'opitìa, molto giova: e ſe ſi meſcola col mele, rimuove i porri. E il molto uſo della cipolla fa una infertà nel capo, la quale è chiamata ſubet. E la

E 2   ci-

(*) inciſiva

cipolla finalmente è di quelle cofe, le quali nocciono allo 'ntelletto, perocchè genera mali umori.

Del Comìno.

C A P.　X X I V.

IL Comìno defidera graffo terreno, e aere caldo, e feminafi del mefe di Marzo, ed è caldo, e fecco nel terzo grado, e fi può ferbar cinque anni. Ha virtù diuretica, e di fottigliar la fummofità, onde, prefo con cibi, e ne' beveraggi, e ne' favori, conforta la digeftione. Il vino della fua decozione, e de' fichi fecchi, e del feme del finocchio, mitiga il dolore, e torfione delle budella, per cagion di ventufitade, e 'l medefimo vino vale contr' a fredda toffa. Contr' all' enfiamento della gola, fi cuoca il comìno, e i fichi ben pefti in vino, e fattone impiaftro, fi ponga fopra 'l luogo, dov' è il dolore. Contr' alla fredda reuma del capo fi ponga così. Prendafi polvere di comìno, e orbacche d' alloro, e infieme fi metta in un tefto caldo, e pofto in un facchetto, poichè fia caldo, fel ponga in ful capo. Contr' alla ftranguria, e diffenterìa, e altri dolori, per frigidità, fi ponga il comìno cotto col vino, fopra 'l luogo. Contra 'l fangue degli occhi, non nel principio, ma poi, fi prenda la polvere del comìno, e s'intrida con tuorlo d' uovo, in tefto caldo, e fattone due parti, vi fi riponga fpeffo. Contra 'l lividore, per percoffa, o in altro modo avvenuto, quando fia frefco, fi prenda la polvere del comìno, fottile, e ben confetta, con cera nuova al fuoco, e vi fi ponga fpeffo: ed è rimedio certiffimo. E fappi, che per lo troppo ufo del comìno, la cotenna diventa difcolorata.

Del

Del Gruogo.

CAP. XXV.

IL Gruogo è di due fatte, cioè falvatico, e dimel-ltico. Il falvatico fi femina, come l'altre erbe, il quale è di picciola 'utilità, ma fa il gambo alto, e molte mazzuole,' nelle quali nafce il gruogo, il quale, quando apparifce, nel levar del Sole, fi coglie. Il dimelltico è buono, il qual non fi femina, perocchè non fa feme, ma le fue cipolle fi colgono del mefe d'Aprile, o di Maggio, quando fon mature, e fi lafciano ammonzicchiate otto giorni, acciocchè fi maturino: allora fi mondano, e fi feccano in luogo caldo, non però al Sole, acciocchè non fi cuocano. La cui maturitade fi conofce allora, che le foglie fon fecche, e confervanfi fopra alcuna cofa, o folajo, che non s'accolti alla terra, infino al mefe d'Agofto. Ma l'ottimo tempo da piantarlo è, da mezzo Agofto, infino a mezzo Settembre. E allora, o innanzi, o dopo fi piantano in porche lavorate, dilungi l'una dall' altra, con le radici, per ifpazio d'una fpanna, o affai meno, ne' luoghi, ove la terra foffe cara. E fi piantino fotterra quattro dita ne' folchi, e fi lafcino due, o tre anni, e ciafcuno anno, del mefe d'Aprile, fe allor fon fecche le foglie, e del mefe. di Maggio, di Giugno, e di Luglio, fe nafce erba nelle porche, fi dee ltirpare, zappando la terra, per tutto, nella cortezza di fopra due dita, e non più adentro, acciocchè non fi tocchino le cipolle. E fe intorno alla fine d'Agofto, o del mefe di Settembre, fi rada la terra, a modo d'un'aja, e d'ogni verdume fi rimondi, e dipoi fi colga i fiori, quando nafcono. E il gruogo fi fecca a debile, e lento fuoco, e chiufo in alcun luogo, fi conferva. E paffati due, o tre anni fi divelle tutto del mefe d'Aprile, e da capo fi pianta al modo predetto. Il gruogo defidera terra cretofa, o mezzana, e fi puote ottimamente piantare, ove fieno ftate le cipolle, poichè fono divelte. Alcuni vi feminano grano, e fave, ma meglio, che non fi ponga alcuna cofa, fe non fe forfe cavoli. Ed è da fapere, che 'l gruogo non fi dannifica molto, per l'ombra, ma dannificafi molto da' topi, i quali, fotterra, rodono le fue cipolle, contra i quali niuna cofa vale tanto, quanto tender la trappola a' lor pertugi: e fare i folchi, tra le porche, cavati, i quali lo difendano dall'umor dell'acqua, il quale molto teme, e oltre a quefto, impedifcono il trapaffamento de' topi, e delle talpe, le quali ancora molto defiderano le fue cipolle. Il gruogo è caldo, e fecco nel primo grado, ed è nelle fue qualitadi temperato, ed imperò è confortativo. Onde, contra la debilità, e difetto del cuore, molto vale, e rimuove il roffor degli occhi, per fangue, o per altra macula, fe vi fi pon pefto con rofe, e con tuorlo d'uovo, fecondochè dice Diofcoride. Ancora colui, che berà il gruogo innanzi, non temerà l'ebrietà, nè la crapula. Anche le ghirlande fatte di quello non lafciano altrui innebriare. Anche induce fonno, e ftimola la luffuria, fecondo che dice Plinio. Anche dice, che cura i morfi de' ferpenti, e de' ragnateli, e le punture degli fcarpioni.

Delle Cipolle malige.

CAP. XXVI.

LE Cipolle malige fi piantano, come i porri, con palo, del mefe di Giugno, cioè una per pertugio,

gio, scostata, per un piede, l'una dall' altra, le quali gran cesto fanno: le quali poi usiamo la State seguente, dopo la Pasqua della Resurressione: e sono quasi d' una medesima complessione, con l' altre comuni cipolle.

Del Cardo.

CAP. XXVII.

IL Cardo si semina di Marzo, e desidera terra letamata, e soluta, avvegnachè nella grassa meglio allignare, e apprenderfi potrebbe: e se si pongono in più saldo terreno, farà loro utile, contr' alle talpe, e agli altri animali, perocchè non si può così agevolmente forare. Deonsi seminare i cardi a Luna crescente, nella porca già loro apparecchiata, e si seminino, spartiti l'uno dall' altro un mezzo piede. E si dee prender guardia, che i suo' semi non si pongano a ritroso, cioè quel di sopra, di sotto, perocchè nascerebbono i cardi debili, piegati, e duri, e non si deono i semi profondar nella terra: ma si profondino, per lo spazio di tre dita, tanto, che la terra aggiunga alli primi nodi delle dita, e si purghino spesso dall' erbe, infinattanto, che i gambi indurino, e se caldo sopravvenisse s' innaffino. E se strignerai le punte de' suo' semi, non avranno spinole, secondo che scrive Palladio. Del mese d' Ottobre si pongono le sue piante, tra 'l grano, già nato, o intra altre biade, con palo, la qual cosa è più utile, che porgli in crudo terreno. Li quali, quando porremo, taglieremo le sommità delle sue radici, e impiastrerremle di letame, e spartiremo l' una dall'altra tre piedi, acciocchè meglio crescano, mettendone in una fossa, d' un piede alta, due, o tre: e spesso nel tempo asciutto, sotto 'l

Ver-

Verno, vi metteremo cenere, e mefcoleremola con letame. E quando fi colgono, non fi colgono tutti infieme, perocchè non fi maturano infieme, ma l'uno
dopo l'altro: e fi dee cogliere allora, ch'ha i fiori
nella parte di fotto, a modo d'una ghirlanda, e non
prima. E non fi dee afpettare, che i fiori fieno tutti
caduti, imperocchè farebbe piggiore. E continuamente
ciafcuno anno fene deono levar le piante, acciocchè
non affatichin le madri; e i figliuoli, o vero i rampolli, per altri fpazii poffano crefcere, i quali fi deono, tuttavolta, con alcuna parte della radice, divellere. E quelle piante, che ferberai per feme, purgar
prima da tutti i rampolli fi deono, e di fopra, con
terra cotta, o fecca, o con alcuna corteccia coprire:
imperò i femi, per Sole, o per ventipiovoli, fogliono a niente venire.

Della Camamilla.

C A P. X X V I I L

L A Camamilla è calda, e fecca nel primo grado,
ed è proffimana alla virtù della rofa, nel fuo
fottigliamento, e la fua caldezza è conveniente, come la caldezza dell'olio, ed è apritiva, e fottigliativa, e mollificativa: ed è folutiva, fenza attrarre, e
quefta è la fua proprietade. Intra le medicine giova
molto, mollificando, e rifolvendo a calde pofteme,
e tutte le nervofe membra conforta: ed è fra le medicine, che più vagliono alla ftracchezza, che null'
altre: ed è confortativa del cerebro, perocchè rifolve le materie del capo.

Della

Della Cuscute.

C A P. X X I X.

LA Cuscute, cioè podagra lini, o grungo, è calda nel primo grado, e secca nel secondo, la
quale si dee cogliere co' fiori, e si può due anni serbare, e la sua virtù principalmente è di purgar la malinconia, e secondariamente la flemma. Onde convenientemente si pon nelle decozioni purganti la malinconia, e la flemma. E l'acqua della sua decozione
vale contr'alla stranguria, e dissenteria. E anche la
sua erba, se sene potrà avere in gran quantità, cotta
in vino, e olio, e impiastrata, vale alle reni, e al
pettignone, e all'altre parti, ove fosse il dolore. E
Avicenna dice, che l'acqua della cuscute è mirabile
all'itterizia. E Serapione dice, che una delle sue pro-
prietadi è di scacciar l'antiche superfluità delle vene.

Del Calamento.

C A P. X X X.

IL Calamento è di due fatte, acquatico, e di monte. L'acquatico s'appella mentastro, quello delle
montagne si chiama nepitella. Il montano è migliore,
perocch' è più secco, e si dee cogliere allora, ch' è
fiorito, e all'ombra seccare: e puossi per tutto l'anno
serbare, ed ha virtù dissolutiva, e consumativa, e confortativa; e 'l vino della sua decozione, e della regolizia, e
dell'uve passe, e 'l vino della decozione della sua polvere, e de' fichi secchi, vale contr'alla fredda tossa, e asi-
ma fredda, imperocchè della nepitella predetta, e d'alcune altre cose, si fa il diacalamento, il quale a quel

medeſimo vale. Anche la ſua polvere, data in uovo
da bere, o in farina d'orzo, vale a quel medeſimo.
Contra 'l dolor dello ſtomaco, per frigiditade, uſi lo
'nfermo la ſua polvere cotta nel vino, o ne' cibi.
Contra la fredda rēuma ſi dee ugner la parte di dietro del capo col mele, nel quale ſarà fatta decozione della ſua polvere. Data in uovo da bere, o in
farina d'orzo, vale a quel medeſimo. E poſta in ſac-
chetto la detta polvere, ſcaldata in pentola nuova, o
la detta erba, molto vale. Contr' alla relaſſazion dell'
uvola, ſi faccia gargariſmo d'aceto, nel quale ſia cotta la ſua polvere, o la ſua erba, e vi ſi ponga la ſua
polvere, e la polvere delle roſe. Contr' a tenaſmo,
per flemma vitrea, o per altro umor freddo, le reni
s'ungano di mele, e della decozione della ſua polvere, o dell'erba, e pongaſi la ſua polvere, e della colofonia, e de' ſemi del naſturcio, calda, ſopra 'l culo, con bambagia, e in cotal maniera ancora ſi libera la matrice. Anche ſi faccia fomento dell' acqua
della ſua decozione, a diſeccar le ſuperfluitadi della
matrice, e varrà molto.

Della Centaura.

CAP. XXXI.

LA Centaura, cioè fiel di terra, è calda, e ſecca
nel terzo grado, ed è erba amariſſima, ed enne di
due maniere, cioè centaura maggiore, e minore. Ma
la maggiore ha maggiore efficacia, e principalmente ſi
confà ad uſo di medicina, quanto alle foglie, e a' fiori. Onde ſi dee cogliere allora, che comincia a fiorire, e ſi dee all'ombra ſeccare, e ſi può in molta efficacia ſerbare per un'anno, ed ha virtù diuretica, attrattiva, e conſumativa. Il vino della ſua decozione

vale

vale all' oppilazion del fegato, della milza, delle reni, e della veícica, e alla ítranguria, e diffuria. Onde dice Galieno, che la centaura è delle più nobili, e migliori medicine all' oppilazion del fegato, e fa grande utilitade alla durezza della milza, impiaftrata, e bevuta. Contra i vermini dell' orecchi vi fi metta il fuo fugo, col fugo de' porri mifchiato. Contra i lombrichi fi dia la fua polvere col mele. A chiarificare. il vedere, fi mefcoli il fugo della radice della centaura maggiore, e con acqua rofata s' ungano gli occhi.

Del Capelvenere.

CAP. XXXII.

IL Capelvenere è freddo, e fecco temperatamente, ed ha virtù diuretica, per la fottile fuftanzia fua. Frefco è di molta efficacia, e fi puote poco ferbare, perocch' è fottile erba. Contra 'l rifcaldamento del fegato fi dia l' acqua della fua decozione. Anche della detta acqua, e del zucchero fi faccia fciroppo: e fe 'l rifcaldamento predetto fia con vizio di milza, vi s' aggiunga alcuna cofa calda, e diuretica. Anche le pezzuole intinte nel fugo fuo, o la fua erba pefta vi fi ponga fufo. E Avicenna dice, che poco declina a caldezza, e per cotal cagione è fottigliativa, refolutiva, e apritiva. Ed in effo è ftiticitade, e quando fi mefcola nel cibo de' galli, e delle coturnici, gli fa forti a combattete, e a uccidere. E la fua cenere, con aceto, e con olio, è utile all' alopitìa, e con l' olio della mortella, e con vino, e con ranno, fa crefcere i capelli, e non gli lafcia cadere. E la fua cenere con ranno, è utile alle forfore del capo, e le confuma, e diradica, e rimuove da effo l' umide piaghe:

ed

ed è utile al polmone, in ciò, che molto il purga: e provoca l'orina, e rompe la pietra, e fa venire i meſtrui, e mena fuori la ſecondina, e purga la femmina dal feto, e rimuove il fluſſo del ſangue.

Del Cerfoglio, cioè Cerconcello.

CAP. XXXIII.

IL Cerfoglio ſi ſemina d'Agoſto, ed è buono per tutto 'l Verno, e dopo 'l Verno.

Della Cicuta.

CAP. XXXIV.

LA Cicuta è calda, e ſecca nel quarto grado, ed ha virtù attrattiva, e conſumativa, e diſſolutiva, ma non s'uſa nelle medicine dentro, perocch'è venenoſa, e nella ſuſtanzia, e nelle ſue qualitadi, imperocchè diſſolve tanto, che gli ſpiriti infraliſcono, e vegnon meno: per lo quale infralimento ſi mortificano le membra: ed ha virtù potentiſſima nelle radici, e poi nelle foglie, e ultimamente nel ſeme, onde il ſuo ſeme alcuna volta ſi mette nelle medicine. Contra 'l mal della milza, ſi dee in queſto modo uſare, cioè. Che tutta l'erba dimori in aceto, con una libbra di bolo armenico, per dieci giorni, e poi ſi mettano a bollire le dette coſe, inſinattanto, che l'armenico ſia ben riſoluto, e ſtrutto, e poi ſi coli con panno. E queſta colatura, da capo ſi faccia bollire, e aggiuntovi cera, e olio, ſe ne faccia unguento, il quale è potentiſſimo contra la durezza della milza, e contro le

dure

dure apoſteme, e contra l'artetica infertà, e contro
all'epileſie, ſe ſene farà unzione. Contr'all'artetica,
e podagra, o vero gotta, ſi cuoca la ſua radice in
paſta, e poi, feſſa per mezzo, ſi ponga ſopra l'artetica, ed è ſicuriſſimo rimedio. Contra 'l mal del fianco, e contr'alla ſtranguria, e diſſuria, ſi deono im-
piaſtrare della ſua decozione in vino potente, e olio,
i luoghi, dov'è la doglia. A mondificar la matrice,
e purgare de'freddi umori, e viſcoſi, e a provocare
i meſtrui, ſi faccia fomento della ſua decozione in vino, e acqua ſalſa. Contra le ſcrofole ſecche ſi deono
uſar prima l'erbe diuretiche, e poi ſi faccia impiaſtri
di due parti di cicuta, e terza di ſcabbioſa.

Della Scatapuzza.

C A P.   X X X V.

LA Scatapuzza è calda nel terzo grado, e umida
nel ſecondo. Ma Gherardo dice nel ſuo modo
di medicare, ch'elli è calda, e ſecca nel terzo grado. Ed è ſeme d'una certa erba, che per ſimil nome s'appella: il qual ſeme, levatone la corteccia di
fuori, ſi ſerba tutto l'anno. E ſi dee ſceglier quella,
ch'è verde, e non forata dentro, e che non è livida,
ma bianca. La ſcatapuzza ha virtù di purgare, principalmente la flemma, appreſſo la collera, e la malinconia. E ha ancor virtù purgativa, per le parti di
ſopra, per la ventuſità, e levità, che ha in ſe, onde alcuna volta ſi dà a'ſani, a conſervazion della ſanitade, alcuna volta agl'infermi, a rimuover la 'nfer-
mitade. Contr'alla cotidiana febbre per flemma ſalſa,
e contr'alla rogna, ſi peſti la ſcatapuzza, in molta
quantità, e poi, involta nelle foglie de'cavoli, ſi metta ſotto la cenere, e vi ſi laſci aſſai, acciocchè ſi cuo-

ca

ca bene, e poi, quando è cavata, fi prema, e l'o-
lio, che n'efce, fi ferbi : il quale fi può per ifpazio
d'un'anno confervare : e quando farà bifogno, fi dia
allo 'nfermo, ne'cibi, o in alcuno altro modo. E
in quefto modo fi può fare inganno a molti, o fene
faccia chiarèa, peftandola bene, e cocendola con mele, e poi mifchiandola col vino. E nota, che in venti libbre di vino debbe effere una libbra di fcatapuzza,
e quel medefimo nell'once, e negli altri pefi minori. Anche fi può metter la fcatapuzza, ben pefta, in
brodo di carne, o di pefce, o d'altri cibi, e mangiata, molto vale a'fani, e agl'infermi. E Gherardo
dice, che la fcatapuzza è molto laffativa, e purga di
fopra, e di fotto faticofamente, e con angofcia : onde fi dee prender guardia, che non fi dia, fe non a
coloro, che agevolmente vomitano, e fe non fe la materia è digefta. E non fi dee dare a coloro, che hanno ftomaco debole, e le budella, perocchè fa fovver-
fione. E non fi dia, fe non diftempèrata, acciocchè
non dimori nello ftomaco. E non fi dee fopr'effa
dormire, nè ripofare, come eziandio è da fare in
tutte altre medicine, da vomito : e 'l fuo ufo è, acciocchè le medicine (*) di fcatapuzza fi facciano acute, il che fi fa con dieci, o undici granella digufcia-
te, e pefte, che fi mefcolin nella medicina. Anche
dice, che per fe medefima, fi può dare, pefta, e
ftemperata con acqua calda, o con vino : e dice,
che purga principalmente la flemma, e gli umor vifcofi, e maffimamente dello ftomaco, e delle budella,
onde fa prode a'collerici, a'cordiaci, e a quegli,
ch'hanno il mal del fianco, e agli artetici, e alla febbre continua, per flemma vitrea, o naturale. E Diofcoride dice, che fene danno da cinque, infino a nove

---

(*) *per la fcatapuzza*

ve granella, per volta: e quando lo ſtomaco ſarà forte, ſi dieno intere, e ſe fuſſe debole, ſi dien peſte.
Anche dice, che ſe le foglie della ſcatapuzza ſi cuocano con polli, o con erbe, o altri cibi; purgano la
flemma, e la collera.

Del Cretano.

CAP. XXXVI.

IL Cretano, ciò ſono i ricci marini, e caldo, e
ſecco nel terzo grado, ed è erba, la qual ſi truova nelle parti marine, ed ha virtù molto diuretica,
per la ſottilità della ſua ſuſtanzia. Contr' alla ſtranguria, e contra 'l mal della pietra, e contra 'l mal del
fianco, ſi prenda della detta erba, e in gran quantitade, e ſi bolla in acqua ſalmaſtra, e in vino, e o-
lio, e in quella acqua ſegga, e ſtia lo 'nfermo, infino al bellico. E ſe non ſene puote aver tanta quantitade, impiaſtrerrane ſolamente i luoghi doglienti. E
anche l' erba mangiata, o il vino, dove ſarà cotta,
bevuto, provocherà l' orina.

Della Celidonia.

CAP. XXXVII.

LA Celidonia, cioè cenerognola, è calda, e ſecca
nel quarto grado, la quale è di due fatte, cioè
indica, e noſtrale. Quella d' india è di maggiore efficacia, e operazione, ed ha la ſua radice citrina, ma
la comune è quella, che ſi truova nelle noſtre contrade, ed è di minore efficacia, tuttavolta l' una, per
l' altra, ſi prende: e quando ſi truova nelle ricette,
vi-

vi fi dee metter la radice, e non l'erba: ed ha virtù diffolutiva, confumativa, e attrattiva. Contra 'l dolor de' denti, per cagion di freddo, fi prenda la fua radice, e fi pefti alquanto, e fi metta infra i denti, e di fopra pongafi l'aglio. A purgare il capo, e all'uvola, ripiena d'umor freddo, vi fi ponga la fua radice cotta in vino, e lo 'nfermo riceva il fummo del detto vino, per la bocca, e poi gorgogli il vino : la qual cofa afciugherà l'uvola, e purgherà il capo. E Plinio dice, che per lo fugo della celidonia, gli occhi della rondine, tratti, o magagnati, fi riducono al primo ftato.

Del Curiandolo.

CAP. XXXVIII.

IL Curiandolo è erba affai comune, la quale è calda, e fecca nel fecondo grado, il cui feme fi dee metter nelle ricette, il quale fi ferba per due anni, e per lo fuo odore, ha virtù confortativa, onde a confortar la digeftione, e alla doglia dello ftomaco, per ventufitade, fi dia il fuo feme ne' cibi, e 'l vino, dove farà cotto, a bere. Anche la polvere del fuo feme, gittata fopra la carne, la fa faporofa. E Ifidoro dice, che 'l fuo feme, dato in vin dolce, incita gli huomini a luffuria. Ma fi dee guardare, che non fene dia troppo, perocchè farebbe l'huomo furiofo, e pazzo. E la fua erba, col feme, e venenofa a'cani, e gli uccide, fe alquante fiate ne mangiano.

Della Confolida maggiore.

CAP. XXXIX.

LA Confolida maggiore, cioè rigaligo, è di fredda, e fecca compleffione, e la fua radice propriamente è medicinale, la quale ha virtù di coftrignere la groffa fuftanzia, e ferbafi cinque anni, e la fua polvere, data ne' cibi, vale contra 'l fluffo del fangue de' meftrui, e contra 'l fluffo del ventre: (*) e, pofta di fotto, vale contra 'l fluffo de' meftrui, e fimilmente le fomentazioni fatte della fua erba.

Del Cocomero Salvatico.

CAP. XL.

IL Cocomero falvatico è erba nota, del cui fugo fi fa lattovaro in quefto modo, cioè. Che ne' dì Caniculari il frutto della fua erba fi colga, allora, ch' è quafi maturo: e fi pefta, e fene cava il fugo, e fi pone al Sole, e fi fecca. E certi lo cuocono al fuoco: e quefto cotale è men laffativo, e mena più dolcemente. E altri bollono il fugo fuo, col mele, quafi infino al confumamento del fugo, e dannolo a modo di lattovaro, il quale affai folve, per le parti di fotto. Puoffi per due anni ferbare, ed ha virtù di purgare, principalmente la flemma, e gli umor vifcofi, e umidi, e poi la collera nera, o vero malinconia: onde vale contr' alla parlafia, apopleffia, ed epilefia, e colica, e contra 'l mal del fianco, e contr' alla

Vol. II.   **G**   alla

(*) *e, pofta di fotto, vale contra 'l fluffo de' meftrui.* Quefte *parole ci pajono fenza neceffità, e replicate*

alla febbre cotidiana, per flemma vitrea, o naturale.
Ed è utile agli sciatichi, artetici, e podagrici, imperocchè trae a se dalle parti da lungi spezialmente, e
purga anche cotto. E medicina utile a tutte le cose,
o vero infermitadi, per flemma, e non però si dà
solo: e purga per la bocca, e per lo ventre, si dee
usare, mescolando con altre confezioni, e si faccia la
medicina acuta d'un'oncia. E colui, che prenderà il
lattovario, non dee dormire sopr'esso, ma si muova
incontanente, che l'avrà preso, sì come que' che prende l'elleboro, imperocchè suole inducer soffocazione.
E nelle infermitadi del fianco, anzi che si dia, si dee
allo 'nfermo fare alcun cristèo mollificativo, e poi gli
sene faccia un'altro di cocitura di malva, e d'olio,
e di mele, con once cinque d'eraderii, e farà ottimo
contr'alla 'nfermità del fianco, e contr'alla artetica,
chiragra, e podagra. Anche la detta erba, se si puote avere, si pesti alquanto, e bollita in vino, ed in
olio, e posta nel luogo, ove è la doglia, vale alla
stranguria, e alla podagra, e al dolor del fianco. A
provocare i mestrui si confetti la polvere dell'elatterio, e con olio mustellino, e con olio comune, e vi
si ponga la bambagia dentro intinta. A maturar le
fredde apostème si prendano once cinque d'elatterio,
e farina d'orzo, e confettisi insieme, con tuorlo d'uovo, e vi si ponga suso. Ancora dell'elatterio, e della trementina si fa ottimo untorio da rompere le postème.
A' vermi degli orecchi si dee confettare l'elatterio, in
quantità di cinque grani, con poco aceto, e tiepido,
vi si metta dentro. Ad ogni dolor di stomaco, per
cagion fredda si dee ugnere dell'elatterio, con aceto
confetto. Alle lentiggini della faccia, e ad ogni altra
superfluità rimuovere, prendi cerussa, cioè biacca, e
canfora, ed elatterio, in quantità delle predette due
cose, e confetta con aceto, in modo d'unguento,

to, e pesta in mortajo di piombo, con pestello di piombo, e pongasi in vasello di vetro, e vi dimori per quindici dì: e poi nel predetto mortajo, col pestello medesimo, si meni, giugnendovi aceto, se fosse sodo, e sen' unga la faccia, perocchè rimuove il panno, e le letiggini maravigliosamente.

Del Dittamo.

C A P. X L I.

IL Dittamo, che per altro nome si chiama fraffinella, perocchè ha le sue frondi, a modo di fraffino, è caldo, e secco nel quarto grado, ed è radice d'un' erba, che dittamo simigliantemente s'appella, la quale, in luogo caldo, petroso, e secco spezialmente si truova, ed ha virtù di dissolvere, e di consumare il veleno. Contra 'l morso degli animali velenosi vi si ponga suso l'erba, o la radice della predetta erba, pesta: ancora il sugo suo si dia col vino. E la sua polvere s'intrida col sugo della menta, e vi si ponga suso, e anche si dia a bere. Anche dice Isidoro, ch'egli è di tanta virtù, che svelle il ferro del corpo, e mandalo fuor della carne, onde le bestie, saettate, gittano le saette, mangiando quello.

Dell'Endivia.

C A P. X L I I.

L'Endivia, che per altro nome si chiama lattuga salvatica, è fredda, e secca nel secondo grado, e 'l suo seme, e foglie si confà ad uso di medicina, e ancora le foglie si confanno ad uso di cibo: ma la sua radice non ha virtù alcuna, e le sue foglie verdi

son

fon di grande efficacia, e operazione, e fecche niente
adoperano. Ed ha virtù di confortare, ed alterare,
onde vale contr'all'oppilazion del fegato, e della milza per cagion di collera. E vale contr'alla femplice,
e doppia terzana, e contr'all'itterizia, e rifcaldamento del fegato, e contr'alle calde apofteme, mangian-
dole leffe, o crude. Anche lo fciroppo fatto della fua
decozione, e del zucchero, vale a quel medefimo.
Anche il fuo fugo, o vero fciroppo, dato con reubarbaro, il quarto, o vero il fefto giorno, dopo la
digeftione della materia, vale. Anche contra 'l calor
del fegato, e contr'alle calde apofteme, vale la detta erba, pefta, e poftavi fufo. A quel medefimo vale
il fugo epittimato. E fe non puoi aver le foglie, cuo-
ci in acqua il feme dell'erba, pefto, e ponlo in fuo
luogo. E Alberto dice, che l'acqua dell'endivia con
biacca, e aceto, è pittima mirabile a raffreddare qualunque cofa dee raffreddarfi.

Dell' Ella.

CAP. XLIII.

L'Ella non fi femina, perocchè non produce feme:
ma la fua corona fi pianta tutta, o la maggior
parte, del mefe d'Ottobre, in terra graffa, e profonda, cavata, e ben rivolta, e trita. L'Ella è calda
nel terzo grado, e umida nel primo, ed enne di due
maniere, cioè ortolana, e camporeccia. Quella del
campo, è di maggiore efficacia, quanto alle radici, e
la fua radice fi coglie nel principio della State, e feccafi al Sole, acciocchè non fi corrompa, per umore,
e fi dee la fua radice metter nelle medicine. Puoffi
ferbar per due anni, e per tre, ed ha virtù lenificati-
va, e mondificativa, onde vale contra i nerbi per fri-
gi-

gidità indegnati. Contra 'l dolore de' membri spiritali, per fredda cagione, diesi il vino della sua decozione, *secundum istud. Enula campana reddit præcordia sana.* Contra 'l dolor di stomaco, e contr' a ventusità, e contr'a fredda tossa, diesi il vino della sua decozione. La sua polvere, con la polvere del cenamo, a' dilicati solve la ventusità de' membri spiritali. L' erba tutta decotta in vino, e olio, e impiastrata, dissolve il dolor del fianco, il colico, e la stranguria. Contr' all' asma fredda, si dia la farina d' orzo, nella quale la sua polvere sia cotta. E sappi, che nell' Ella è virtù rubificativa, e ultima astersione.

Della Fegatella.

C A P.   X L I V.

L'Epatica, cioè Fegatella, è fredda, e secca nel primo grado, ed è erba, che cresce ne' luoghi acquidosi, e spezialmente in luoghi petrosi, la quale ha molte foglie, che si stringono alla terra, e alle pietre: e la sua virtù è diuretica, per la sottil sustanzia, e rifrigerativa: onde l' acqua della sua decozione vale contr' all' oppilazion del fegato, e della milza per calda cagione, e contra 'l riscaldamento, del fegato, e contr' all' itterizia: e lo sciroppo fatto dell' acqua della sua decozione, giugnendovi reubarbaro, nella fine della decozione, sarà ottimo contr' alla giallezza.

Della Ruchetta.

C A P.   X L V.

L'Eruca è calda, e secca nel quarto grado, e la dimestica è di maggiore efficacia, che la salvatica,

ca, e i fuo' femi fi confanno fpezialmente ad ufo di
medicina, appreffo le foglie. La cui virtude è confumativa, e provocativa del coìto: e cotta con la carne, vale ad incitare il coito, e diffolve la diffenteria, e la ftranguria, e la parlasìa. Ancora fe fi cocerà in vino, e s' impiaftrerrà alle reni, provocherà a
luffuria, e pofta fopra 'l pettignon, provoca l' orina:
e 'l fuo feme, maffimamente della falvatica, fa rizzar
la verga.

Dell' Ebbio.

C A P.   X L V I.

L' Ebbio è caldo, e fecco nel terzo grado, e le
cortecce delle fue radici, e le cime, fpezialmente fono medicinali. Le cortecce delle fue radici fi colgon la Primavera, e fi feccano al Sole, e fi ferban
per tutto l' anno, ed ha virtù di diffolvere, e di confumare, e di purgar la flemma, e gli umor vifcofi.
E fi dia il fuo fugo, il qual purga, attraendo di
fotto, e di fopra angofciofamente, onde non fi dee
dare, fe non quando la materia è digefta, e quando
il corpo è difpofto a fluffo, sì come nell' altre vomi-
chevoli medicine. E vale alla febbre continua, e alla
lunga terzana, per collera citrina, e vitellina. Anche
vale all' oppilazion del fegato, e all' itterizia, e alla
colica, e al mal del fianco, e mena fuor l' acqua di
que', che patifcon di flemma bianca. E 'l fuo ufo è,
che fi dia il fuo fugo per fe, o nella fua decozione
fi diftemperi altra medicina, o fi giunga con ifciroppo,
e offimele laffativo, o fi cuoca con mele, infino alla confumazion del fugo. Contr' all' enfiamento della ftremità, e contr' all' artetica, e collora bianca,
fi faccia bagno d' acqua falfa, di decozion delle fue
radici, e cime, o di tutta l' erba.

Del

Del Finocchio.

CAP. XLVII.

IL Finocchio si semina del mese di Dicembre, di Gennajo, di Febbrajo, e di Marzo, e d' ogni tempo si traspone, ed è caldo, e secco nel secondo grado, ed ha virtù diuretica, e di sottigliar la grossa ventusitade. E mangiato dopo 'l cibo, vale a' rutti acetosi, li quali si fanno per indigestione: e questo fa per la sottile sustanzia, e per le sue qualità. E 'l suo seme, le foglie, e i fiori, e le cortecce delle radici si confanno ad uso di medicina. Il seme si coglie nel principio dell' Autunno, e serbasi per tre anni. Le cortecce delle radici si colgono nel principio della Primavera, e si serban per mezzo l' anno. Contr' all' oppilazion del fegato, e della milza, e contr' alla stranguria, e dissuria, e contr' al vizio della pietra, per freddo umore, si dà l' acqua della sua decozione. Anche il finocchio cotto, e mangiato, contra le predette cose vale. Anche questa medesima acqua, o vino, solve il dolor dello stomaco, per freddezza, o per ventusità, e conforta la digestione. Quel medesimo fa la polvere del suo seme. Contr' al panno degli occhi, e pizzicore, si ponga il sugo delle sue radici in vasel di rame per quindici dì al Sole, e a modo di collirio, si metta negli occhi. Contra 'l pizzicor degli occhi esperimento certano è: confettisi aloè ottimo, con sugo di finocchio, e si ponga in vaso di rame per quindici dì al Sole, e poi si metta agli occhi a modo di collirio.

Della Flamula.

CAP. XLVIII.

LA Flamula è calda, e secca nel quarto grado, e chiamasi flamula, perchè ha virtù incensiva, ed è simigliante alla vitalba nelle foglie, e ne' fiori, ma i fiori sono azzurrini. Quando è verde, è di molta efficacia, e secca vale niente, o poco. A far cauterio, sanza fuoco, pestisi la flamula, e pongasi sopra 'l luogo, che si vuole incendere, e vi si lasci un giorno, e troverrassi la buccia arrostita, e arsa: e poi si curi a modo di cerusico. A rompere l'apostema, quando fosse convertita in marcia, e 'l capo fosse duro, si dee la detta erba pestar con olio, e por di sopra, e l'olio si pone a rilassazione, acciocchè la flamula non disecchi troppo.

Del Fummosterno.

CAP. IL.

IL Fummosterno è erba assai conosciuta, la quale è così detta, imperocchè è generata da alcuna grossa fummosità della terra, ed è calda nel primo grado, e secca nel secondo, ed è di grande efficacia verde, e secca, e principalmente purga la malinconia, e appresso la flemma salsa, e la collera adusta, ed è diuretica. Contr'alla rogna, si prendano once due del suo sugo, e giuntovi zucchero, sene faccia sciroppo, e si dia con l'acqua calda, o vi si giunga il seme del finocchio. Anche si faccia quest'unguento nell'olio delle noci, e vi si ponga polvere di filiggine sottile, e si confetti con aceto, il quale vi giugnerai, e col sugo

fugo del fummofterno, in maggior quantità, che dell'
altre cofe, e fen' unga lo 'nfermo nel bagno, ed è
ottimo. Ed abbi a mente, che fe 'l fuo fugo fi darà tre volte la fettimana, come è detto, ottimamente
purgherà gli umori, che la rogna producono. Anche
la detta erba, cotta in vino, e pofta nel luogo della podagra, vale molto.

De' Funghi.

C A P. L.

DE' Funghi, certi fon buoni, e certi mortiferi. I
buoni fon piccoli, e ritondi, a modo di cappello, i quali apparifcono nel principio della Primavera e vengono men del mefe di Maggio, e così fatti funghi, mai non nocquero altrui, nè fecero nocimento fubitamente. Ma tuttavolta è da fapere, che
tutti generano nutrimento malvagio. Ma i mortali, fon
quelli, i quali nafcono appreffo ferro rugginofo: e ancora fono altri funghi mortali, avvegnachè incontanente non uccidano: e quefti fon quelli, che nafcono
appreffo le cofe putride, o allato all' abitazion d' alcun velenofo animale, o allato a certi arbori, ch' hanno di lor proprietade corruzione a' funghi, sì come
l' ulivo. Il fegno de' funghi mortali è quefto, cioè.
Che nella parte di fopra, la fua buccia ha una umidità vifcofa corrotta, e che tofto fi muta, e fi corrompe intra le mani di coloro, che gli colgono. E nelle noftre abitazioni fi truovano funghi, i quali fon lati, e fpeffi, e che hanno alcun roffor nella parte di
fopra, e in quel roffore ha molte ampulle elevate,
delle quali fono alcune rotte, e alcune nò, e quello
è mortale, che tofto uccide, e chiamafi il fungo del-

le mofche, imperocchè, polverizzato in latte, uccide le mofche.

Del Fiengreco.

C A P. L I.

IL Fiengreco è caldo, e fecco, ed ha fuftanzia vifcofa, onde ha virtù di maturare, e di laffare. A maturar le pofteme fi dee intridere la fua farina con tuorlo d'uovo, e porlavi fufo, perocchè matura, e fottiglia. A maturare, e a rompere fi mefcoli con trementina, e vi fi ponga fufo. Anche l'erba del predetto feme, cotta in olio, foprapofta, è utile a maturare. All'apoftema degli fpiritali membri, fi prende la farina del fiengreco, meffa in un facchetto, e cotta in acqua, con malvavifchio, fi ponga di fopra. All'apoftema dello ftomaco, e delle budella, facciafi della farina del fiengreco, e dell'acqua predetta, poltiglie, e vi fi foprappongano.

De' Gambugi.

C A P. L I I.

I Gambugi fi fono di natura di cavoli, ed hanno forma di cavoli, infino, che fi vengono a chiudere, ma, poichè fon chiufi, le lor foglie diventano quafi bianche, e groffe come bucce di cipolle, e crefpe. Defiderano aere freddo, imperocchè in caldo, o temperato non fi chiudono, ma rimangono aperti, sì come i cavoli, e così defiderano la terra, che defiderano i cavoli, e fannofene compofte, come delle rape, e anche fi feminano come i cavoli.

Della

Della Gramigna,

CAP. LIII.

LA Gramigna ha virtude ftitica, ed ha virtù di
faldar le ferite, e diffolvere il ventre, e di fanar le piaghe delle reni, e della vefcica, e a mitigare il dolor della milza: e 'l fuo fugo, dato a bere, ha proprietade d'uccidere i lombrichi. Quefta
erba conofcono i cani, i quali, quando purgar fi
vogliono, la mangiano, fecondo che fcrive Plinio.

Della Genziana.

CAP. LIV.

LA Genziana è radice d'un' erba, ch' è fimigliantemente così appellata, la cui radice folamente
è medicinale. Cogliefi nel fin della Primavera, e poich' è fecca, fi ferba per tre anni. Nafce, il più,
ne' monti, e luoghi ombrofi, e umidi. E calda, e
fecca nel terzo grado, ed ha virtù di folvere, di
confumare, e d'aprire, onde è diuretica: e fe la fua
polvere fi dà in vino, e con acqua d'orzo, vale
contr' all' afma antica. Ed il fugo della fua radice,
manda via la morfea, e fana le piaghe, e l' ulcerazion corrofive. E anche bevuta fa gran prode a chi
foffe caduto d'alto, e foffe calterito, e lacero: ed è
ultimo rimedio contra 'l morfo dello fcarpione, e
ferpenti, e contr' alle ferite avvelenate, e al morfo
del can rabbiofo, fe fene bevono due once per volta, con vino.

Della

Della Garofanata.

CAP. LV.

LA Garofanata è fimigliante alle novelle foglie del rogo, o vero a flaponi, e la fua radice è odorifera, e anche le foglie: ed è calda, e fecca nel terzo grado, e la frefca è di maggiore efficacia, che la fecca, e ferbafi per un'anno, ed ha virtù confumativa, apritiva, e diffolutiva, e chiamafi garofanata, perocchè 'l fuo odore è fimile a quel de'grofani, o il fuo fapore, o la fua operazione. Contra 'l difetto del cuor val molto, fe cotta in acqua marina, e olio, fi pone dalla parte dinanzi, e di dietro. Anche a confortar la digeftione, e contr'alla doglia dello ftomaco, e delle budella, per cagion di freddo, o di ventufità, fi dia il vino della fua decozione.

Del Ruviftico.

CAP. LVI.

L'Umulo, cioè Ruviftico, o vero Livertizio, lo quale fa fiori, i quali, per la loro fecchezza, fi confervano lunghiffimamente in loro virtute, sì ch'è comune opinione, che giammai non fi corrompano. E il loro odore è acuto, e forte, e fono caldi, e fecchi, e diffolutivi delle vifcofitadi, e incifivi, e confervan da corruzione i liquori, ne'quali fi mefcolano.

Del

Del Jufquiamo .

C A P.   L V I I.

IL Jufquiamo è freddo, e fecco nel terzo grado,
ed è feme d' un' erba, che fi chiama Caffilagine,
o vero dente cavallino, e i fuo' femi fon di tre fatte : imperocchè alcuno è bianco, alcuno roffo, e
alcuno nero. Il bianco, e 'l roffo fi confanno ad ufo
di medicina, il nero è mortifero. Ed abbi mente,
che fe 'l Jufquiamo fi dee ricevere dentro per bocca, fi de' dare il feme, e fe di fuori fi riceve, fi
dia l' erba. Ma il feme è di maggiore operazione,
ed ha virtù di far dormire, coftrignere, e di mortificare. A provocare il fonno, in infermità acuta,
fi faccia fomento dell' acqua, dove farà cotta la fua
erba, intorno alla fronte, e intorno alle tempie, e
intorno a' piedi, e anche fene lavi, e poi fi faccia
quefto impiaftro. Prendafi la polvere del fuo feme
ben fottile, con l' albume dell' uovo, e con latte
di femmina, che nudrifca fanciulla, e con un poco d'aceto, e fi ponga alla fronte, e alle tempie.
Anche a coftrigner le lagrime fi faccia quel medefimo impiaftro. Contr' alla diffenteria fi faccia impiaftro della detta erba, e vi fi ponga, perocchè
rimuove il dolore. Contra 'l dolor de' denti, prendafi il fuo feme, e fi ponga fopra i carboni, e lo
'nfermo riceva il fummo per bocca, e la tenga fopra l' acqua, e apparirà fopra l' acqua una cofa, a
modo di vermini, i quali nuotan di fopra. Il fuo
feme pofto ancora fopra 'l dente, per cagion calda,
rimuove il dolore. E ferbafi per dieci anni.

Dell'

Dell' Isopo.

C A P.   L V I I I.

L'Isopo è caldo, e secco nel terzo grado, ed ha virtù, secondo le foglie, e i fiori, non secondo le radici, diuretica, e consumativa, e attrattiva; e 'l vino della sua decozione, de' fichi secchi, vale contr' alla fredda tossa. Anche 'l vino della sua decozione, e del seme del finocchio, rimuove il dolor dello stomaco, e delle budella. E 'l fomento fatto dell' acqua della sua decozione, mondifica, e netta la matrice dalle superfluitadi, e quel medesimo adopera il suppositorio fatto della sua polvere, e dell' olio mustellino. Ancora la sua polvere, o l' erba, scaldata nel testo, e posta al capo, o per se, o in sacchetto, vale contra 'l freddo catarro, e al cadimento dell' uvola. Al mal dell' uvola, prendasi la detta erba, e si cuoca in aceto, e si gargarizzi. Anche la detta erba, cotta nel vino, e impiastrata, rimuove la doglia, che per ventusità adiviene.

Del Iaro.

C A P.   L I X.

L'Iaro, cioè Gichero, il quale per altro nome è detto barbaaron, o vero piè vitellino, e caldo, e secco in secondo grado, e truovasi ne' luoghi secchi, e umidi, montuosi, e piani, e nel Verno, e nella State. Ha grande efficacia, secondo le foglie, e maggiore, secondo le radici, e grandissime, secondo certe tuberosità, che si colgono, fendonsi, e seccansi, ed ha virtù di dissolvere, d' ammorbidare,

e di fottigliare. Contr' all' enfiamento degli orecchi
fi faccia impiaftro della detta erba, infieme con le tu-
berofità predette, nel vino, e nell'olio, cotte, e vi
fi giunga comino, e fi ponga fopra gli orecchi. Contr'alle fredde apofteme fi prenda la detta erba tutta,
con le fue tuberofitadi, e fi pefti con fugna orfina, e
così calda, fi ponga fu la poftema. Contr'alle novelle fcrofole, fi prenda la detta erba, e fi pefti con fugna vieta, e fquilla, o con fugna d'erfo, fe fi può
avere, e fi ponga fopra effa, e fe faranno frefche, ne
guarrà lo. 'nfermo. A far bella, e netta la faccia, e
affottigliar la buccia, fi faccia polvere fottile delle fue
tuberofitadi fecche, e confette con acqua rofata, e fi
ponga al Sole, infino, che l'acqua fia tutta difeccata,
e fen' unga la faccia: e così fi faccia tre, o quattro
volte, o più, di quella polvere folamente, o con l'acqua rofata, e purga più, e fa più bella la faccia,
che la biacca. Anche la fua polvere folamente rode
la carne fuperflua.

Del Calcatreppo.

CAP. LX.

IL Calcatreppo è un'erba molto fpinofa, delle cui
radici fi fa la zenzeverata, in quefta maniera. Che
in due libbte di mele, e libbre una di calcatreppo
mondo, o di paftinaca, fi metta oncia una, o mezza di pepe, e due di Gengiovo, o mezza di pepe folamente, in quefto modo. Lavifi ben primieramente
il calcatreppo, e fi gitti il legno, che v'è dentro,
poi ottimamente fi cuoca, o vero che fi cuoca imprima, e poi fi gitti il legno. Appreffo fi tagli minutamente, e pofto il mele al fuoco, e ottimamente
fchiumato, fi metta in effo il detto calcatreppo, e 'l
gen-

gengiovo, o vero pepe, e bollano infinattanto, che
diventi fpeffo convenevolmente. E fe nella fine della
fua decozione fi giungerà polvere di femi di ruchet-
ta, e pinocchi, farà ottima al coito, e a rizzare
il membro.

Del Ghiaggiuolo.

C A P.   L X I.

IRis ireos, o ver Ghiaggiuolo, è una medefima erba, le cui foglie fono fimiglianti a fpada, con fiori porporini, o ver bianchi: imperocchè quello, che
s'appella iris, ha fiori porporini, quello che s'appella ireos, gli ha bianchi, e fono d'una medefima
virtù, e folamente nelle medicine ufiamo la fua radice di dare. Cogliefi nel fin della Primavera, e fi
fecca, e ferbafi per due anni, ed è calda, e fecca nel fecondo grado, ed ha virtù diuretica, onde
diffolve, e apre. Contr' al vizio de' membri fpiritali, contr' all' oppilazion della milza, e del fegato, e
delle reni, e della vefcica, e contra 'l dolor, per
ventufitade, è utile il vino della fua decozione. E
anche la fua polvere ha virtù di rodere foavemente
la carne fuperflua. Al panno degli occhi rimuovere, fi faccia collirio della fua polvere, e dell'acqua rofata.

Della Regolizia.

C A P.   L X I I.

LA Regolizia è radice d'un'erba, che defidera terra ben foluta, e fpezialmente fabbione, acciocchè iv'entro agevolmente metta molte, e lunghe ra-
di-

dici. La quale, se si pianta, agevolmente s' appiglia, e intorno a se pullula molto, e forse, se 'l suo gambo tenero si piega alla terra, e si cuopra, si convertirà in radice, a modo della gramigna, e della menta, e della robbia. La qual radice è calda, e umida temperatamente, e si dee scegliere, e prender quella, che non sia troppo grossa, nè troppo sottile, e che sia gialla dentro, e che non faccia polvere, e la nera, e la bianca si dee gittar via. Il suo sugo è d' una medesima operazione con essa, e ancora di più forte: e fassi in questo modo, cioè. Che si dee prendere quando è verde, e si dee pestare, e bollire in acqua, e si cuoca quasi infino, che sia disfatta, poi si preme. E la sua decozione, fatta in acqua, vale contr' a tutti i vizj del petto, e contr' alla periplemonia, e pleuresi. Anche il vino, dove sarà cotta, vale contr' alla tossa. A quel medesimo vale il lattovaro confetto della regolizia, pigliando il suo sugo, e fattone lattovaro con mele. Anche la regolizia masticata, e tenuta sotto la lingua, mitiga la sete, e l' asprezza della lingua, e del gozzo.

Del Giglio.

C A P. L X I I I.

IL Giglio si pianta del mese d' Ottobre, e di Novembre in terra grassa, e ben lavorata, e prendonsi gli spicchi suoi, o vero bulbi, cioè cipolle verdi, o secche, al modo, che si fa degli agli: e si pongono di lungi l' uno dall' altro una spanna, o un piede, e questo è meglio. Anche dice Aristotile, che se 'l gambo del giglio, innanzi che sia aperto il suo seme, o vero fiore, si piegherà in terra, in tal maniera, che la sua cipolla non si dibarbi, e si cuo-

pra con la terra, infra pochi giorni mette in ciafcun nodo del gambo una piccola cipolla, a modo del fuo bul-
bo. Il giglio è caldo, e umido, e fonne di due maniere, dimeftichi, e falvatichi. Ma de' falvatichi alcuni fanno i fiori purpurini, i quali gigli fono di maggiore efficacia. Altri fono, che fon gialli. Ma i dimeftichi fe faranno pefti con fugna vecchia, o in olio
cotti, maturano il freddo apoftema. Contra la durezza della milza, prendafi la fua radice, in gran
quantitade, con la brancorfina, e con la radice del
vifco, e fi metta in vino per dieci giorni, e poi fi
coli, e giuntovi cera, e olio, fene faccia unguento.
A colorar la faccia, prendi le tuberofitadi delle radici del giglio falvatico, e feccale, e poi le polveriz-
za, e diftempera, con acqua rofata, e falle feccare:
la qual cofa fatta tre, o quattro volte folamente, quella polvere, ftemperata con acqua rofata, te la fregher-
rai fopra la faccia. Anche, lavando, fene mondifi-
cherà la faccia, e rimoverà le crefpe. Anche dice
Diofcoride, che le fue foglie cotte, e pofte fopra i
luoghi arfi, vaglion molto. E quel medefimo fa la
fua radice, fe pefta con olio, vi fi pone, imperocchè la fua virtude è mitigativa. Anche mena fuori
la purgazion de' meftrui, perchè è apritiva: e coftrigne l' enfiamento. Ed imperò vale contr' agli
apoftemi, per ventufità, fe la fua radice, pefta
con olio, fpeffe volte vi fi pone. Ma Plinio dice,
che le fue cipolle, cotte col vino, fanano le trafit-
te de' ferpenti, e la malizia, e 'l velen de' funghi.
E fe fi coceranno in vino, mifchiandovi olio, folvono i chiovi, e i nodi de' piedi, e fanno rendere i peli ne' luoghi abbruciati, e arfi. Anche
fe fi cocerà in vino, e vi s' aggiunga mele, foc-
correranno alle vene tagliate. Le fue foglie cotte
in vino, fanano le ferite. De' fuo' fiori fi fa o-
lio,

lio, e acqua, sì come delle rose, ed è poco meno d' una medesima virtù, che olio, e acqua di rose.

De Lingua avis.

C A P. L X I V.

Lingua avis, cioè correggiuola, è calda, e umida nel primo grado, ed ha le sue foglie piccole, e acute, simiglianti alla lingua dell' uccello, ed ha fiori piccoli, rotondi, e bianchi, la quale, quando è verde, è di molta efficacia, ma secca niente vale. Ed ha virtù d' incitare a lussuria, e d' umettare: e se si cocerà la detta erba con carne, o con olio, o con grasso, inciterà la lussuria. E anche vale se si cuoce, o vi si giunge zucchero, a quegli, che sono consumati. Contr' alla secchezza del petto, si dia l' acqua dove sarà cotta, e varrà meglio, se vi si giugnerà draganti.

Della Romice.

C A P. L X V.

IL Lapazio, o vero la Romice, è calda, e secca nel terzo grado, o nel secondo, secondo Avicenna, ed enne di tre maniere, cioè di quella, acuta, che ha le foglie acute, e questa è più efficace: e di quella, che ha le foglie larghe, la quale è dimestica, e questa è più convenevole ad usare. Anche è di quella, che ha le sue foglie tonde, e la sua virtude è dissolutiva, e lassativa, apritiva, e sottigliativa. Contr' alla rogna, prendasi il sugo del lapazio acuto, e olio mustellino, e pece liquida, e bollano insieme, e

poi

poi fi coli, e alla colatura fi giunga polvere di tartaro, cioè gromma di vino, e di fuliggine, e fene faccia unguento, il quale affai è convenevole a' rognofi.
Avicenna dice, che la fua radice, cotta con aceto,
vale alla rogna ulcerofa, e alla 'mpetigine: e la fua
decozione, con l'acqua calda, vale al pizzicore. E
fimigliantemente la detta erba è ottima, per fe medefima, in bagno. Contr' alla 'mpetigine, e ferpigine,
fi faccia decozion del fuo fugo, e della polvere dell'
orpimento. A maturar gli apoftemi, prendafi il lapazio ritondo, e fi pefti, e fi cuoca in olio, o con
fugna. A rompere gli apoftemi, prendafi il lapazio
acuto, e s'apparecchi nel fopradetto modo, e vi fi
ponga. Contr' alla ftranguria, e diffuria, prendafi la
detta erba, e fi cuoca in vino, e olio, e fi ponga
fopra 'l pettignone, e provoca l'orina in molta quantitade. Anche l'acqua, o vero il vino, in che farà
cotta, folve l'oppilazion della milza, e del fegato.
Contra le fcrofole nuove, facciafi impiaftro del lapazio acuto, e fi pefti infieme con la fugna, e. vi. fi
ponga, e 'l fugo fuo dato con mele, vale contra i
lombrichi. Contr' alla flemma, la quale abbonda nel
cerebro, il fugo fuo, con fugo di ruta, fi metta nel
nafo in picciola quantitade, in caldo aere, o in bagno. Anche il lapazio crudo, o cotto, vale a' rognofi.

Della Lattuga.

CAP. LXVI.

LA Lattuga fi può feminare, e trafpiantar quafi in
tutto l'anno, in terra graffa, e ben lavorata,
per fe, o mefcolata con altre erbe: e quella, che farà feminata nell'Autunno, utilmente fi pianta del
me-

mefe di Dicembre, intorno alle porche dell' altre erbe, le quali, in quel tempo fi feminano, imperocchè
non teme il freddo, ma fene fortifica: e farà buona
dopo 'l Verno, con altre erbe, infinattanto, che farà
'l feme: ma quelle, che fono della natura delle picciole, non fi trafpiantano: ma quelle, che fono delle
grandi, le quali s'appellano lattughe Romane, e che
hanno il lor feme bianco, fi deono trafporre, acciocchè crefcano, e diventino dolci: e molto s'ajutan
con l' innaffiar, nel tempo del fecco. La lattuga è
fredda, e umida temperatamente, e altri dicono, ch'
ell' è calda, e umida temperatamente, e perciò è miglior, che tutte l' altre erbe, e temperatiffima, rifpet-
to all' altre, onde ingenera buon fangue, e molto, e
copia, e abbondanza di latte, e fe non fi lava, con
l' acqua, è migliore. Tofto fi fmaltifce, e provoca
l'orina, e ammorta il mordicamento dello ftomaco,
che vien per collera roffa, e raffredda il bollimento
del fangue, e a coloro, che non poffon dormire, induce fonno laudabilmente. E fe fene fa impiaftro al
dolor del capo, che avvenga per collera roffa, o per
fangue, rimoverà il dolore. Diventa più convenevole a mangiare cotta, che cruda, perocchè 'l fuo latte, per lo calor del fuoco, fcema, per lo quale era
induttiva del fonno: ma a' collerici è convenevole
così cotta, come cruda. E nel fuo principio, cioè
quando è giovane, è più utile allo ftomaco, e più
convenevole ad accrefcere il latte alla femmina, e lo
fperma dell' huomo. Ma quando indura, e non è co-
piofa di latte, fcema la fua umidità, e diventa amara, onde diviene apritiva, ma genera fangue peffimo,
e però diventa nociva a color, che l' ufano, imperocchè intenebra gli occhi, e corrompe la materia dello
fperma. Ma quando è tenera, vale molto nelle febbri, leffata, o cruda. Cotta nell' aceto, aggiuntovi
                                                    grua-

gruogo, folve l'oppilazion della milza, e del fegato.
A provocare il fonno, prendafi del fuo feme, e fi
confetti con latte di femmina, che nutrica fanciulla
femmina, e con l'albume d'uovo, e fene faccia impiaftro fopra le tempie. Anche la polvere del fuo feme, con latte, provoca il fonno: e quel medefimo fa
a coloro, che hanno febbre, data con l'acqua calda.
Contro al caldo apoftema, fi confetti con olio rofato, e vi fi ponga, e confumalo, e rompe. Anche lo
'mpiaftro fatto delle fue foglie, fovviene a quegli,
ch'hanno rifipola. Anche il fuo feme, dato a bere,
foccorre a coloro, che fpeffo fi corrompono. Anche
è una ragion di lattughe falvatiche, le quali hanno
le foglie più lunghe, più ftrette, e più fottili, e più
afpre, e più verdi: e quefta è amara, e di maggior
caldezza, e fecchezza, che la dimeftica. Anche dice
Plinio, ch'è una ragion di lattuga, che per fe medefima nafce, la quale s'appella lattuga caprina, la
quale, fe fi gitta in mare, fi muojono i pefci, che
vi fon proffimani. Anche è un'altra fpezie di lattuga, che nafce ne'campi, le cui foglie, pefte con la
polenta, vagliono a'membri di dentro: e quefta cotale
appellano i Greci ἀγρίκ ϑρίϑαξ. Anche n'è un'altra
fpezie, che crefce nelle felve, la quale appellano fca-
ricion, le cui foglie, pefte con la polenta, vagliono
alle ferite, e ftagnano il fangue: e le ferite, che fi
corrompono, fana, e guarifce. Ed è un'altra fpezie
di lattuga, la quale ha le foglie ritonde, e corte,
la quale molti appellano acria, nel cui fugo gli fparvieri, fcarpellando la terra, cavando l'erba, e intignendovi gli occhi, difcaccian l'ofcuritade, quando
invecchiano. Il fugo della quale erba fana tutti i
vizj degli occhi, e maffimamente quando fi mefcola con effo latte di femmina: e medica i morfi
de'ferpenti, e degli fcarpioni, fe 'l fuo fugo fi bee

con

con vino, e sopr' esso le sue foglie peste, s' impiastrino, e ogni enfiamento rimuove, e costrigne.

Del Lentisco.

CAP. LXVII.

IL Lentisco è di calda, e secca complessione, e ha virtù di costrignere, e di consolidare. Contra 'l flusso de' mestrui, e contr' alla dissenteria, e vomito, per debilità di virtù contentiva, se sene faccia piccioli mazzuoli, con le sue foglie, e si cuocano in aceto forte, e fattone impiastro, si ponga sopra 'l pettignone, e sopra le reni. E contra 'l vomito si ponga sopra la forcella del petto. Anche si può usare in quest' altre maniere, contr' alle predette cose, cioè. Che si prenda il tenerume del lentischio, e si faccia bollire, infin che sia consumato l' aceto : e ciò fatto, si ponga a seccare, e sene faccia polvere, la quale si dia ne' cibi, e ne' beveraggi. Contra l' ulcerazion della verga, si prenda la polvere fatta delle sue foglie, seccate sopra testo caldo, e vi si polverizzi, imperocchè salda le piaghe, e consuma la puzza, e non vi si de' porre, se non quando vi fosse la puzza. Contr' all' ulcerazioni della bocca, e della lingua, e delle labbra, eziandio in febbre acuta, si faccia decozione delle sue foglie in aceto, la quale lo 'nfermo spesso gargarizzi.

Della Laureola.

CAP. LXVIII.

LA Laureola è un' erba molto lassativa, ed è calda, e secca nel quarto grado. Il cui frutto, o
vero

vero feme è ritondo, rofficcio, a quantità di pepe, il quale s' appella cocogrido, o vero coconidio, il quale è anche più laffativo, che la laureola, bench' ella fia laffativa molto. Purga la flemma, e gli umor vifcofi, e principalmente dalle parti remote, e dalle giunture de' membri, e appreffo purga la malinconia, onde vale agli fciatici, agli artetici, e a' podagrici. Anche vale contr' all' apopleffia, e contr' alla parlafia: e l' ufo fuo è con altre medicine nell' offimele, e in fimiglianti: e daffi ancora ne' compofti: ma per fe fola non fi dà, perocchè ha natura d' ulcerar le budella, per la fua troppa acuità. Ma tuttavolta fe la voleffimo ufar per fe, sì la doverremmo cuocere, e giugnervi gommarabica, e maftice, acciocchè la fua malizia fi rintuzzi. E non è mica da dar, fe non a coloro, che fon duri a folvere, e ch' hanno il ventre, e le budella carnofe, e 'l fuo feme è di quella medefima virtude.

Della Lappola.

C A P.   L X I X.

LA Lappola è un' erba, che nella fua fommitade ha certi capitelli, i quali molto s' appiccano alle veftimenta, e fonne di molte maniere, e tutte fono medicinali. E Plinio dice, che fon di tanta virtude, che medican le punture degli fcarpioni, e non trafiggono gli huomini, che del fuo fugo foffer bagnati, e unti. E anche la decozion delle fue radici rafferma i denti, fe farà tenuta tiepida in bocca. E 'l fuo feme cura molto i vizj dello ftomaco, e fa prode a coloro, che gittano il fangue, e fovviene alla diffenteria: imperocchè la fua radice, con vino, ftrigne, e le foglie, giuntovi fale, folvono.

Del

Del Leviſtico.

C A P. L X X.

IL Leviſtico è caldo, e ſecco, in ſecondo grado,
il cui ſeme ſimilmente s'appella Leviſtico, e nelle
medicine ſi mette ſolamente, e non mica l'erba, nè
la radice, il quale ha virtù diuretica, e d'aprire, e
di ſottigliare, onde il vino, che ſarà cotto con eſſo,
vale contr'all' oppilazion della milza, e del fegato.
E ancora l'acqua, dove ſi cocerà, vale contra 'l dolor dello ſtomaco, e delle budella, che avvien per
ventuſitade. Anche alle predette vale la ſua polvere,
con quella del comìno, miſchiata, e data.

De' Poponi.

C A P. L X X I.

I Poponi deſiderano terra, e'aere, chente i cedriuoli, e i cocomeri, ma meno graſſa, e meno letaminata, acciocchè più ſaporoſi, e ſodi divengano, e
più toſto ſi maturino. E ſi deono piantare a quel medeſimo modo, e tempo, e poichè ſono nati, non ſi
deono adacquare. De' quali alcuni ſon groſſi, e man-
gianſi maturi, cioè quando cominciano a diventare o-
doriferi, e gialli: de' quali i grecefchi, ch'hanno i ſemi molto piccoli, ſon migliori di tutte le generazion
de' poponi. E altri ſono, che ſono ſottili, verdi, e
molto lunghi, e quaſi tutti torti, i quali ſi chiamano
melangoli: e queſti appelliamo noi melloni, i quali
ſi mangiano acerbi, sì come li cedriuoli, e ſon d'un
medeſimo ſapore: ma ſono men freddi, e più digeſti-
bili, ed imperciò ſi dice, che ſon migliori, che i ce-

driuoli. I poponi fon freddi, e umidi nel fecondo
grado, e que'che fon dolci, fon temperatamente freddi. E Avicenna dice, che la fua radice, in quel medefimo modo, è vomitiva, che detto è della radice, de' cedriuoli, e de' cocomeri. Conviene adunque, che quei, che gli vuole ufare, alcun cibo
non mangi innanzi a quelli, acciocchè non facciano
abbominazione. Ma Ifac dice, che, poichè faranno
mangiati, fi dee dimorare, infino, che faranno fmal-
titi, innanzi ch' altro cibo fi prenda. Anche dice A-
vicenna, che 'l popone fi digeftifce tardi, fe non
quando fi mangia con quel, ch' è dentro, e 'l fuo
nudrimento è migliore, e 'l fuo umore è più convenevole, che quello de' cedriuoli, e de' cocomeri. Ma
quando il popone fi corrompe nello ftomaco, fi converte a natura venenofa. Adunqne fi conviene, che
quando grava, fene cavi fuori incontanente: e di quelle cofe, che dopo 'l lor mangiare danno ajutorio, fono, ne' collerici, l' offizzacchera, finocchio, e la maftice. Ma i flemmatici prendono offimele, gengiovo
condito, o folamente gengiovo, o decimino, e beono
vin puro. Ma il lor feme provoca l' orina, e mondifica le reni, e la vefcica dalla rena, e dalla pietra.

Del Meliloto.

C A P. L X X I I.

IL Meliloto è caldo, e fecco nel primo grado, ed
è erba, il cui feme, per fimigliante nome s'appella, e anche s' appella coronaregis, imperocch' è
fatta a modo di un femicircolo, e 'l fuo feme, con
le fue cortecce, fi mette nelle medicine, imperocch'
egli è sì piccolo, e accoftante, che appena fene può.

                                                    par-

partire, ed ha virtù di confortare, per la sua aromaticità, ed anche ha virtù diuretica, per la sua sottile sustanzia. Il vino della sua decozione conforta la digestione, e caccia fuor la ventusità, e apre l' oppilazion delle reni, e della vescica. E 'l suo seme, messo nel brodo, e ne' cibi, si fa di buon' odore, e sapore.

Della Marcorella.

C A P.   L X X I I I.

LA Marcorella è fredda, e umida nel primo grado, e la sua sustanzia è viscosa, onde, lenificando, mena fuori la collera dal fegato, dallo stomaco, e dalle 'nteriora. E si dia il sugo non cotto col zucchero, perocchè perde in parte la virtù del menare.

Della Malva.

C A P.   L X X I V.

LA Malva è fredda, e umida nel secondo grado, la quale è di due maniere, cioè dimestica, e salvatica. La dimestica ha più sottile, e fredda umidità. La salvatica è quella, la quale s' appella malvavischio, e bismalva: e questa cresce più alta, ed è meno fredda, e umida, ed ha la sua sustanzia vischiosa. Contra 'l caldo apostema, nel principio, si prenda le foglie della malva, e si peftino, e si pongano sopr' esso, e vale a maturarlo: e voglionsi peftare con la sugna del porco fresca, e porre sopra testo caldo: e questo ancora vale contr' alla durezza della milza, e del fegato. E la fomentazion della decozion dell' acqua a' piedi, molto vale a provocare il sonno nelle febbri acute. La malva cotta, e manicata, solve il ventre,

e

e vale nelle febbri, per coftipazion del ventre. E anche della fua acqua, fi fa convenevol criftèo. Ma il malvavifchio mollifica più, e matura, cioè le fue foglie folamente. E la fua radice, pefta con la fugna, e alquanto fcaldata, meglio matura gli apoftemi, pofta fopr'effi, e mollifica la durezza. Anche fe la fua erba, con la radice, fi cocerà, infino al confumamento dell' acqua, apparirà una certa vifcofità, la quale fe fi pone fopra gli apoftemi, gli matura, e mollifica la durezza, e ammorbida. E dell' acqua, giugnendovi cera, e olio, fi faccia unguento, il quale è conveniente alle predette cofe. L' acqua, dove fie cotto il fuo feme, e della malva, vale contr' alla toffa fecca. Anche vale all'etica. Anche il fuo feme, pofto in facchetto, e cotto in olio, folve la durezza, e mondifica. Anche dice Ifidoro, e Plinio, che chi s'ugnerà con fugo di malva, mifchiata con olio, non potrà effer dannificato dalle punture delle pecchie, nè fofterrà ne' membri, che ne faranno unti, puntura, nè morfo di fcarpione, nè di ragno.

Della Menta.

C A P.   L X X V.

LA Menta è calda, e fecca nel fecondo grado, e fonne di tre maniere. L'una è domeftica, la quale propriamente fi chiama Menta ortolana, e quefta mezzanamente fcalda, e conforta. L'altra è menta falvatica, la qual s'appella mentaftro, e quefta fcalda più. Ed enne un'altra, la quale ha più lunghe, e più late, e più acute le foglie, e quefta è la menta romana, o vero faracinefca, e volgarmente s'appella erba Santamaria: e quefta è più diuretica, che l'altre. La menta domeftica è un'erba, la quale agevolmenmente fi multiplica, e tofto efce, e mette fuori della terra, e crefce: e fe 'l fuo gambo fi piega in terra, e fi cuopre di terra, fi converte, e fi muta in radice, e avaccio da fe produce nuova fchiatta, e confaffi più a manicare, che ad ufo di medicina: e verde, e fecca è di grande efficacia. Ma fi fecca in luogo ombrofo, e ferbafi in grande efficacia, per tutto l'anno: ed ha virtù di confumare, e di diffolvere, per le proprie fue qualitadi, e per aromaticità: ed ha virtù di confortare, per lo fuo odore. Contr' al fetor della bocca, e putredine delle gengìe, e de' denti, fi lavino la bocca, e le gengìe dell' aceto, ove farà cotta la menta ortolana. Appreffo fi ftropiccino con la polvere della menta fecca, o con la menta fecca. A provocar l' appetito, quando foffe impedito, per freddi umori, che foffono nella bocca dello ftomaco, fi faccia falfa d' aceto, e menta, e un poco di cennamo, o ver di pepe. Contra 'l vomito, che venga per debilità di virtù contentiva, o per cagion fredda, fi cuoca la menta in acqua falmaftra, e in aceto: intintovi una fpugna, fi ponga alla bocca dello ftomaco: e ancora mangi lo 'nfermo la detta menta cotta. Contra 'l tramortimento, e debilità, con febbri, o vero fenza febbri, o con materia, cioè umori, o per qualunque cagione, fia pefta la menta, e meffa in poco aceto, e in vino, fe lo 'nfermo è fenza febbre, e fe è con febbre, in folo aceto, e mettavifi pane arroftito, e fi lafci dimorare alquanto, infin che s'immolli, e s'appicchi al nafo, e fene freghino le labbra, e i denti, e le gengìe, e le tempie, e fi leghi fopra le veni, che battono delle tempie, e delle braccia. E ancora la maftichi lo 'nfermo, e tranghiotta l'umorofità. Contr' all' affodamento del latte, sì fene facciano piccioli mazzuoli, e fi cuocano in vino, e olio, e s'impiaftrino fopr' alle

pop-

poppe. E fappi, che quando alcuna medicina fi dà contr' a veneno, defi dare col fuo fugo, o col vino, dove farà cotta, fe non aveffi il fugo. Contra 'l veneno, prendi folamente il fugo della menta romana, o vero il vin, dove farà cotta, o il fuo fugo, mifchiato con mele, e vale. Anche vale contr' all' oppilazion della milza, e del fegato, e delle vie dell' orina, per freddo umore, e ancora per umor caldo, fanza febbre. E anche il fuo fugo, dato con mele, uccide i lombrichi del corpo: e meffo negli orecchi, uccide i vermini. E cotta in vino, e olio, e impiaftrata, folve la durezza delle fredde apofteme. Anche fi prenda il mentaftro, e fi cuoca in vino, con la falvia infieme, e 'l vino fia dato allo 'nfermo, e fi dia contr' alla fredda toffa, il vino dove faranno cotte. Anche il fuo fomento rifcalda la matrice raffreddata, e la mondifica, e purga. La fua polvere meffa in facchetto, coftrigne la fredda reuma del capo. E nota, che la menta romana, fi può mettere in luogo dell' ortolana.

Della Mandragola.

C A P. L X X V I.

LA Mandragola è fredda, e fecca, ma la fua quantità non fi determina per gli Autori: le cui fpezie fono due, cioè mafchio, e femmina, ma ciafcheduna indifferentemente ufiamo. E certi fono, sì come è Avicenna, e altri, che dicono, che la femmina è fatta a modo di femmina, e 'l mafchio a modo d' huomo, la qual cofa è falfa: ma il mafchio ha le fue foglie più lunghe, e la femmina più late. Vero è, ch' e' fon certi, che fanno tali tagliamenti, acciocchè ingannino le femmine. Onde principalmente le cor-

tecce delle fue radici fi confanno ad ufo di medicina,
e appreſſo i frutti, e ultimamente le fue foglie. E la
corteccia della fua radice, poich'è colta, fi ferbi per
quattr'anni, in molta efficacia, ed ha virtù di coſtri-
gnere, e di raffreddare, e di far ſonno nelle febbri
acute. A provocare il ſonno, fi prenda la polvere delle fue cortecce, e fi confetti con latte di femmina,
che nudriſca fanciulla, con albume d'uovo, e fi ponga ſopra la fronte, e ſopra le tempie. Contr'a dolor
di capo, per calidità, le foglie ſue trite ponganfi ſopra le tempie. Anche gli fi faccia unzione con olio
mandragolato, il quale fi fa in queſta maniera. Prendafi il frutto della mandragola, trito in olio comune,
e lungamente vi ſtia in macero, poi gli fi dia alcuna
decozioñe, e fi coli, e queſto poi farà l'olio mandragolato, il qual vale a provocare il ſonno, e al
dolore del capo, per caldezza, ſe la fronte, e le
tempie s'ungono; e contraſta, e coſtrigne il calor
della febbre. Anche il predetto olio ripercuote la materia dell'apoſteme calde, nel lor principio. Anche
il ſuo frutto, o vero foglie, vi s'impiaſtrino ſuſo,
o almeno la fua polvere, con fugo d'alcuna erba.
Contr'al fluſſo del ventre, per impeto di collera,
fi dee ugner dell'olio predetto il ventre, e tutta la
ſpina, e ſene metta dentro un pochetto, con alcuno
lieve criſtèo. Avicenna dice, che ſe con le foglie fi
ſtropiceranno le macchie, fi rimoveranno: e del ſuo
lattificcio fi rimuovono le litiggini. Anche induce
ſonno incontanente, e meſſa nel vino, fortiſſimamen-
te inebbria. E la cura di tutti i predetti nocimenti
della mandragola, e col biturro, e col mele, e col vomito. Anche fi dice pubblicamente, che la mandragola ha virtù di fare impregnar le femmine ſterili: la
qual coſa non è vera, ſe non forſe, quando la ſte-
rilità foſſe per troppa caldezza di matrice, imperocchè

al-

allora fi riducerebbe la matrice a temperamento, acciocchè il feme dell'huomo non vi riardeffe.

Del Meu.

CAP. LXXVII.

IL Meu è caldo, e fecco in fecondo grado, ed è
erba, il cui feme è detto con fimigliante nome,
la quale fpezialmente fi confà ad ufo di medicina, e
fi può ferbar per due anni, la cui virtude è diuretica,
per la fottile fuftanzia. E 'l vino, o vero l'acqua,
ove farà cotta, vale contr'alla oppilazion della milza,
e del fegato, per fredda cagione, e diffolve la ftranguria. Ma la fua acqua fi può più convenevolmente
dar nella State, e a' giovani; e 'l vino nel Verno, e
a' vecchi. E la polvere del meu, col feme del finocchio, data nel cibo, e nel beveraggio, caccia fuor
la ventufità dello ftomaco, e delle budella, e conforta la digeftione.

Del Marrobbio.

CAP. LXXVIII.

IL Marrobbio è caldo, e fecco nel terzo grado, e
per altro nome è chiamato praffio, le cui foglie
fpezialmente fi confanno ad ufo di medicina, appreffo
le fue cortecce, e radici: e la fua erba, appiccata
in luogo ombrofo, fi conferva tutto l'anno, ed ha
virtù diffolutiva, e confumativa, per le fue qualitadi;
è diffolutiva, e apritiva, per la fua amaritudine.
Contr'all'afma, per freddo umore, e vifcofo, fi dia
il diapraffio, o fi faccia lattovaro d'una parte del fugo, e quinta di mele fchiumato, e fi cuoca alquanto,
infin

infin che divenga fodo, e poi vi fi metta polvere di dragante, e di gommarabica, e di regolizia, il quale farà ottimo contra 'l vizio del petto: o almanco la fua polvere fi confetti con mele fchiumato, giuntovi la polvere del fugo della regolizia. Contr' alla toffa vale la fua decozione, e de' fichi fecchi. Contr' alla ftranguria, e diffuria, fi dia il vino della fua decozione, e de' fichi fecchi. Anche fi faccia impiaftro della detta erba, cotta in vino, e olio, fopra le reni, e fopra 'l pettignone: e quel medefimo vale contr' alla colica, per fredda cagione. Contr' alle morici enfiate, e che non gittano, fi faccia encatifma, cioè vaporazion d'acqua falfa, e di vino, dove fia cotta, e poi fi faccia fuppofitorio della fua polvere, confetta con mele, o fi faccia decozione della polvere, o del fuo fugo, con olio muftellino, e intintavi la bambagia, vi fi ponga fufo. Contra i lombrichi fi dia la fua polvere, confetta con mele. Contra i vermi degli orecchi, fi metta il fugo fuo negli orecchi. Contra 'l vizio della milza, fi dieno, o vero fi prendano le cortecce delle radici, e con l' erba infieme fi macerino per dieci giorni, in vino, e olio, e poi fene faccia decozione, e fi coli, e alla colatura fi giunga cera, e olio, e fene faccia unguento.

Della Majorana.

C A P. L X X I X.

LA Majorana è calda, e fecca in fecondo grado, e per altro nome è detta efcron, le cui foglie, e i fiori, fi confanno ad ufo di medicina, e fi coglie la State co' fiori, e feccafi all' ombra, e fi ferba per un' anno, ed ha virtù di confortare, per lo fuo odore, e di diffolvere, confumare, e mondificare per le

fue

fue qualitadi. La polvere della majorana, data in cibo, o in vino, dove farà cotta, rifcalda lo ftomaco raffreddato, e conforta la digeftione: e pofta alle nari, conforta il cerebro. I fuo' fiori, e le foglie, pofte in tefto caldo, e meffe in facchetto, e potte nel luogo, ove foffe dolor per ventufità, lo folvono. Anche pofta fopra 'l capo, vale contr' alla reuma del capo. E nota, che i topi volentieri fanno noja alle fue radici, per via di medicamento.

Del Navone.

CAP. LXXX.

IL Navone foftien quafi ogni aere, e defidera terra graffa, e foluta, e nafce nel terreno afciutto, e preffo, che magro, e dirupato, e fabbionofo. E la proprietà del luogo trafmuta il navone in rapa, e la rapa in navone. E acciocchè ottimamente faccia utilitade, richiede il terreno ben lavorato, e letaminato, e ben rivolto. E in que' luoghi ottimamente alligna, ne' quali le biade fono ftate in quel medefimo anno. E fe faranno troppo fpeffi, divellerane alcuni, acciocchè gli altri fi fortifichino, i quali potrai in luogo voto trafporre. Seminanfi intorno alla fine di Luglio, e tutto 'l tempo del mefe d'Agofto: e fe non piovefle, s'ajutin con l'annaffiare. Poffonfi eziandio acconciamente feminare intra 'l miglio, e panico, maffimamente ferotine, quando fi farchierà la feconda volta. Ajutafi anche molto il navone, e la rapa, col farchiare: e de' navoni quegli fon più nobili, che fon più lunghi, e quafi crefpi, non groffi, e che non hanno molte radici, ma una folamente acuta, e diritta. De' navoni fi fanno ottime compofte col rafano, e un poco di fale, e d'aceto, e mele, e fenape, e fpezie odorifere:

re: e fanza fpezie fi poffon fare affai buone. I navoni fon caldi nel fecondo grado, e nutrifcon molto,
ma malagevolmente fi fmaltifcono, e fanno le carni
molli, e gonfiate, ma meno, che le rape. I quali fe
fi cuocono in acqua, e quella prima cocitura gittata
via, e nell'altra fi ricuocano, fi tempera la durezza
della fua fuftanzia, e mezzanamente generano nutrimento intra buono, e reo. Quelli, che non fon ben
cotti, malagevolmente fi digeftifcono, e fanno ventufità, e oppilazion nelle vene, e ne' pori. E perciò,
fe due volte fi cuocano, fono utili, e ciafcuna acqua
gittata, fi ricuocano in un' altra con graffiffima carne.

Del Nafturcio.

CAP. LXXXI.

IL Nafturcio è caldo, e fecco nel quarto grado, e
'l fuo feme fpezialmente fi confà ad ufo di medicina, e ferbafi per cinque anni, e la fua erba verde
è di molta efficacia, e fecca di piccola. Ha per le
fue qualità virtù di diffolvere, e confumare. Contr'alla parlafia della lingua, quando li nervi s'oppilano,
e fi riempiono delle umiditadi, come fuole incontrar
nelle febbri acute, fi de' il fuo feme mafticare, e
porre fopra la lingua. Contr' alla parlafia degli altri
membri, fi prenda il fuo feme, e fi metta in facchetto, fi cuoca in vino, e fi ponga fopra 'l membro, che
duole. E ancora l' erba cotta con la carne, e mangiata, vale a ciò. Contr' alla fuperflua umidità del cerebro, sì come nella letargia, fi provochi lo ftarnuto
con la polvere del fuo feme pofta alle nari. Contra 'l
cadimento dell' uvola, fi faccia gargarifmo dell' aceto,
dove fia cotta la predetta polvere, e i fichi fecchi.
Contr 'l mal del fianco, e contra la colica, per cagion

fredda, vi si ponga il suo seme, messo in sacchetto,
e cotto in vino. A quel medesimo, e ancora alla
stranguria, vale la sua erba, cotta in vino, e olio, e
postavi sopra. Contra tenasmon, per umor viscosi,
quando il culo enfia, si ponga sopra 'l culo la sua
polvere, e le reni ancora s'ungano di mele, e vi si
sparga la polvere del seme del nasturcio, e del comino, e della colofonia.

Del Nenufar.

CAP. LXXXII.

IL Nenufar è freddo, e umido nel secondo grado,
ed è un'erba, la quale ha le sue foglie late, e
che si truova in luoghi acquidosi, ed enne di due
maniere. Una, che ha fiori purpurini, la quale è migliore, e altra fiori gialli, la quale non è tanto buona. Il suo fiore si confà ad uso di medicina, e cogliesi di Settembre, e serbasi per due anni, in molta
efficacia. De' suoi fiori si fa sciroppo, spezialmente
contr'alle acute febbri. E per colui, che fosse di di-
stemperata caldezza, si cuocano in acqua i suo' fiori,
e aggiunto zucchero, sene faccia sciroppo. Contra 'l
dolor del capo, per caldezza, usano i Saracini di fargli dimorare in acqua una notte, e la mattina appiccano alle nari cotale acqua, e i fiori.

Del Nappello.

CAP. LXXXIII.

IL Nappello è Navon marino, che cresce nel lito
del mare, ed è velen pessimo, e mortale, ed è
di somma, e smisurata caldezza, e siccità, il quale se
fia

fia fregato, rimuove le macchie della buccia, e quando fi prende in beveraggio, che fia, per iftudio di medicina, rettificato, vale contr'alla lebbra, ed è veleno, a chi ne beveffe, oltre a una mezza oncia, e meno di quefto ancora uccide l'huomo. Ed è maraviglia grande, che un piccol topo fi truova, che 'l mangia, e allato ad effo fi truova: e quel cotal topo, è triaca contra 'l detto nappello.

Della Nigella.

C A P. L X X X I V.

LA Nigella è calda, e fecca nel terzo grado, ed è feme d'un'erba, la quale in luoghi paludofi, e intra 'l grano ancora, fi truova. Il qual feme fi ferba per dieci anni, ed è ritondo, e piano, e rofficcio, e amariccio, ed ha virtù diuretica per la fua amaritudine, ed ha virtù di diffolvere, e confumare per le fue qualitadi. Lo 'mpiaftro fatto di farina di nigella, e di fugo d'affenzio, intorno al bellico, e fpezialmente a' fanciulli, uccide i lombrichi: e a quelli, che fon di maggiore etade, fi confetti col mele, e fi dia loro la farina della nigella, con l'aceto tiepido, e foffiata nelle nari, uccide i vermini. Unguento di nigella fi fa così. Prendafi nigella in molta quantità, e fi cuoca in forte aceto, infin che divenga alquanto fpeffo, e allora aggiuntovi olio, diventerà quafi unguento, il quale è ottimo alla rogna, e rimuove agevolmente la 'mpetiggine della faccia.

Dell' Origano.

C A P. L X X X V.

L' Origano è caldo, e fecco nel terzo grado, e per altro nome è detto cunìla, ed enne di due maniere, cioè falvatico, e dimeftico. Il falvatico, il quale ha le foglie più ampie, adopera più fortemente. Il dimeftico ha le ·fue foglie piccole, cioè minori, che quelle del falvatico, ed è quello, che fi truova negli orti, e adopera più foavemente, il qual fi dà nelle medicine. Cogliefi nel tempo, che produce i fiori, e appiccafi all' ombra, e fi fecca. E le fue foglie co' fiori, fi deono mettere nelle medicine, gittati via i gambi, e fi ferba per un' anno, ed ha virtù di diffolvere, di confumare, e d' attrarre. Contra la fredda reuma del capo, prendafi le fue foglie, co' fiori, e fi mettano in tefto ben caldo, fanza alcun liquore, in un facchetto, e fi ponga poi fopra 'l capo il detto facchetto, e lo 'nfermo fi cuopra bene con panni, acciocchè 'l capo fudi. Il vino, dove farà cotto, gargarizzato, confuma l' umidità delle gengìe, e delle fauci. Anche la fua polvere, poftavi fopra, confuma l' umidità. Contr' all' afma fredda, fi dia il vin della fua decozione, e de' fichi fecchi: o fi dia la fua polvere confetta con mele, e fi dia con acqua calda. Il· vino ancor dove farà cotto, conforta la digeftione, e fi rimuove il dolor dello ftomaco, e delle budella. Anche fe della fua erba fi faranno mazzuoli, e fi cuocano in vino, e fi pongano fopra le reni, folvono la ftranguria, e diffuria.

De'

De' Porri .

C A P. L X X X V I.

I Porri foftengono quafi ogni aere , e defiderano terra mezzanamente foluta , acciocchè ottimamente
facciano utilitade , e anche graffa , e letaminata . Seminanfi in luoghi caldi , e in quelli , che fien quafi
temperati , del mefe di Dicembre . Ne' temperati , e
freddi , del mefe di Gennajo , e di Febbrajo , e di
Marzo , allora che la terra farà ridotta ad egualita-
de . E quefta fementa fi fa , o fola nelle porche , o
mefcolatamente con altre erbe , in terra , che fia ottimamente lavorata , e di fopra di letame coperta . E
quefti femi fi deono feminare fpeffi , e poi fi divellono
imprima le porrine più groffe . Non fi rimuova alcuna cofa delle loro radici , quando ne' folchi fi piantano . Ma quando fi piantano col palo , féne rimuovono le radici , quafi infino alla porrina , e ancora la
cima delle lor foglie , e, fi piantano del mefe d'Aprile , e di Maggio , e per tutto 'l mefe di Giugno , e
ancora fi poffon piantar del mefe di Luglio , e d'A-
gofto , di Settembre , e d'Ottobre , e faranno utili
nel feguente mefe di Marzo , e d'Aprile . E non fi
dee nel piantamento de' porri , ricercar terra molle ,
ma mezzana , e ottima ; e anche quella , che foffe quafi fecca , farebbe affai buòna , e piantanfi in
due modi . Nell' un modo fi piantano in folchi , come a Bologna fi coftuma , cioè in maniera , che
per una fpanna intera , l'un folco fia dell'altro partito , e i porri fieno pofti ne' folchi , infieme gia-
centi , l'uno dall'altro partito quattro dita . E quando l'altro folco fi fa , fi tiri la terra fopra i porri , e co' piedi foavemente fi calchi . Nel fecondo

mo-

modo si piantano con palo : nelle porche ben lavorate, e disposte si facciano pertugi col palo, grosso,
quasi come un' asta di lancia, e adentro per una spanna, e più, e l' uno dall' altro un sommesso spartito,
ne' quali si mettano l' apparecchiate porrine, e non si
riempiono i pertugi, nè vi si mette niente: ma, pas-
sate tre settimane, si sarchiano, allora, che l' erba
nasce tra essi, e si purgano dall' erbe. E dicesi, che
i porri, in tal maniera piantati, son migliori degli altri, e non si possono agevolmente imbolare, ma questo modo è più malagevole. Anche si piantano ottimamente intra le cipolle, che sien già quasi grosse. E
divelte le cipolle, si sarchiano, e truovasi, che utilmente allignano, e crescono. E quando si divellono,
in un luogo sene lasciano alcuni, i quali si serbano
per seme : il cui seme si può per tre anni, sanza lesion serbare. Il porro è caldo, e secco nel terzo grado, e per via di cibo, non è mica laudabile, imperocchè nuoce allo stomaco, faccendo enfiamento, e
ventusità, e con la sua acuità morde i suo' nervi. Anche ha proprietà di far nera fummosità, che a malinconia s' appartiene, la quale, salendo al capo, oscu-
ra il vedere, e induce sogni terribili, e paurosi: onde
sene debbono guardare i collerici, maniaci, e quelli,
che hanno oppilazion nel capo. Ma quegli, che gli
amano di mangiare, prendano, dopo essi, lattughe, e
porcellane, indivia, e simiglianti cose, acciocchè il
lor calore di quelle cose si temperi; o si lessino, e appresso due, o tre volte si lavino, e poi si dieno a
mangiare. Ma secondo medicina vagliono, imperocchè mangiati crudi, mondificano la canna del polmone da' grossi umori, e aprono l' oppilazion del fegato. Anche il sugo del porro con aceto, e olio rosato, e incenso, messo nelle nari, costrigne il sangue
a coloro, che son di fredda natura. Anche, distillato
nell'

nell' orecchie, mitiga il dolor generato per freddezza, e umiditade. Anche il porro crudo impiaftrato
fopra 'l morfo de' ferpenti, fa utilitade. Anche cotto,
e con olio di mandorle condito, fufcita la luffuria.
E Plinio dice, che 'l porro pefto col mele, e impiaftrato fopra le ferite, le fana. E 'l fuo fugo bevuto
col vino, folve la doglia de' lombi, e mifchiato con
fale, toftamente chiude le ferite, e fana, e ammorbida le durezze, e le rotture toftamente falda. Anche
il porro crudo mangiato, vale contr' all' ebrietà, e ftimola la luffuria. Anche folamente con l' odore fcaccia gli fcarpioni, e i ferpenti. Anche vale contra 'l
dolor de' denti, e i loro vermini uccide: ma ingrof-
fa la fottilità degli occhi, e grava lo ftomaco, e genera fete, e incende il fangue, e infiamma, fe fene
mangia difordinatamente. Il fuo feme è più fecco, e
di più forte operazione, del quale fe fi danno tre
dramme a bere, con due di feme d' aglio, maravigliofamente ftrigne il fangue a coloro, che fputano il fangue del petto.

Del Papavero.

CAP. LXXXVII.

IL Papavero fi femina del mefe di Settembre ne' luoghi caldi, e fecchi, ma ne' temperati, e freddi,
del mefe di Gennajo, di Febbrajo, e di Marzo, e
di Novembre. Puoffi anche con l' altre erbe feminare: ed è freddo, e fecco nel primo grado, ed è di
due fatte, bianco, e nero. Il Papavero bianco è freddo, e umido, e 'l nero è freddo, e fecco, e più
mortificativo. Il fuo feme colto, per dieci anni fi ferba: ed ha virtù di far dormire, e di lenificare, e di
mortificare. A provocare il fonno, facciafi impiaftro

dell'uno, e dell'altro feme, o dell'uno col latte della femmina, e con l'albume dell'uovo intorno alle tempie. E le femmine di Salerno danno la polvere del papavero bianco, cioè fuo feme, a'fanciulli, col proprio latte. E non fi dee mica dare il feme del papavero nero, imperocchè più mortifica. Contr'alle calde apofteme, nel cominciamento, e contra 'l rifcaldamento del fegato, fi prenda il feme del papavero, o la fua erba pefta, e fi confetti con olio rofato, e vi fi ponga fufo. Contr'alla fecchezza de'membri, come nell'etica, e nell'altre infermitadi, prendafi l'olio violato, e fi fcaldi alquanto, e con effo fi confetti la polvere del papavero bianco, e fen'unga la fpina per tutto. Ancora a quefta medefima infermitade, e contr'alla fecchezza del petto, vale molto il diapapavero, il qual fi fa principalmente d'effo. Dicono ancora Plinio, e Diofcoride, e Macrobio, che del fugo delle foglie, e fuo'capitelli, fi fa oppio, donde il fonno fi provoca a coloro, ch'hanno febbre. Il quale cautamente fi dee dare, imperocchè molto oppila, e infredda, e mortifica, e maffimamente il papavero nero.

Del Peucedano.

CAP. LXXXVIII.

IL Peucedano è un'erba, che per altro nome s'appella finocchio porcino, il quale è caldo, e fecco: e 'l vino della fua decozione vale contr'alla franguria, e diffuria, e contr'all'oppilazion della milza, e del fegato. Ancora cotta in vino, e olio la detta erba, e impiaftrata al fegato, e alla milza, mollifica la lor durezza. Contr'agli umor freddi, che fien ne' membri fpiritali, fi dia l'acqua della fua decozione,

e

e dell'orzo: e se sono molto freddi, si dia il vino della sua decozione, e 'l sugo della regolizia.

Del Prezzemolo.

C A P. L X X X I X.

IL Prezzemolo si può seminare del mese di Dicembre, di Febbrajo, e di Marzo, e d'Aprile, solo, e insieme con l'altre erbe, e si può traspiantare quasi tutto 'l tempo dell'anno. Il suo seme si serba per cinque anni, ed è caldo, e secco nel secondo grado, ed è diuretico, ed incisivo, e provocativo dell'orina, e de' mestrui, e dissolve la ventusità, e l'enfiamento, e spezialmente il suo seme. E Galieno dice, che impiastrato sopra le pustule, maravigliosamente mondifica la rogna, e la morfea: onde vale agl'idropici, e a quelli, ch'hanno febbre periodica, e mitiga il dolor delle reni, e della vescica, imperocchè rarifica i pori, e le vie del corpo, e caccia gli umori, sottigliando, con l'orina, e col sudore, e mondifica il fegato, e le ferite, e apre la loro oppilazione, e le loro aposteme cura, massimamente quelle, che son nelle reni, e dissolve la ventusità della colica. E pesto, e messo nella natura della femmina, provoca i mestrui, e caccia fuori la secondina, e la creatura morta; il quale ancora dato a bere, mondifica il feto dagli umor grossi, e viscosi.

Del Psillo.

C A P. X C.

IL Psillo è freddo, e umido nel quarto grado, ed è un'erba, il cui seme, psillo s'appella, il qual seme

me

me si debbe nelle medicine mettere. Cogliesi nella
State, e serbasi per due anni, ed ha virtù di purgare, e di raffreddare, e di mondificare, o vero molli-
ficare. Contr'alla secchezza della lingua, nelle febbri
acute, si prenda il suo seme, e si leghi in sottilissimo
panno, e mettasi nell'acqua, e rasa prima la lingua
col coltello di legno, sen'unga la lingua. Contr'alla
secchezza de'membri spiritali, e costrizione del ventre,
nell'acute febbri, si prenda il psillo, e si metta in
acqua, e si lasci alquanto. Appresso, gittata via quell'
acqua, si dia con l'acqua fredda in isciroppo. Anche
si mette convenientemente il psillo nello sciroppo,
contr'all'acute febbri, e desi tanto cuocere, che la
gocciola s'accosti alla mestola, la qual tosto vi s'ap-
picca per la viscositade del detto psillo. Contr'alla dif-
senteria desi prendere il psillo, e ardere in alcun testo, e fattone polvere, si dia con uovo da inghiottire, e con acqua rosata, che sia meglio, se ciò avvien
per vizio delle budella di sopra. Ma se addivenisse
per vizio delle budella di sotto, si faccia supposta della sua polvere. E a questa medesima cosa, facciasi impiastro della sua polvere, con albume d'uovo, e con
un poco d'aceto, e acqua rosata sopra 'l pettignone,
e sopra le reni, o sopra 'l bellico, s'avvien per vizio
delle budella di sopra. Contra 'l flusso del sangue del
naso, vale quel medesimo impiastro, sopra la fronte,
e sopra le tempie, o si metta nelle nari, essendo fatto della sua polvere, e del sugo della sanguinaria.
Contr'alle calde aposteme, si prenda un sacchetto pieno di seme di psillo, e vi si ponga spesso su. Contr'
all'asprità de'capelli, si prenda l'acque delle decozioni del psillo, e sene lavi il capo. Anche per la sua
freddezza, e umidità, conserva la canfora, perocchè
la canfora è di troppo sottil sustanzia.

Della

Della Piantaggine.

CAP. XCI.

LA Piantaggine, la quale per altro nome è detta Lingua ericina, o petacciuola, è fredda, e secca, le cui foglie secche saldano ottimamente le ferite, e a quefto niuna cofa è migliore, fecondo che dice Diofcoride. E par mirabil cofa, che fe fi bee il fugo di tre barbe di quella, con tre once di vino, alcuna volta cura la terzana, e fe fi bee il fugo di quattro, con quatr' once di vino, alcuna volta cura la quartana. Anche dice Diofcoride, che fana le ferite del can rabbiofo, e ajuta gl' idropici, e contrafta al veleno, e 'l fuo fugo uccjde i lombrichi, e mitiga la gran foluzion del ventre, e coftrigne i meftrui, ripercuote gli enfiamenti delle pofteme, nel cominciamento, e disfagli: e reprime, e mondifica le gengìe enfiate, e piene di fangue.

Del Polipodio.

CAP. XCII.

IL Polipodio è caldo nel quarto grado, e fecco nel fecondo, fecondo alcuni, ma altri dicono, che è caldo, e fecco nel fecondo grado, ed è un' erba fimigliante alla felce, la quale crefce fopra le querce, e fopra le pietre, e muri, e volgarmente s' appella felce quercina: ma quella, che crefce nelle querce è migliore. La fua radice colta, e alquanto netta, e fecca al Sole, per un dì, fi conferva in molta efficacia, per due anni. E quella, la quale, rompendola, moftra fecchezza, fi dee gittar via, ed ha virtù di diffol-

folvere, di confumare, e di purgare, principalmente
la flemma, e la malinconia, e maffimamente dallo ftomaco, e dalle budella: ed è un pò laffativa. E nota,
che nella cocitura del Polipodio, fi dee mettere alcuna cofa, che cacci via la ventufità, sì come anici,
finocchio, e comìno, perocchè 'l Polipodio folo muta gli umori in ventufità. Anche l' ufiamo ne' compofti, nelle cociture, e nelle confezioni, e nel brodo
della gallina, o d' altra carne. Ancora diamo la fua
polvere a folvere, e vale alla cotidiana, e alla terzana, per cagion di collera gialla, o citrina, e folve
ancora l' oppilazion del fegato, per groffi, e vifcofi
umori. Anche vale alla febbre quartana, e a quelli,
ch' hanno mal di fianco, e colica, e a quelli, ch' hanno flemma mucilaginofa nelle budella, utilmente fovviene. Contr' alla quotidiana, e al mal di fianco, e
alopetìa, e al dolore delle giunture, e a confervazion
di fantà, cotal fia l' ufo. Prendafi il Polipodio, e fi
pefti in quantità d' once una, o di due, il più, s' e-
gli è molto laffativo, e fi cuoca in acqua con le fu-
fine, e viuole, giugnendovi feme di finocchio, e
d' anici, in molra quantitade; e colato, fi dia la mattina, o la fera allo 'nfermo.

Della Paftinaca.

C A P.   X C I I I.

LA Paftinaca fi femina del mefe di Dicembre, di
   Gennajo, e di Febbrajo, e di Marzo, in terra
graffa, e foluta, e di dentro cavata, e ottimamente
lavorata, ed è di due maniere, falvatica, e dimeftica:
e ciafcuna nelle radici è di duro nutrimento, e meno
nutrifce, che la rapa: ma ha alcuna acuità, onde
fottiglia, e fa foluzione, e però provoca i meftrui, e
                                 l' ori-

l'orina. Ha ancora in se alcuna virtude infiammativa, per la quale ajuta il coito, la quale, quando si costuma, genera sangue non laudabile. Adunque, acciocchè si riduca a temperamento, si convien due volte lessare, e gittata via l'acqua, tre volte si cuoca. La pastinaca salvatica, per altro vocabolo, è appellata dauco asinino, e la dimestica dauco cretico. E la loro radice, secondo Isac, è calda nel mezzo del secondo grado, e umida nel mezzo del primo. Ma le foglie, e i fiori, secondo gli altri, son calde, e secche nel terzo grado, e l'una per l'altra si mette nelle medicine, perocchè son quasi d'una medesima virtude. Ma la dimestica e migliore. Anche è un'altra pastinaca, la quale è rossa, e puossi mangiar cruda: e cotta co'navoni, fa bellissime composte, abbellite con color rosso, la qual si semina a modo dell'altre pastinache. La pastinaca salvatica ha efficacia, e operazione, spezialmente, secondo le sue foglie, e fiori, ma poco, secondo le sue radici. Questa erba si dee cogliere, quando produce i fiori, gettate via le radici, e dèsi in luogo ombroso seccare, e serbasi per tutto l'anno, ed ha virtù dissolutiva, consumativa, e attrattiva. Di sua qualitade è diuretica, per la sua sustanzia sottile. Contr'alla fredda reuma, si metta in sacchetti, sopra 'l capo, della polvere fatta della predetta erba, ben calda. Al dolor dello stomaco, per ventusità, o per freddezza, e contr'alla stranguria, e dissuria, e contr'alla colica, ed iliaca passione, si dia il vin, dove sarà cotta, e l'erba, in molta quantità cotta in vino, e olio, e pongasi sopra 'l luogo dogliente. Contr'a stranguria, e dissuria, e vizio di pietra, si dia il vin della decozion del suo seme, e di sassefrica. Contr'all'oppilazion di fegato, e di milza, per cagion fredda, e contr'a idropisia, facciasi sciroppo del sugo del finocchio, e della decozion sua.

Contr'

Contr' a durezza di fegato, e di milza, pongafi l' erba, in molta quantità, in vino, e olio, e fia così macerata per dieci dì, e 'l decimo dì fi cuoca, infinattanto, che fi riduca in olio, e tutto 'l vino fia confumato: e fi priema l' erba ottimamente, e quel che rimane, fi coli, e fi prenda poi la colatura, e fi ponga al fuoco, e aggiuntovi cera, fene faccia cerotto, il quale, contr' alle predette cofe, e contr' a cotali apofteme, è convenevole.

Della Porcellana.

C A P.   X C I V.

LA Porcellana, quafi in qualunque tempo fi femina, nafce vegnente il caldo, e fpezialmente del mefe d' Aprile, di Maggio, e di Giugno: e puoffi feminar per fe, e mifchiata con polvere, e ottimamente alligna fra i cavoli, e intra le cipolle, e i porri: e feminafi convenevolmente nelle vigne, e defidera terren graffo molto, acciocchè ottimamente crefca: e dove farà una volta feminata, nafcerà ciafcuno anno feguente, e maffimamente, fe in quel lnogo farà pervenuta ad alcuna maturitade. E riceve gran danno nel tempo afciutto, fe per continuo adacquamento non s'ajuta, e fotto l'ombre degli arbori non fa cefpuglio. E fonne di due fpezie, perocch'egli è una fpezie di porcellana, ch'ha le fue foglie molto larghe, la qual s'appella romana, o vero beneventana, e quefta cotale è umida molto, ma di poco fapore. Sono altre porcellane comuni, le quali fanno picciole foglie, e quefta è meno umida, ma più faporofa. E fe fi feminerà intra l'altre erbe, feminate fitte, non fi potrà dilatar, nè crefcere, nè far cefto. La porcellana è fredda nel terzo grado, e umida nel fecondo:

e

e quando è verde, è di molta efficacia, e secca non
è di tanta, ed ha virtù d'ammorbidare, e d'inmol-
lare, e di raffreddare: e cruda, e cotta è ottimo cibo a' febbricitanti. Contra 'l costrignimento del ventre si debbe cuocere in acqua con susine, e mangi lo
'nfermo le susine, e le porcellane, e poi beva l'acqua. Anche è da sapere, che la porcellana convenevolmente si pone nelle cose diuretiche. Anche la porcellana ha in se alcuna lazzitade, o vero afrezza, ed
imperò conforta lo stomaco, e le budella, e vale
contr'alle ferite, che nascono nelle reni, e nella vescica. Vale ancora al flusso del sangue, e strigne qualunque luogo, onde fosse uscito. Anche se nel capo,
o nella fronte, o ver nelle tempie sene fa unzione,
rimuove il dolore, e 'l calore. Ancor vale, mangiata, contr'alla dissenteria, e vale a coloro, che hanno
collerici assalimenti. Avicenna dice, che la porcellana
di sua proprietà eradica le verruche, se si stropiceran-
no con essa, e rimuove l'allegamento de' denti, e toglie via la volontà del coito, ma nella calda complessione accresce nel coito.

Del Papiro.

C A P.   X C V.

IL Papiro si dice quasi nutricamento di fuoco, imperocchè seccato, è molto acconcio a nutrimento
del fuoco nelle lucerne, e nelle lampane, ed è un'
erba, la quale è dalla parte di fuori molto piana: ed
ha la sua midolla molta bianca, spugnosa, e porosa,
la qual suga molto l'umidità, e nasce in luoghi acquosi, e dicesi volgarmente giunco appo noi. Seccasi,
e scorticasi in modo, che rimane un pò di corteccia
dall'un lato, acciocchè la midolla si sostenga: e quan-

to ha meno della corteccia, tanto arde meglio, e più chiaro nella lampana, e più agevolmente s' accende: del quale in alcun luogo si fanno vaselli, e navi, cioè in Menfi, e in India, secondo che dice Plinio: e questo testimoniano le Storie d' Alessandro. Anche sene fanno sporticelle, e belle stuoje, e varie stoviglie, e sene legano le vele delle navi. E certi sono, che ne fanno vestimenta. E dice Plinio, che la sua midolla val molto a trar l' acqua degli orecchi, perocchè naturalmente la fuga, e trae a se: ed imperò col papiro si cava l' acqua del vino.

Del Puleggio.

C A P. X C V I.

IL Puleggio è caldo, e secco nel terzo grado: cogliesi nel tempo, ch' e' fiorisce, e seccasi all' ombra, e serbasi per un' anno. Le sue foglie, co' fiori, gittati via i gambi, si mettono nelle medicine, ed ha virtù dissolutiva, e consumativa. E 'l puleggio, scaldato in tegghia, sanza alcun liquore, vale contr' a reuma fredda, posto in un sacchetto, sopra 'l capo. Il gargarismo, che si fa dell' aceto, dove sia cotto il puleggio, e i fichi secchi, vale contr'alla fredda tossa, la qual vien per umor viscoso, e per acquidoso. Anche il vino della sua decozione, vale contra 'l dolor dello stomaco, e delle budella, che avvegna per freddo, o per ventusità. Anche lo 'mpiastro fatto di quello, cotto in vino, e postovi sopra, vale a quel medesimo. Anche il fomento fatto della sua decozione, disecca l' umidità della matrice, e strigne il membro della femmina, e imperò le femmine di Salerno usano molto questa fomentazione.

Della

Della Rapa.

CAP. XCVII.

LA Rapa, quasi in ogni aere abitevole alligna, e desidera terra grassa, e soluta, intanto, che quasi sia ridotta in polvere, acciocchè ottimamente alligni: e 'l suo seme, acciocchè non nasca troppo fitto, si semina mischiato con polvere, intorno all' uscita di Luglio, e infino a mezzo il mese d' Agosto, o poco dopo: e ne' luoghi caldi, e secchi, per tutto 'l mese d' Agosto, e spezialmente, quando la terra sarà inrugiadata per la piova passata. Se si semina rada, diventa maggiore. E imperò, dove le sue piante troppo spesse fossero, quando saranno fortificate alquanto, sene divellano alcune, e si traspongano in luoghi voti, o si gettino. E ajutasi molto col continuo adacquamento, e con la spessa sarchiatura. Anche si semina ne' campi nudi, e ancora nelle secce acconciamente, se ottimamente saranno arate. E desi il suo seme solamente con l' erpice coprire, acciocchè non si profondi troppo adentro. Possonsi ancora ottimamente seminare intra 'l panìco, e miglio serotine, quando si sarchiano la seconda volta, e quando il panìco, e miglio ne farà levato, si doveranno sarchiare: e allegrasi di campo scoperto, e molto si dannifica per l' ombre. Ma se sarà il tempo di tanta secchitade, che non si possa in acconcio tempo seminare, si può in alcun luogo, acconcio da potersi adacquare, e ombroso seminar fitta, a modo di cavoli. E poi quando saranno cresciute le sue piante, e la terra sarà bagnata di piove, si potranno trasporre, intorno alla fine del mese d' Agosto, infino a mezzo Settembre, in terra ottimamente cultivata. Colgonsi

le

le rape del mese d'Ottobre: e quelle, che saranno
più belle, levate via le foglie, si piantano, acciocchè
semenziscano la State seguente. Delle rape si fanno
composte con acqua, acciocchè di Verno, e di Quare-
sima, si possano aver per cuocere, in questo modo,
cioè. Che imprima si lavino ottimamente, e appresso
s'ordinino nel vaso, a suolo, a suolo: e in ciascun
suolo si semini sale, co' semi del finocchio, e della santoreggia, o solamente in sale si soppressino, e così si
lascino per otto giorni: e poi vi si metta acqua fredda tanta, che si cuoprano, e cosi si conserveranno per
tutto l'anno. Anche sene fanno composte con aceto,
rafano, senape, finocchio, sale, e mele, in questo
modo, cioè. Che nella quantità di due comunali sec-
chie, si prenda una libbra di rafano, o più, se le
vorrai ben forti, e si prenda libbra una di senape,
e mezza di finocchio, e libbre tre di mele, e libbre una di sale, e si ricida il rafano sottilmente per
lo lungo, e si pesti minuto, e vi si mescolino i semi, e 'l sale. E 'l mele si faccia liquido, e si mescoli con senape, dittemperata con ottimo aceto, intorno alla metà d'una secchia. Appresso si faccia suolo delle rape, e navoni, e carote, e pastinache, e
pere. E se vorrai, mele, convenevolmente cotte, e
ottimamente freddate, e divise, e sia fatto suolo, e
si semini di sopra il rafano, con gli altri semi, e col
sale, messa prima la senape, e gli altri semi, e così
si faccia, infino, che sieno allogate tutte, e poi si
serbino. La rapa, secondo, che dice Isac, è calda
nel secondo grado, e nutrica molto più, che l'altre
erbe. Tuttavolta si smaltisce malagevolmente, e fa la
carne molle, e enfiata per la sua ventusità, e enfiamento, e però sucita il coito; la qual se si cuoce in
acqua, e gittata via quella cocitura, ed in un'altra
si cuoca, la sua durezza, o vero la durezza della sua

sufuftanzia, fi tempera mezzanamente, e intra bene, e male nutricherrà. Quella, che non è ben cotta, malagevolmente fi fmaltifce, e genera ventufità, e fa oppilazion ne' pori. Ed imperò è utile, fe due volte fi cuoce, e ciafcuna acqua fi gitti, e fi ricuoca con graffiffima carne. Ancora, fecondo medicina, è convenevole a' gottofi, fe del fuo brodo fi lavino i piedi.

Del Rafano.

C A P. X C V I I I.

IL Rafano non fi femina, imperocchè non ha feme, ma fi pianta la fua corona frefca tutta, o mezza: o fi fanno delle fue radici picciole parti, e fi piantano di Novembre, di Dicembre, e di Gennajo, di Febbrajo, e di Marzo, e defidera terra profondamente cavata, foluta, graffa, e ottimamente lavorata, sì come tutte l'altre erbe, le cui radici defideriamo, che diventino groffe, e lunghe. E ufiamo il rafano fpezialmente, quando facciamo compofte delle rape. Il rafano, è caldo, e fecco nel fecondo grado, e la fua radice fi confà più ad ufo di medicina, verde, e fecca, ma meglio è verde, ed ha virtù incifiva, e rifolutiva, e faffene convenevole offimele, in quefto modo, cioè. Che fi prendono le cortecce delle fue radici, e fi peftano alquanto, e fi lafciano due, o tre giorni in aceto. Poi vi fi giugne la terza parte di mele: e cotale offimele vale contr'alla quartana, e quotidiana, fe non foffe già di flemma falfa. E fe nello ftomaco foffero umori freddi, e indigefti, fi prendano le cortecce del rafano, e tuffate nel mele, e nell'aceto, fene fatolli lo 'nfermo: e poi bea l'acqua calda, e fi metta le dita in bocca, o la penna intinta nell'olio, e fi provochi il vomito. Contr'al-

la

la durezza della milza, e del fegato, fi prenda la
detta erba, e cotta nel vino, e nell'olio, vi s'impia-
ftri. Anche impiaftrata al pettignone rimuove la ftranguria. Anche ha il rafano tal proprietà, che fe un pezzuol fene pon fopra lo fcarpione, l'uccide. E imperò dice Democrito, che chi aveffe la mano unta del
feme maturo del rafano, fanza fuo nocimento, può
trattare i ferpenti. Ermes dice, che fe 'l fugo del rafano fi mefcoli con fugo di lombrichi della terra, pefti, e fi fpremino con panno, e in quel fugo fi fpen-
ga il coltello, quel coltello taglierà il ferro, come
foffe piombo. Anche s'è trovato, che prendendo il
rafano, e peftandolo, e legandolo col fuo fugo, fopra 'l capo rafo del maniaco, il detto infermo è guarito. Anche fi dice, che il rafano è nimico alle viti, e dicefi, che fe vi fi pianta preffo, per difcorda-
mento di natura, tornano addietro, fecondo che Palladio, efperto Agricoltor, dice.

Della Radice.

CAP. XCIX.

LA Radice è un'erba, la cui radice così s'appella,
e dilettafi in aere nebbiofo, avvegnachè in ogni
aere nafca, e alligni. Anche ama terra graffa, e foluta, e lungamente lavorata, e rivolta, e profondamente cavata, e fchifa tufo, e ghiaja. Seminafi del mefe
di Luglio, o intorno alla fine di Giugno, in luoghi
temperati; e del mefe d'Agofto, e di Settembre in
luoghi caldi, e fecchi. E deonfi feminare con grandi fpazii, e adentro cavati: e nell'arene diventano
migliori. Anche fi feminano dopo la nuova piova, fe
non foffero già, che fi poteffero adacquare; e fi
deono incontanente coprire con leggier marroncello.

E

E non vi si dee metter letame, ma paglia innanzi, perocchè ne diventano fungose, e se s' adacquano spesso con acqua salsa, diverranno più soavi. E quelle radici, che son men forti, e che hanno le foglie più late, e più verzicanti, si dice, che son le femmine, onde prenderemo di queste cotali i semi. Anche si crede, che diventeranno maggiori, se levatone via le foglie, e lasciatone una picciola foglia, spesso si coprano con la terra, onde ottimameute si piantano ne' solchi, acciocchè la terra si possa più spesso, intorno ad esse, adunare. E se delle troppo forti, vorrai far dolci, macerrai in mele il suo seme, per un dì, e una notte. La radice è calda, e secca nel secondo grado, ed è di minor nutrimento, che la rapa, per la sua acuità. E 'l suo nutrimento è grosso, e duro allo stomaco, e nocivo alla digestione, e non è convenevole agli occhi, nè a' denti, nè a tutte ferite, e dolori, presa, secondo cibo. Ma secondo medicina, è purgativa delle reni, e della vescica de' grossi umori, e provoca l' orina, e mangiata, rompe la pietra. E se si mangia cotta, vale alla tossa, che avvenga per fredda, e umida cagione: e mangiata, secondo cibo genera torzione, e enfiamento, e diventa nociva allo stomaco: la qual cosa testimonia il puzzolente rutto, ch' avvien per quella, massimamente innanzi al cibo: imperocchè quella, che si dà a quelli, che son digiuni a mangiare, sollieva il cibo, e costrignelo, che non discenda al luogo, dove si cuoce: onde diventa cagione d' indurar la digestione, e di provocare il vomito, massimamente a coloro, che naturalmente hanno ventusità nello stomaco. Ma presa dopo 'l cibo, genera minor ventusitade, e con la sua gravezza, discende giù, e avvalla il cibo al luogo, dove si cuoce, e lo smaltisce, come si conviene: imperò coloro, che la volessero per provocare il vomito, la deono
no

no prendere innanzi al cibo. Anche la fua virtù è fimile a quella del rafano, e contr' alle medefime cagioni, in quel modo fi dia, ma non è tanto efficace.

Della Ruta.

C A P. C.

LA Rúta fi femina del mefe d'Agofto, e meglio fi propaggina, e fi diftende, rompendo i ramicelli, e ficcandogli nella terra. E fe le fommità d'alcuno fuo ramicello fi chipa alla terra, incontanente, che fono fitte nella terra, s'appigliano, e malagevolmente fi fecca. Dice Plinio, che la ruta ha in odio, e fchifa il freddo Verno, e l'acqua, e allegrafi de' tempi fecchi, e vuolfi nudrire in terra bianca, o in cenere. Ed ama il fico, intanto, che fott' effo, o allato ad effo, meglio, che in altra parte alligna: e quando è invecchiata, diventa legnofa, fe co' fuo' rami, ogni anno, con terra, infino alle foglie, non fi cuopre. E quando è indurata, e fatta legnofa, non pulula bene, fe non fi taglia appreffo alle radici, imperocchè allora, rinnovati i rami, torna giovane. La ruta è calda, e fecca nel fecondo grado, ed è di due maniere, cioè dimeftica, e falvatica, la quale s'appella pigamo. Le fue foglie, e feme fi confanno ad ufo di medicina, e fi poffono i fuoi femi ferbare per cinque anni, e le fue foglie fecche, per un'anno, e la fua virtù è diuretica, diffipativa, e confumativa. Contr'a doglia di capo, ed epileffia, fi prenda alquanto del fuo fugo fcaldato, e fi metta nel nafo, imperocchè mena fuori la flemma, e mondifica il cerebro. Anche il vino della ruta, dove farà cotta, vale a quel medefimo. Contra 'l difetto della vifta, per fummofità collerica, fi prenda la ruta, e fi metta nel doglio del

vi-

vino, e poi l'uſi lo 'nfermo. Anche, ſe ſi miſchia
con acqua roſata, e ſi pone ſopra gli occhi ciſpoſi,
o vero ſanguinoſi, mirabilmente gli mondifica, e ſa-
na. Contra 'l dolor de' denti, ſi prenda la ruta, e
s'impiaſtri ſopra 'l luogo, dove è il dolore: o ſi faccia così, cioè: Che ſi prenda il ſuo gambo, e s'arda alquanto al fuoco, e s'incenda, e la ſua concavi-
tà cauterizza, e molto giova. Contr' alla frigidità dello ſtomaco, e la ſua paraliſia, e ancora degli altri
membri, ſi dia il vino, dove ſarà cotta la ruta, e la
radice del finocchio, o la ſua polvere, col ſugo. Ancora, contr' alla ſtranguria, e diſſuria, ſi prenda la
ruta, cotta in vino, ed in olio, e s'impiaſtri al pettignone. Contra tenaſmon, per cagion fredda, ſi
prenda la ruta, e ſi cuoca in vino, e ſene faccia ἐγχρισα
o ſi prenda di buon vino, e ſi ſcaldi, e ſi gitti ſopra la ruta, e lo 'nfermo riceva il fummo per imbu-
to. A provocare i meſtrui, e la creatura morta, e a
menare fuori la ſeconda, ſi dia la triferamagna, col
ſugo della ruta: e quel medeſimo adopera il ſugo pe-
ſtato, e' ſuo' talli, o vero cime giovani, fritte nell'
olio, e poſte ſopra 'l luogo. Contra 'l dolor di fuori
per percoſſa, o per altra cagione, ſi prenda la ruta,
e ſcaldata in teſto, vi ſi ponga, ſanz' altro liquore.
Contra ciſpità, e roſſor degli occhi, ſi tolga la polvere del comìno, e ſi confetti col ſugo della ruta; e
intintavi la bambagia, ſi ponga ſopra gli occhi. Anche la ruta bevuta, vale contr' a veleno bevuto, e
contra 'l morſo degli animali velenoſi: e anche, ſe
vi s'impiaſtra, adopera il ſimigliante. E nota, che
chi foſſe coperto tutto di ruta verde, potrebbe ſicuramente andare al baſiliſco. Anche dicono Plinio, e
Dioſcoride, e Goſtantino, che quando la donnola s'apparecchia di combattere col ſerpente, mangia la ruta,
e guernita del ſuo odore, e virtude, ſicuramente aſſa-

lifce, e uccide il bafalifco. E il fuo odore fcaccia le botte degli orti, e tutte cofe venenofe, ed imperò acconciamente fi pianta in luoghi, ove fi riparano l'api. Anche coloro, che fono unti del fuo fugo, non poffono da fcarpioni, nè da ragnoli, nè da api effer punti.

Della Robbia.

C A P. C I.

LA Robbia defidera terra foluta, e graffa, acciocchè ottimamente alligni, tuttavolta alligna in terreno mezzanamente graffo, la quale fi dee cavare profondamente con le vanghe, del mefe d'Ottobre, e di Novembre; e 'l feguente mefe di Marzo, o di Febbrajo, o d'Aprile, fi femina, fpeffa, come 'l grano, o come la fpelda. E fannofi le porche, sì come negli orti, o quaderni, sì come nel feminar del grano. E fi dee il fuo feme, col raftro, folamente coprire, e da tutte l'erbe, e radici, e maffimamente dalla gramigna, ottimamente purgare, quando fi vanga, e quando fi fanno le porche. Appreffo fi roncano, quandunche rinafcano l'erbe in effa, con le mani, e col farchioncello. Poi d'Agofto, quando i femi faranno neri, fi colgano, con tutta l'erba, e fecchi bene, fi confervino al fummo. E poi del mefe d'Ottobre, di Dicembre, o ver di Novembre, fi cavino i folchi, e di quella terra fi cuoprano un pò le porche. Poi appreffo, la State feguente, fi ronca, quantunque fiate l'erbe nafcano in effa, e del mefe d'Agofto, da capo, fi colgono i femi, sì come è detto. Anche le fue radici, cavata la terra, a poco a poco, fott'effe fi colgono, a cui piace di coglierle, e feccanfi al Sole. Ma meglio

glio è, che all'anno feguente fi lafcino in terra, acciocchè diventino più groffe, e migliori, cavando an-
corà i folchi, e coprendo le porche, sì come è detto. E quando le fue radici fon fecche, fi battono
co' coreggiati, acciocchè fi rompano, e fi purghino
dalla terra, e dalla polvere, o diventin chiare, e fe fene fa polvere, varrà meglio. E nota, che la terra,
dove la robbia fi pone, fi potrebbe cavar folamente
con l'aratro, meffo bene adenrro.

Degli Spinaci.

C A P. C I I.

GLi Spinaci ottimamente fi feminano del mefe di
Settembre, e d'Ottobre, per lo Verno, e per
la Quarefima feguente. Anche del mefe di Dicembre,
di Gennajo, e di Febbrajo, e di Marzo, per lo mefe
d'Aprile, e di Maggio : e ancora negli altri mefi fi
poffono feminare. Seminanfi foli anche nell'ajuole, e
mifchiati ancora con l'altre erbe, in terra graffa, e ben
lavorata. E quando fi colgono, fe una volta fi taglia
la metà del fuo gambo, e l'altra volta l'altra, durerà lungamente la fua utilitade. Gli fpinaci fon freddi, e umidi nella fine del primo grado, e ammolli-
fcono il ventre, e vagliono alla gola, a chi aveffe dolor di fangue, e collera roffa, e fon migliori allo ftomaco, che gli atrepici.

Dello Strigio, cioè Solatro, e Morella.

C A P. C I I I.

LO Strigio, Solatro, e Morella è una medefima erba, ed è fredda, e fecca, e diuretica alquanto :

e

e quando è verde, quanto alle foglie, e i fiori, è
di molta efficacia (e secca niente adopera) ed ha virtù refrigerativa. Contr' all' oppilazion della milza, e
del fegato, e massimamente contr' all' itterizia, quando è oppilata la parte di sopra del cistis fellis, si dia
il suo sugo a bere, o si faccia sciroppo di zucchero,
e del suo sugo: o si dieno, e varrà meglio, once due
del suo sugo, con cinque scropule di Reubarbaro.
Contr' alla postema dello stomaco, e delle budella, e
del fegato, si dia il suo sugo, con l' acqua dell' orzo. Contra 'l riscaldamento del fegato, si prenda u-
na pezza intinta nel suo sugo, e vi si ponga suso: e
quel medesimo si faccia sopra la calda gotta, o vi si
ponga spesso la sua erba pesta. Anche varrà meglio,
se col suo sugo si giugne aceto, o agresto, o olio rosato. Contra 'l caldo apostema, nel cominciamento,
si prenda la detta erba pesta, e vi si ponga, per far
tornare addietro la sua materia.

Della Sempreviva.

CAP. CIV.

LA Sempreviva, cioè barbajovis, è un' erba così
nominata, perocchè sempre si truova verde, ed
è fredda nel secondo grado, e secca nel primo; e
quando è verde, è di molta efficacia, e secca, di
niuna operazione, ed ha virtù rifrigerativa. Le pezze
intinte nel sugo suo, e nell' aceto, ed in agresto, e
poste sopra 'l fegato, molto vagliono contr' alla sua
caldezza, e contra dolor, per calda cagione. Anche
l' erba trita, e sopra posta, vale contr' agli apostemi
caldi, nello 'ncominciamento, alla ripercussion della
materia, avvegnachè, spessando la materia, poscia noc-
cia. Contro a arsura di fuoco, o d' acqua, si faccia

un-

unguento del fugo fuo, e d' olio rofato, e di cera, ma non dee porfi ne' primi quattro dì, ma deefi ricevere il fummo della fua evaporazione: onde imprima ugniamo con fapone, e con fimiglianti cofe, pofcia col predetto unguento: e contr' a fluffo di fangue, il quale fi fa per bollizion fua nel fegato, e nelle reni, nella State, le faldelle, intinte nel fugo fuo, e nell' acqua rofata, fi pongano alla fronte, e alle tempie, e al gozzo.

Del Satirione, o vero Appio.

CAP. CV.

IL Satirione fi tiene, che fia l' Appio falvatico, ed è caldo, e fecco nel terzo grado, ed ha virtù attrattiva dalle parti remote, onde i fuoi tefticoli, confetti con mele, provocano il coito. Ma meglio fi fa confezione di quelli, e de' datteri, piftacchi, e del mele. Anche il fuo fugo, dato con l' offimele, vale agli artetici.

Della Sponfafolis.

CAP. CVI.

LA Sponfafolis, la cicoria incuba, e 'l folfequio, è tutta un' erba, ed è fredda, e umida. La quale erba, mangiata, vale contr' a veleno, fe fia per morfo. Anche il fuo fugo, fe fi porrà fopra 'l fegato, vale alla fua oppilazione, per calda cagione fatta. Anche vale, contra 'l fuo rifcaldamento.

Del Silermontano.

CAP. CVII.

IL Silermontano, o 'l fileos, è caldo, e fecco in fecondo grado, e 'l fuo feme fi può per tre anni ferbare, e mettefi quello nelle medicine, ed ha virtù diuretica, diffolutiva, confumativa, e attrattiva. Contr' all' afma, per fredda cagione, fi dia il vino, dove farà cotto il filermontano, o la fua polvere, con fichi fecchi arroftiti. Contr' all' oppilazion del fegato, delle reni, e della vefcica, e contr' alla ftranguria, e diffuria, fi dia il vino della fua decozione.

Della Strafizzeca.

CAP. CVIII.

LA Strafizzeca è calda, e fecca nel terzo grado, ed è feme d' un' erba così appellata, il quale è di grande efficacia, ed è detto capopurgio, perocchè purga il capo dalla flemma, e afciuga l'uvola, e fa fchifare la reuma, e lo ftomaco mondifica. E 'l vino della fua decozione, e delle rofe, contra le predette cofe, fi gargarizzi. Contra la rogna, e pidocchi vale l'unguento fatto della fua polvere, e aceto. Anche vale contr' alla parlafia, fe fene farà unzione. E la polvere del fuo feme vale contra i lombrichi, data col mele.

Della

Della Squilla.

C A P. C I X.

LA Squilla è calda, e secca in secondo grado, ed è un'erba simigliante a cipolla, onde la sua radice grossa si confà più ad uso di medicina, che le foglie, e per se sola è mortale, la cui virtù è diuretica, onde vale alla digestione della materia, così in quotidiana, come in quartana. Vale anche contr' all'oppilazion della milza, e del fegato, e contr' alla doglia del fianco, e delle giunture, secondo che dice Isac: e contr' alle predette infertà cotale sia l'uso, cioè. Che si divida per mezzo, e tante tuniche dalla parte d'entro si gettino, quante dalla parte di fuori, e tante sene serbino nel mezzo. Quelle di fuori si deon gittare, perocchè son venenose, e molto calde. Simigliantemente si gettino quelle d'entro, perocchè per troppa freddezza, sono mortali. Quelle del mezzo son temperate, onde di queste si faccia decozione nel forno, involte nella pasta, e poi si cuocano in aceto, e nella colatura si giunga mele. E se vuogli, che l'ossimele aoperi più fortemente, non cuocer la squilla nella pasta, ma nell'aceto solamente: e vale contr' a ogni dolor della parte di fuori, per fredda cagione.

Della Senape.

C A P. C X.

LA Senape si semina innanzi al Verno, e dopo, e desidera terra grassa: e se si semina rada, diventa migliore: ma se fosse troppo spessa, sene possono
al-

alcune piante levare, e altrove trafporre. Quefta erba multiplica in tal maniera, che là dove fi femina
una volta, appena poi quel luogo fene può liberare,
e dove cade il fuo feme, al poftutto germoglia, e
verzica. La fenape è calda, e fecca nel mezzo del
quarto grado, e intendi del feme, non mica dell' erba, il quale colto, per cinque anni fi ferba, ed ha
virtù di diffolvere, di confumare, d'attrarre, e di fottigliare. Contr' alla parlafia della lingua, vale lo fuo
feme mafticato, e fotto la lingua ritenuto. Contr' alla
parlafia degli altri membri, fi metta in un facchetto,
e fi cuoca in vino, e pongafi fopra 'l luogo, ove la
doglia è, e fpezialmente nel cominciamento della infermitade. La fua polvere, pofta alle nari, fa ftarnutire,
e mondifica il cervello dalle fuperfluitadi. Contr' all'
afma antica, per umor vifcofo, fi dia il vino, dove
fia cotta fenape, e fichi fecchi. Contr' all' oppilazion
della milza, e del fegato, e contr' alla flemma bianca, fi cuoca in acqua la fenape, con la radice del finocchio; e colata, vi fi ponga mele, e fi dia allo 'nfermo cotal decozione. Contr' alla durezza della milza,
fi pefti la fua erba, con la fugna del porco, ottimamente, e fi ponga fopr' effa. Anche il fomento fatto
della fua acqua, ove farà cotta, mena fuori i meftrui. Ancora la detta erba cotta in vino, e impiaftrata, folve la ftranguria, e la diffenteria. Il vino anche,
dove farà il fuo feme cotto, e de' draganti infieme,
difecca l' umidità dell' uvola, del cerebro, e delle
fauci, e vi fi metta draganti, acciocchè non riarda,
e dibucci. Pittagora commenda la fenape fopra tutte
l' altre erbe. Onde Plinio dice, che la fenape fottiglia, e purga i groffi, e vifcofi umori, e fana i morfi de' ferpenti, e degli fcarpioni, giugnendo con effa
aceto; e vince i veneni de' funghi, e mitiga il dolor
de' denti, e paffa al cerebro, e quel mirabilmente
                                                      pur-

purga. Rompe la pietra, e i meftrui provoca, ed eccita l'appetito, e conforta lo ftomaco, e ajuta gli epilentici, e fana gl'idropici, eccita i letargici, e ajutagli tutti molto, e purga i capelli, e il lor cadimento coftrigne: i bucinamenti degli orecchi rimuove, e purga la fcurità degli occhi, e fovviene a' paralitici, perchè apre i pori, e diffolve l'umor, che bagna i nervi, e confuma: e dice, ch'è maggior virtude nel feme, che nell'erba.

Dello Stuzio, cioè Cavolino falvatico.

CAP. CXI.

LO Stuzio, e 'l Cavolino falvatico fono una medefima cofa, il quale è caldo, e fecco nel fecondo grado. Il fuo feme, e 'l fugo delle foglie fi confanno ad ufo di medicina. Contr' alla parlafia della lingua fi prenda il fuo feme mafticato, e fi tenga fotto la lingua, per grande fpazio. E fe foffe in altra parte del corpo, fi prendano le fue foglie, e fi cuocano nel vino, e vi fi pongano. Contr' alla litargia, fi prenda la polvere del fuo feme, e fi metta nel nafo. Anche fi faccia decozion del fuo feme pefto, e del fugo della ruta falvatica, in aceto fortiffimo, del quale poi fi ftropiccino le parti del capo diritte, le quali prima fi deon radere. Anche la fomentazione delle fue foglie, cotte in vino, e olio, folve la ftranguria, e diffuria, e diffolve i meftrui. Anche lo 'mpiaftro delle fue foglie, cotte in vino, e olio, pofte fopra 'l pettignone, e fopra la verga, provoca l'orina.

Dello Scordeon, cioè Aglio salvatico.

CAP. CXII.

LO Scordeon, cioè l'Aglio salvatico, è caldo, e
secco nel terzo grado, il cui fiore solamente è
medicinale: onde l'acqua, o vero il vino, ove farà
cotto, mondifica i membri spiritali dalla flemma, e
vale contra 'l dolor dello stomaco, e delle budella,
per ventusità, e contr' all' oppilazion della milza, e
del fegato, per fredda cagione. Anche solve la stranguria, e dissuria, e dissenteria.

Degli Sparagi.

CAP. CXIII.

GLi Sparagi son caldi, e secchi nel terzo grado, il
cui frutto è seme si confà a medicina, e le sue
tenere vette, cotte con la carne, o vero con l' acqua, vagliono contr' all' oppilazion della milza, e del
fegato, e dissolve la stranguria. Anche vagliono contra 'l dolor dello stomaco, e delle budella, e contra
'l mal del fianco. Anche il vino dove il suo seme sarà cotto, vale contro alle predette cose.

Del Sisimbrio.

CAP. CXIV.

IL Sisimbrio è caldo, e secco nel terzo grado, ed
è di due maniere, cioè dimestico, e salvatico, il
quale si chiama calamento, la cui virtude è diuretica, e dissipativa, e consumativa. Contra 'l vizio del

pet-

petto, si faccia poltiglia di farina d'orzo, e d'acqua, e vi si ponga, cioè vi s'aggiunga la polvere del sisimbrio, e si dia allo 'nfermo. Contr'alla fredda reuma, si prendano le sue foglie, e si mettano in un vasello, e s'arrostiscano, sanza alcun liquore, e si mettano in un sacchetto, e ponganfi sopra 'l capo. Anche 'l vino dove sarà cotto, vale contra 'l dolor dello stomaco, e delle budella, per frigidità, e contr'all'oppilazion della milza, e del fegato, e apre le vie dell'orina. Anche la sua erba cotta in vino, e impiastrata, vale contra 'l dolor dello stomaco, per ventusità, e ancora mena fuori i mestrui, e mondifica la matrice, e la sua fomentazione ajuta la concezione.

Della Salvia.

C A P.   C X V.

L A Salvia si pianta con le piante, e co' rami giovani, del mese d'Ottobre, e di Novembre, e meglio del mese di Marzo. La salvia è calda nel primo grado, e secca nel secondo, le cui foglie solamente si confanno a uso di medicina, verdi, e secche, e si serbano per un'anno: ed è salvia dimestica, e salvatica. La salvatica si chiama eupatorium. La dimestica è più consumativa, e confortativa, e la salvatica e più risolutiva. Il vino, dove sarà cotta la salvia, vale contr'alla parlasia, ed epilessia. Ancora cotta in vino, e 'mpiastrata sopra le parti paralitiche, molto vale. E la fomentazione fatta dell'acqua della sua decozione, vale contr'alla stranguria, e dissuria, e mondifica la matrice. Anche si mette convenevolmente ne' savori.

Della

Della Scabbiofa.

CAP. CXVI.

LA Scabbiofa è calda, e fecca nel fecondo grado, la quale, quando è fecca, è di nulla efficacia. Contr' alla rogna, vale l' unguento, che fi fa del fuo fugo, bollito con olio, e aceto, tanto che divenga ad alcuna fpeffezza. E 'l bagno dell' acqua della fua decozione, e del taffobarbaffo, vale contr' alla lopitìa, e 'l fuo fugo, vale a quel medefimo, e uccide i lombrichi, e purga gli orecchi, ne' quali fi mette, meffovi con olio. E 'l fummo del vino-della fua decozione, vale contr' alle morìci.

Del Crefcione.

CAP. CXVII.

LE Senazioni, cioè Crefcioni, che per altro vocabolo s' appellan Nafturcio aquatico, fon caldi, e fecchi in fecondo grado, e cotti in acqua, con la carne, purgano i membri fpiritali: e 'l fomento fatto dell' acqua falfa, e dell' olio comune, e della fua decozione, vale al mal del fianco, e alla ftranguria, e diffuria: cotti ancora nel vino, e impiaftrati, vagliono a quel medefimo.

Della Serpentaria,

CAP. CXVIII.

LA Serpentaria, la Columbaria, e la Dragontea fono una medefima cofa. E chiamafi ferpentaria,

o

o vero dragontea, imperciocchè 'l fuo gambo è pieno di macule, a modo di ferpente, ed è caldo, e fecco nel terzo grado: la cui radice fi prenda, e fi divida minutamente, e polverizzata, e ftacciata col panno, allora fi confetti con acqua, e fi fecchi al Sole, per due, o tre dì: e di quefto con acqua rofata, o fanz' effa, fi faccia epittimazione, perocchè rende la faccia rifplendente, e chiara, e rimuovene il panno. Anche fe la fua polvere fi confetta con fapone, e fi pone fopra la fiftola, allarga la fua bocca, tanto che l' offo rotto, o fracido, fene può cavare. Anche la fua polvere confetta con calcina viva, e aceto fortiffimo, è ottima al canchero, per modo, che fia la terza parte calcina. E Diofcoride dice, che queft' erba, col fuo odore, fcaccia i ferpenti: nè riceve il corpo, il quale fia unto del fuo fugo, lefione dal ferpente.

Del Serpillo.

C A P. C X I X.

IL Serpillo è caldo, e fecco in fecondo grado, ed enne di due maniere, dimeftico, e falvatico. Il dimeftico fparge i fuo' rami per terra, e 'l falvatico crefce in altezza, e in lunghezza. Le fue foglie, e i fiori fi confanno ad ufo di medicina, le quali meffe in pentola rozza, e fcaldate, e meffe in facchetto, e pofte fopra 'l capo, vagliono contr' alla fredda reuma del capo. Il vino della fua decozione, e del fugo della regolizia, vale contr' alla toffa, e dolor di ftomaco, per ventufità. Anche 'l vino della fua decozione, e degli anici, vale contra 'l dolor dello ftomaco. Anche la fomentazion dell' acqua della fua decozione, vale conrr' alla ftranguria, e diffenteria, e mondifica la matrice, e rifcalda, e conforta: e 'l
vi-

vino della fua decozione rifcalda lo ftomaco raffreddato, e fimilmente il fegato, e la milza.

Della Santoreggia.

C A P. C X X.

LA Santoreggia è calda, e fecca in fecondo grado, e feminafi del mefe di Dicembre, di Febbrajo, e di Marzo mefcolatamente con l'altre erbe :
e anche fola può feminarfi. La poltiglia di farina,
e acqua, e della fua polvere fatta, mondifica i membri fpiritali. Anche la iua polvere confetta, vale a
quel medefimo. Diofcoride dice, che l'ufo della
fantoreggia è convenevole a confervar la fantà, e
mettefi ne' cibi. Albumafar dice, che la fua proprietà è di cacciar la ventufitade, e gli enfiamenti,
e le torzioni, e di fmaltire il cibo, e di fcac-
ciar le fuperfluitadi dello ftomaco, e provocar l'o-
rina, e i meftrui, e fottigliare il vedere, indeboli-
to di mala umiditade.

Della Schiarèa.

C A P. C X X I.

LA Schiarèa fi femina del mefe di Dicembre, di
Gennajo, di Febbrajo, e di Marzo, e d'Aprile, e defidera tal terreno, quale defiderano l'altre
erbe comuni. Quefta erba è ottima, ed è perpe-
tua : e quando è trapiantata in ordine, come le cipolle, poichè 'l fuo feme farà maturo, e colto, fe
fi taglierà fopra terra, per tre, o per quattro dita,
rinafce, e diventa belliffima nell'Autunno : e fe fi
taglia il fuo gambo, fecca, e nondimeno di Settembre

bre rimette, o nella feguente State, sì come il finocchio, e ottimamente vive all'ombra.

Degli Scalogni.

CAP. CXXII.

GLi Scalogni fi piantano del mefe di Febbrajo, sì come gli agli, per fe, nelle porche, e nelle porche dell'altre erbe, e ciafcuno fa molti figliuoli, e maffimamente fe la terra farà ben graffa, quando fi piantano. Anche fi dice, che fe gli fpicchi degli agli fi metton nella cipolla pertugiata, e fi piantano fopra la terra, diventeranno fcalogni. Gli fcalogni fon della natura delle cipolle, ma fon meno umidi, e di lor natura confortano l'appetito, e la malizia de' cibi venenofi correggono, e nocciono al vedere, e fanno dolor di capo, e putir la bocca: e non fi confanno a color, che fon di calda compleffione, ma poffonfi mangiare con carne graffa, perocchè ammendan la lor malizia.

Dell' Erba giudaica.

CAP. CXXIII.

IL Tetrahit, cioè l'Erba giudaica, è calda, e fecca nel terzo grado. Il vino della fua decozione ajuta la digeftione, e cura il dolor dello ftomaco, e delle budella, per ventufitade. E le frittelle fatte della fua erba, e di farina, e d'acqua, confortano il natural calore, e provocano l'orina. E lo 'mpiaftro fatto della detta erba, cotta in acqua, folve la ftranguria. Anche il fomento fatto dell'acqua, ove farà cotta, rifcalda, e mondifica la matrice.

Della

Della Taffia.

CAP. CXXIV.

LA Taffia è calda e fecca nel terzo grado, e ferbafi per tre anni, e truovafi in Arabia, in India, e in Calabria, e mettefi nelle vomiche medicine, e fi dee cautamente porre : e fe perciò avviene enfiamento alcuno, fi ftropicci con panno lino, bagnato d'aceto, o vero, che 'l luogo enfiato s'unga col populeone, giuntovi aceto. La taffia è erba tunicanorum, imperocchè pefta fa enfiar la faccia, e 'l corpo, come fe foffe lebbrofo, e curafi, come è detto, col populeone, e aceto, e col fugo della fempreviva.

Del Taffo barbaffo.

CAP. CXXV.

IL Taffo barbaffo è caldo, e fecco, e la fomentazione fatta della fua decozione, vale contr' alle morìci. E a quel medefimo vale, fe la natura di dietro dello 'nfermo, dopo l'ufcita, fene forbe. Anche la fua decozione in acqua, vale a tenafmon, e contra 'l fluffo del ventre.

Del Tefticulovulpis.

CAP. CXXVI.

IL Tefticulovulpis è buono, e dolce al gufto, e prefo col vino, dà talento d'ufar con femmina, e dà a ciò ajutorio, ed è caldo, e umido, ed è fpezie di Satirion.

Del

Del Testiculo del Cane.

CAP. CXXVII.

IL Testiculo del Cane, è un' altra spezie di Satirion, ed è nelle foglie, e nel gambo, simigliante a' testicoli della volpe. E la sua radice è di due nodi, perocchè ha uno tondo di sopra, e un altro di sotto, e l' uno è molle, e l' altro è duro, e pieno, e in quello è superflua umidità. E se innanzi al coito il maschio prenda il maggior testicolo, quello, che si conceperà, per lo coito, sarà spesse volte maschio: e se la femmina prende il minore, ed impregni, diverrà il più femmina. E dicesi, che il maggiore accresce il coito, e 'l minore lo consuma, e ciascuno di questi due, distrugge l' operazion dell' altro, secondo che scrive Frate Alberto nel Libro de' Vegetabili.

Del Timo.

CAP. CXXVIII.

IL Timo è un' erba molto odorifera, il cui fiore è Epitimo appellato, ed è questo fiore medicinale, perocch' egli ha virtù di purgar la malinconia, e la flemma, e però vale contr' alla quartana, e l' altre malinconiche infermità: del quale dobbiamo dare acuitade alle medicine. E non mica per se medesimo dar si dee, perocch' egli ha natura di far tramortire, e d' inducere angustia de' membri d' entro.

Della Viuola.

CAP. CXXIX.

LA Viuola è fredda, e umida, delle quali, quando sono verdi si fa zucchero, e olio violato. Ma lo sciroppo violato si fa delle secche, e delle verdi: ma quel, che si fa delle secche ha meno efficacia. Il zucchero violato si fa nel modo, che 'l rosato. Lo sciroppo si fa in questa maniera, cioè. Che si prendono le vivuole, e si cuocono in acqua, e della colatura, e del zucchero, si fa sciroppo. Ma se si facesse del lor sugo, e del zucchero, sarebbe migliore. L'olio violato si fa in questa maniera, cioè. Che si prendono le vivuole, e si cuocono in olio, e la colatura sarà olio violato: il quale, riceuuto dentro, vale contr' alla distemperanza della disordinata fatica di tutto 'l corpo. Anche la sua unzione, fatta sopra 'l fegato, vale contra 'l suo riscaldamento. Anche l'unzione fatta di quello, sopra la fronte, e sopra le tempie, rimuove il dolor della testa, che dà caldo procede. Le vivuole hanno virtù d'ammorbidare, ammollativa, refrigerativa, e lassativa: ma sono poco lassative, e purgano principalmente la collera rossa: onde vagliono contr'alla terzana, e contr'alla distemperanza del fegato in calore, e contr'all' oppilazion del fegato, e contr' alla giallezza, e contr' al difetto dell' appetito, per cagion di collera. Ancora le vivuole peste, e poste, sopra le calde aposteme, nel principio vagliono: e quel medesimo adopera la sua erba, e la fomentazione fatta dell' acqua, dove sarà cotta la sua erba, a' piedi, e alla fronte. Nell' acute infermitadi provoca sonno. Ed è da sapere, che lo sciroppo violato si dee più cuoce-

ere, che 'l rofato : in altra maniera tofto fi corrom-
perebbe.

Del Virgapaftoris, cioè Cardo falvatico.

CAP. CXXX.

Virgapaftoris è il Cardo falvatico, ed è freddo,
e fecco, e folamente le fue foglie fi confanno
ad ufo di medicina, verdi, e fecche: ma verdi fono di maggiore efficacia, ed hanno virtù di coftrignere, di ripercuotere, e d'infreddare. E lo 'mpiaftro fatto della fua polvere, e d' aceto, e d' albume
d' uovo, fopra 'l pettignone, e fopra le reni, vale
contra 'l fluffo del ventre. Anche la fua polvere, data in uovo da inghiottire, vale a quel medefimo.
Ancora, data col fugo della petacciuola, vale a
quel medefimo, e al fluffo della femmina. Anche vale a quel medefimo la fomentazione fatta dell' acqua
della fua decozione. E pefta, vale alle calde apofteme, in principio. E pofta fopra 'l capo rafo, vale
contra la frenefia, e dolor, per calda cagione. Anche è queft' erba molto confolidativa delle frefche ferite. Anche i femi, e i vermicelli, i quali fono ne'
cardi fecchi, fopra la radice, ricercano gli uccelli, e
cantano quando fi danno loro. Dice Ifidoro, che la
fua radice cotta in acqua, accende il defiderio a' be-
vitori. Anche dice, che 'l cardo è utiliffimo alla matrice, e ajuta le femmine, acciocchè generino figliuol
mafchio.

Della Volubile.

CAP. CXXXI.

LA Volubile è un'erba, la quale s'involge sopra
le piante, le quali son prossimane, ed è poco
calda, ma molto secca, la qual cosa la sua tortura
dimostra. Ed enne un'altra spezie, la qual s'appella
funis pauperum, e questa è terrestre, e acquea, la
quale, per la sua terrestritade, è costrettiva, e per
l'acqueitade, è mondificativa, e lenitiva, le cui foglie saldano le gran ferite, e non hanno pari in quella operazione; e si cuocono in vino, e s'impiastra-
no sopra le ferite, con aceto. E sono ancora medicinali all'arsura, o vero cottura del fuoco. Anche
n'è un'altra spezie, che si chiama volubile maggiore, e 'l suo latte rimuove i peli, e uccide i pidocchi.

Dell' Ortica.

CAP. CXXXII.

L'Ortica è detta, imperocchè il suo toccamento riscalda la mano, imperocchè è di natura ignea,
come dice Macrobio, ed è di due maniere: l'una
è pugnente, e l'altra è morta, la qual non pugne,
e le sue foglie sono più bianche, è più molli, o vero morbide, e più ritonde, e ciascuna di queste è medicinale, imperocchè lo suo sugo, bevuto col vino,
vale contr'all'itterizia, e contr'alla colica, e data
col mele, cura l'antica tossa, e purga 'l polmone,
e mitiga l'enfiamento del ventre. Le sue foglie peste
col sale, purgano, e curano le brutte ferite, e 'l mor-

fo del cane, e 'l canchero. Anche la sua radice pesta, e cotta in vino, e olio, vale contr' all' enfiamento del ventre, o vero della milza. Il suo sugo stagna il sangue del naso. Ancora il suo sugo bevuto col vino, spezialmente mischiato col mele, e col pepe, muove a lussuria, e provoca l' orina, e la sua erba fresca, e tenera, cotta, ammolla il ventre, e spezialmente del mese di Marzo, cotta con olio.

Della Vetriuola.

CAP. CXXXIII.

LA Vetriuola, che per altro nome, Paritaria s' appella, ed è erba calda, e secca nel terzo grado, e chiamasi vetriuola, perocchè sene purgano i vetri, la quale, quando è secca, è di niuna efficacia, e verde è di molta operazione: la cui virtude è diaforetica, ed estenuativa. Contr' alla frigidità dello stomaco, e delle budella, e contra 'l lor dolore, e contra stranguria, e dissuria, si prenda la detta erba, e si riscaldi in un testo, sanza alcun liquore, e si ponga nel luogo, dov' è la doglia, e si cuoca in vin bianco, alquanto acetoso, con la crusca. Contr' alla stranguria, e dissuria, si cuoca in acqua salsa, e olio, e impiastrisi sopra 'l pettignone. Ancora val molto, cotta, e mangiata, contra 'l dolor dello stomaco, per frigidità, e ventusità. Ancora pesta alquanto, e scaldata con vino, e crusca, disenfia.

INCOMINCIA
IL
LIBRO SETTIMO

De' Prati, e Boschi.

POichè di sopra è sufficientemente trattato del cultivamento de' campi campestri, e delle vigne, e degli arbori, e degli orti, li quali richieggiono molta industria, sollecitudine, e dottrina, tratteremo al presente de' prati, e delle selve, i quali non richieggiono tanta dottrina, ma quasi, per lor medesimi, naturalmente nascono. E principalmente direm de' prati, perchè furon fatti, e quale aere, terra, e acqua, e sito desiderano, acciocchè producano maggiore abbondanza d' erbe. Poi appresso diremo, come si fanno, e come si proccurino, e rinnuovino: e del fieno, il quale è il suo frutto, come si colga, e si conservi, e della sua utilitade.

Perchè i Prati creati furono, e che aria terra, acqua, e sito desiderino, e di loro utilità.

CAP I.

IPrati furono dalla Natura, per Divino comandamento, creati, acciocchè la terra, la quale imprima era nuda, si vestisse, e ornasse, e acciocchè le loro erbe, così secche, come verdi, dessero agli animali convenevole nudrimento. Onde è da sapere, che in essi nascono diverse generazioni d' erbe, per la diversità degli umori contenuti nella parte di sopra

pra della terra, la qual cofa la Natura fagace, che
nelle cofe necefarie non vien mai meno, ha adope-
rata, e fatta, perchè la diverfità degli animali, fi nudrifca di quelle cofe, l'appetito de' quali, in tutte le
cofe è diverfo, e ftrano. I prati defiderano aere temperato, o proffimano a freddezza, e umidità: ma fe
troppa freddezza foffe nel luogo, faranmovi continuamente le nevi, e 'l ghiaccio, i quali al tutto impedi-
ranno le generazioni dell' erbe. E fe vi fia troppa
caldezza, e fecchezza, confumerà ogni verdume, fe
non vi fi foccorrerà con continuo adacquamento. E
defiderano ancora, acciocchè fieno copiofi d'erbe,
graffo terreno. Vero è, che fe non farà troppo graffo, producerà le fue erbe più faporofe, e odorifere,
e fottili: ma fe farà troppo magro, producerà poca
erba, o quafi niente; imperocchè cotal terreno, e fimigliantemente il falfo, e l'amaro, per la fua debi-
litade, o vero malizia, non può veftirfi. Anche l'acqua, che a' prati è più convenevole, è l'acqua, che
piove, la qual difcende con calda corrufcazione. E
fimigliantemente l'acqua, che d'Aprile, e di Maggio piove fottile, e tutta quella, che di State difcende, è buona, pur che non fia gelata, per natura di
gragnuola liquefatta, e ftrutta. E di feconda bontade
è l'acqua del lago, la quale è chiara, e calda, e
graffa. Appreffo è l'acqua de' fiumi, e ultimamente
l'acqua delle fonti, la quale, quanto dal fuo principio più fi dilunga, tanto è migliore, perocchè nel
tempo della State ha meno freddezza. I parti defiderano il lor fito baffo, nel quale continuamente fia in-
chiufo umore: ma fe farà baffo in tanto, che l'acqua ricuopra la faccia della terra, non farà difpofto ad alcuna buona erba producere, ma farà
proffimano a natura di palude, e producerà giunchi,
pannie, e quadrelli, e fimiglianti plaudali erbe, groffe,

fe, fanza fapore, acquidofe, e quafi inutili a tutti gli animali. E fe il lor fito farà tanto ad alto, che non fi poffa adacquare agevolmente, fofterrà fecchezza, e aridità, fe non foffe già nell' Alpi, e ne' luoghi freddi, imperocchè in cotali, benchè producano poche erbe, tuttavolta faranno fottili, faporofe, e odorifere. E l' ottima poftura del prato è quella, la quale abbia fopra fe rivo, che corra, per lo qual fi poffa, quante volte farà bifogno, adacquare.

Come fi fanno i Prati, e proccuranfi, e rinnuovanfi.

C A P. I I.

I Prati naturalmente allignano in ciafcuna parte, dove la terra è illuftrata da' raggi del Sole. Fannofi ancora a mano, o di luoghi falvatichi, e bofcherecci, o di campeftri campi. E nel primo modo, cioè di luoghi falvatichi, fi fa in quefta maniera, cioè. Che fi dee il luogo fterpare del mefe di Settembre, o d' Ottobre, e fi dee da tutti gl' impedimenti purgare, e non folamente da pruni, e bronchi, ma eziandio dall' erbe larghe, e fode, o vero dure. Appreffo, quando farà lavorato, e minutamente, e fpeffo, e per molte arature, foluto, e rotto, e tolto via le pietre, e le zolle rotte, e disfatte, fi dee a Luna crefcente, con letame frefco, letaminare: e fi dee attentamente guardare, che gli animali, in niuna maniera v' entrino, e fpezialmente i cavalli, e i buoi, e gli altri giumenti, e maffimamente quando è umido, acciocchè le lor pedate non rendano il fuo terreno in molti luoghi difuguale. Ma fe fi faranno de' campi campeftri, fi deon, per tutte le parti, agguagliare. E rotte le zolle, a modo di fopra detto, vi fi puote fparger, col feme del fieno, quel della veccia mifchiatamen-

mente. E non fi dee prima adacquare, che 'l fuo fugo fia divenuto duro, acciocchè la forza dell'acqua,
che vi corre per entro, non meni via la fua debile,
e non dura corteccia. Ma que' che vogliono certi anni aver prati, e certi anni biada, eziandio delle terre magre, con adacquamento, ottimamente in quefto
modo fanno, cioè. Che mettono per lo campo, a
ciò difpofto, l'acqua torbida, acciocchè i folchi fi
riempiano di nuovo terreno, e 'l campo ancora s'ag-
guagli, e fanza feminazione d'alcuna erba, diventerà
ottimo prato. E fe fi lafcerà in cotal maniera, per
quattro o cinque anni, e poi s'ari, fi potrà ogni anno, infino a cinque anni, feminare a grano: e farà
meglio, fe dopo i due anni, fi muterà biada d'altra
generazione. Ma coloro, che vogliono avere l'uno
anno grano, e l'altro prato, acconciamente quefto
modo. offervano, cioè. Che mettono l'acqua nel
campo, quando la biada è cavata fuori, e quivi la
lafciano la State, e l'Autunno, fe fa afciutto: e la
State feguente rompon la terra, all'ora avranno fegato il fieno, e la feconda volta, e la terza l'arano, e
feminano. E fe ancora vogliono aver grano, non l'a-
rano, fe non intorno alla fin d'Agofto, cavatone il
guaìme: e allora la rompono, e la feconda volta l'a-
rano, e feminano ogni anno: e tuttavolta colgon
l'erbe del guaìme, con le fecce, in quefto modo,
cioè. Che effendo il grano ne' campi, e incontanente,
che ne farà tratto, mettono l'acqua nel campo, anzi chiara, che torbida, e guardanlo dalle beftie, e
poi fegano il guaìme, con la feccia, e la ripongono,
e la danno il Verno agli animali, i quali fcelgono
l'erba, e della feccia fi fanno letto, e letame. E
quando hanno fegato l'erba, e la feccia predetta,
l'arano una volta, o due, e poi vi feminano, e hanno poi buon grano, o altra biada. Anche proccura-

no, e che de' prati si divellano tutte quelle cose, che impediscono, ogni volta, che vi rinascono, e anche l'erbe, che non sono a' prati convenevoli, e spezialmente si faccia dopo le gran piove, le quali mollificano in tanto la terra, che l'erbe nocive si divellano con le lor radici. Anche è molto utile a' prati, se nel Verno si letaminano con fresco letame, acciocchè l'erbe n'abbondino. Ancora se incontanente, che saranno segati, s'adacquino fortemente, si potranno tre, o quattro volte segar l'anno. Ma quando saranno vecchi, e coperti di muschio, si radano, e acciocchè 'l muschio si consumi, secondo che dice Palladio, vi si dee spesso metter la cenere. Ma se fossono del tutto sterili, si dee arare il luogo più volte, e ragguagliato più volte, si faccia il prato.

In che modo, e in che tempo si deon segare i Prati.

CAP. III.

I Prati si deon segare, quando l'erbe saranno a debito crescimento venute, e quando avranno compiuti i fiori, e innanzi, che pervengano a cadimento delle lor foglie, e de' fiori, e che si secchino. Imperocchè se prima saranno segate, sarà il fieno acquidoso, e non darà a' cavalli, e a' buoi, che duran fatica, fermo, e sodo nudrimento. E se sarà troppo maturo, consumato già il natural calore, e umore, diventerà sanza sapore, e darà agli animali poco, e abbominevole nudrimento. Deonsi segare per bello, e per chiaro tempo, quando si spera, che la caldezza, e secchezza dell'aere debba durare. E poi, fia segato il fieno, si dee lasciare per un giorno, o per due, ne' prati, innanzi che si volga.

Ap-

Appresso si dee volgere, e convenevolmente seccare, e poi si dee raccogliere, e portare, e riporre al coperto. Il quale, se mancasse, si dee porre all'aria, in tal maniera acconcio, che l'acqua, che piove non vi possa entrare. E se, poichè di nuovo fosse segato, nel prato piovesse sopra esso, innanzi che sia volto, riceverà poco, o quasi niun nocimento dall'acqua. Ma come dice Palladio, non si dee dopo la piova volgere innanzi che la parte di sopra sia secca, o sia stato rivolto, o nò. Ma se, poichè sarà rivolto, vi piova suso, al postutto si guasta, e divien da niente, se non sarà curato al modo, che dinanzi dice Palladio. L'utilità del fieno è questa, cioè. Che tutto l'anno si serba, il quale anche acconciameute si può serbar per due anni, e sarà convenevole nudrimento a'·buoi, e a' cavalli, e agli asini, e a certi altri animali, acciocchè possano tollerar le fatiche, che a prò degli huomini sono imposte loro, e soccorrere alle pecore, nel tempo delle nevi, quando non possono dalla terra prendere nudrimento. E se sarà fieno sottile, e fogliuto, odorifero, e laudabile, sarà quasi annona agli animali, così nel caldo, come nel freddo tempo sufficiente alla lor fatica. Ma se sarà fieno grosso di pantano, o che sia troppo tosto, o troppo tardi segato, non sarà sufficiente agli animali, che duran molta fatica, se con l'ajuto dell'annona non si soccorrano, se non si desse loro già nel tempo della gran freddura, nel quale gli animali non s'affaticano, e ogni pastura più disiderosamente rodono per lo freddo.

Incomincia la seconda parte del settimo Libro de' Boschi,
e primieramente di quelli, che naturalmente
sono prodotti, e fatti.

CAP. IV.

Dico primieramente, che le Selve, o Boschi, o
naturalmente avvengono, o per industria umana
si fanno. Quelle, che sono dalla natura prodotte,
si fanno per umore, e per semi, naturalmente nella matrice della terra contenuti, i quali, per la
virtù del cielo, escono fuori alla sommità della terra, e si dirizzano in pedali di diverse piante, secondo la diversità degli umori, e del seme, e de' luoghi, ne' quali nascono. Ancora fannosi sanza operazione umana, de' semi, i quali da' prossimani arbori
caggiono in terra, o dagli uccelli, o da' fiumi, di
lontane contrade, sono portati, e menati. Onde nell'
Alpi naturalmente nascono le selve de' pini grandissime, e de' faggi, e de' castagni, e delle querce, e de'
cerri, e di simiglianti arbori. E ne' luoghi bassi, e
paludosi nascono, per se medesimi, i salci, i vinchi,
i pioppi, gli ontàni, le canne salvatiche, e simiglianti piante. Ma in molti altri luoghi nascono naturalmente infiniti spineti di diverse generazioni, e peri,
e meli, e sorbi, e olmi, e fraffini, e oppi, e simiglianti arbori: e quanto il terreno è più grasso, tanto diventano gli arbori di maggior grandezza. Ma
nel magro, e salso, o amaro terreno, nasceranno
spineti, e arbori torti, e piccioli, e spinosi, e scab-
biosi, e aspri. E deonsi queste selve diversamente
proccurare, e atare: imperocchè quelle dove sono
i castagni, i peri, i meli, e simiglianti arbori, che
fanno frutto, si deono purgar da tutti spineti, e
pian-

piante ſtrane, e diradare gli arbori fruttiferi, che foſ-
ſero troppo ſpeſſi, e tagliargli alto, tanto, che le beſtie non vi poſſono aggiugnere, e inneſtargli quivi di
piante dimeſtiche, e nobili, ſecondo la dottrina data
nel ſecondo Libro, dove trattammo de' neſti. E ancora quelle ſelve, le quali ſono occupate da altri arbori, e ſpineti, ſe avranno arbori nobili, e belli, atti
agli edificj, e altre opere, ſono ſimilmente da purgare: e dove ſaranno troppo ſpeſſi, ſi deono diradare,
a poco a poco, levandone i più ruſtichi, acciocchè
ogni umore del luogo ſi converta nella ſuſtanzia de'
migliori arbori. Ma quelle, nelle quali ſono gli arbori, ſolamente a fuoco diſpoſti, non ſi deono toccare, ſe non ſi purgaſſono di ſpine, e triboli, le quali d'ogni quinto, o ſeſto anno, o più di rado, ſi
deono tagliare, e raunare a legname per ardere.

Delle Selve, che per induſtria d'huomo ſi fanno.

CAP. V.

Qualunque deſidera di piantare, o di ſeminar la
ſelva degli arbori, principalmente conſideri la
natura, e 'l ſito della terra, nella quale ordina
di far la ſelva, e in ciaſcuna parte ponga tali arbori,
che a quel luogo ſi confacciano, e 'l deſiderio, e la
volontà del ponitore adempiano. Imperciocchè ſe
fia in alte Alpi, o nelle valli dell'Alpi, e la terra ſia
ſoluta, riceverà acconciamente le piante, e i ſemi
delle caſtagne, li quali dovranno ſtare l'uno dall'altro partito, almanco, quaranta piedi. Ma ſe la terra
è cretoſa, o pietroſa, in cotali luoghi ſpezialmente ſi
confanno ad eſſe quercia, o rovere, o cerro. Ma ſe
cotal terreno ſarà in monti caldi, dilungi dall'Alpi,
ad eſſo convenevolmente i mandorli ſi confanno. E
ſe

fe i luoghi faranno graffi, acconciamente fi confanno ad effi pereto, e meleto: e ne' luoghi caldi l'uliveto, e 'l ficheto, e felva di melagrani: ma ne' freddi, e temperati, l'avellane, le mele cotogne, e le nefpole: E fe 'l luogo farà umido, e baffo, e foluto, riceverà più convenevolmente il falceto, l'albereto, l'ontano, e 'l pioppo. E fe cotal luogo farà cretofo, fi confermerà affai bene con effo l'olmeto, il fraffineto, l'oppio, il rovereto. Ma fe 'l luogo farà marino, arenofo, e fterile, defidera pineto: e ne' caldi climati defidera la palma femmina, e 'l mafchio. E tutte le predette cofe s'ordinano, o di piante, a' detti luoghi, d'altre parti, portate, o de' femi, che vi fi fpandono, e in convenevoli luoghi, con mano, piantate. Ed è da fapere, che i caftagni deono, per ciafcun verfo, effer diftanti l'uno dall'altro, quaranta piedi almeno, acciocchè i rami fi poffano dilatare, e far molto frutto, fanza impedimento, perocchè naturalmente fi dilatano, per li lati molto. E conviene, che le querce non abbiano minor diftanzia, imperocchè naturalmente molto fi fpargono per lato. I roveri, e i cerri, per venti piedi, o meno, deono aver diftanzia. E quefti tre arbori fanno ghiande, le quali fono ottimo cibo per li porci. Ma i peri, e i meli ftieno partiti venti piedi, o infino in trenta: ma gli ulivi, e i fichi, e i melagrani, e gli avellani, e i meli cotogni, e i nefpoli, potranno ftar partiti da dodici, infino in venti piedi. E i melagrani fi poffono acconciamente più fpeffi piantare. Ma il falceto, o fi pianti per pertiche, e vimini, o per legname di cafe; fe fi pianta per pertiche, e vimini, fi dee venti piedi l'un dall'altro partire: fe fi pianta, per legname, bafterà, che fia partito, l'uno dall'altro, due, o tre, o quattro piedi, perocchè la fua fpeffezza fà rettitudine, e accrefcimento. Ma l'oppio,

e

e l'ontàno, perocchè non molto fi fpandono, ma naturalmente fi levano in alto, non fi deono por radi:
ma l'albero è utile, che 'ngroffi nel pedale, per le
tavole, le quali acconciamente fi fanno di quello, in
molti lavorii: e ancora fparge molto in alto i fuo' rami, per li lati: ed imperciò, non difconvenevolmen-
te, infino a venti piedi, fpartito. l'un dall'altro, fi
pianta'. Il quale eziandio, da ciafcun ramo, ch' abbia alcuna cofa di corteccia, con grande àgevolezza
nafcerà. Poffonfi ancora porre fpeffi, acciocchè facciano i rami fottili, lunghi. Ma l'olmo, e 'l pioppo, e 'l fraffino, non però fconvenevolmente fi pongono fpeffi, e larghi, perciocchè cotali arbori, così
groffi, come fottili, e lunghi, s'adattano a diverfi
lavori. Ma il pino, e la palma, acconciamente potranno ftare, l'un dall'altro, lontani, intorno di trenta piedi. Ma concioffiecofachè di ciafcuna fpecie de'
predetti arbori, fia nel quinto Libro pienamente trattato, come ne' campeftri campi fi difpongono, bafti
al prefente aver brievemente toccato, come di quegli
fi fanno bofchi, e felve.

INCOMINCIA

I L

LIBRO OTTAVO

*De' Giardini, e delle cose dilettevoli d' arbori,
e d' erbe, e frutto loro artificiosamente da fare.*

NE' Libri passati avemo trattato degli arbori, e
dell' erbe, secondo che sono utili al corpo dell'
huomo: ma ora è da dire delle predette cose,
secondo che all' animo danno diletto, e poi appresso,
conservan la sanità del corpo, perocchè la complession
del corpo sempre s' accosta, e conforma al disiderio
dell' animo .

De' Giardini d' erbe piccole.

C A P. I.

I Verzieri, alcuni solamente dell' erbe, e alcuni degli arbori, e alcuni dell' erbe, e degli arbori si
può fare. Quegli, che solamente si fan dell' erbe, desiderano terra magra, e soda, o vero salda, acciocchè possano creare le sottili erbe, e le minute, le
quali massimamente dilettano il vedere. Conviensi a-
dunque principalmente, che 'l luogo, che s' apparecchia a verziere, o vero giardiniere, si purghi prima
dall' erbe, e radici malvage, e grandi: la qual cosa
appena si potrà fare, se imprima ottimamente non
s' appiana il luogo dibarbatone le lor radici, e in ciascuna parte si metta boglientissima acqua, acciocchè 'l
ri-

rimanente delle lor barbe, e de' femi, che nella terra
fon nafcofi, in niuna maniera poſſano germinare. E
appreſſo fi prendano grandi cefpugli di fottil gramigna,
e fen' empia tutto 'l luogo: i quali cefpugli fortiffi-
mamente fi calchino, con mazzi di legno: e co' piedi
fi calchi la detta gramigna, infinattanto, ch' appena
fene vegga niente: e allora, a poco a poco, ufciranno fuori della terra minutiffimamente, e la parte di
fopra della terra copirranno, a modo d'un panno
verde. Anche dee eſſere il luogo del verziere quadra-
to di tanta mifura, che bafti a coloro, che in eſſo
dovranno dimorare. E nel fuo circuito fi piantano
d'ogni generazione d'odorifere erbe, sì come ruta,
falvia, baffilico, majorana, menta, e fimiglianti. E così
fimigliantemente vi fi piantano fiori d'ogni ragione,
sì come viuole, gigli, rofe, ghiaggiuoli, e fimiglianti. Intra le quali erbe, e cefpuglio piano, fia un
cefpuglio rilevato, acconcio quafi a modo di feggiolo
da federe, fiorito, e bello. Ancora nel cefpuglio, o
vero erbajo, il quale è contr' alla via del Sole, fi
deono piantare arbori, o menarvi, o vero tirarvi le
viti, delle cui foglie fi difenda il cefpuglio predetto,
ed abbia dilettevole, e frefca ombra. E perchè in
quefti cotali arbori fi ricerca più l'ombra, che 'l frutto, non è da curar del lor cavamento, o letamina-
mento, le quali cofe al cefpuglio, o vero erbajo, farebbono nocimento. E fi dee prender guardia in ciò,
che gli arbori non fieno troppo fpeffi, nè molti, per
numero, imperocchè 'l rimovimento dell'aura, la fanità corrompe del luogo: ed imperciò il verziere defidera avere l'aere libero, e la troppa ombra genera
infermitade. Ancora nón deono eſſere i predetti arbori nocivi, sì come il noce, e certi altri. Ma debbono eſſer dolci, e odoriferi in fiori, e allegri in ombra, sì come fono le viti, i meli, i peri, e gli allo-

ri, e i melagrani, e i cipreſſi, e ſimiglianti. Ancora
ſieno, dopo il ceſpuglio, o vero erbajo, di molte, e
diverſe erbe medicinali, e odorifere, concioſſi chè non
ſolamente dilettino, per lo loro odore, ma daranno
eziandio diletto, e recreazione alla viſta, infra le quali erbe ſi meſcoli in più luoghi la ruta, imperocchè è
erba di bella verzura, e ancora, con la ſua amaritudine, ſcaccia fuori del verziere i venenoſi animali. E
nel mezzo dell'erbajo non dee eſſere alcuno arbore,
ma ſolamente la freſca pianura dell'erba libera rimanga, con puro, e allegro aere, perocchè quello cotale
aere è più ſano. Ed eziandio le tele de' ragni, diſteſe dall'uno all'altro ramo dell'arbore, impedirebbono,
e brutterebbono la faccia di coloro, che paſſaſſero per
l'erbajo. E ſe ſarà poſſibile, ſi faccia diſcender nel
mezzo di detto verziere, una fontana chiariſſima, la
cui bellezza adduca diletto, e giocondità. Ancora ad
Aquilone, e ad Oriente ſia il detto verziere aperto,
e manifeſto, per la ſanitade, e purità de' venti, che
quindi ſpirano. Ancora ſia chiuſo dalla parte contraria, per la tenebroſità, e peſtilenzia de' venti, che
quindi ſoffiano. E avvegnachè il vento, che vien d'A-
quilone, impediſca i frutti, conſerva nondimeno mirabilmente gli ſpiriti, e guarda la ſanitade. E ancora
non ſi richiede il frutto degli arbori nel verziere, ma
ſolamente il diletto.

De' Giardini mezzolani, e delle perſone mezzane.

C A P. I I.

PRimieramente ſi miſura lo ſpazio del terreno, che
ſi dee al verzier diputare, ſecondo la facultà, o
dignità delle mezzane perſone, cioè. Che due, o tre,
e quattro, o più jugeri ſi cingano di foſſati, e di ſie-

pi di pruni, di rofai bianchi, e di fopra fi faccia
una fiepe di melagrani, ne' luoghi caldi, e ne' freddi,
di nocciuoli, o di prugni, o di meli cotogni. Anche
fi dee arare, e con l'erpice, e con le marre il luogo, per tutto, pianare. Appreffo fi fegni il luogo,
con una funicella, dove fi deono piantare i detti arbori. Piantanfi in effo fchiere, o vero ordini di peri,
e di meli, e ne' luoghi caldi, di palme, e di cedri.
Ancora vi fi piantino fchiere di mori, e di ciriegi, e
di fufini, e di fimiglianti arbori nobili, come di fichi, di nocciuoli, e di mandorli, e di meli cotogni,
e di melagrani, e di fimiglianti, cioè di ciafcuna generazione, nel fuo ordine, o vero fchiera, e fieno
dilungi gli ordini, o vero fchiere, almanco venti piedi, o quaranta le più, fecondo la volontà del Signore. E nella fchiera, o vero ordine fieno dilungi gli
arbori l'uno dall'altro, li grandi venti piedi, e i piccioli dieci. E intra gli arbori in ifchiere fi potranno
piantare viti nobili, di diverfe generazioni, le quali
daranno diletto, e utilitade. E fi cavino le dette
fchiere, o vero ordini, acciocchè gli arbori, e le viti meglio allignino. E tutto l'altro terreno s'ordini a
prati, de' quali l'erbe non ben nate, o vero grandi
fi divellano, dopo le gran piogge. Anche fi feghino
due fiate l'anno almanco, acciocchè ftieno più belli.
E fi piantino gli arbori, e formino, fecondo che di
fopra pienamente nel Libro quinto fi trattò. Anche vi
fi facciano le pergole, nel più acconcio, e convenevol luogo, a modo d'un padiglione formato.

De' Giardini de' Re, e degli altri ricchi Signori.

CAP. III.

IMperciocchè cotali perfone, per le loro grandi ricchezze, e potenze, poffono, in quefte cofe mondane, interamente foddisfare alle loro volontadi, e le più volte non manca ad effi altro, che la 'nduftria, e fcienza d'ordinarle, voglio, che fappiano, che 'l verziere è di molta giocoditade, e poffono in quefto modo fare, cioè. Che principalmente fcelgano il luogo piano, non paludofo, nè impedito dal foffiamento de' buon venti: nel quale fia fontana, che per le fue parti, e luoghi fi fpanda, e fia di mifura di venti jugeri, o più, fecondo il piacer del Signore: e fi cinga di mura alte, quanto fi conviene. E dalla parte di Settentrione fi pianti in effo una felva di diverfi arbori, nella quale fi fuggano, e fi nafcondano i falvatichi animali, meffi nel detto verziere. E dalla parte Meridiana fi faccia palagio belliffimo, nel quale il Re, o vero la Reina, dimorino, quando vorranno fuggire gravi penfieri, e la loro anima d'allegrezza, e follazzo rinnovare. Imperocchè quefto palagio, da cotal parte fatto, farà nel tempo della State, appreffo di fe, nel giardino, dilettevole ombra. E le fue fineftre avranno dalla parte del verziere, temperato riguardo, e fanza caldo di fervente Sole. Ancora in alcuna parte di quefto giardino, fi potranno fare i fopraddetti verzieri. Anche vi fi faccia la pefchiera, nella quale diverfe generazioni di pefci fi nudrifcano: e vi fi mettano ancora le lepri, i cervi, i cavriuoli, i conigli, e fimiglianti animali non rapaci. E fopra certi arbucelli, preffo al palagio pofti, fi faccia a modo d'una cafa, ch'abbia il tetto, e le pareti di fil di rame,

me, fpeffamente reticolato, dove fi mettano fagiani,
pernici, ufignuoli, merli, calderugi, fanelli, e ogni
generazion d'uccelli, che cantino. E fieno le fchiere
degli arbori del giardino del palagio, al bofco molto
lontani, acciocchè del palagio fi vegga ciò, che fanno gli animali, che nel giardino fon meffi. Facciafi
ancor nel detto giardino un palagio con camminate,
e camere di foli arbori, nel quale poffa dimorare il
Re, o la Reina co' fuoi Baroni, o donne, nel tempo afciutto, e chiaro: il qual palagio fi potrà convenevolmente in cotal maniera formare. Mifurinfi, e
fegninfi tutti gli fpazii della camminata, e delle camere, e ne' luoghi delle pareti fi piantino arbori fruttiferi, fe piacerà al Signore: i quali arbori crefcono agevolmente, sì come fono ciriegi, e meli. O vi fi
piantino, e varrà meglio, falci, od olmi, e così,
per tagliamenti, come per pali, e pertiche, e vimini,
per più anni, fi proccuri il lor crefcimento, in tanto, che le pareti, e 'l tetto fi faccia di quelli. Ma
potraffi più tofto, e agevolmente fare il palagio, o
vero cafa predetta, di legname fecco, e intorno ad
effo piantar le viti, e tutto l'edificio coprire. Potraffi ancor nel detto giardino, far gran copritura di legname fecco, o d'arbori verdi, e coprir di viti. Ancora darà molto diletto fe fi faranno mirabili, e diverfi inneftamenti d'arbori, ne' medefimi arbori, i
quali, il diligente cultivator di quefto giardino, potrà
agevolmente fapere, per quelle cofe, che innanzi, in
quefto medefimo libro, fi diranno. Ancora è da fa-
per, che cotal giardino molto adorneranno gli arbori, i quali giammai di verdi foglie non fi fpogliano,
sì come fono i pini, i cipreffi, i cedri, i palmizj, fe
vi potranno durare. Ancora ciafcuna generazione
d'arbori, e d'erbe vi fi deon porre ordinatamente,
per modo, che l'una generazione fia dall'altra di-

ftin-

ftinta, e partita, acciocchè fi truovi fanza difetto alcuno. Ed in cotale giardino non fi dee fempre il Re
dilettare, ma alcuna fiata rinnovare, cioè. Quando
avrà foddisfatto alle neceffarie cofe del fuo reggimento, glorificando Iddio, il qual di tutti i buoni,
e leciti diletti è principio, e fattore, e cagione. Imperocchè, sì come fcriffe Tullio, noi non femo nati
à follazzo, ma innanzi a feveritade, e più gravi uffi-
ci. Vero è, che alcuna vòlta è lecito, cioè, quando
alle neceffarie, e utili cofe avrem foddisfatto, alcuna
vota diportarfi.

Delle cofe, che poffon farfi a adornamento, diletto,
e utilità delle corti, tombe, e degli
orti.

CAP. IV.

INtorno alle corti, e tombe, e giardini, fi può fare guernimenti d'arbori verdi, fimiglianti a guernimenti di muri, o vero di palancati, o fteccati, con
torri, o vero battifolli, in quefto modo, cioè. Che
nella fommità delle ripe, che cingono il luogo, ottimamente purgate da tutti i pruni, e arbori vecchi, fi
piantino falci, o pioppi, fe 'l terreno fi conforma con
effi, od olmi, fe fi confanno con tal terreno, e fi
piantino profondamente fpeffi, per un piè, o meno,
e con linea menata diritta, e fi lavorino, e proccurino ottimamente con le zappe, e con letame, e quando faranno crefciuti, fi taglin preffo alla terra. E l'anno feguente i rampolli meffi, fi pongano fpeffi, per
li luoghi della linea, quattro dita: e co' pali, e con
le pertiche, e legami, fi mandino fu diritti, infinattanto, che faranno crefciuti otto, o dieci piedi, ed
in quella altitudine, quando faranno alquanto ingroffa-
ti,

ti, si taglino. E infra 'l luogo del guernimento predetto, per cinque piedi si piantino simiglianti piante,
nel tempo, che le prime, che ugualmente sieno dieci
piedi, l' una dall' altra, partite: le quali, quando
saranno alla predetta altitudine pervenute, con l' ajuto delle pertiche, verso le prossimane piante, e appresso, verso quelle di fuori, si pieghino: e in cotal
modo si faccia tante volte, ciascuno anno, infinatanto, che sia formato un forte graticcio, sopra 'l quale
possano gli huomini sicuramente stare. Poi appresso
si lasci crescer la parte di fuori, a modo di muro,
posto sopra 'l corritojo, e in convenevole altezza si
potrà ciascuno anno tagliare con la forma de' merli, sopra le mura, posti, e in cotal modo tenere. E
intorno a tal guernimento, ne' cantoni, e altrove, se
piacerà, si potranno, infin nel principio, quattro arbori piantare, e conducerli su diritti, e tagliargli a
ogni dieci piedi, e piegargli verso lor medesimi, con
l' ajuto delle pertiche, e farne a modo di palchi, o
vero solai. E ancora si mandino in alto, e si formino nel modo detto, e poi finalmente si pieghino di
sopra, a modo di tetti delle case, o fargli co' merli.
E sopra la porta starà ottimamente la casa, ed innanzi ad essa il solajo de' detti arbori. Ancora nelle corti, o vero giardini, si può far la casa, con colonne
verdi, ottimamente, poichè saranno grosse, traspianta-
te, e confitte sopr' esse le travi, in convenevole altezza, e coperte con tetto di canne, o di paglia, o
di tegoli, se piacerà più, purchè alcun ramo di ciascuna colonna vada sopra 'l tetto, la qual cosa man-
terrà sempre verde la detta colonna, e difenderà la
detta casa dal caldo della State: e massimamente se
delle dette colonne verdi, si faccia verde tetto, sopra
'l tetto della casa, d' altezza d' un' huomo, e di
buone viti, piantate intorno, si cuopra, secondamente

te, che io già feci, e molti, che vivono, così feco-
lari, come religiofi, ciò videro. E per certo crefcono, ciafcuno anno, in cotal cafa, le colonne, non folamente fopra 'l tetto, ma eziandio fotto le travi,
che lo foftengono. Ed imperciò ciafcuno anno fi lieva in alto tutta la cafa, intanto che fpeffe fiate bifogna, che le pareti fi crefcano, fe volemo, che
chiufa dimori.

Di quelle cofe, che ne' campeftri campi fi fanno
a dilettazione.

CAP. V.

NE' campi diletta molto il lor bello, e adorno
fito, che non fieno ruftichi campicelli, ma
gran quantità in uno, fanza intervallo, e che abbia
diritto i fuo' fini, o vero eftremitadi. E perciò dee
proccurar ciafcuno, che di ciò fi diletta, di comperare appreffo de' fuo' campi, più tofto, ch' altrove,
e vendere in altre parti i campicelli, e co' vicini
permutare le fuperflue, e torte parti de' campi, e
dirizzare il fuo campo, col fuo vicino, e cignere il
luogo tutto di foffati, e fiepi di pruni verdi, con
gli arbori convenienti, d' ugual diftanzia mefcolati.
E i piccioli foffati, per li quali fi fcola l' umore, e
i quali fon neceffarj ne' luoghi piani, nella parte d' entro, fi vogliono diritti mandare, quanto fi può, ri-
guardando fempre l' utilità de' campi, imperocchè 'l
diletto non dee andare innanzi all' utilità, avvegnachè
ne' giardini fi dee il contrario offervare. Ed imperciò, qualunque cofe in effi dimoftrano maggiore abbondanza, fono migliori, e maffimamente da eleggere. Ancora quanto fi può, fi proccuri, che i rivi
dell' acque corrano per li campi, per li quali fi pof-

fano

fano adacquare, e fchifargli, quando fia bifogno.
E per gli fpaziofi campi fi facciano andamenti, e
viottoli, per li quali il Signore poffa andare a cavallo, e a piede: e fimilmente i lavoratori, che lavorano il luogo, co' carri, e co' buoi, poffano acconciamente andare a tutte le parti de' campi, le
quali tutte cofe fon dilettevoli molto.

Di quelle cofe, che alle viti, e frutti loro
danno dilettazione.

CAP. VI.

COncioffiecofachè molto diletto fia aver belli, e a-
dorni vignai, o ne' piani, o ne' piccioli monti,
ad Oriente volti, che facciano diverfe generazioni di
buone uve; dee, con diligenzia proccurare il Signor
del luogo di piantar le dette vigne in convenevole fito, e di formarle, e farle ne' luoghi graffi in
arbori, e pergoleti: ma ne' luoghi magri, allato
alla terra, in diritti ordini fi difpongano, ed in
effi fi facciano, ed efperimentino mirabili inneftamenti, i quali dagli antichi favj, e fpezialmente da
Palladio, s'afferma, che far fi poffono, de' quali
è quefto un modo, cioè. Che la vite fi pianti allato al ciriegio, o allato ad altro arbore, e quando
farà ottimamente apprefa, e crefciuta, fi pertugi
l'arbore, con acuto fucchiello, e fi metta la vite
per lo pertugio, e da ciafcuna parte, con cera,
e con loto fi turi il pertugio, acciocchè 'l Sole,
e 'l vento, o la piova non impedifca il fuo faldamento. Appreffo quando il legno della vite, ottimamente, col legno dell'arbore, farà unito, fi ta-
gli la vite, allato alla corteccia dell'arbore, acciocchè da indi innanzi fi nudrifca col fugo dell'

arbore, ed in cotal maniera si dice, che l'uva si matura all'ora, che i frutti dell'arbore. Anche è un
modo, per lo quale si fa l'uva triaca, o vero musca-
ta, o garofanata, o lassativa, o vero d'altra qualitade: il qual modo si fa in questa maniera, cioè. Che
'l fermento, che si dee piantare, si fende in una parte, e levatone via la midolla, in suo luogo si metta
triaca, o moscado, o polvere di garofani, o di sca-
monèa, o d'altra simil cosa: e si metta nella terra,
stretto diligentemente col vinco. La qual cosa fatta,
l'uva, che nascerà, terrà la virtù di quella cosa,
che fia messa in essa. E se di questa vite si prenderà
fermento, e si pianterà, non terrà la virtude del medicamento, e potenzia della madre. Ma si converrà
fortificar la virtù del sugo invecchiato, mettendovi
spesso l'utriaca, o altra cosa. Ma penso, che si farà
questa cosa più brevemente, se nel cominciamento,
che l'uve si maturano, si fenda il fermento dell'uva,
che pende, e messo il detto medicamento in luogo
della sua midolla, si leghi. Ancora è una bella spezie d'uva, la quale è sanza granelli dentro, la quale
dagli Autor Greci in questo modo si fa, secondo che
racconta Palladio, cioè. Che 'l fermento, che si dee
mettere sotto la terra, dovemo tanto fendere, quanto
starà sotto, e cavatone tutta la midolla, e diligentemente pulita, ristrignere il fermento diviso, con vinco, e sotterrarlo. E dicono, che 'l legame dee esser
di papìro, e desi in umida terra porre. E altri sono,
che fanno più diligentemente, cioè. Che prendono
il fermento rilegato, tanto, quanto sia la fenditura intorno, e nella cipolla della squilla il mettono, per
lo cui beneficio affermano, che ogni cosa, che si pone, si possa più agevolmente appigliare. Altri sono,
i quali, nel tempo, che potano le viti, cavano quanto possono adentro il fermento fruttifero della vite

po-

potata, dalla parte di fopra, pur nella vite medefima ftando : e cavatone fuor la midolla, fanza divi-
derlo, il legano a una canna fitta, acciocchè non
fi poffa in giù piegare, e allora, nella detta cavatura, infondono τεναιτόν, così appellato da' Greci, con
acqua, in prima rifoluto, ad ingraffamento di fapa.
E quefto fempre rimuovono, paffati gli otto giorni,
infino a tanto, che i novelli germogli fieno ufciti fuori, e crefciuti. Ancora a fare, che la vite meni grap-
poli bianchi, e neri, comandarono i Greci, che fi
faceffe in cotal modo, cioè. Che delle viti nere, e
bianche, che fon proffimane, fi prendano i fermenti
dell' una, e dell' altra, nel tempo, che fi potano, e
fi giungano infieme, in modo, che fi poffano unire,
agguagliando mezzi gli occhi dell' una, e dell' altra:
e fatto ciò gli legherai ftretti con papìro, e gl' imbiuterai di fopra, con morbida, e umida terra, e di
tre dì, in tre dì gli adacquerai, infinatanto, che 'l
germoglio della novella fronde efca fuori. E paffato
certo tempo, ne potrai fare fchiatta, per molti fermenti. Diffemi ancora una efperta perfona, ch' avea
inneftato un rampollo, o vero fermento bianco, e nero in una vite, continuate le fommità delle gemme,
e levatone folamente la corteccia delle gemme del
mezzo, e ottimamente effere apprefo : o fi puote fare
in quefta cotal maniera, cioè. Prendendo fermenti
due, e aggiunti infieme gli occhi divifi, e ottimamente legati, s' innefti al modo, che fe foffe folamente
un rampollo, o vero fermento : o prefe due gemme
divife, e giunte, con piccola quantità di legno, e in-
neftate nel luogo della gemma. Ancora diletta molto
aver vini di diverfi colori, e fapòri : ed imperciò il
diligente padre della famiglia, colga certe uve innanzi al tempo, acciocchè abbia il vin brufco : e alcune
ben mature, acciocchè l' abbia poderofo, e grande :

e certe ne colga molto mature, acciocchè l'abbiano
dolce. Anche faccia vini di diverfi colori, con le cofe, che colorifcono, e non corrompono il fapore.
Anche fi faccia di diverfi fapori, con le cofe odorifere, e che danno nuovi fapori, ne' quali fi diletti l'o-
dorato, e 'l gufto: li quali fi mettano a fuoco nella
caldaja, in alcuna parte del mofto, e vi fi lafcino infinattanto, che 'l vino ottimamente n'abbi prefo il
fapore, o. l'odore. E allor fi metta in vafello, nel
quale fia fimil vino, o d'altra generazione, e fi ferbi
per ufare. Ancora è buona cofa aver vini medicinali,
i quali fi poffano ufare, per quelli, che agevolmente
caggiono in infertà. E quefto fi farà, quando le medicine femplici, o compofte, e ch'abbiano virtù di
rimuovere quella cotale infertà, fi metteranno nel predetto modo nel vino. Proccuri ancora d'avere agrefto
in cafa, fapa, uve paffe, aceto, e fimiglianti cofe,
fecondo i modi nel quarto Libro notati: imperocchè
molto diletta l'animo, quando ciò defidera, allora-
che, per fe, o per gli amici, agevolmente le cofe predette truova. Anche fi dice che fe 'l grappolo, poichè fia sfiorito, fi mette in picciol vafello di terra,
o di vetro, fi farà di tutto 'l grappolo un granello.

Delle cofe, che danno diletto negli arbori.

C A P. V I L

INfra l'altre cofe, le quali dilettano il padre della
famiglia è, d'avere ne' fuo' luoghi copia di buoni
arbori, e di diverfe generazioni: ed imperciò dee
proccurar di trovare, in qual parte puote, arbori,
che menino frutti nobili, e quindi portargli, e pian-
targli, ed innettare di quegli in convenevoli ordini.

Cioè.

Cioè, che le generazioni de' grandi arbori fi piantino rade, acciocchè fi poffan dilatare i rami, e che, per foperchio, non tolgano l'abbondanza de' campi: ma quelli, che diventano piccioli, per natura, può por più fitti: e ciafcuna generazione formare, fecondo fua natura. Anche dee porre i maggiori dalla parte Settentrionale, e Occidentale, e i minori dall'Orientale: imperocchè in quefto modo le biade, che s'allegrano in aperto, e manifefto campo, riceveranno minor danno. Ancora faccia mirabili inneftamenti, e diverfi, in un medefimo, o in diverfi pedali, i quali appajono molto mirabili a coloro, che di cotali cofe fanno efperimenti: imperocchè infinite generazion di peri, e di meli, e di cotogni, e di nefpoli, e di forbi, e fimiglianti, in un medefimo tempo, fi poffono inneftare. Anche s'innefta il melo nel falce, e nel pioppo, e la vite nell'olmo, e nel moro, fecondo che dice Palladio. Anche fe 'l pefco s'innefta nella fpina del faggio, diventano maggiori, e migliori i frutti, che quegli degli altri, fecondo che dice Frate Alberto. E fe 'l mandorlo, e 'l pefco s'inneftano nel prugno, con gli occhi congiunti, avranno i lor frutti carne di pefca, e i loro noccioli avranno quafi natura di mandorle. Ancora il moro fi può nell'olmo inneftare, ma molto ne peggiora. Ancora afferma Marziale, che le granella del melagrano diventeranno bianche, fe fi prenderà argilla, e creta, e vi fi mefcoli la quarta parte di geffo: e per tre anni continui, giugnerai alle fue radici cotale generazion di terra. Anche dice, che le fue mele diverranno di maravigliofa grandezza, fe fi prende una pignatta, o vero vafello di terra, e fi fotterri appreffo al detto arbore, e fi chiuda il ramo col fiore, legato ad un palo, acciocchè non torni addietro, e coperto il vafello fi guernifca, per modo,
che

che l'acqua non vi possa entrare: e aperto, nell'Autunno darà i frutti della sua grandezza. Ancora afferma, che quello medesimo si può del mese di Maggio, e di Giugno, più acconciamente fare. Ma Varro specifica il modo in altra maniera, dicendo. Che se le melagrane acerbe, allora, che s'accostano al ramo, dove sono appiccate, si mettano in vaso, sanza fondo, e così le metterai in terra, e le copirrai intorno al ramo, acciocchè il vento, o vero vapor non soffi di fuori, se ne caveranno non solamente compiute, ma maggiori, che mai sien nell'arbore state. Acciocchè 'l fico produca variati frutti, prenderai due rami, l'uno di fico nero, e l'altro di bianco, e gli strignerai insieme, con un vinco, e gli torcerai in modo, che si mescolino per forza i lor germogli. E in tal modo, messi sotterra, e letaminati, e adacquati, poichè cominceranno a mettere gli occhi del germoglio, congiugnerai detti occhi, con alcun legame, e allora il congiunto, e adunato germoglio, partorirà due colori, i quali in unità, dividerà, e in divisione, unirà. Ancora in quella maniera potrai le rose non aperte, serbare, cioè, che le richiudi in una canna fessa, e lascia richiuder le fenditure, e quando vorrai le rose verdi, riciderai la canna. Altri sono, che le mettono in rozza pignatta, e ben turate, e guarnite le sotterrano all'aria, e così le conservano. Anche afferma Marziale, che le ciriege nasceranno senza nocciolo, se riciderai l'arbore tenero, presso alla terra, a due piedi, e fenderalo infino alla radice, e proccurerai di rader, con ferro, il midollo, da ciascuna parte: e incontanente strignerai, con vinco, l'una, e l'altra parte, e imbiuterai di letame le parti di sopra, e le fenditure dal lato, e lasceralo stare, e dopo l'anno, la detta fenditura sarà salda. E questo cotale

le arbore innefterai di rampolli, che non abbiano
ancora fruttificato, e di quefti nafceranno ciriege fanza nocciolo. Ancora fe 'l ramo picciolo del ciriegio
fi fende, e in luogo della midolla, fi metta fcamo-
nèa, in quell'anno medefimo acquifterà virtù laffativa, e fe vi fi mette mofcado, acquifterà fuo odore,
e cosi dell' altre cofe, e frutti. E fe vi fi mette azzurro, o altro colore, acquifterà quel tal colore.
Ancora, fecondo che i Greci affermano, nafcerà la
pefca fcritta, fe prenderai i fuo' noccioli, e gli fot-
terrerai, e dopo 'l fettimo dì, poichè fi cominceranno ad aprire, gli apirrai, e trarrane i midolli,
e fcriverrai in ciafcheduno di cinabro, e legatigli,
incontanente, co' fuoi noccioli, gli fotterra, ottimamente accoftati. Anche fi fa la pefca, fanza nocciolo, fe 'l pefco, e 'l falce fi piantano vicini, prendendo il falce, e inchinandolo a modo d'arco, e pertu-
giandolo in mezzo, e nel fuo pertugio fi metta la
pianta del pefco, e fi turi con cera, e con loto il
fuo pertugio, perfettiffimamente, e s'ammonzicchi la
terra, infino fopr'effo. E nel primo, o fecondo anno, allor che 'l pefco farà unito col legno del falcio, fi tagli il pefco, fotto l'arco del falcio, acciocchè folamente dell'umor del falcio fi nudrifca.

Delle dilettazioni degli Orti, e dell' erbe.

CAP. VIIL

IMperocchè molto diletta aver l'orto ben difpofto,
e con fufficiente induftria coltivato, proccuri con
diligenzia il padre della famiglia, d'averlo in graffo,
ed in foluto terreno, nel quale fontana, o rivo, fe
far fi può, per ifpazii divifi, difcorra, acciocchè
poffa effere adacquato nel tempo della grande arfura.

ra, e quivi nudrifca tutte generazioni di buone erbe,
così da mangiare, come medicinali, ciafcuna, fecondo che la fua natura richiede, in porche diritte, e
formate ugualmente, con fune, e con latitudine acconcia, fecondo che nel Libro fefto pienamente fi diffe, e fempre abbia in effo abbondevolmente letame,
acciocchè non infaftidifca i riguardanti per la magrezza. E acciocchè più pienamente diletti, l'adorni di
cofe difufate, onde fi poffano fare in effi certe cofe
naturali, le quali pajono miracolofe a molti, o a certi. Perocchè, fe prenderai lo fterco della capra, e 'l
cacherello, con una lefina, fottilmente fcaverai, e vi
metterai il feme del rafano, della lattuga, del nafturcio, della ruca, e della radice, e fatto ciò lo rinvol-
gi in letame, e in picciola fofficella fotterri, il rafano
s' accofta alla radice, e tutti gli altri, con la lattuga
infieme efcon fuori, ciafcuno col fuo fapore. Anche.
fe piglierai più porrine, e le legherai, e metterale fotto, fi farà un porro grandiffimo di tutte. Anche fe
metterai fenza ferro il feme della rapa, nel capo del
porro, e porralo, fi dice, che fmifuratamente crefce.
O vero, che fe fi prendano molti femi, e fi mettano
in uno ftretto pertugio, crefcerà il pullulamento di tutto in un porro groffiffimo. E ancora crefceranno i cocomeri, o vero cedriuoli maravigliofamente, fe porrai
fotto 'l cocomero, o fotto 'l cedriuolo, o fotto la
zucca un vafello d' acqua fcoperto, due palmi più
baffo. Anche fono alcuni, i quali nella canna, alla quale hanno prima tutti i nodi forati, inneftano
il fior del cocomero, col capo della fua vite tagliato, fecondo che Alberto intende, e in quel luogo dicono, che nafce il cocomero di fmifurata lunghezza diftefo. Anche teme l' ulivo di tal maniera,
che fe gli fi pone allato, fi piega in modo d' un'
amo. Anche per tutte le volte, ch' e' tuona, sì

come

come spaurito, si rivolge. Anche se 'l suo fiore, stando nella sua vite, rinchiuderai in alcuna forma di terra cotta, e la legherai, avrà il cocomero simigliante figura a quella del vasello predetto, cioè. Che se vi farà scolpito volto d'uomo, similmente il cocomero avrà quella figura, e così dell'altre forme, e tutte le predette cose afferma Virgilio, e Marziale. Anche afferma Marziale cosa mirabile del bassilico, che alcuna volta dice, che fa i fiori porporini, alcuna volta bianchi, alcuna volta rosati: e se di quel seme si semina, spesso si muta, quando in serpillo, e quando in sisimbrio. Anche dice Ermete, che la zucca piantata nella cenere dell'ossa dell'huomo, e innaffiata d'olio, in nove giorni farà frutto. Ed è maravigliosa cosa, che i semi, che son nel vasello della zucca, dalla parte di sopra nati, fanno le zucche lunghe, e sottili: e quelli, che nascono nel mezzo, fanno le zucche grosse, e quelli, che stanno nel fondo, le fanno late..

INCOMINCIA
IL
LIBRO NONO
Di tutti gli Animali, che si nutricano in Villa.

TRattato è di sopra del cultivamento de' campi, delle vigne, ortora, degli arbori, de' prati, de' boschi, o vero selve, e dette le loro utilitadi: e anche di quelle cose, che spettano a diletto, così ne' giardini, come nelle mirabili cose, che dell' erbe, e degli arbori artificiosamente si posson fare. Ora in questo nono Libro si tratterà degli animali, i quali, per utilità, e diletto si nudriscono nelle ville. Ma acciocchè l' antichità si sappia, è da sapere, sì come dice Varrone, ne' primi temporali furono animali, e huomini, i quali naturalmente vivevan di quelle cose, le quali, la non lavorata terra menava. Poi di questa vita vennero alla seconda, cioè alla agricoltura, e alla pastorale, e per utilità, cominciarono a lavorare i campi, e ricevere i frutti, e a piantare gentili arbori, e cogliere i frutti. Ancora a prendere gli animali cominciarono, e rinchiudergli, e dimesticargli. E presono primieramente le pecore, per l' utilità, e agevolezza, le quali massimamente, per natura, son quiete, e acconce molto alla vita dell' huomo, imperocchè il lor latte, e cacio si confà in cibo, a' vestimenti le pelli, e la lana. Appresso cominciarono a dimesticar tutti gli animali, che avvisarono, che fossono utili alla generazione umana. E ancora di tutte le generazioni degli animali dimestichi si dice, che

mol-

molti ne fon falvatichi, in diverfi luoghi del mondo. Imperciocchè in Frigia fi dice, che fon molte gregge di pecore falvatiche, in Samotracia le capre, e i porci in Italia, e in Dardania, Media, e Tracia, molti buoi falvatichi: e in Frigia, e Caonia afini falvatichi: in certa parte della Spagna cavalli falvatichi. Dirò a-dunque degli animali, che fi nudrifcono, i quali fa-per potei, così, per dottrina degli antichi favj, co-me per efperienza de' moderni. E però non tutti gli huomini, in tutte le cofe, ma certi in certe cofe più, o meno ammaeftrati fi truovano. Lafcio il compimen-to di quefta opera a quelli maffimamente, che fono in cotali cofe efperti. Imperocchè, come dice il Fi-lofofo, la fperienza fa l'arte, e quella più pienamen-te, alla quale la naturale ragionevole è congiunta. Ma perchè infra tutti gli animali fi giudica, che 'l cavallo fia più nobile, e più neceffario, così a' Re, e agli altri Principi, nel tempo della guerra, e della pace, come eziandio agli Ecclefiaftici Prelati, e a tut-ti gli altri huomini; dirò principalmente di loro più pienamente, e degli altri, fotto brevità, a' quali mol-te cofe dette de' cavalli, fi potranno adattare, per l'affinità della lor natura.

Dell' età de' Cavalli, e delle Cavalle.

CAP. L.

COlui, che vorrà aver greggia di cavalli, e di cavalle, principalmente, fecondo che dice Var-rone, convien che riguardi l'etade, cioè, che non fieno di meno di tre anni, nè più di dieci l'età de' cavalli, e quafi di tutti gli animali, che non hanno l'unghie feffe, e anche di quelli, che fon cornuti, fecondo che dice Varrone, e fimigliantemente Palla-dio.

dio. Si conofce la loro età in ciò, che 'l cavallo primieramente in 30. mefi, fecondo che dice, perde i denti di mezzo, due fopra, e due fotto. Quando cominciano a entrare nel quarto anno, ne gittano altrettanti proffimani a quelli, e quegli, che hanno prima gittati, rimettono. Ancora nel cominciamento del quinto anno, perdono fimilmente gli altri quattro, cioè due di fopra, e due di fotto, proffimani a' predetti, i quali, rinafcendo, cominciano a compiere il fefto anno: nel fettimo anno gli hanno tutti rimeffi, e compiuti. Ma quando fono di più tempo, non fi può poi fapere di che età fi fieno, fuorchè quando i loro denti fon diventati piegati, e ciglia canute, e fotteffe farà fcavato: la qual cofa, quando farà apparita, fi dice, che avrà fedici anni. Ma un certo favio huomo efperto ne' noftri tempi, mi diffe, che 'l cavallo ha dodici denti, cioè fei di fopra, e fei di fotto, e fon tutti dinanzi, con li quali fi conofcono l'etadi, o vero i tempi de' cavalli. Appreffo hanno gli fcaglioni, e appreffo a quefto hanno i mafcellari, e può effer, che certi cavalli n' hanno più, e allora i denti fon doppj. E può effer, che 'l cavallo gitti di quefti alcuni, e da indi innanzi non rinafcono: ciò non nuoce al cavallo, ad altro, ch' al pafcere. Imperocchè effi denti dinanzi fon quegli, che pafcono, ed imperò farà di minor prezzo. E 'l mafticar de' cavalli fi fa per li denti mafcellari. Ancora i primieri denti, i quali mutano, fono due di fopra, e due di fotto, i quali s' appellano il primo morfo, e allora s' appella puledro di primo morfo, la qual cofa dice il predetto, che fi fa l' anno fecondo, e poi muta gli altri quattro denti proffimani, cioè due di fopra, e due di fotto, i quali fi chiamano mezzani, cioè il fecondo morfo, e allora fi chiama puledro di fecondo morfo. Appreffo muta gli altri

quat-

quattro, cioè due di fopra, e due di fotto, i quali fi chiamano quadrati, cioè il terzo morfo, e allor s'appella cavallo. E quando nafce il puledro, nafce co' denti dinanzi, e poi nafcono gli fcaglioni : e
quando quefti fcaglioni nafcono, troppo lunghi, intanto che danno troppo impedimento al cavallo al roder l'annona, e ad ingraffare, li fegano li malifcalchi. E quando il puledro è fatto cavallo, diventano
i fuo' denti più radi, e i capi de' denti diventano
neri, e dilungano: e per alquanti anni ftaranno canidi:
e quando comincia ad invecchiare, il color de' denti di bianco, fi muta in color di mele: e dopo
quefto diventano bianchi, sì come il color della polvere, e diventano più lunghi. Ma la lunghezza di
loro denti è alcuna volta per natura, fanza vecchiezza, per la qual cagione fi fegano i denti a' vecchi cavalli, acciocchè fia creduto, che fieno giovani.

*Della forma delle buone Cavalle, e degli Stalloni,
e come s'ammettano.*

CAP. II.

SEcondamente, che dice Varrone, la forma delle
Cavalle dee effere di mezzana grandezza, perocchè non fi conviene, che fieno vafte, nè minute, e
con groppa, e ventri lati, e ampli. Ancora i cavalli, che vorrai aver per coprire, convien che fi fcelgano belli, e di largo corpo, e che in niuna parte
fien difettivi. E fi deono pafcere ne' prati, con erba,
e nelle ftalle alle mangiatoje, di fecco fieno. Quando avranno partorito, fi dia loro due volte il dì l'acqua, dando loro l'orzo. E 'l cominciamento di loro coprimento fi dee fare dall'Equinozio vernale, infino al Solftizio, acciocchè 'l parto fi faccia in ac-

con-

concio tempo, cioè in iftagione di molte erbe, onde
la cavalla abbia abbondanza di latte: imperocchè per
quefto diventeranno maggiori le membra, e tutto 'l
corpo del puledro. E dicefi, che nafcono nel dodice-
fimo mefe a dì dieci. e che quelli, che dopo quefto
tempo nafcono, fono inutili. Convengonfi ammettere,
o vero coprire allora, che 'l tempo dell' anno farà
venuto, due volte per giorno, cioè la mattina, e la
fera, mettendo in mezzo un dì: e fe fi lega la cavalla copirranno più tofto, e 'l cavallo non gitterà il feme indarno per defiderio, che abbia: perchè le cavalle manifeftano la fufficienzia del coprire in ciò, che
fi difendono, nè fi lafciano più coprire. E quando i
cavalli hanno abbominazione di coprir la cavalla, fi
prende il mezzo, o vero midollo della fquilla, e fi
pefta con acqua a fpeffezza di mele, e fi tocca con
effa la natura della cavalla, e appreffo, con quella
medefima, fi tocca le nari del cavallo. Anche è da
fapere, che 'l cavallo dee effer generato da ftallone,
vulgarmente appellato guaragno, il quale fia diligentemente guardato, e poco, o niente cavalcato, e con
pochiffima fatica ritenuto: imperocchè, quanto più defidera la cavalla, tanto più perfettamente gitterà il fuo
fperma. E nel ventre della magra madre fi genera
maggior puledro. Ancora la cavalla, quando fia pregna, non dee effer magra troppo, nè graffa, ma in
quel mezzo, imperocchè, per la troppa graffezza,
dentro fi coftrigne il luogo, dove ftà il puledro, in
modo che non fi poffono le fue membra, a fufficienza, dilatare, e la troppo magra non può fufficiente
nutrimento dare al figliuolo, perlaqualcofa nafce magro, e debile. Ancora, fecondo che dice Palladio, non fi dee coftrigner la cavalla pregna, nè
dee foftener fame, nè freddo, nè ftare in luogo ftretto, nè calcato d'altri cavalli. Ancora le nobili cavalle,

le, e che nudriſcono maſchi cavalli, dovemo far coprir di due anni l'uno, acciocchè dia a' ſuoi puledri copia di puro latte. L'altre ſi deon coprir più ſpeſſo. Anche dice, che lo ſtallone dee eſſere di cinque anni almanco, ma la femmina è buona di due: la quale ſe avrà paſſati dieci anni, ne naſcerà indottrinabile, e cattivo puledro. Ancora ſcrive Varrone, che le cavalle pregne ſi deono guardare dalla troppa fatica, e che non iſtieno in luoghi freddi, imperocchè 'l freddo maſſimamente è loro dannoſo. Ed imperò ſi conviene, che delle ſtalle ſi rimuova l'umore, e che abbiano l'uſcio, e le fineſtre ſerrate, e che nelle mangiatoje ſi ponga, intra ciaſcuna un legno, il quale divida, e ſparta, acciò fra loro non ſi poſſano azzuffare. Ancora dice, che la cavalla non conviene, che ſoſtenga fame, nè che s'empia di cibo.

Della natura de' Cavalli, e come nati tener ſi deono.

C A P. I I I.

QUando il Cavallo naſce, utile coſa farà, che naſca in luogo pietroſo, e montuoſo, imperocchè, per lo luogo pietroſo, e duro, fanno unghie più ſode, e dure, e per lo montuoſo fanno miglior gamba, per l'eſercizio dell'andare in ſu, ed in giù. E poichè 'l puledro è nato, ſi dee andare dietro alla madre, per iſpazio di due anni, e non più imperciocchè allora naturalmente comincia a poter luſſuriare, e volendo montar la madre, e montandola, n'avrebbe danno, e agevolmente ſi potrebbe in alcuna parte guaſtare: ma ſe poteſſe ſtar ſanza la madre nelle paſture, e ſanza altre cavalle, infino a tre anni, molto gioverebbe alla ſalute delle ſue gambe, e di tutta la perſona. E dice Varrone, che a' pu-

puledri fatti, di cinque mefi, fi dee dar la farina
dell' orzo, intrifa con la crufca: e anche qualunque cofa nata in terra, che volentier mangiaffero.
Ancora, poichè faranno d' un' anno, fi dee dar loro l' orzo, e la crufca, infino che faranno lattati,
e non fi deono dal latte partire, anzi i due anni.
E mentre che ftanno con le madri, fi deono alcuna volta toccar con mano, acciocchè non ifpaurif-
fero, quando foffero dal latte partiti. E per quefta
medefima cagione fi deono quivi appiccar de' freni,
acciocchè quando fon puledri, s' avezzino di vedere i vifi degli huomini, e d' udire il romor de'
freni.

Del pigliare, e del domar de' Cavalli.

CAP. IV.

QUando il puledro è di due anni, fi dee foavemente legare al collo, con forte, e groffo capeftro, fatto di lana, imperocchè la lana,
per fua morbidezza, è più adatta a ciò, che 'l lino, o la canapa, e fi dee legare in tempo frefco, o in tempo nuvolofo, imperocchè fe nel tempo caldo faticaffe troppo della difufata prefura, potrebbe agevolmente ricevere lefione. Ma poichè farà prefo, e legato, fi dee dargli compagnia d' alcun cavallo domato, imperocchè più falvamente fi
conducerà con effo, perchè fimile con fimile fi rallegra. E Varro dice, che 'l cavallo, che fi doma, compiuti i tre anni, diventa migliore. Dal qual
tempo, innanzi gli fi fuol dare farrago, cioè ferrana, la quale, per purgamento maffimamente, è
neceffaria al cavallo: la qual cofa per dieci giorni
fi dee fare, e non lafciargli alcuno altro cibo man-
gia-

giare. Ma dagli undici, infino in quattordici, e dieci dì più oltre, fi dee continuamente dare orzo,
crefcendolo a poco a poco. Appreffo mezzanamente fi dee forbire, e cavar fuori, e quando farà fudato, ugnerlo d'olio: e fe farà freddo, fi faccia
fuoco nella ftalla. E quando fi doma, fi leghi alla mangiatoja, con due redini di forte, e morbido
cuojo, acciocchè, per la fua fierezza, poichè a-
veffe rotte le redini, non fi guaftaffe le gambe, o
fi calteriffe in altra parte. E mentre ch'e' perfeve-
ra nella fua fierezza, fempre gli fia data compagnia
di caval domato, fimigliante a lui, e fi tocchi fpeffo con mano, dolcemente, e fuavemente. Nè fi
dee giammai il domatore con lui gravemente adi-
rarfi, acciocchè, per la 'ndignazione, non pigli vizio, ma faccialo diventar manfueto, con grande per-
feveranza di lifciamento, e ammorbidamento, infinattanto, che diventi manfueto, come fi conviene, e che fi lafci levare i piedi, e percuotere a
modo, che quando fi ferra. Anche fi dee porre per
giorno due volte, o tre, un fanciullo fopr'effo,
alcuna volta boccone col ventre, e poi a federe.

Della guardia de' Cavalli.

C A P. V.

IL Cavallo fi dee guardare in cotal maniera, cioè.
Che principalmente gli fi metta il capeftro di forte, e morbido cuojo, e fi leghi con doppie redine
alla mangiatoja, al modo, che di fopra è detto. E i
fuo' piè dinanzi fi leghino con paftoja fatta di lana,
e fi leghi all'un de' piedi di dietro, acciocchè in alcun modo poffa andare innanzi, la qual cofa fi fa
per falvare la fanità delle lor gambe. Ancora il luo-

go, dove il cavallo dimora, fia il giorno bene purgato, e netto: ma la notte gli fi faccia letto di paglia, o di groffo fieno, alto infino alle fue ginocchia, acciocchè fi ripofi bene, e la mattina per tempo fe ne cavi fuori, e fi forba, e fi ftregghi per tutto. Appreffo fi meni all'acqua ad abbeverare, con
picciol paffo, e fi tenga infino alle ginocchia in acqua dolce fredda, o in acqua di mare o poco più fu,
così da mane, come da fera, per ifpazio di tre ore.
Imperocchè cotali acque naturalmente le gambe del
cavallo difeccano: la dolce per la fua freddezza, e quella di mare, per la fua fecchezza, coftrignendo gli
umori, ch' alle gambe difcendono, i quali fon cagione d'infermitadi. Poi quando fi rimena, non fi dee
in alcuna maniera mettere nella ftalla, infinattanto,
che le fue gambe fi forbino, e afciughino, imperocchè la fummofità della ftalla, fuol generar, per la
fua caldezza, galle, e mali umori alle gambe bagnate. Anche è util cofa molto, che 'l cavallo fpeffamente mangi in terra, allato a' piè dinanzi, sì che
appena poffa la profenda, e 'l fieno pigliar con bocca: perlaqualcofa il collo è coftretto a ftenderfi, per
lo prender del cibo, e diventerà più fottile, e utile,
e bello per vedere: e ancora le fue gambe crefcono
più. Anche mangi il caval giovane fieno, erba, orzo, vena, fpelda, e fimiglianti cofe, imperocchè 'l
fieno, e l'erba, per la loro umidità dilatano, e crefcono il lor ventre, e corpo per tutto. Ma quando
farà in perfetta, e compiuta etade, mangi paglia d'orzo, per la quale non diventa foperchio graffo, ma fi
tiene in convenevoli carni, e in cotale ftato fi può
più ficuramente affaticare, imperocchè 'l cavallo non
dee effer nè troppo graffo, nè troppo magro: perocchè fe farà troppo graffo, gli umori fuperflui agevolmente difcendono alle gambe, e generano infermita-

di,

di, le quali fono ufate di venir nelle gambe de' cavalli, e fpezialmente avvegnono loro, quando fubitamente s' affaticano difordinatamente. Ancora, per troppa magrezza, manca loro le forze, e diventano più ruftichi a vedere. Ancora il caval di compiuta etade, nel tempo della Primavera, intorno alla mietitura, dee rodere erbe folamente purgative, ftando non fuori, ma fotto 'l coperto, con groffa coperta di lana, acciò non infreddi, per la freddezza dell' erba, o incorra in più gravi mali. Ancora l' acqua, che dee bere il cavallo, dee effere alquanto falata, e che corra foavemente, o alquanto turbata, imperocchè cotali acque fon calde, e groffe, ed imperò fono più nutritive, e più convenevoli a' corpi de' cavalli : imperocchè quanto l' acqua è più fredda, e più corrente, tanto meno fazia, e nudrifce il cavallo. Facciaglifi ferri, che gli fi confacciano, tondi al modo dell' unghie, e leggieri, e ftretti intorno all' unghie, e bene accoftanti, imperocchè la leggerezza del ferro, rende il cavallo leggieri, e agevole a levare i piedi, e la fua ftrettezza rende l' unghie maggiori, e più forti. Ancora il cavallo fudato, e fortemente rifcaldato, non dee mangiare, o bere alcuna cofa, infinattanto, che coperto con panno, e alquanto attorno menato, fia libero dal fudore, e dal caldo. Anche è da fapere, che 'l difufato cavalcare, fatto di notte, nuoce al cavallo : ma quello della mattina molto è utile. Anche è bifogno, che nel tempo caldo, abbia il cavallo continuamente coverta di lino per le mofche, e quelle della lana, per lo freddo. Ed è da fapere, che per guardar la fanità del cavallo, fi dee quattro volte fegnare della vena ufata, cioè. Nella Primavera, nella State, nell' Autunno, e nel Verno. Ancora è da notare, che il cavallo bene, e diligentemente guardato, e temperatamente, come fi convien

vien cavalcato, dura profperofo, e forte, quanto a'
più, per ifpazio di venti anni.

Della dottrina, e coftumazion de' Cavalli.

C A P. V I.

QUanto a coftumare il Cavallo, fi richiede principalmente, che gli fi metta leggeriffimo freno,
ed eziandio debole, il cui morfo fia unto con
mele, o con altro liquore, imperocchè cotal freno riceverà più agevolmente, e fotterallo, e per la dol-
cezza, lo riceverà l' altra fiata più volentieri : e così,
poichè avrà ricevuto, fanza malagevolezza, il freno,
fi meni alquanti giorni a mano, infinattanto, che ottimamente feguiti colui, che 'l mena. Poi appreffo,
fanza romore alcuno, quanto più foavemente, e lieve
fi può, fi cavalchi, fanza fella, a poco a poco, e
con piccolo paffo, e fi volga fpeffo a deftra, e a fi-
niftra. E fe farà bifogno, gli vada innanzi alcuno a
piè : e ogni dì, cioè dalla mattina, per tempo, infino a mezza terza, fi cavalchi per luoghi piani, e
fanza faffi. E quando, per ifpazio d' un mefe, fanza
fella, farà cavalcato, gli fi ponga foavemente la fella,
e fanza ftrofinìo, e fanza romore : e fi meni dolcemente con effa, infinattanto, che venga 'l tempo del
Verno. E quando il cavalcator farà fopr' effo falito,
nol dee muover prima, che s' abbia acconci i panni,
imperocchè per quefto, il cavallo s' aufa a ftar cheto,
e fermo, ad utilità del cavalcatore. E dopo quefto,
approffimandofi il tempo freddo, s' ammaeftri, in cotal maniera, cioè. Che 'l cavalcatore il faccia la mattina per tempo, per li campi arati, temperatamente
trottare, volgendolo fpeffo, così a deftra, come a fi-
niftra, effendo la redina deftra più corta un dito groffo,

ſo, per traverſo, che l'altra, perocchè 'l cavallo naturalmente è più inchinevole alla ſiniſtra: e ſe ſarà
biſogno gli ſi muti più forte freno, intanto che agevolmente, quando vorrà il cavalcatore, ſi ritenga.
Facciaſi anche trottar, per la terra arata, e non arata, e per l'uguali, e non uguali, acciocchè avvezzi
i piedi, e le gambe più agevolmente levare: e per
queſta medeſima ragione ſi meni per li luoghi renoſi.
È quando ſaprà ben trottare, con più brieve, e toſtano ſalto, che ſi potrà, ſi meni a gualoppo, e queſto non ſi faccia ſe non una fiata per giorno, imperocchè per troppo gualoppare, diventano ſpeſſo ritro-
ſi, cioè, che tornano indietro. Ancora oſſervi il cavalcatore, nel cominciamento del ſuo corſo, e in trottare, e in gualoppare, che tenga le redine del freno
con le mani abbaſſo, allato al doſſo, sì che 'l cavallo, a poco a poco, chinando il collo, chini il capo
in tanto, che ſempre porti la bocca allato al petto, imperocchè per queſto, vede più chiaro il ſuo
andamento, e meglio a ciaſcuna parte ſi volge, e più
agevolmente ſi tiene alla volontà del cavalcatore. Ancora ſi dee conſiderare, e conoſcere la durezza, e
morbidezza della bocca del cavallo, e ſecondo le
dette coſe, gli ſi ponga il freno; i quali ſon di
molte maniere: imperocchè ſono alcuni, che ſono
molto dolci, e morbidi, e altri, che ſon meno:
e altri, che ſono aſpriſſimi, e duriſſimi, e altri,
che ſon men duri, e altri, che ſono in quel mezzo. Ma le loro forme laſcio di ſcrivere, perocchè
ſon note a quegli, che gli fanno: e ancora non
ſi poſſono così apertamente mettere in iſcritto, come ſi poſſono veder con l'occhio. Simigliantemente è utile molto di cavalcarlo ſpeſſo, per la Cittade, e ſpezialmente ne' luoghi dove ſi fabbrica, o
dove ſi fa romore, o ſtrepito, perocchè per queſto
di-

diventa ficuro, e ardito. Ma fe temeffe di paffare per li predetti luoghi, non fi dee coftrignere afpramente, con gli fproni, e con lo fcudifcio, ma fi meni lufingando, con leggier percoffa. Ancora è bifogno, che fopr' effo fi falga, e fcenda fpeffo, e dolcemente, acciocchè s' avvezzi, al falire, e allo fcendere, di ftar pacificamente. E tutte le predette cofe fi deono offervare, infinattanto, che i denti del cavallo fieno perfettamente mutati, la qual cofa fi fa, per ifpazio di cinque anni compiuti. E poichè i denti faranno mutati, gli fi cavino della mafcella di fotto, il più falvamente, che fi puote, quattro denti, cioè dall' una parte, e altrettanti dall' altra, i quali fcaglioni, e piane, dalle più genti, s' appellano, e quafi continuamente contraftano al morfo del freno. E innanzi, che 'l freno gli fi metta, fi lafciano le piaghe un pochetto faldare, e allora gli fi mette leggier freno. E nota, che 'l freno del cavallo dee effere, nè troppo duro, nè troppo dolce, ma in quel mezzo. Anche diventa il cavallo, per lo detto cavar de' denti, più graffo, perocchè per quefto, lafcia la fua fierezza, e furore. Dopo 'l trar de' denti fi cavalchi, sì com' io diffi, movendolo da capo con piccioli falti, fpeffe volte fcontrando i cavalli, entrando, e ufcendo, acciocchè s' avvezzi a entrar fra effi, e a partirfi da effi. E quando il freno farà trovato, che fi conformi, e confaccia al cavallo, non fi muti, acciocchè per quel mutamento, non fi guafti la bocca del cavallo. Ancora quando il cavallo farà dimefticato convenevolmente, col freno, fi dee avvezzare a correre, e corrafi la mattina per tempo una fiata la fettimana, per ifpazio quafi della quarta parte d' un miglio, nel cominciamento, per via ben piana: e appreffo fi potrà crefcere il fuo corfo, infino ad un miglio, e più, fe piacerà. Ed è da fapere, che quanto

più

più spesso si corre temperatamente, tanto per l' uso diventerà più tostano, e movente. Ma se si spesseggerà l' uso del correre, diventerà il cavallo agevolmente più ardente, e arrabbiato, e impaziente, e perderà la maggior parte del suo affrenamento. Ancora è da sapere, che da che il cavallo farà perfettamente addottrinato da frenare, il faccia sovente il cavalcator gualoppare, correre, saltare, tuttavolta temperatamente, imperocchè il lungo riposo fa il caval cattivo, e pigro, e in quel che è stato ammaestrato, agevolmente perde. Le cose, che dette son di sopra, hanno luogo ne' cavalli, che si diputano ad arme, e milizia: imperocchè alcuni cavalli si diputano a vettura, alcuni a coprire, alcuni a correre, altri al carro, i quali diversamente si deono addottrinare a' loro ufici. Ancora sono alcuni, che voglion cavalli piacevoli, e riposati, e cotali cavalli si deono castrare, imperocchè, per questo, diventeranno più mansueti.

Del conoscimento della bellezza de' Cavalli.

CAP. VII.

IL bel Cavallo ha il corpo grande, e lungo, e le sue membra tutte proporzionalmente alla sua grandezza, e lunghezza rispondono: e 'l suo capo dee essere sottile, secco, e convenevolmente lungo, e la sua bocca grande, e squarciata: e abbia le nari gonfie, e grandi: e dee avere i suoi occhi grossi, e che non gli abbia scavati in entro, ed abbia gli orecchi piccioli, a modo d' aspido, e 'l collo lungo, e sottile, verso 'l capo. I crini sien piani, e pochi, e 'l petto grosso, e ritondo. Il dosso corto, e quasi piano. I lombi ritondi, e grossi: le costole grosse, a modo di quelle del bue. Il ventre lungo, e l' anche

lun-

lunghe, e tese. La groppa grossa, e ampia. La coda
lunga, con pochi crini, e piani: i fianchi larghi, e
ben carnosi: i garretti ampj assai, e secchi, ed abbia
le falci chinate, come il cerbio: l'unghie de' piedi
ampie, dure, e scavate quanto si conviene. Anche sia
il cavallo dalla parte di dietro alquanto più alto, che
dinanzi, sì come il cervio. Porti ancora il collo levato, e sia grosso allato al petto. Del suo pelo diversi huomini diverse cose sentirono, ma pare a' più,
che bajo scuro è da lodar sopra tutti. Finalmente è
da sapere, che la bellezza del cavallo si può meglio
conoscere, essendo il cavallo magro, che grasso.

De' segni della bontà de' Cavalli.

CAP VIII.

IL miglior Cavallo, che sia è quello, il cui volto
è ampio, e il cui vedere è a lunga, e acuto, ed
è ben traversato, e che ha forti orecchi, lunghe chio-
me, e ampio petto, e schienale corto, e che ha lunghe le cosce, e gambe dinanzi, e le gambe di dietro
ha corte, e che ha sottile il musello, & caput fastum,
e soavi peli, e ampie groppe, e collo grosso, e che
mangia bene. Ancora il cavallo, che ha grandi nari,
e gonfie, e gli occhi grossi, non iscavati, si truova
naturalmente essere ardito. Anche il cavallo, la cui
bocca è grande, e le mascelle sottili, e magre, e che
ha il collo lungo, e sottile, verso il capo, è abile
ad affrenare. Ancora il cavallo, che ha le costole
grosse, come quelle del bue, e 'l ventre ampio, e
pendente di sotto, si giudica, che sia affaticante, e
sofferente. E quello, i cui garretti sono ampi, e distesi, e le falci distese, e corte, le quali ragguar-
dino i garretti d' entro, dee essere tostano, e agile

le nel camminare. E 'l cavallo, che ha i garretti corti, le falci diſteſe, e anche forti, dee eſſere naturalmente ambiante. Il cavallo, che naturalmente ha groſſe le giunture delle gambe, e corti i paſturali, a modo di quelli del bue, ſi giudica, che ſia forte. Il cavallo, che tiene il tronco della coda ſtrettamente intra le coſce, è forte, e ſofferente, ſecondo la maggior parte, ma non è toſtano. Il cavallo, che ha le gambe, e le giunture peloſe aſſai, e i peli, che ſono in eſſe molto lunghi, è affaticante, ma non ſi truova di leggiere agile. Anche il cavallo, che ha la groppa lunga, e ampia, e l'anche lunghe, e diſteſe, e che ſia più alto di dietro, che dinanzi, ſi truova, ſecondo i più, eſſer veloce in lungo corſo.

De' ſegni della malizia, e de' vizj, e dell' utilità de' Cavalli.

CAP. IX.

IL Cavallo, le cui maſcelle ſon groſſe, e 'l collo corto non s'infrena di leggier, come ſi conviene. Il cavallo, le cui unghie ſon tutte bianche, appena avrà giammai duri piedi. Il cavallo, che ha gli orecchi pendenti, e grandi, e gli occhi ſcavati in entro, ſarà lento, e tardo. Ancora, quando la parte dinanzi del naſo del cavallo, cioè il moccolo, è molto baſſo, non puote il cavallo per le nari reſpirare, e però è di minor valuta. Ancora, quando il cavallo vede di giorno, e non di notte, ſi ſcema la metà di quel, ch' e' varrebbe: e queſto ſi conoſcerà ſe 'l menerai la notte alla coſa, che 'l giorno teme, e allora non teme: e ancora quando non muove i piedi la notte, come il giorno. Anche ſe gli occhi del cavallo ſon bianchi ſcema

molto il prezzo del cavallo, imperocchè quando è
menato alla neve, o a luogo freddo, non vede, ma vede ben nel luogo non luminoſo, e nel tempo caldo. Il
cavallo, che gitta gli orecchi indietro, in ogni tempo, è di minor prezzo, imperocch' egli è ſordo. Quando il cavallo non anitriſce, nè fa romore, nè ſuono
alcuno, con la bocca è ſegno ch' e' ſia ſordo. Anche
il cavallo, ch' ha duro collo, e quello è ſempre di-
ſteſo, e quando va, non lieva il capo, e non muove il collo a deſtra, o ſiniſtra, è di peſſimo vizio, e
di gran pericolo a colui, che 'l cavalca, perocchè
non ſi può volgere a ſua volontà, e però non è buono per cavaliere. Il cavallo, a cui le ginocchia vanno in entro, a modo d'arco, è di picciol pregio,
imperocchè peſſimamente vae. Il cavallo, le cui gambe dinanzi ſi torcono, a modo d'arco, non ſi dee
tenere, perchè poco vale. Il cavallo, le cui gambe dinanzi ſempre pare, che ſi muovano, è di
mal coſtume. Il cavallo, che lieva la coda in ſu,
ed in giù, e di mal vizio. Il cavallo, al quale
par ſempre enfiato ſopra 'l ginocchio, in poco tempo perderà l'andare. Ancora ſe al cavallo apparì-
rà enfiamento duro ne' piè dinanzi, o di dietro,
non è però in ſua operazion nocivo. E diceſi, che
ſe ne' piè dinanzi è duro enfiamento, è ſicura coſa, che altro mal non vi ſcenderà. Il cavallo, che
ha in tutti i piedi crepacci, cioè rappe, e non ne
può guarire, è di minor valuta, perocch' è di più ſoz-
za apparenza. Il cavallo, al quale i peli delle ſue
giunture ſi rivoltano in ſuſo, non però riceve leſione al ſuo operare, e le ſue unghie ſono più forti. Ancora ſe 'l cavallo muove i piedi in altro modo, che gli altri, riceve, in ſua operazion, leſione, e valne di meno. Ancora ſe andando ſi tocca l'uno con l'altro piede, molto gli nuoce in

ſua

fua operazione. Anche fe i coglioni del cavallo fon molto grandi, è più ruftico, e gli nuoce, in fua operazione: e fe la fua vergella ftà fempre fuora, è più ruftico, e non fi dee cavalcare da onefto huomo. Ancora la morfèa, cioè la bianchezza, ch'è nel collo, o nel vifo, o fopra gli occhi, fa il cavallo più ruftico, ma non lo fa peggiore, in operazione. Ancora non è buono il batter de' fianchi ne' cavalli.

Delle infermità de' Cavalli, e cure loro.

CAP. X.

VEduto è di fopra della bontà, e bellezza de' cavalli, è da vedere al prefente delle loro infermitadi, le quali avvengono loro, così per natura, come per accidente: e primieramente fi dirà di quelle, che avvengono per natura, le quali alcuna volta, per difetto, o per alcuna cagione, mancano, o crefcono. Crefce alcuna volta, ma rado, e quefto avviene, quando nafce con la mafcella di fotto più lunga, che quella di fopra, e di fimiglianti cofe. E quando nafce con alcuna fuperfluità di carne ne' piedi, o in alcuna parte del corpo, la quale muro, o vero callo s' appella volgarmente, il qual fi fa fotto 'l cuojo. E ancora quando avviene, che in alcuna parte del corpo fi facciano fuperfluità di carne, a modo di gangole, fotto 'l cuojo. Induce mancamento, quando nafce il cavallo con un' occhio, o con un' orecchio minor dell' altro, o che abbia un' anca minor, che l' altra, cioè più corta, onde tutta la gamba fene menoma. Ancora manca la natura, e falla, quando il cavallo nafce con le gambe torte, così nella parte dinanzi, come in quella di dietro, e 'l fimigliante avvien dell' unghie, e de' piedi, i qua-

li alcuna volta, per natura, fon torti, e alcuna volta
nafce con giarde ne' garretti, e con le galle nelle
gambe, che procedono dal padre, o dalla madre,
che l'hanno. È' giarda un'enfiatura a modo d'uovo,
o maggiore, o minore, la quale nafce ne' garretti,
così nelle parti d'entro, come di fuori. Galla è una
enfiatura a modo d'una vefcica piccola, di grandezza
d'una noce, la qual fi genera intorno alle giunture
delle gambe, allato all'unghie. Nelle predette infermitadi, che nafcono al cavallo, nel ventre della madre, per difetto di natura, non fi può convenevolmente medicina trovare, ma poffonfi trovare in alcune, alcuni rimedj. Imperocchè quando nafce il cavallo con le gambe torte di dietro, in modo che fi percuotano, ritorcendo dentro, o percotendo l'un piè
con l'altro, nell'andare, sì s'incenda con ferro, a
ciò acconcio, nella parte di dietro delle cofce, allato
a'coglioni, facendo attraverfo tre fregi, in ciafcuna
parte delle cofce. Appreffo fi cavalchi al modo ufato,
ognindì: e allora, nell'andar ch'e'farà, fi fregherrà
l'una cofcia con l'altra, e per lo continuo toccamento delle cofce, fi fcorticherà, a modo d'una piaga. Di che il predetto cavallo, fentendo fpeffo lo
'ncendio, andrà più aperto, che non farà ufato.
Ed in fimil modo fi faccia nelle gambe dinanzi,
faccendo le predette cotture dentro ne' lacerti. All'
unghie, o a' piè torti fi truova quefto rimedio,
cioè. Che ferrando fpeffamente il cavallo, fi poffono l'unghie, come fi conviene, acconciare, e al
modo della ritondità del ferro dirizzare. Suolfi alcuna volta il cavallo ferirfi dell'un piè nell'altro, per debilità di magrezza, al quale fi può fovvenire, ingraffandolo.

Della

Della Infermità del Vermo muro, e della sua cura.

CAP. XI.

COntra la 'nfermità del Vermo muro, si dee la superfluità della carne predetta, insino alla superficie del cuojo, cautamente tagliare: e appresso, se 'l luogo non sia nervoso, con ferri tondi scaldati, si cuoca, quanto si conviene: ma se 'l luogo fosse nerboruto, vi si ponga suso risagallo polverizzato, a peso d' un tarèno, e più, e meno, secondo che parrà, che bisogni, imperocchè 'l risagallo rode a modo di fuoco. Appresso, rose le sue radici, si metta dentro, insino al fondo della ferita, stoppa, in albume d' uovo, bagnata, ed empiasene tutta la piaga, e mutisi una volta il giorno, insino a tre dì. Da indi innanzi, acciocchè tosto saldi, si prenda calcina viva, e altrettanto mele, e si mescolino insieme, e mettansi in alcuno pannicello, e incendasi, con lento fuoco, infinattanto, che sene faccian carboni, e si polverizzi sottilmente, e si metta nella ferita, con istoppa involta nella detta polvere, la mattina, e la sera, insino, che la carne sia salda, lavata sempre imprima, con vin potente, scaldato alquanto. E se mancasse il risagallo, si prenda in suo luogo, calcina viva, e tartaro, orpimento, verderame, polverizzati insieme, a peso uguale, e vi si ponga la loro polvere tre, o quattro volte, insino, che le sue radici convenevolmente saranno rose, lavata imprima la piaga ottimamente con aceto: la qual polvere è men forte, che quella di sopra detta: ma appena, o non mai vi rinascono i peli; ma per fargli rimettere, sene dirà, per innanzi, alcuna cosa.

Delle

Delle Gangole, e Scrofe.

CAP. XII.

DI tutte le fuperfluità della carne, le quali nafco-no intra 'l cuojo, e la carne, che vulgarmen-te fi chiaman Gangole, Teftudini, o Scrofole, dico. Che feffo prima il cuojo, per lo lungo, nel luogo dove fieno, e fene cavin con mano, fcarnandole pri-ma con l'unghia, o vero, che fi fenda il cuojo, e vi fi polverizzi il rifagallo pefto, o con acconci ferri, s'incenda: o vi fi polverizzi la polvere della calcina viva, e dell'orpimento, e del tartaro, al modo, che di fopra, nella precedente cura, dicemmo. Appreffo s'ufi la cura fcritta nel medefimo capitolo proffimo paffato. Ma fe dopo la tagliatura, o vero fcarnamen-to, alcuna vena faccia fangue, fi dee coftrignere in quefto modo. Prendafi due parti d'incenfo, e terza parte d'aloè patico, e polverizzate fottilmente, fi di-battano, con l'albume d'un' uovo, e fi mefcolino, e co' peli della lepre fi mettano nella vena. A quefto medefimo vale il geffo pefto con calcina, e co'gra-nelli dell'uva. Anche vale a quel medefimo, lo fter-co frefco del cavallo, mifchiato con la creta, e con l'aceto fortiffimo dibattuto. E nota, che le predet-te cofe, pofte fopra la vena, che fi vuole ftrigne-re, non fi deono rimuovere, infino al fecondo, o 'l terzo giorno. Anche è da fapere, che più ficura cofa è, che le predette gangole fi disfacciano, con le predette polveri; feffo imprima il cuojo, per lo lun-go, che per tagliarle, e cavarlene con le mani, fe faranno in luoghi nervofi, o vero venofi.

Delle

Delle infermitadi accidentali de' Cavalli, e della lor cura.

C A P. X I I I.

DI sopra è stato detto delle infermità naturali de' Cavalli, ora si seguita il trattato delle accidentali. Dirò adunque primieramente di quelle cose, che loro avvengon nel capo, e dentro al corpo, e poi di quelle cose, che loro avvengon nel dosso: e poi di quelle infermitadi, che avvengono loro ne' membri, da' piedi in su: e poi delle lesioni de' piedi, e dell' unghie.

Della imfermitade, che volgarmente si chiama vermo, e della sua cura.

C A P. X I V.

QUesta infermità avvien nel petto del cavallo, presso al cuore, e nelle cosce, presso a' testicoli, per mali umori caldi, ragunati in certe gangole, ch' hanno nel petto, e nelle cosce, i quali concorrono a que' luoghi, per alcun dolore, che quivi accidentalmente viene, e poi discendono alle gambe, ed in essi fanno enfiamenti, e di spesse piaghe. E alcuna volta per cagion del predetto vermo, si fanno nel cavallo, e spezialmente nel capo diverse piaghe, e le più son piccole, ed enfiano il detto capo. E alcuna volta fanno a modo d'acqua, gocciolare gli umori, per le nari, e allora s' appella vermo volativo. E questa cotale infermitade si conosce per l' enfiamento, che si fa de' detti umori ne' predetti luoghi: e per le piaghe, che detti umori fanno, quando si
sfor-

sforzano d'ufcir fuori. Curafi in quefto modo. Quando le gangole cominciano ad enfiare, o a crefcere, più che non fono ufate, incontanente fi tragga fangue al cavallo, infino, che diventi debile, della vena ufata del collo, allato al capo: e anche delle vene ufate dell'una, e dell'altra parte del petto, e delle cofce, acciocchè i fuperflui umori fi votino. Apprefso fi metta nel petto, e nelle cofce convenienti fetoni, i quali continuamente attraggano gli umori, per convenevole, e fpeffo fregamento d'effi fetoni: imperocchè, per cotale menamento, fi genera dolore, e quindi, per dolore efcono gli umori, e non difcendono alle gambe: e non fi deono menare i detti fetoni fe non paffati due giorni. Poi apprefso fi menino da mane, e da fera continuamente, in tanto che due giovani, per ciafcuna volta, vi s'allaffino, cavalcato prima il cavallo, con picciol paffo, per gran pezzo. Apprefso ciò non ceffi il cavallo d'affaticarfi ciafcuno giorno, e guarda, che non mangi erbe, e ancora dell'altre cofe mangi sì poco, che appena fi tenga nelle fue forze, e la notte fi ripofi in luoghi freddi. Ma fe quelle gangole, o vero vermo per le fopraddette cure non fi fcema, ma foprabbondino gli umori, che enfiano di fuperchio le gambe, allora fi cavino quelle gangole, o vero vermi, in quefta maniera, cioè. Che fi fenda il cuojo, e la carne per lo lungo, infino che fi truovino le gangole, o 'l vermo, e, pofto giù il ferro, con l'unghie fi fcarnino, e fene divellano fuori, con le mani, in modo, che d'effi non vi rimanga niènte, e ftirpatone fuori il vermo, o le gangole, infino alle radici, di monda ftoppa, in albume d'uovo, bagnata, s'empia tutta la piaga, e detta piaga fi cucia, acciocchè la ftoppa non ne poffa ufcir fuora. Ma fe la piaga farà nel petto, fi leghi prima il petto, con pezza di lino, per lo vento;

to: e, ciò fatto, non fi dee mutar la ferita, infino al
terzo giorno: ma da indi innanzi fi muti due volte
il giorno, bagnando la ftoppa, con olio, e albume
d'uovo dibattuto, effendo prima la piaga con vin lavata: e così fatta cura vi fi faccia nove giorni. Ma
poi fi lavi la piaga due fiate per giorno con vino alquanto intiepidito, e fi metta nella piaga ftoppa involta nella polvere, ch'è di fopra, nel capitolo de'
muri, che fi fae di mele, e di calcina viva: e ufifi
qualche dì quella polvere, infinattanto, che la piaga
farà falda: nondimeno tuttavolta menando i fetoni, e
fatigando il cavallo continuamente, al modo, che
di fopra è detto. Tuttavolta è da fapere, che 'l cavallo non fi dee cavalcare, infino al terzo giorno,
poichè il vermo farà divelto: ma poi ciafcun giorno
fi curi, sì come diffi di fopra, con medicamento più
forte a ftruggere il detto vermo. Poichè la carne col
cuojo faranno feffi, infino alla veduta del vermo, fi
prenda rifagallo ben trito, e polverizzato, e fi ponga fopra 'l vermo predetto, e poi la bambagia, e la
bocca della piaga fi cucia, acciocchè il rifagallo non
ne poffa ufcire, il quale fortemente rode il vermo in
nove giorni. E, poichè fia rofo, e ftrutto, fi curi la
piaga, come di fopra diffi. Se per tutte le predette
cofe gli umori non fi poffon riftrignere, o feccare, sì
che non difcendano alle gambe, faccendo pertugi,
per modo di picciole vefciche, o vero piaghe; allora
incontanente, con ferro ritondo nella punta, o vero
capo, s'incendano quelle piaghe o vero vefciche, infin nel fondo, incendendo prima la vena maeftra del
petto, attraverfo, la qual fi ftende dal luogo del vermo giufo, infino a' piedi. Poi incefi i predetti pertugi delle gambe, fi fpanda ne' lati calcina viva due
volte folamente per dì, partita la prima cottura de'
pertugi, fatta quivi. Ma fe per lo vermo rimarrà en-

fia-

fiata la gamba, ſi dee in queſta maniera purgare.
Prendanſi le mignatte, e ſi pongano intorno all' enfiatura delle gambe, raſo imprima il luogo enfiato,
o ancora tutta la gamba. Appreſſo cavatone, con le
mignatte, quanto ſangue ſi puote, tutta la gamba,
con aceto, e creta bianca, inſieme dibattuti, s' impiaſtri: o ſi tenga in acqua fredda continuamente la
mattina, e la ſera. E queſto ſi faccia infinattanto,
che le gambe diventino più ſottili. Contra 'l vermo
volativo, acciocchè gli umori ſi ſottraggano dal capo,
gli ſi ſcemi ſangue da amendue le veni uſate delle
tempie. Appreſſo ſi pongano i ſetoni ſotto la gola,
e ſi menino, e ſi nudriſca, e cavalchi, e ſi tenga
fermo, e gli ſi facciano tutte quelle coſe, che ſon
dette di ſopra nella cura dell' altro vermo. Ma ſe 'l
vermo volativo ſi muta in emoagra, la qual coſa
ſpeſſo addiviene, gli ſi deono dare le coſe calde, e
gli ſi cuopra il capo con panno di lana, e ſi faccia
dimorare, per ripoſo, in luogo caldo, e non s' affatichi, in modo alcuno, e mangi ſempre le coſe calde, sì come fieno, e vena, imperocchè queſta è fredda infermità, ma rade volte ne campa.

Del morbo antico, detto Anticuore, e della ſua cura.

C A P.   X V.

ALcuna fiata interviene, che quella gangola detta,
la quale intorno al cuor dimora, creſce in tanto, per gli umor, che ſon corſi ad eſſa, e che al
modo uſato non diſcendono alle gambe, che 'l ſuo
creſcimento, ed enfiamento genera apoſtema, la quale, imperocch' è proſſimana al cuore, crudelmente
gli fa contrario: e queſta infermità, da' più, vulgarmente s' apppella Anticuore. La ſua cura è cotale.

tale. Quando la gangola pare, che con furore fubitamente crefca, e che ingroffi, più che foglia,
fanza nulla dimoranza fi divella, infino alle radici
del petto, sì come di fopra nella cura del vermo
è detto: e concioffiecofachè fia al cuor proffimana,
fi dee con gran diligenzia, cautamente divellere.
E fe per lo fvellimento, o vero fcarnamento fuo
s' apra vena alcuna, e faccia fangue, allora incontanente fi prenda, e ftretta con le mani, con filo
di feta, ftrettamente fi leghi. Ma fe, per l' abbondanza del fangue, non fi poteffe la vena pigliare, fi metta nella piaga le medicine, che ftringono il fangue, fcritte fopra la cura delle gangole.

Dello Stranguglione, e fua cura.

C A P.   X V I.

SOno ancora altre gangole, intorno al capo del
cavallo, delle quali alcune fono fotto la gola, le quali accidentalmente crefcono per gli u-
mori del cavallo infreddato, che dal capo difcendono ad effe, per lo crefcimento delle quali enfia
tutta la gola, e coftrignefi la via del fiato, ch' e-
fce per la via della gola, perlaqualcofa il cavallo appena può refpirare: e quefta infermità vulgarmente s' appella Stranguglione, la cui cura è cotale.
Quando le dette gangole pajono fubitamente crefcere, o più che non fono ufate, ingroffare, incontanente fi mettano convenevoli fetoni fotto la gola
del cavallo, e fufficientemente fi menino la fera, e
la mattina. Ancora fi metta in capo al cavallo coverta di lana, e la gola più volte s' unga con biturro, e fpezialmente il luogo dello ftranguglione
predetto, e in luogo caldo fi tenga. E fe le det-

te gangole, per menamento de' detti fetoni non di-
fenfiano, fi divellano, infino alle radici, e le fue
piaghe fi curino, fecondo che la cura del vermo richiede, come è detto. Ma nel metter del rifagallo,
fi tenga diligente cautela, perocchè fe fanza temperamento vi fi mette, troppo rode la carne.

Del morbo della Vivola, e fua cura.

CAP. XVII.

SOno ancora altre gangole, le quali nafcono intra
'l capo, e 'l collo, fotto ciafcuna parte delle mafcelle, le quali fimilmente crefcono per fluffo di reuma, che dal capo difcende, le quali diftringono in
tanto le vie della gola, che 'l cavallo appena può
mangiare, o bere, e quefta infermità fi chiama Vivole, alla quale, fe non fi foccorre di prefente, fubitamente morrà il cavallo: la cui cura è tale. Quando
le gangole fubitamente par, che crefcano, ed enfino,
a modo d'uovo, coftrignendo l'arteria della gola,
s' incendono con ferro caldo, e appuntato, infino
alle radici, o fi tagliano cautamente, con tagliente
lancetta. O fi faccia, e varrà meglio, al modo detto nel capitolo del vermo, tanto dall'una parte,
quanto dall'altra, fe farà bifogno, e la fua piaga fi
curi, in quel medefimo modo. E fe con le predette
medicine non fi foccorre, è al cavallo impedito lo
fpirito, in tanto che non può refpirare, e fi muore.

De' Dolori, e della lor cura.

CAP. XVIII.

I Dolori avvengono in molti modi al cavallo, primieramente, per la superfluità degli umor malvagi, inchiusi nelle vene del sangue. Appresso per ventusità, la quale entra per li pori nel corpo del cavallo riscaldato, o ch' è nata nelle budella, per gli umori viscosi, che sono iv' entro. Appresso per soperchio mangiare orzo, o altra simigliante cosa, enfiata nello stomaco, o vero nel ventre. Appresso, per troppo ritener l' orina, la quale fa enfiar la vescica. Avviene ancora, ma rade volte, per troppo bere acqua freddissima, allorachè 'l cavallo farà molto riscaldato, la cui cura è tale. Se la doglia farà per superfluità d' umori, o di sangue, la qual cosa si conosce, perocchè si torce, e i suo' fianchi si muovono, sanza alcuno enfiamento, e gittasi in terra sovente, e giace, e le vene, più che non sogliono, enfiano: incontanente gli si scemi sangue dalla vena cinghiaja, che è dall' una banda, e dall' altra, presso alla cinghiatura, infino alla debilità del corpo. Appresso si meni a mano, con picciol passo, e non mangi, nè bea, infino, che 'l dolore farà partito. Il dolor, che avvien per ventusità, si conosce in ciò, che si duole dentro dal corpo, ed ha continuamente i fianchi enfiati, e quasi tutto il corpo più, ch' e' non suole. E quando queste cose appajono, gli si metta per la maggior parte di sotto, un cannello di canna, la più grossa, che si potrà trovare, di lunghezza d' un palmo, unto con olio, e leghi ottimamente con ispago, in capo della coda, acciocchè non ne possa uscir fuori. Appresso incontanente tostamente si cavalchi lungamente,

te, trottando, o vero ambiando verſo luoghi montuoſi. E ſe ſarà tempo freſco, ſi tenga coperto con
coperta di lana, e con le mani unte con olio, gli ſi
ſtropiccino i fianchi fortemente, perocchè, per queſte coſe, ſi riſcalda il cavallo, e manda fuor la ventuſità per lo cannello. E appreſſo ciò gli ſi deono
dare a bere, e a mangiar coſe calde. Onde dee bere acqua, ove ſia cotto comìno, e ſeme di finocchio,
per ugual parte, in buona quantità, allora, che ſarà
alquanto freddata, e miſchiatavi farina di grano, e
tanto ſtia aſſetato, che bea queſt' acqua. Similmente
mangi coſe calde, e ſtia in luogo caldo, coperto con
coperta di lana. Ma ſe 'l dolor ſarà per troppo mangiar d' orzo, o d' altra coſa ſimigliante, enfiato nel
ventre del cavallo, e nello ſtomaco, la qual coſa
ſi conoſce in ciò, che 'l ſuo ventre ſarà duro, e i
fianchi enfiati, ſi faccia decozione di malva, di marcorella, di brancorſina, e di violane, e paritaria, e d'altre erbe laſſative, in acqua, e vi ſi giunga mele, ſale, e olio, e ſemola di grano: e fatta tiepida ſi metta in un ventricolo, ch' abbia un cannello convenevolmente lungo, e groſſo, a modo di criſtèo, e
per quello ſtrumento ſi metta là detta decozione
nel ventre del cavallo, dalla parte di ſotto. E quando ſi mette, dee ſtare il cavallo molto più alto di
dietro, che dinanzi. E meſſavi là detta acqua, ſi turi bene il poſteriore, acciocchè non poſſa uſcirne.
Poi ſi meni il ventre con un legno tondo, e ben
pulito da due huomini, l' uno dall' una parte, e
l' altro dall' altra, e comincino dalla parte dinanzi, infino dalla parte di dietro, premendo, menino
il ventre, untolo prima con olio, o con altra coſa
liquida untuoſa. E quando il ventre ſarà ben menato, ſi turi il poſteriore, e per luoghi montuoſi ſi
cavalchi con piccol paſſo, continuamente, inſinat-
                                                    tan-

tanto, che gitti fuori tutto quel, che gli fu meffo nel ventre, e dell' altro fterco gran parte: e in
cotal maniera cefferà il dolore. Ma fe 'l dolore farà
per ritenimento d' orina, che faccia enfiar la vefcica,
la qual cofa fi conofce; perocchè fotto 'l ventre, o
intorno a' luoghi della verga, pare ch' enfii alquanto,
e fi gitta fovente in terra; allora fi prenda fenazioni,
curtana, paritaria, e le radici dello fparago, per u-
gual parte, e 'nfieme fi cuocano: e cotte, con una
fafcia lunga, e ampia, fi pongano calde intorno alla
parte della vergella: e quefto fi faccia fpeffo, fcaldan-
do lo 'mpiaftro, quando farà raffreddo. E fe per quefto non fi provoca l' orina, fi faccia cotale fperimen-
to, cioè. Che fi tragga fuori la verga del cavallo con
le mani unte con olio, e fi ftropicci con olio. Appreffo fi pefti alquanto pepe con aglio, e nel pertugio
della verga, col dito mignolo fi metta. O vi fi mettano, e varrà meglio, le cimici pefte, e cotte alquanto in olio. E fe quefto non vi gioverà, fi lafci
andare il cavallo, con una cavalla liberamente per la
ftalla, e così, per neceffità, fi provocherà ad orinare. E nota, che quefto rimedio fi truova utile a
tutti i dolori, imperocchè la volontà del coito, molto conforta, e fortifica la natura.

Del morbo Infufo, e fua cura.

CAP. XIX.

Q Uefta infermità avviene al cavallo per troppo
mangiare, o per troppo bere, per le quali
cofe fi genera troppo fangue, e difcendendo
alle gambe, fi fparge per effe, e impedifce il fuo andare. Ancora incontra per troppa fatica, per la quale difcende alle gambe, e a' piedi umori, e fangue,
che

che 'l suo andare impedisce: per la qual cagione si convengono l' unghie mutare, se non si soccorre. Avviene ancora alcuna volta, per dolori, e che avvengono per troppa fatica, e riscaldamento, che fanno discendere gli umori alle gambe: e questa infermità vulgarmente s' appella rinfondimento, la cui cura è tale. Quando il cavallo par che zoppichi, con uno, o con due, o con più de' piedi, e all' uscir, gravemente comincia a muover le gambe, e ancora nel suo volgere è duro, i quali segni son di rinfuso; se 'l cavallo è grasso, e di perfetta etade, gli si dia bere a sua volontà, e poi d' amendue le tempie, e di ciascuna gamba delle vene usate, si segni, quasi infino alla debilità del corpo. Appresso in acqua fredda corrente, infin' al ventre si metta incontanente, e vi si tenga continuo, e non mangi alcuna cosa, infino che sia perfettamente guarito. Ma se 'l cavallo è giovane, e magro, non gli si dia il detto beveraggio, ma gli si tenga il freno in aere freddo, in tanto che 'l collo, e 'l capo sia costretto distendere quanto puote. Poi appresso mettafili sotto i piedi pietre vive ritonde, di grossezza d' un pugno, così come gli si facesse un letto, imperocché, per lo continuo calcar delle pietre tonde, i piedi, e le gambe sono in movimento, per lo quale i nervi delle gambe, indegnati per gli umori, scacciano la gravezza. Ma sia prima coperto di panno lino, bagnato in acqua, e non mangi, nè bea, nè dimori al Sole, infinattanto, ch' al pristino stato non è ridotto. E nota, che questa infermità nuoce poco, o niente a' cavalli giovani, imperocchè di ciò ingrossano le lor cosce.

Del morbo Pulfino, o Bulfino, e fua cura.

C A P.   X X.

QUefta infermità avviene per caldo, perchè ftrugge la graffezza, la quale oppìla l' arteria del polmone, in tal modo, che appena il cavallo può refpirare: e conofcefi in ciò, che le nari del nafo fanno gran refpirare, o vero gran foffiare, e i fianchi battono fpeffo: e quefta infermità vulgarmente Pulfino, o Bulfino è chiamata. Curafi in tal maniera, cioè. Che gli fi faccia beveraggio di garofani, di noce mofcada, di gengiovo, di galanga, per ugual pefo, e di comìno, di feme di finocchio per ugual pefo, e fi polverizzino con buon vino, e vi fi giunga gruogo in convenevole quantità, e tante tuorla d' uova, quant' è la quantità delle cofe predette. E 'l detto beveraggio fi metta in un corno di bue, tenendo al cavallo artificiofamente aperta la bocca, e il capo alto, fanza freno, e gli fi dia, sì che gli difcenda in gola, ftando fofpefo il capo del cavallo, per ifpazio d' un' ora, acciocchè 'l beveraggio difcenda nelle budella. Appreffo fi meni a mano, o fi cavalchi, con lento paffo, acciocchè non lo poffa vomitare, e non fi lafci mangiare per ifpazio d' un dì, e d' una notte, acciocchè 'l detto beveraggio non fia impedito di far la fua operazione. Dipoi mangi il giorno feguente erbe frefche, o fronde di canne, o falce, o di fredde erbe, acciocchè 'l caldo del beveraggio fi temperi, imperocchè, per la detta cura, guarrà il cavallo, fe la 'nfermità fia frefca, ma fe farà vecchia, fi crede, che fia incurabile: tuttavolta fi pruovi di curarla in quefto modo, cioè. Che l' uno, e l' altro fianco,

con due linee, l'una fopr'all'altra, da ciafcun capo s'incenda, acciocchè per lo coftrignimento del
fuoco, fi fcemi il battimento de' fianchi. Ancora
gli fi fendano le nari acconciamente, per lo lungo,
acciocchè più leggiermente attragga l'aere, e mandi
fuori il fiato, o vero, che nel tempo della vendemmia, fi cibi d'uve mature, o s'abbeveri di
dolce mofto, e in quefto modo fi curerà dalla bul-
fina.

Del morbo Infeftuto, e della fua cura.

CAP. XXI.

Uefta infermità avviene, quando il cavallo fudato, o fuperfluamente rifcaldato, fi pone in
luogo freddo, o ventofo, imperocchè 'l vento, perchè i pori fono aperti, entra per la bocca, e per li membri: perlaqualcofa fi fegue attrai-
mento di nervi, con un poco d'enfiamento, che
fa venir dolori, e impedifce l'andar del cavallo, e
appellafi vulgarmente quefta infermità, Infeltuto: e
conofcefi in ciò, che 'l cavallo pare, ch'abbia il
cuojo un poco ftefo in fuori, sì che con le dita
fi può appena pigliare, o ftrignere: e pare, che
nel fuo andare fia impedito a modo, che rinfufo,
e i fuoi occhi gli lagrimano: la cui cura è tale.
Che incontanente fi metta in luogo caldo, e poi fi
prendano alquante pietre vive, e fi fcaldino inquanto
fi può, e mettanfi in terra fotto 'l ventre del cavallo: ma che fia prima il cavallo coperto di panno di
lana lungo, e largo, intanto, che in ciafcuna parte
affai avanzi la perfona del cavallo: il cui mezzo ftia
fopra 'l doffo del cavallo, e l'eftremitadi pendano da
ciafcuna parte da piede: le quali fi tengano abbaffo

da due huomini: e le dette pietre a poco a poco, e spesso, s'innaffino d'acqua calda, infinattanto, che tutto 'l corpo, e le membra del cavallo, sieno in sudor ridotte. E allora s'involga il cavallo nel detto panno, e si cinga, e così si tenga tanto, che cessi il sudore, e ciò fatto, si prenda biturro caldo, o olio, o altro untuoso liquore, e se ne stropiccino spesso il giorno tutte le sue gambe: o si faccia decozion di paglia di grano, di reste d' agli, di cenere di malva, e con questa decozion calda, tanto, quanto può sostenere, si bagnino le gambe, e spezialmente i nervi: e si tengano sempre in caldo luogo: e dieglisi mangiar cibi caldi, infinattanto, che nel loro stato primajo sien ritornati.

Del morbo Scalamati, e sua cura.

C A P. X X I I.

QUesta infermità asciuga, e disecca le 'nteriora del cavallo, e macera il corpo, e 'l suo sterco fa putire più, che quel dell' huomo, e ciò gli avviene per lunga magrezza, che procede per poco cibo a lui dato, e per molta fatica, la qual riscalda, e disecca le membra in tanto, che non può diventar grasso, nè far carne, nè ancora si cura di mangiare. La cura della quale infermità è questa, cioè. Che si solleciti quanto può, che 'l corpo del cavallo si mollifichi, e si faccia decozione dell' erba violacea, e paritaria, e di malva, e di crusca d'orzo, le quali cose cotte bene, si colino: e in quest'acqua si metta biturro in buona quantità, e caffiafistola liquefatta, presso di tre tarèni; e col sopraddetto strumento, a modo di cristèo, alquanto caldo, si metta, per lo posteriore del cavallo, e si faccia per tutto al modo,

che

che di fopra è detto, nel capitolo de' dolori: eccetto, che queft' acqua fi vuol tenere nel ventre del cavallo, quanto fi puote. Poi gli fi faccia beveraggio
di tuorla d'uova, di gruogo, e d'olio di vivuole, dibattuto a fufficienza con vin bianco, e fi metta in
corno di bue, e due volte, o tre, pieno gli fi dia,
fecondo che nel trattato del pulfino fi diffe. Puoffi
fare ancora queft' altra fperienza, cioè. Che 'l cavallo fi ponga folo nella ftalla, e non mangi niente, nè
bea, per due, o tre giorni, poi gli fi dia lardo, o
carne di porco falata, a fua volontà, la qual, per la
fame, e per lo falfume del lardo, mangerà volentieri, e gli fi dia incontanente a bere acqua calda, quanta ne vuole. Appreffo fi cavalchi un pochetto, in
tanto che voti il ventre delle cofe predette, e voto
che fia, gli fi dia grano ben mondo, e cotto, con
un poco di fale, e fecco al Sole, o in altro modo,
due volte il giorno, innanzi ch'e' bea, imperocchè
cotal grano nudrifce, e fazia in tanto, che 'l cavallo
agevolmente ne 'ngraffa.

Del morbo Aragaico, e fua cura.

C A P. X X I I I.

QUefta infermità, che volgarmente s' appella Aragaico, fi fa nel ventre del cavallo, la quale induce torzioni, e fa rugghiamento nelle budella, e coftrigne il cavallo a mandar fuor lo fterco
indigefto, e liquido, a modo d' acqua: onde appena puote il cavallo alcuna cofa mangiare, che non
la mandi fuori, anzi che l' abbia fmaltita. La quale
alcuna volta avviene per orzo, o per altra fimil cofa, rofa da lui, e non digefta, e alcuna volta per
bere acqua fredda, poichè avrà rofo l' orzo, fanza
al-

alcuno intervallo di tempo, e alcuna volta per veloce corfo, o vero gualoppo fatto, dappoi che avrà incontanente di fua volontà bevuto, la quale fi diguazza nelle budella, per lo corfo. Ancora avviene alcuna fiata, per troppo enfiamento del corpo del cavallo, che ha dolori: per le quali cagioni, indebolifce il cavallo in tanto, che appena fi può fu le gambe tenere: la cui cura è tale. Quando l'huomo s'accorge due, o tre volte, che 'l cavallo fchizza fterco a lungo, a modo d'acqua, fatto con l'orzo, non ifmaltito, fi lievi incontanente la fella, e 'l freno, e per le pafture fi lafci liberamente andare, infinattanto che fia riftretto, e non fi dee muovere innanzi, perocchè 'l movimento diguazza il ventre, e fagli mandar fuori il cibo, innanzi che fia fmaltito. Ancora, quanto può, fi guardi dal bere, imperocchè a quefta infermità, gli è l'acqua nociva, per la fua liquiditade. Ancora alcuna volta quefta infermitade rifonde il cavallo, e allora fi curi, come nella detta infermità fi moftra.

Del Cimurro, e fua cura.

CAP. XXIV.

E Un'altra infermità, che s'appella Cimurro vulgarmente, la quale avviene, quando il cavallo è ftato affai nel capo infreddato, perlaqualcofa difcende, per le nari, un fluffo, a modo d'acqua, continuamente. Avviene ancora alcuna volta, per la 'nfermità, che s'appella vermo volativo: onde feguita, che 'l cavallo manda fuori tutta l'umidità del capo, per le nari. La cui cura è tale, cioè. Che fi faccia una coperta al capo del cavallo, e fempre fi tenga in luogo caldo, e fi dieno in cibi cofe calde: e fuogli

far

far fovente utilitade, pafcer picciole erbe: impercioe-
chè, quando per ifchiantarle, tiene il capo baffo, difcorrono per le fue nari, la maggior parte de' fuoi u-
mori. Vale ancora, fe 'l fummo delle pezze, e della
bambagia fi mandi al cerebro, meffo per le nari, imperocchè gli umori, anticamente raccolti, e riftretti,
diffolve. Ma nel più fi truova quefta infermità incurabile.

Della frigidità del capo, e fua cura.

C A P. X X V.

LA freddezza del capo muove dolor nel capo de'
cavalli, e fordamento, e fa lor venir toffa, e
provoca la gola: la qual cofa leggiermente avviene,
quando il cavallo fi mette in iftalla molto calda, e
poi fubitamente fi mena a freddo vento: e fpeffe volte, per alcuna cagione d' altre frigidità ricevute. Alcuna volta è coftretto il cavallo di tofsìre, e perde
gran parte del mangiare, e del bere: la cui cura è
tale. Quando gli occhi del cavallo pajono alquanto
enfiati, e alcuna volta lagrimano, e gli orecchi faranno freddi, e fimilmente l' alito delle nari farà freddo, e i fianchi gli batteranno, più che non faranno
ufati, e mangerà meno, che non farà ufato, e berà
affai meno, e comincierà a tofsìre fpeffo, e ftarnuta-
re, allora fi potrà giudicare, ch' e' fia infreddato,
cioè, che abbia frigidità di capo: perlaqualcofa s' incendono le gangole, che vivole fono appellate, che
fono tra 'l capo, e 'l collo, fotto le mafcelle, con
ferro appuntato, il quale fori le gangole: e fimigliante s' incendono a mezzo la fronte, acciochè gli umori freddi, rifcaldati, fieno coftretti a fvaporar fuora.
Ancora gli fi mettano fotto la gola fetoni, acciocchè,

per

per loro, gli umori abbiano via d'andar fuori. Ancora tenga sopra 'l suo capo coperta di lana, e si stro-
picci spesso, con biturro, intra gli orecchi. A quel
medesimo vale l'olio allorino, messo in pezza di lino,
e acconciamente legato al morso del freno, bevendo
sempre il cavallo col freno in bocca: e quel medesimo adopera la savina legata al freno. A quel mede-
mo vale il fummo di panno di lino arso, e per le
nari ricevuto. Ancora vi vale il grano ben cotto, e
messo in un sacchetto, caldo quanto patir si potrà, e
legato al capo del cavallo in modo, che messa la
bocca, e le nari entro 'l sacchetto, riceva il fummo
entro alle nari, e mangi del grano a sua volontade.
Alla qual cosa farà utile, se 'l detto grano si cocerà
col puleggio, e con la savina. Anche vi vale, se si
legherà strettamente una pezza ad un bastone, e s'unga con sapone saracinesco, e quanto si può più acconciamente, si metta leggieri nelle nari del cavallo
e poco stante sene cavi: imperocchè per questo il cavallo
starnutirà, e gitterà gli umor freddi, e liquidi, a
modo d'acqua. Anche vi vale il biturro con l'olio
allorino mischiato, e messo nelle nari. Anche si dee
da tutte le cose fredde guardare, e usi cose calde, e
bea spesso acqua cotta, e calda, sì come nel capitolo
de' dolori si contiene, e in cotal maniera si potrà li-
berar.

Del morbo degli occhi, e sua cura.

C A P. X X V I.

ALcuna volta interviene, che per la detta infermità del capo, gli umori discendono agli occhi,
e fannogli lagrimare, e fanno sopr'essi panni di scu-
ritade, o rossore: per le quali cose non può 'l cavallo

lo, come fi convien, vedere, e guardare: la cui cura fia cotale. Se gli occhi lagrimano, fi faccia ftrittorio d'olibano, e maftice polverizzati, e dibattuti
con l'albume dell'uovo, fi pongano fopra una pezza
larga quattro dita, e lunga tanto, che pofta fopra la
fronte, fi poffa fotto le tempie legare: ma fia imprima il luogo rafo, dov' è lo ftrittorio, e tanto vi fi
lafci, che gli occhi fi rimangan di lagrimare. E quando fe ne vorrà levare, fene lievi con acqua calda, e
olio, o con altra cofa untuofa, dibattuti infieme. A
quel medefimo vale, fe ambe le vene, dall'una tem-
pia, e dall'altra, s'incendano con fuoco. E fe gli
occhi fono ofcurati, o ftellati, fotto entrambi gli occhi
fi ponga la ftellata, tuttavolta quattro dita di fotto,
e fpeffamente con un cannello fi foffi negli occhi fale
fottilmente pefto. Ma fe foffe panno fopra gli occhi
generato di nuovo, o invecchiato, fi prenda offo di
feppia, tartaro, e falgemmo, con ugual mifura, e
fottiliffimamente pefti, e fi foffi cotal polvere negli
occhi al cavallo, due volte per giorno. A quefto medefimo vale il falnitro, con lo fterco delle lucertole
pefto, e foffiato negli occhi. Ma fi dee prender guardia, che non vi fi metta troppo, acciocchè gli occhi
non fene guaftino. Ma fe 'l panno farà vecchio fi
dee due, o tre volte, col graffo della gallina, ugnere primieramente.

Del morbo del corno, e fua cura.

CAP. XXVII.

Detto è delle infermità, che avvengono al cavallo
nel capo, e dentro dal corpo: refta a' dire di
quelle, che avvengono al doffo. Onde è da fapere,
che fopra 'l doffo del cavallo fi fa una lefione, che

al-

alcuna volta rompe alcuna parte del cuojo del dosso,
e alcuna volta cava infino all'ossa, la quale avviene,
per troppo gravamento della sella, o d'altro peso, la
qual lesione, dalle più persone, è appellata corno: curasi in questo modo, cioè. Che si prenda la fronda del
cavolo, con la sugna del porco pesta, e vi si ponga su,
e gli si ponga addosso la sella, o 'l pannello, acciocchè
calchi la medicina continuamente, sopr'esso corno.
A questo medesimo vale la scabbiosa, con la sugna
del porco, similmente pesta. Anche vi vale la cenere intrisa con olio, e postavi su. Anche vi vale la
fuliggine intrisa col sale, e con l'aglio insieme dibattuti. Anche vi vale molto lo sterco dell'huomo fresco, e postovi suso. E nota, che 'l corno,
infino alle radici, più tosto si cura, se 'l cavallo
si cavalchi, ponendovi alcuna delle medicine, e rin-
novandole spesso. E poichè 'l corno sarà divelto infino alle radici, si riempia il luogo di stoppa, mi-
nutissimamente tagliata, e poi involta nella polvere della calcina, e del mele, sì come nel capitolo
del vermo, si disse, tuttavolta lavata imprima la piaga, quando è fresca, con aceto, o potente vino,
alquanto riscaldato: e questo si faccia due volte per
giorno, infinattanto, che sia saldo. Tuttavolta si dee
prender guardia, che alcun peso non gli si ponga
addosso, infinattanto, che la carne della piaga non
sia col cuojo agguagliata.

Del morbo del polmone, e sua cura.

CAP. XXVIII.

ANcora nel dosso del cavallo si fa un'altra lesione, la quale vi genera certe enfiature, e appresso ciò vi genera carne corrotta: la qual cosa intervie-

ne , per gravamento di fconcia fella, o d'alcuno fconcio, e gran pefo, il quale fia ufato di portare, imperocchè, quando cotale enfiatura invecchia, genera corruzione, e alcuna volta, invecchiata la corruzione, fi fa una raccolta, preffo all'offa, in carne corrotta, la quale continuamente getta una corruzione a modo d'acqua : e quefta infermità s'appella volgarmente lefion di polmone, la cui cura è tale, cioè. Che intorno intorno primieramente fi tagli, poi vi fi metta ftoppa, in albume d'uovo bagnata, e infino al terzo giorno una volta folamente fi muti, per di poi fi faccia quello, che di fopra fi diffe del corno. Vero è, che con la polvere del rifagallo più falvamente fi cura, al modo, che della 'nfermità de' vermi fi diffe: imperocchè fanza alcuno incendimento fi medica, e fanza dolor del cavallo.

Del morbo spallacce, e sua cura.

CAP. XXIX.

FAffi ancora nel doffo un'altra lefione, la quale induce enfiamenti nella fommità delle fpalle del cavallo, e fa una certa callofità di carne, intorno alle fue fpalle, la quale avanza fopra la parte di fopra, per l'enfiamento : fimilmente avviene per troppo aggravamento, e quefta infermità s'appella fpallacce, che dall'opera piglia il nome: la cui cura è quella medefima, che del polmone proffimamente fi diffe. Ma fe le fpallacce faranno dure, s'ammorbidino col malvavifchio, e co' cavoli pefti, con la fugna del porco pefta vieta, aggiuntovi affenzio, paritaria, e brancorlina. e pefte bene infieme, e poi nella pentola cotte, e forpofte. E quefta mollificazione fi faccia innanzi, che fi tagli, o vi fi fparga il rifagallo predetto.

Dell'

Dell' altre infermità, che vengon di dietro, e della lor cura.

CAP. XXX.

Fannosi ancora molte altre lesioni nel dosso del cavallo, per lo predetto gravamento della sconcia sella, o di peso, che si ponga su gli omeri, o su le spalle. E alcuna volta si fanno, per soperchio sangue, o vero umore, certe vesciche piccole piene di sangue corrotto, le quali corrompono il cuojo del cavallo, e la carne nel dosso. Appresso vi si fanno piaghe piccole, o vero grandi, le quali tutte s'appellano vulgarmente guidaleschi. Ma egli è da sapere, che le predette lesioni, quanto sono più prossimane all'ossa del dosso, tanto diventano piggiori, e alcuna volta inducon pericolo: la cura è questa. Che quasi tutte le lesion, che vengono al dosso, hanno principio da infiammamento. Onde, conciossiecosachè a principio si debbia resistere, incontanente, che in alcuna parte del dosso, apparisce enfiamento alcuno, si rada con rasojo il detto luogo. Appresso vi si faccia impiastro con farina di grano abburattata, e s'intrida, e dibatta con l'albume dell'uovo, e si metta sopra pezza di lino, e si ponga sopra l'enfiatura, e non sene lievi per forza lo 'mpiastro, ma quando parrà, che leggiermente sene possa levare. E se vi sarà ragunata puzza, con ferro acuto, e alquanto caldo, si fóri il cuojo, nella parte di sotto dell'enfiatura, acciocchè quindi scoli la puzza. E dopo queste cose s'unga spesso il giorno, con alcuna cosa untuosa. Ancora si fanno rotture, o vero scorticamenti nel dosso del cavallo, per gravamenti di peso, come di sopra è detto, o per alcuno carbunculo, generato per foperchio fangue, le quali fi deono incontanente radere, e fpargervi fpeffo la polvere della calcina viva, col mele arfo, sì come fi diffe nel capitolo del muro, lavate tutta volta le piaghe, imprima col vin caldo o con l'aceto: e fi dee dalla fella, o da altra fimigliante cofa guardare, infinattanto, che fia liberato. Ancora è da fapere, che dovunque fi fanno enfiature nel doffo del cavallo, fi dee foccorrere con impiaftro di farina di grano, intrifa con albume d'uovo, nel modo, che di fopra fi diffe. E a faldare tutte le piane lefioni fopra fi pongano quefte polveri, cioè. Mortine fecca polverizzata, o pezza di lino arfa, o cuojo concio arfo, o putredine di legno corrotto, la quale vulgarmente s'appella tarlo. Ma fopra tutte l'altre polveri dette di fopra, la detta polvere della calcina, e del mele, mirabilmente adopera: e tuttavia, innanzi che le polveri vi fi pongano, fi deono le predette lefioni, fempre con vin caldo, o con aceto lavare. E acciofchè i peli, dopo il faldamento della carne rinafcano, fi prenda il gufcio dell'avellana, o 'l coperchio della teftuggine, e s'arda, e fi pefti, e s'intrida con l'olio, e ungafene fpeffo. A quefto medefimo vale la carta della bambagia, o la bambagia arfa, e intrifa con l'olio. Anche nota, che 'l fale meffo fufficientemente nell'acqua, o nell'aceto, ch'è meglio molto, vale contro ad ogni enfiamento.

Del morbo delle gambe, e de' piedi, e prima del morbo malfermo, e fua cura.

C A P. X X X I.

COmpiuto il trattato delle lefioni del doffo, feguita di quelle cofe, ch'avvengono nelle gambe,

be, e ne' piedi, e in certi altri membri, e primieramente di quella, ch' è appellata malferuto, la quale
vegnendo ne' lombi del cavallo, induce doglia in eſſi,
o nelle reni, attraendo i nervi de' lombi, o delle reni continuamente. E avviene ſubitamente, per ſuperfluità di mali umori, e alcuna volta per frigidità pre-
ſa lungamente dinanzi. Ancora avviene ſovente, per
lo ſoperchio peſo fuor di miſura, poſto addoſſo al
cavallo, onde il cavallo appena ſi può dalla parte di
dietro. rizzare, e le gambe acconciamente levare: e
queſta infermità vulgarmente s' appella malferuto: la
cui cura è tale. Che le reni, o i lombi del cavallo
malato, ottimamente ſi radano. Appreſſo vi ſi faccia
ſtrettojo in cotal maniera. Prendaſi la pece navale, e
liquefatta alquanto, ſi conviene ſi ſtenda in una pel-
licola, lunga, ſecondo la lunghezza, e la larghezza
de' lombi, o delle reni. Appreſſo ſi prenda bolarmenico, e pece greca, galbano, olibano, maſtice, ſangue di dragone, galla, per ugual peſo, e tutte queſte coſe ſi peſtino: e polverizzate, quànto ſi conviene, ſi ſpargano ſopra la predetta pece, alquanto ſcaldata, e pongaſi ſopra le reni del cavallo, raſi prima
i peli: e non ſene levi infinattanto, che leggiermente
ſene potrà levare. Queſt' altro ſtrettojo è migliore.
Prendaſi conſolida maggiore, bolarmenico, galbano,
armoniaco, pece greca, maſtice, olibano, ſangue di
dragone, ſangue freſco di cavallo, o ſecco, e tanto
della maſtice, della pece greca, e dell' olibano, quanto di tutte l' altre coſe, e ſi polverizzino inſieme, o
di per ſe, e con l' albume d' uovo, e buona quantità di
farina di grano, ſi meſcolino, e ſopra una pezza
di lana, forte, e ben diſteſa, ſi pongano, e facciaſi
al modo, che diſſi dell' altro impiaſtro. A queſta medeſima infermità è ultimo rimedio, incendere, con
convenevol ferro caldiſſimo, le reni, o vero i lombi

del

del cavallo, faccendo ſpeſſo molte linee, per lungo,
e per traverſo, che dall'una, all'altra parte delle reni ſi diſtendano, imperocchè gl'impiaſtri, detti di ſopra, ſaldano le reni, e aſciugano gli umori, e mitigano i nervi, e 'l fuoco diſecca la carne, e attrae e coſtrigne.

Del morbo Sculmato, e ſua cura.

CAP. XXXII.

QUeſta infermità, che vulgarmente Sculmato s'appella, muove, e ſpartiſce il capo dell'anca
del luogo, dove naturalmente dee ſtare, nel
movimento, o nel corſo del cavallo, quando il piede ſcorre più, che non vorrebbe, o quando, verſo la
terra, non dritto ſi poſa. Avviene ancora alcuna
volta, quando i piè di dietro del cavallo s'inca-
peſtrano. La cui cura è cotale. Prendaſi convenevole ſtellata, e ſi ponga ſotto 'l capo dell'anca ſconcia, per un ſommeſſo, acciocchè gli umori concorſi
al luogo, per la ſtellata, abbiano luogo, e via
d'uſcir fuori. E 'l luogo intorno intorno ſovente
ſi prema con le mani, acciocchè n'eſca fuori la
puzza, e 'l cavallo ſi muova, con picciol paſſo,
acciocchè gli umori, per lo movimento, agevolmente ne ſcolino: appreſſo ſi faccia ſtrettojo in cotal modo. Prendaſi pece navale, e pece greca, e olibano,
e maſtice, e alquanto di ſangue di dragone, e tanto
della pece navale, quanto dell'altre coſe, e ſi polverizzino, e inſieme tutte queſte coſe ſi liquefacciano,
e tanto calde, quanto ſi potran ſofferire, ſi pongan
diſteſe nel capo dell'anca ſconcia, e ſopr'eſſa ſi ponga ſtoppa minutamente tagliata. A quel medeſimo mo-

do

do vale, se nel luogo sconcio si pongano setoni, i quali continuamente scacciano gli umori, che quivi truovano. A quel medesimo, rimedio finale è, che 'l luogo dell' anca predetta, così per lungo, come per traverso, s'incenda, con convenevoli linee, acciocchè gli umori si ristringano.

Dello spallato, e sua cura.

CAP. XXXIII.

AVviene ancora nella spalla lesione, come nell' anca, per quelle medesime cagioni, e ancora per percossa di calci d'alcun cavallo, la qual si cura nel modo medesimo, come della lesion dell' anca s'è detto.

Della Gravezza del petto, e sua cura.

CAP. XXXIV.

ADdiviene alcuna volta, che 'l petto del cavallo, per soperchio sangue, o per fatica, o peso s'aggrava in tanto, che par che sia impedito nel movimento dinanzi, la cui cura è tale, cioè. Che da ciascuna parte del petto dell'usate vene, gli si tragga sangue sufficientemente. Poi gli si pongano i setoni sotto 'l petto, li quali due volte, per dì, si menino, a modo, che di sopra, nel capitolo del vermo, si disse, e infino a quindici dì non si levino.

Del

Del morbo della Giarda, e sua cura.

CAP. XXXV.

AVvegnachè di sopra sie detto della infermità della Giarda, che naturalmente avviene al cavallo; tuttavolta è da sapere, che ancora per accidente, gli avviene il detto male, quando sanza temperamento è aggravato, e per ispesse cavalcate straccato. Vero è, che più tosto avvien nelle gambe del cavallo di soperchio ingrassato, perocchè conviene, che subitamente, cavalcando, s'affatichi: imperocchè per le dette cagioni si dissolvono i soperchi umori, e discendono alle gambe, onde si fanno le giarde nelle garrette, sì come di sopra si disse: la cui cura è tale. Quando 'l cavallo par, che ne' garretti diventi enfiato, a modo d'una noce, o più, dalla parte di fuori, o d'entro, gli si dee incontanente soccorrere con convenevol cottura per lungo, e per traverso, nel luogo enfiato. E poichè saranno incese le giarde, vi si ponga sterco buino, mescolato con olio, una volta sola. Appresso si leghi in tal maniera con le redini, e i piedi, così dinanzi, come di dietro, che 'l cavallo, in nessun modo, possa con la bocca le cotture pigliare, nè fregare all'altro piede, nè in alcun luogo duro, acciocchè non si possono dibucciare le predette cotture: imperocchè per lo continuo pizzicore delle cotture, il cavallo frega, e morde volentieri il luogo delle cotture. E si vorrà questo con diligenzia osservare, dal dì della cottura, infino a undici giorni. E poichè sarà scorticato, o vero partito via il cuojo, delle verghe della cottura, la qual cosa si fa in nove, o in dieci giorni, si de' il cavallo in acqua fredda, e corrente tenere, dalla mattina per tempo, infino a mezza terza,

in

in tal maniera, che l'acqua tocchi, e vada fopra le predette cotture. E quando farà dall'acqua partito, sì si dee fopra le linee delle cotture fpargere polvere fottiliffima di terra, o cenere di felce. Anche fi faccia quel medefimo la fera, cioè. Che fi tenga nell'acqua dall'ora di vefpro, infino al tramontar del Sole, e poi, sì come è detto, vi fi ponga la polvere, e quefta cofa fi continui ogni giorno di fare, infinattanto, che la cottura farà fufficientemente faldata: imperocchè l'acqua corrente fredda difecca gli umori, e le cotture del fuoco falda, e coftrigne. E nota, che in ogni cottura debbe il cavallo diligentiffimamente effer guardato, acciocchè non poffa mordere la cottura, nè fregare ad alcuna cofa, imperocchè per lo troppo pizzicore, morderebbe il luogo, infino a' nervi, e all'offo.

Del morbo Spavenio, e fua cura.

C A P. X X X V I.

QUefta infermità fi fa intorno al garretto d'entro, dal lato del garretto alquanto più: la quale induce enfiamento intorno alla vena maeftra, che fi chiama fontanella, traendo gli umori per la vena predetta continuamente, onde il cavallo, faticato, è coftretto di dolerfi. E quefta lefione avviene al cavallo, appunto in ogni cofa, come la giarda, e chiamafi fpavento: la cui cura è, che della vena predetta fi tragga fangue, in tanto, che per fé non ne getti più fuori. Appreffo s'incenda l'enfiatura dello fpavenìo per lungo, e per traverfo, con convenevol linee, e facciafi per tutto, come nel detto capitolo delle giarde, fi contiene.

Della curva, e sua cura.

C A P. X X X V I I.

QUesta infermità avviene sotto 'l capo del garretto, sotto 'l suo nervo maggiore, alcuno enfiamento criando, per la lunghezza del detto nervo, indegnandolo, e continuamente dannificandolo. Ed imperciocchè cotal nervo sostiene quasi tutto 'l corpo del cavallo, è costretto di necessità di zoppicare. E questa infermità incontra, quando il cavallo molto giovane si cavalca molto sconvenevolmente. E ancora incontra spesse volte, per soperchio peso, che gli sia posto: imperocchè allora, per la tenerezza dell' etade, si piega il nervo, onde per questo s' appella curva cotale infermità: dall' effetto pigliando il nome: la cui cura è tale. Quando il detto nervo, il quale incomincia dal capo del garretto, e distendesi infino allato a' piedi, pare, che alcuna cosa si pieghi, o che ingrossi più che non soglia, incontanente cotale ingrossamento, così per lungo, come per traverso, acconciamente s' incuoca. Appresso si faccia per tutto, al modo, che di sopra delle cotture si disse. E' da sapere, che in ogni parte si fa delle cotture nelle gambe del cavallo, per lo lungo, a modo, che 'l pelo del cavallo discende in giù, perocchè meglio si cuoprono da' peli, e appajono meno, che se si facessono per traverso, e meno dannificherebbe il cavallo, se alcun nervo delle gambe si toccasse dal fuoco.

Delle

Delle spinelle, e loro cura.

CAP. XXXVIII.

QUesta infermità, che s'appella spinella, si fa sotto 'l garretto nella congiuntura del suo osso, in ciascun de' lati: e alcuna volta solamente in un lato, creando di sopra un'osso di grandezza d'un'avellana, o più, costrignendo la giuntura intanto, che 'l cavallo è costretto molte volte di zoppicare. E avviene al cavallo, per quelle cagioni, che la curva: la cui cura è, che sufficientemente s'incendano, e si curino appunto, come le predette cotture.

Del soprosso, e sua cura.

CAP. XXXIX.

NElle gambe del cavallo si fanno molti, e diversi soprossi, o allora ch'è morso, o percosso con calcio, o quando, con la gamba, percuote alcuna cosa dura: i quali soprossi non son tanto nocivi, quanto rustichi, al cavallo, i quali eziandio, nell'altre parti del corpo, non pure nelle gambe spesse volte si fanno: la cura è questa. Conciossiecosachè tutti i soprossi si comincino a fare per una callosità di carne, per alcuna percossa, incontanente, che parrà, che si voglia fare, si de' radere quella cotal callositade, e si de' prendere assenzio, paritaria, e brancorsina, cioè le foglie tenere, e si pestino insieme con sugna di porco vecchia, e si cuocano, e calde, quanto potrà sofferire, si pongano sopr'a quella callositade, e si leghi bene. E nota, che questo mollificamento molto vale a tutte le 'nfiazioni delle

gam-

gambe, che avvengono per alcuna percossa. Ancora a confumare quella medesima callosità, vale la radice del malvavischio, e la radice del giglio, e del taffobarbaffo, pesti, e con la fugna, cotti, e postivi fu con pezza, a modo d'impiastro, e si rinnuovi più volte. Anche vi vale la cipolla arrostita, pesta con lombrichi, e intrisi con olio comune, e cotti, e fattone impiastro, e vi fi ponga caldo, e mutifi spessevolte il giorno. Ma se quella callosità sarà invecchiata, e indurata, rasa prima via, si graffi minutamente, sì che faccia fangue. Appresso vi fi ponga sale, e tartaro, per ugual parte, e fottilmente pesti, e leghinfi strettamente, e non fi sciolga, infino al terzo giorno, e poichè farà sciolto, s'unga il luogo di biturro, o d'altro untume. Anche vi vale l'uovo fodo, e mondo, si ponga caldo sopra la detta callosità, rasa imprima, a modo d'una focacciuola, e si leghi, e fi rinnuovi, infino al terzo giorno, e più se fia di bisogno. Anche vale lo sterco della capra con la farina dell'orzo, e con la creta, in aceto fortissimo dibattuto, e postovi fu a modo d'impiastro. Ma se quella callosità dura non iscema, e fi converte in vecchio foproffo, vi fi focorra con convenevol cottura, la qual cosa è ultimo rimedio a questo male.

Dell' attrazione, e fua cura.

CAP. XL.

FAffi ancora un'altra infermità nella gamba, che enfia il nervo, ed indegna, e fa zoppicare, la quale agevolmente avviene al cavallo nel corfo, o vero movimento, quando il piè di dietro percuote il nervo della gamba dinanzi, la quale infermità fi chiama volgarmente attrazione: la cui cura è questa. Quando

do il nervo predetto enfia, incontanente, della vena
ufata, la quale è fopra le ginocchia dalla parte d'entro, fi tragga fangue. Appreffo vi fi faccia quefto mollificamento, che vale contr' alla 'ndegnazione, ed enfiamento de' nervi. Prendafi fien greco, trementina,
fquilla, feme di lino, e le radici del malvavifchio, in
ugual mifura, e con la fugna vecchia del porco fi peftino a fufficienza, acciocchè s' incorporino infieme,
e poi fi faccia bollire, e fempre fi mefcolino con una
fpatola: e poichè faranno cotte fufficientemente, fi
pongano calde fopra la lunghezza del nervo dannificato, e fi leghino con fafcia larga, e due volte fi
mutino il giorno. Anche vi vale affai la cipolla arro-
ftita co' lombrichi, e con le lumache, e col biturro
ftrutto, e mefcolato infieme. E dette cofe, infino che
fien divenute fpeffe, fi cuocano, e fempre fi meftino,
acciocchè diventino come unguento, e rafi prima i
peli, s' unga tre volte il dì il nervo dannificato, per
lo lungo. Ma fe l' attrazione della gamba farà vecchia, gli fi dee trar fangue della vena ufata, la quale è pofta intra la giuntura, e 'l piè, dal lato d'entro, e faccianfi poi le medicine di fopra narrate. E
fe i detti medicamenti, per alquanti dì, poco, o
niente fanno prode, allora fi faccia ftrettojo al nervo, di polvere roffa, e d' albume d' uovo, e di farina, come fi diffe nel capitolo della infermità del
malferuto, radendo prima il luogo intorno, invol-
gendo la gamba, ov' è la detta lefione, con canapa, o con lino, o col predetto ftrettojo, nè fi rimuova
quindi, infino a nove giorni. Ma poi con l' acqua
calda fi lievi cautamente lo ftrettojo della gamba, e
'l nervo s' unga con alcuno untume. E fe le predette cofe non varranno, fi foccorra con convenevol
cottura.

Del

Del morbo Stortigliato, e sua cura.

CAP. XLI.

AVviene alcuna volta, che la giuntura della gamba, allato al piè, si dannifica per percossa fatta in luogo duro, o per cader correndo, o andando, o perchè 'l piè non si posa alcuna volta diritto in terra, la quale infermità vulgarmente s'appella Stortilato, la cui cura è. Che gli si faccia una poltiglia di crusca di grano, e d'aceto forte, e di sevo di montone, insieme sufficientemente mischiati, e bolliti, e mestati tanto, che fieno diventati spessi, e quanto si può sostenere, si pongano caldi nel luogo dannificato, e si leghino, e spesse volte si rimuovana ciascun giorno. Ma se la giuntura enfiata avesse nervo indegnato, si faccia impiastro di fien greco, di seme di lino, e di squilla, e dell'altre cose, come nel capitolo precedente si disse. Ma se per cagione della stortilatura predetta, l'osso si muove del luogo suo, il piede, compagno di quel, che zoppica, si lievi in alto, e si leghi con la coda del cavallo. Appresso si meni a mano verso luoghi montuosi, imperocchè, per lo necessario aggravamento della giuntura, verso la terra, l'osso alcuna cosa digiunto, in alcun modo mosso, incontanente, come dee, al suo luogo ritorna: ma imprima vi si dee fare la predetta mollificazione. Avviene ancora alcuna volta, che l'uno osso si disgiugne tanto dall'altro, che appena, o quasi non mai, si può al suo luogo acconciamente ridurre, perlaqualcosa la giuntura è costretta d'enfiare di durissimo enfiamento, al qual conviene, che si sovvenga, per beneficio di cottura. E nota, che di tutte le cure,

re,

re, di sopra narrate, la cottura del fuoco è ultimo rimedio.

Dell' offesa delle spine, e lor cura.

CAP. XLII.

AVviene, chè alcuna volta spina, o legno entra nelle giunture de'piedi, o nelle ginocchia, o in alcuna parte delle gambe, e rimane infra la carne: perlaqualcosa enfia la ferita, o tutta la gamba, e massimamente se tocca il nervo, e così conviene, che zoppichi. Curasi in questo modo, cioè. Che d'intorno alla ferita, e sopr'essa, si rada il pelo, e vi si ponga su tre capi di lucertole pesti alquanto, e si fasci con pezza. A questo medesimo vagliono le barbe della canra, e quelle del dittamo peste, e poste sopra: e questo medesimo fanno le lumache peste col biturro, e cotte, e poi poste sopra 'l luogo. Le quali medicine, mutate spesso, mirabilmente traggon fuori il legno, o la spina fitta nella carne. E nota, che a ogni molle enfiatura, e fatta di fresco, la qual non avvenga per natura, ma per alcuna percossa, nelle ginocchia, o nelle giunture, o in alcuna altra parte delle gambe, assai vale la detta decozion di questa mestura. Prendasi paritaria, assenzio, brancorsina, cioè il tenerume delle lor foglie, e si pestino tanto, con la sugna del porco vecchia, che si mescolino ottimamente, e poi si faccia in alcun vasello bollire, e continuamente mestate, si pongano sopra 'l luogo enfiato, e si fascino con pezza, e si mutino spesso.

Delle

Delle Galle.

CAP. XLIII.

LE Galle fi fanno fpeffe volte intorno alle giunture, e fpeffe volte per accidente, e per fummofità di letame della ftalla fi fanno nelle gambe bagnate, e alcuna volta, per troppo cavalcare. Onde fono alcuni, che volendo curar le galle, fendono con
la lancetta il cuojo, e cavanle fuori, o vi mettono il rifagallo, il quale, non è mica buono, imperocchè cotal luogo è troppo nerbofo: onde s' accrefce
tanto il dolore, che gli umori fuperflui corrono al
luogo. E però è meglio, che 'l cavallo, che ha
le galle, fi tenga in acqua freddiffima la mattina,
e la fera, e tante volte fi faccia, che le galle fce-
mino per coftrignimento dell' acque fredde. Appreffo, intorno alle giunture delle galle, fi facciano così per lungo, o per traverfo, convenevoli cociture,
le quali fi curino poi al modo, che più volte è
narrato.

Delle Garpe, e lor cura.

CAP. XLIV.

LE Garpe fi fanno nelle giunture delle gambe, intorno a' piè, nelle parti di dietro, rompendo
quivi il cuojo, e la carne, per traverfo tagliando, e
alcuna volta, per lungo, gittando alcuna volta, o
fpeffo, per le feffure, corruzione a modo d' acqua, affligendo continuamente il cavallo: e avvengono per fuperfluità di mali umori, che alle gambe
difcendono, la cui cura è quefta. Dipelinfi primie-
ra-

ramente i peli della giuntura, in quefta maniera, cioè. Che fi prendano trè parti di calcina viva, e la quarta parte d'orpimento, e pefto convenientemente, con caldiffima acqua, s'intridano, e tanto fi cuocano, che mettendovi una penna, fubitamente fi dipeli: e fen'unga la giuntura delle garpe, calda quando fi può più foftenere, e vi fi lafci per ifpazio d'un'ora. Poi fi lavi al luogo delle garbe con l'acqua calda, acciocchè caggiano in tutto i peli: i quali, divelti, che faranno via, fi lavino le garpe con la decozion della malva, e della crufca, e la lor fuftanzia fi leghi con pezza intorno alla giuntura, e vi fi lafci dalla fera alla mattina, ed e converfo. E poi fi faccia unguento di fevo di montone, di cera, e di ragia, per ugual mifura, ugualmente bolliti, e mefti continuamente, e di cotale unguento s'ungano alquanto due volte per dì, le dette garpe, con penne di gallina. E ufifi quefto unguento infinattanto, che le rotture, o feffure delle garpe fieno falde: e fempre fi guardino da ogni bruttura, e acqua. Quando faranno faldate, fi leghi, e fi fegni la vena maeftra fu nella cofcia, a modo che diffi nel capitol dello fpavenìo: e cavatone il fangue, come fi conviene, s'incendano le garpe, e le cotture fi curino, sì come è detto di fopra. Tuttavia è da fapere, che la 'nfermità delle garpe, rade volte fi cura perfettamente.

De' Crepacci, e lor cura.

C A P. X L V.

F Annofi fimigliantemente infermitadi tra la congiuntura della gamba, e l'unghia, che rompono il cuojo, e la carne, a fimilitudine della rogna, che alcuna fiata fanno puzza; e per l'ardore, molte volte

fanno dolere il cavallo. Le quali le più volte fogliono avvenire, per fummofità della ftalla, alle gambe
bagnate: la cui cura è, che fi curino, sì come è
detto nel precedente capitolo, eccetto che la vena
maeftra non fi leghi: nè fi deono cuocere i crepacci,
con alcuna cottura. Ma nel prefente capitolo s'aggiugne, che divelti prima i peli, al modo fcritto dinanzi, s'ufi quefto unguento. Prendafi fuliggine,
verderame, e orpimento, e tanto di mele liquido,
quanto di tutte le fopraddette cofe, le quali, pefte,
e infieme mifchiate, fi cuocano, infinattanto, che
diventino fpeffe, e mefcola con le dette cofe alquanta calcina viva, e mefta con ifpatola, infinattanto,
che fia fatto l'unguento, del quale, alquanto caldo,
s'ungano i crepacci, lavati imprima alquanto d'un
vin bianco tiepido, guardandogli fempre dalle brutture, e dall'acqua. Quefto cotale unguento, mirabilmente falda, e coftrigne. Ancora a quefto medefimo
vale lo ftropicciar forte, e fpeffo il luogo del crepaccio, con l'orina del fanciullo. Anche vale alla detta
infermità tenere il cavallo in acqua marina, per grande fpazio. Faffi ancora un'altro crepaccio grande, e
lungo, per traverfo nel bulefio, intra la carne viva,
e l'unghia, il quale è peggio degli altri, e più af-
fligge il cavallo, e non fi cura con unguenti, nè con
altri medicamenti, falvo che con le cotture. Ed imperciò i detti crepacci, nelle fue eftremitadi, fi deono incuocere con ferro ritondo da capo, infino alle
radici: imperocchè, per lo benificio del fuoco, il
crepaccio non può crefcere, ma più tofto mancare.

Del

Del canchero, e sua cura.

CAP. XLVI.

IL canchero si fa intorno alle giunture delle gambe allato a' piè, e alcuna volta nell' altre parti delle gambe, o del corpo, e viene per alcuna piaga fatta quivi, e poi per negligenza invecchiata: e massimamente si fa, quando il cavallo, che ha questa ferita, o piaga nella giuntura, si cavalca, per luoghi brutti, o per acque. Curasi in qualunque parte del corpo sia, in questa maniera. Prendasi il sugo degli asfodilli, in buona quantità, e si dibatta lungamente, con due parti di calcina viva, e con la terza parte d' orpimento, sottilmente pesto. Appresso si metta in un vasello di terra, e poi si turi, acciocchè 'l fummo del vapore non ne possa uscire, e tanto si lasci bollire, e cuocere, che torni in polvere: e di questa cotal polvere si metta nella piaga. Mortificato il canchero si curi la piaga con albume d' uovo, e con altre cose, sì come di sopra si contiene, lavato sempre imprima il canchero con aceto. Ma il segno della mortificazion del canchero è, quando la piaga enfia intorno. A quel medesimo vale lo sterco dell' huomo polverizzato, e mischiato col tartaro arso, in ugual misura. Ancora a quel medesimo vale il tartaro mischiato minuto, con sale, e postovi suso. Anche vale un' altro medicamento, e meglio mortifica il canchero, cioè. Che si prende l' aglio, e si pesta con pepe, e con pilatro, e con alquanto di sugna di porco vecchia, e si metta nella piaga del canchero, e strettamente si lega, e si muta due volte il giorno, infinattanto, che 'l canchero sia mortificato. Poi appresso si curi la ferita, al modo, che si disse di sopra.

pra. E nota, che le predette medicine fon buone
ne' luoghi nervofi, e nell' arterie, e vene, in qua, ed
in là intrigate: imperocchè in cotali luoghi non fi
deono ufar cotture, ma ne' luoghi carnofi fi poſſon
fare. Anzi le cotture più agevolmente fi curano.

Della fiſtola.

C A P.   X L V I I.

SE la predetta piaga del canchero invecchierà e non
farà curata, fi convertirà in fiſtola, la quale è
piggiore, e più malagevole a curare. Ma fuolfi alcuna volta curare con la polvere degli asfodilli, mefco-
lando con effa calcina viva, e orpimento, per ugual
parte, acciocchè diventi più forte. Anche per fanar
la fiſtola è medicamento più forte. Prendafi calcina
viva, e altrettanto orpimento, e polverizzato, quanto fi conviene, fi mefcolino co' fughi dell' aglio, della cipolla, e dell' ebbio, per ugual mifura, e fufficientemente bollano in mele liquido, e in aceto, e
fi meſtino continuamente, infinattanto, che fia fatto
unguento, del quale fi metta nella fiſtola due volte
per giorno, lavando prima la piaga con aceto fortiffimo. Anche a queſta medefima malizia. Prendafi orpimento, verderame, e calcina viva, per ugual pefo,
inchioſtro, pilatro, e con aceto, e mele, alquanto fi
cuocano, e fempre fi meſtino, e di queſto magdaleo-
ne due volte il dì fi metta nella fiſtola, infin che farà mortificata, lavata fempre con l' aceto la piaga.
Ancora medicamento più forte degli altri predetti.
Prendafi rifagallo polverizzato, intrifo con la fcialiva
dell' huomo, e fi metta nella fiſtola temperatamente.
E 'l fegno della fua mortificazione è, allora che enfia, e arroffa. E poichè farà mortificata la fiſtola, fi

cu-

curi la piaga al modo, che dell'altre piaghe fi diffe.
Ma fe ne' luoghi carnofi la fiftola fi creaffe, fi faccia
per tutto, come nella cura del canchero fi contiene.

Del morbo malpizzone, e fua cura.

CAP. XLVIII.

ANche è un' altra infermità, la qual fi chiama malpizzone vulgarmente, la quale propriamente fi
fa dall' unghia del cavallo, nel luogo, ove la carne
viva fi giugne con l'unghie: e quefta infermità impedifce l'andar del cavallo, al modo del rinfufo: e
faffi alcuna volta in un piè, e alcuna volta trapaffa
in tutti, fe non fi cura follecitamente. E alcuna volta è, che fa venir piaghe nella lingua del cavallo,
e avviene agevolmente per mali umori, corfi in detti
luoghi. E molte volte avviene, per fummofità della
ftalla, effendo i piè del cavallo bagnati d'acqua, e
di fango, e d'altra bruttura, imbrattati. Curafi in
tal maniera. Che primieramente l'unghie del cavallo
fi taglino, infino, che fien fottili. Appreffo, con la
curafnetta del ferro, fi tolga via la bulefia del piede,
quafi infino al vivo dell' unghia del piede, acciocchè
la bulefia predetta, poffa fvaporare da ogni parte.
Appreffo da ogni parte della bulefia fi tragga fangue,
acciocchè quindi fi votino gli umori, incorfi al luogo, o fi cuocano con ferro aguto, da ciafcuna parte, infino alle radici, e fempre fi guardi dall' acqua,
e da ogni bruttura, e che non s'affatichi: poi fi faccia una poltiglia di crufca, e d'aceto, bolliti infieme,
e meftati continuamente: la quale calda, tanto quanto patir fi potrae, fi diftenda fopra una pezza bene
ampia, e fi ponga intorno al piè, e mutifi due volte
il giorno: e fi guardi da mangiare erba al tutto, e
an-

anche dell'altre cofe gli fi dia poco da mangiare, infinattanto, che farà liberato. Imperocchè l'erbe, e gli altri cibi, di foperchio mangiati, farebbono crefcere gli umori, e le infermità.

De furma, cioè formella, e fua cura.

CAP. XLIX.

FAffi ancora una infermità al cavallo, che fi chiama volgarmente formella, intra la giuntura del piè, e 'l piè di fopra alla corona, preffo alla paftoja la quale avviene per percuotere in qualche luogo duro, e anche per cagion di fconcia, e rea paftoja, fuole fpeffo avvenire. La quale, fe non fi cura, quando è frefca, diventa duriffimo foproffo: alla qual cofa fi dee fovvenire, o frefca, o antica, che fia, a modo, che fi diffe nella cura del foproffo. E nota, che quefta infermità molto impedifce l'andar del cavallo, imperocchè il luogo, dove fi fa, è nervofo, e pieno di vene, e d'arterie, da ciafcuna parte intrigato.

*Della 'nfermità de' piedi, e dell' unghie, e prima
del morbo chiamato fetole.*

CAP. L.

COmpiuto il trattato delle lefion de' membri del cavallo, e delle gambe, refta a dire delle infermità dell' unghie, e de' piedi, e prima della fetola, la qual fi fa nell' unghia del cavallo, o vero nel piè, fendendo l'unghia pel mezzo, infino al tuello intrinfeco, e alcuna volta, cominciando alla corona del piè, va per lungo in giù infino all' eftremitadi dell' unghia, o vero del piè, gittando per la feffura alcuna

na volta fangue vivo, la qual cofa avviene per la lefione del tuello, ch' è dentro all' unghia : concioffiecofachè quefta infermità abbia cominciamento, e capo dal tuello. E alcuna volta avviene, quando il cavallo è puledro, per la tenerezza dell' unghia : imperocchè percotendo, o gravemente calcando, in alcun
luogo duro, fi dannifica il tenero tuello, sì come è
detto : perlaqualcofa zoppica il cavallo, quando fpeffo
fi cavalca, la cui cura è tale. Cerchifi primieramente le radici della fetola verfo 'l tuello, allato alla corona del piè, intra 'l vivo, e 'l morto dell' unghia,
e con la rofetta di fopra fi tagli la fetola, infinattanto, che l' unghia fi cominci a fanguinare. Appreffo fi
prenda un ferpente, e minutamente tagliato, e gittato
via la coda, e 'l capo, fi cuoca in un vafello pien
d' olio comune, intanto, che la carne del ferpente
nell' olio fi liquefaccia, e fpolpi, e dall' offa fi parta :
e di ciò fi faccia unguento, del quale, un poco fcaldato, s' ungano le radici delle fetole due volte il giorno, infinattanto, che la fetola fia mortificata, e l' unghia fia nel principale ftato ridotta. E fempre fi debbe guardare, che 'l piè ammalato non tochi acqua,
nè alcuna bruttura, nè ancora, che 'l detto cavallo
non mangi erba in niuna maniera.

Della fuppofta, e fua cura.

C A P. L I.

Quefta infermità, che foprappofta s' appella, fi
fa intra la carne viva, e l' unghia, faccendo
quivi rottura di carne, la quale, fe invecchia,
fpeffe volte fi converte in canchero. E avviene, quando per cafo alcuno, l' un piè del cavallo fi pon fopra l' altro piede : la cui cura è. Che incontanente,
che

che per la predetta cagione si fa la piaga, si tagli con la rosetta tanto dell' unghia, intorno alla ferita, che l' unghia non calchi la carne viva, nè ancora la tocchi: imperocchè se la toccasse, sarebbe impedito in tutto il suo saldamento. E poichè sarà l' unghia tagliata intorno, e lavata la piaga, con vino caldo, o con aceto, si curi, e saldi la ferita, a modo, che di sopra è detto, e sempre si guardi di toccare acqua, o bruttura, infinattanto, che la ferita sia salda. Ma se per negligenza, si convertisse in canchero, allora si curi nel modo, che nel capitol del canchero si contiene: ma se si converte in fistola, curisi, come nel capitolo della fistola.

Della spontatura dell' unghie.

CAP. LII.

ALcuna volta interviene, che 'l rinfondimento del cavallo, non curato, discende a' piedi, sotto l' unghie, al quale, se la malizia è fresca, si soccorra in questo modo, cioè. Che la stremità dell' unghia dalla parte dinanzi, con piccola rosetta si cavi, infino al fondo, infinattanto, che la vena maestra, che infino a quel luogo perviene, e si stende, con la rosetta si rompa, ed escane il sangue infin che 'l cavallo, quasi infralisca: e se bisognasse questa medesima cosa in altri piè, che zoppicassero, si faccia. E poichè 'l sangue sarà tratto, s' empia la ferita di sal minuto, e sopr' essa si ponga stoppa bagnata in aceto, e poi si leghi con fascia, e non si sciolga, infino al secondo dì. Poi si curi la ferita con polvere di galla, o di mortella, o di lentisco, due volte il giorno, lavando prima con aceto la piaga, e si guardi di bruttura, e d' acqua, infinattanto che sia guarito.

Della

Della difolatura dell' unghia, e fua cura.

CAP. LIII.

SE per cagion della detta malizia del rinfondimento, gli umori corfi a' piedi, foffero, per mala cura, invecchiati fra l' unghie, fi converranno al poftutto i piedi, che zoppicano, difolare, acciocchè gli umori, e 'l fangue rinchiufo quivi, fi votino in tutto: onde fi tagli il fuolo fotto l' unghia, intorno all' eftremità dell' unghia con la rofetta. Appreffo fi fterpi, e fvella per forza: è ciò fatto fi metta nella piaga ftoppa, bagnata fufficientemente in albume d' uovo, e fi fafci ottimamente tutto 'l piede, e fi lafci così, infino al feguente dì, e poi, con aceto fortiffimo, alquanto caldo, fi lavi la piaga, e s' empia di minuto fale, e di tartaro, e di fopra fi ponga ftoppa in forte aceto bagnata, e fafcifi con pezza, e così fi lafci, infino al terzo giorno. Appreffo con fortiffimo aceto fi lavi due volte per giorno, e fi fparga di fopra polvere di galla, o di mortella, o di'lentifchio, le quali cofe fcaldan la carne, e riftringono gli umori, lavando fempre prima, con aceto, la piaga. E cotal cura fi faccia infinattanto, che la carne fia falda, e l' unghia rimeffa, e fi guardi fempre il piè magagnato da brutture, e acqua. Ancora, a quefta medefima cofa, fi può fare un' altro unguento da faldare, e da coftrignere il fluffo degli umori, il quale fi de' ufare, poichè farà pofto il tartaro fopra 'l piede, e faffi in quefta maniera. Prendafi polvere d' olibano, di maftice, e di pece greca, e alquanto di fangue di dragone, e fi mefcolino con cera nuova ftrutta, e con altrettanto fevo di montone, e fi facciano infieme bollire, acciocchè fi faccia unguento,

Vol. II. E e del

del quale alquanto s'uſi caldo, nella cura predetta. E nota, che molte ſono le 'nfermitadi, nelle qual conviene, che ſi diſuolino l'unghie, e che ſi curino con la cura predetta. Anche ad ammorbidar tutte l'unghie, acciocchè meglio ſi curino, ſi prenda la malva, paritaria, cruſca, e ſevo, e tutte queſte coſe bollano inſieme, e ſi meſtino continuamente, e della detta decozione, ſufficientemente calda, l'unghie, con pezza, s'involgano.

Della mutazion dell' unghia, e lor cura.

C A P. L I V.

SPeſſe volte interviene, che per negligenza del Maliſcalco, gli umori corſi a' piè del cavallo, e lungamente ſtati rinchiuſi, invecchiano intanto dentro dell' unghia, che, volendo uſcir fuora, l' unghia dal tuello dividono, e alcuna volta avviene, che ſi parte ſubito dal tuello, e cade, per lo furore di molti umori, corſi all' unghia. E alcuna volta, a poco a poco, ſi diparte dal tuello, e rinaſce la nuova unghia: e queſto avviene per pochi umori: alla qual coſa ſi ſovviene in queſta maniera, cioè. Che incontanente con la roſetta l' unghia vecchia ſi tagli alquanto, dove con la nuova ſi congiugne, sì che la vecchia, la quale è dura, non calchi la nuova, nè dannifichi in alcuna coſa. Appreſſo ſi prendano due parti di ſevo di montone, e la terza di cera, e ſi faccia bollire inſieme, meſtando, giugnendovi alquanto d' olio, infinattanto, che diventi unguento, del quale, un pochetto ſi ſcaldi, e ſen' unga l' unghia novella. E nota, che queſto unguento vale al rinnovellamento, e accreſcimento di tutte l' unghie: ma ſi dee molto guardar da brutture, e acqua. Ma l' unghia, la quale ſubibitamente dal tuello fi divide, e cade, fi crede, che fia incurabile, tuttavia fi pruovi cotal cura. Prendafi pece greca, olibano, maftice, bolo, fangue di dragone, e galbano, d' ugual mifura, e polverizzati fottilmente, con due parti di fevo di montone, e con la terza parte di cera, meftando, fi cuocano, poi vi fi bagni dentro panno lino forte: e di cotal panno fi faccia covertura o vero cappello, a modo del tuello, nel quale fi metta il predetto tuello. E cavandone due volte il giorno il cappello, il tuello, con aceto forte, alquanto tiepido, fi bagni, e fi metta nel cappello. E dee molto guardare, che 'l tuello non fia tocco da cofa dura, imperocchè, per lo perdimento dell' unghia, non potrebbe ftar ritto: e gli fi dee far letto di lunga paglia, fopra 'l quale, a fua volontà, fi ripofi. E perocchè al cavallo farebbe grave rincrefcimento fempre giacere, sì fi prenda pezza di panno lino fortiffimo, o vero, che fi fortifichi con cinghie, e legato ottimamente ne' capi, con funi, dalla metà del corpo, infino al petto, gli fi metta fotto, e le funi fi leghino alle travi in tal modo, che 'l caval ne fia foftenuto, e fi lievi tanto ad alto, che 'l cavallo tocchi co' piedi terra. E nota, che con quefto artificio, e ingegno, il cavallo fi può ajutare, tuttavolta, che effo, per alcuno impedimento, o impaccio, o noja, non poteffe ritto dimorare.

Di diverfe inchiovature, e lor cura.

C A P. L V.

FAffi al cavallo una ragione d' inchiovatura, la quale dannifica dentro il tuello, infino al fondo. Anche fi fa un' altra inchiovatura, che paffa intra 'l tuello, e l' unghia, la qual dannifica meno il tuello

d' en-

d'entro. Anche sene fa un'altra, la quale non dannifica in alcuna parte il tuello, ma tocca l'unghia viva, e l'offende. La prima maniera è assai pericolosa
al piede, imperocchè magagna il tuello: il qual tuello, si è un tenerume d'osso, fatto a modo d'unghia,
il qual nutrisce l'unghia, e ritiene in se la radice dell'
unghia. La cura è tale. Se 'l tuello sarà fino al fondo troppo dannificato, salutevolmente si cura col di-
solamento dell'unghia: ma se sarà poco dannificato,
si discuopra con lo stromento del ferro, solamente
l'unghia, intorno alla ferita: e intanto intorno alla
ferita si tagli adentro, che si pervenga al luogo dannificato, e si discuopra convenevolmente. La quale,
discoperta, si sottigli l'unghia, solamente intorno alla lesione, intanto che convenevole spazio sia, intra
la lesione, e l'unghia, sì che l'unghia non calchi,
nè s'accosti al luogo magagnato: e ciò fatto, si riempia la piaga di stoppa, e d'albume d'uovo. Poi appresso si curi la piaga con sal minuto, e con aceto
forte, e con polvere di galla, o di mortella, o di
lentischio, sì come nel capitolo precedente, aperto si narra. Ma se 'l chiavello sarà intra 'l tuello,
e l'unghia passato, sarà meno pericoloso, perocchè 'l tuello non riceve lesione, se non per lato.
Curasi in tal maniera, cioè. Che primieramente si
scuopra la chiovatura, infin giù al vivo, tagliando
l'unghia, per lo lungo, e allargando acconciamente,
intorno alla ferita, e si tagli l'unghia prossimana alla
lesione, intorno intorno, acciochè in nullo modo
s'accosti alla piaga. E scoperta, che fia la piaga, si lavi con forte aceto, e s'empia di sal minuto, e sì si
cuopra con istoppa bagnata in buono aceto, e si fasci con pezza, e si curi due volte il giorno la lesione, a modo, che si disse di sopra. E se si farà la terza maniera, la quale non dannifica il tuello, ma tocca

ca il vivo dell' unghia, e dannifica, ſi faccia quello, che della ſeconda maniera di chiovatura ſi diſſe, tuttavolta vi s' aggiugne queſto, cioè. Che diſcoperta prima la chiovatura, come ſi dee, il di fuori dell' unghia ſi tagli infino alla leſion del chiavello, acciocchè in nullo modo ſi poſſa ritener lordura alcuna nella leſion predetta. E nota, che tutte l' altre chiovature, le quali non dannificano, nè toccano il tuello dentro, ſi poſſono leggiermente curare, proccurando prima le magagne, come ſi conviene, in queſto modo, cioè. Che nella ferita ſi metta ſevo, cera, o olio, o altra coſa untuoſa, calda, con ſale, o tartaro peſto. Anche vi vale la fuliggine intriſa con olio. Anche vale, allo ſteſſo albume d' uovo, con olio, e aceto meſtato. E nota, che a tutte leſion de' piedi, e dell' unghie, le quali avvegnono per chiavello, o per legno, o per alcuna altra coſa, che ſi ficchi nel vivo dell' unghia, innanzi che l' unghia ſi tocchi, o vero il piè, acciocchè la chiovatura ſi ricerchi, ed eſamini, come ſi conviene, ſi faccia una poltiglia di cruſca, di ſevo, e di malva, le quali tutte coſe bollano con aceto, infino, che divengano ſpeſſe, e calde, e quanto ſi potrà ſoſtenere, ſi mettano in una pezza di panno, e leghiſi ſopra 'l piede calterito: e così dalla mattina alla ſera, o dalla ſera alla mattina ſi laſci: imperocchè queſte coſe mitigano il dolore, e temperano i pori dell' unghie, e mollificano, acciocchè più agevolmente ſi tagli l' unghia, e ſempre sì ſi guardi da cavalcare, e da acqua, e da bruttura. Ancora per ignoranza del medico, avviene alcuna volta, che alla chiovatura non ben ſi perviene, e non ſi cura. Onde avviene, che la corruzion della inchiodatura, inchiuſa infra l' unghia, ſi fa via infra l' unghia, e la carne, acciocchè vada di fuori, rompendo la carne di ſopra al piede: e quivi ſi fa una piaga, che getta

puz-

puzza, la qual si dee curare a modo, che di sopra, nel medesimo capitolo, è detto: tuttavolta s' investighi, e cerchi la chiovatura un' altra fiata da capo, e si pervenga infino al vivo, e poi si curi al modo, che nell' altre chiovature s' è detto.

Del morbo del fico, e sua cura.

CAP. LVI.

AVviene, che alcuna volta il piè del cavallo si dannifica sotto l' unghia nel mezzo della pianta, per ferro, o altra cosa dura, ch' entri infino al tuello, onde il tuello si dannifica: della qual lesione, quando l' unghia non si taglia dintorno, come si dee, nasce dal tuello una superfluitade di carne, la quale soprasta la faccia della pianta, a modo d' un bozzolo, e però vulgarmente fico s' appella: la cui cura è tale. Primieramente dell' unghia, ch' è intorno alla piaga, si tagli adentro intanto, che si faccia convenevole spazio, intra la pianta del piede, e 'l fico. Poi si tagli il fico infino alla faccia di sopra della pianta, e stagnato il sangue, si leghi sopra 'l fico, spugna di mare, acciocchè il detto fico, infino al tuello dentro si roda: e la spugna non si rimuova quindi, infinattanto che 'l fico, che rimane, non sia al tutto roso: poi si curi la lesione, a modo, che dell' altre lesioni de' piè si disse. E la spugna, se non si potesse avere, molto vi vale la polvere degli asfodilli, o altra cosa corrosiva, fuori, che 'l risagallo, il quale è troppo forte: e si dee prender guardia, che quivi non si faccia cottura, imperocchè il tuello, per la sua tenerezza, si potrebbe in tal maniera dannificare, che l' unghia si dividerebbe da esso.

Delle

Delle generali infermitadi de' Cavalli.

CAP. LVII.

IL Cavallo, che zoppica dal piè dinanzi, se non calca la terra, se non con la punta del piede, ha mal nell' unghia. Il cavallo, che zoppica, se non piega i pasturali alle giunture, sarà intorno alle giunture malato. Se 'l cavallo, che zoppica dinanzi, e nel volgere a destra, o a sinistra zoppica più, avrà dolor nelle spalle. Se 'l cavallo, che zoppica di dietro, e nel suo voltare divien più zoppo, sarà nell' anca la sua infertade. Se 'l cavallo, che porta 'l dosso basso, verso la terra, farà nell' uscire i passi piccoli, e spessi, sarà nel petto gravato. Se 'l cavallo, che zoppica dinanzi, quando si riposa, pone il piè, che zoppica innanzi all' altro, e non si sostien sopr' esso niente, avrà lesione nella gamba, o nella spalla. Se 'l cavallo, che zoppica di dietro non si sostiene, se non nella punta del piè di dietro, e nel suo movimento non piega la giuntura, veramente sarà nella giuntura malato. Se 'l cavallo, che ha i dolori dentro dal corpo, ha continuamente l' orecchie, e le nari fredde, e gli occhi concavi, quasi morto si giudica. Se 'l cavallo, che ha anticuore, manda fuor delle nari fiato freddo, ed ha gli occhi continuamente lagrimosi, si giudica quasi morto. Se 'l cavallo, ch' ha infermità di cimurro, o vermo volativo nel capo, mandi fuori delle nari continuamente umori, a modo d' acqua grassa, e fredda, appena scampa. Se 'l cavallo, che ha la 'nfermità dell' aragaico, manda fuori la sua digestione intanto liquefatta, che nel suo ventre non rimanga niente di sterco, e per questo non cessi la 'nfermità, tostamente si morrà. Se 'l cavallo, che

che ha la 'nfermità delle vivole, subitamente, e per tutto torna in sudore, e le sue membra tremino tutte, non par che possa scampare. Se 'l cavallo, che ha infermità di freddo, ha il suo capo enfiato, e gli occhi enfiati, e grossi, e porta il capo molto basso, e l'estremità degli orecchi pendenti, e fredde, e le nari similmente fredde, appena, e non giammai camperà. Se 'l cavallo, ch' ha la 'nfermità dello stranguglione, con malagevolezza, o con suono di nari, e di gola, manda fuori il fiato, ed ha tutta la gola enfiata, malagevolmente guarisce.

De' Muli.

CAP. LVIII.

COlui, che si diletta d'aver moltitudine di Muli, dee eleggere una cavalla, che sia di gran corpo, e che abbia l'ossa dure, e ferme, e che sia di bella forma, nella quale non cerchi di trovar velocità, ma fortezza: e la sua età sia da' quattro, per infino a' dieci anni. Nascono i muli del cavallo, e d'asina, o d'asino, e di cavalla: ma quelli, che nascono d'asino, e di cavalla son più nobili. Onde l'asino dee essere copritore, e dee aver largo corpo, sodo, e muscoloso, e di strette, e forti membra, e di color nero, o vero topino, o rosso. Il quale se avrà peli di più colori ne' nepitelli degli occhi, o degli orecchi varierà molto il color della creatura: e non dee essere lo stallone di meno di tre anni, nè di più di dieci. E se l'asino avrà in abbominazion la cavalla, poichè l'avrà veduta, gli si mostri prima l'asina, infino che s'accenda in lussuria, poi gli si tolga dinanzi l'asina, e allora, incitato da lussuria, non ischiferà la cavalla, e preso, per diletto della sua schiatta,

con-

confentirà di congiugnerſi con altre generazioni. L'età
del mulo ſi dice, che ſi conoſce a modo, che l'e-
tà de'cavalli. Se naſceranno, e dimoreranno ne'monti, avranno le loro unghie duriſſime. Ma ſe naſceranno in luoghi paludoſi, o vero uliginoſi, avranno le loro unghie tenere. Ed imperò cotali muli,
quando ſaranno nel tempo d'un'anno, ſi deono
partir dalle madri, e ſi deono mettere a paſturar
per aſpre montagne, acciocchè le loro unghie indurino, sì che poi che da giovani avranno indurati i
lor piedi, non iſchifino la fatica dell'andare. E dimorano meſi dodici, tutto a ſimile de'cavalli, nel
ventre della madre. Ancora avvengono loro certe
infermiradi, come a'cavalli, le quali ſi poſſon conoſcere, e curare, ſecondo che aſſai pienamente nel
trattato de'cavalli è narrato.

Degli Aſini.

C A P. L I X.

QUalunque vorrà far buona generazion d'Aſini, dee primieramente guardare, che prenda
i maſchi, e le femmine in buona età, e
ferme in tutte le parti, e membra, e con ampio
corpo, e di buona ſchiatta, e di que'luoghi ond'
eſcono i buoni. Degli aſini ſon due generazioni,
cioè ſalvatichi, e domeſtichi. I domeſtichi avemo noi
per tutta Italia. I ſalvatichi, i quali s'appellano ona-
gri, naſcono in Frigia, e in Licaonia, ove molte
greggi ſene truovano. L'aſino ſalvatico convenevole
alla generazione, e ſeme, è quello, che di ſalvatico
diventa manſueto, e agevole: e quello, ch'è di
manſueto non mai diventa ſalvatico, perchè ſempre
ſomigliano i padri, e le madri, così i maſchi, co-

me le femmine. Comodamente fi pafcono di farro, e di crufca d' orzo. Ammettonfi innanzi al Solftizio eftivale, acciocchè in quel medefimo tempo nell' anno feguente, partorifcano, perocchè, in capo di dodici mefi, partorifcono la lor concezione. Ancora l' afine pregne fi debbono dalle fatiche alleggerire, imperocchè la creatura, per la fatica, diventerebbe piggiore. Ma i mafchi non fi debbono dalla fatica rimuovere, o alleviare, imperocchè, per tal cagione, diventerebbon piggiori. Ancora fi debbe nel loro pafto, quafi quelle medefime cofe, che ne' cavalli offervare: e non fi deono rimuovere i poltrucci dalla madre, innanzi l' anno, e l' anno feguente fi lafcino la notte dormir con effe, e fi tengano dolcemente legati con capeftri, o con altre cofe. Cominciafi a domare, e ammaeftrare a quelle cofe, alle quali, ciafcun gli voleffe avere, e ufare, poichè faranno nel terzo anno pervenuti. Imperocchè alcuni fono, che non gli fcelgono per altra' cofa, che per portar pefi, e altri, acciocchè menino le macini: e molti fono, che gli ufano a menar la carretta, e molti gli difpongono ad arare ne' luoghi, ov' è la terra leggieri. Ancora avvengon loro alcune infermitadi, le quali fi poffon conofcere, e curare al modo, che fi curano ne' cavalli.

Delle generazioni de' buoi, e quali debbono effere i tori, e le vacche.

CAP. LX.

DElla generazion de' buoi fon quattro gradi d' età. La prima è quella de' vitelli: la feconda è quella de' giovenchi, la terza de' buoi novelli: la quarta de'

de' buoi vecchi. Onde colui, che vuol comperar greggia da' mercatanti, de' principalmente offervare, che le
vacche da far figliuoli, fieno innanzi di perfetta, che
d' imperfetta età, e che fien di buona compofizione,
cioè, che tutte le membra fien groffe, e corrifpon-
denti, e che fieno alte, e di lungo corpo, e di largo, e di lungo ventre, con larga fronte, e con occhi neri, e grandi, e che abbiano belle corna, e
fpezialmente nere: e abbiano gli orecchi pilofi, e le
mafcella compreffe, e la giogaja grandiffima, e pendente: e le nari aperte, e con le cervici groffe, dal
collo di lungi: e abbian gli omeri larghi, e le gambe nere, e piccole: e la coda lunga, infino alle cal-
cagna: e dalla parte di fotto abbia i fuoi peli quafi
crefpi, e le fue ginocchia diritte, l' unghie corte, e
pari: e 'l fuo cuojo fia non afpro, nè duro a toccare: ma morbido, e groffo, fpezialmente il nero, appreffo il roffo: terzo il biondo, appreffo il bianco,
imperciocchè quefto è morbidiffimo, il primo duriffimo, e gli altri fono in quel mezzo: e che fia d' età
di tre anni: imperocchè infino ne' dieci anni, nafcono di lor miglior vitelli. I tori fi conofcono a quefti fegnali, cioè. Che fieno alti, e con grandiffime
membra, e di mezzana etade, e quegli fono migliori,
che dichinano in giovanezza, e non in vecchiezza:
e che abbiano la faccia corta, e orribile, e picciole
corna, e la fua cervice fuperba, e altiera, e grande, e con ventre ftretto. E quegli, che di quefti
nafceranno, faranno fimiglianti alla bellezza de' loro padri, e madri. Ancora s' appartien fapere in che
region fien nati, imperocchè migliori fi truovano
in una region, che in un' altra, fecondo che ci am-
maeftra la fperienza.

Come

Come le vacche, e i tori si debbono tenere.

C A P. L X I.

NEl tempo del verno, dovemo a quefti armenti apparecchiar montagne marine, e di ftate dovemo loro apparecchiar montagne fredde, e ombrofe, e piene di verdume, maffimamente, perocchè meglio di brocchi, e d'erba, che nafcon tra effe, fi faziano, avvegnachè fi pafcano affai bene intorno a fiume, per le dilettevoli cofe, che appreffo vi nafcono: e i lor parti s'ajutano con l'acque tiepide, onde più utilmente dimorano, ove l'acqua piovana fa lagumi, o vero laghi, fecondo che fcrive Palladio. L'utili ftalle fon quelle, che fon pofte fopra 'l faffo, o che fono laftricate di pietra, o che hanno fuolo di ghiaja, o di rena, e che fono alquanto chinate, acciocchè l'umor ne poffa fcolare. Anche deono effer volte al Meriggio, per li venti freddi, alli quali dee refiftere alcun portico, o vero parato, o chiufura. Anche fi dee prender cura, che non iftieno ftretti, o che non fi ferifcano o che non fi cozzino. Ed imperciocchè i tafani, e anche certe minute beftiuole, fotto la coda gli fogliono ftimolare, e far dibattere, fi deono, a ciò refiftere, mettere in luoghi chiufi, e fi metta fott'effi foglie, o ftrame, o altra cofa, acciocchè iv'entro meglio fi ripofino. Anche nel tempo della State fi deono due volte aprire il giorno, e menare all'acqua, e 'l Verno una volta. E quando cominceranno a partorire, la qual cofa fuol' effer del mefe d'Aprile, fi dee loro appreffo la ftalla ferbar la profenda in terra, la qual poffano, quando dall'acqua ritorneranno, mangiare, acciocchè poffano foddisfare alla fatica, e al latte. E ancora è da fasapere, che le vacche, dopo il lor parto, divengono schife. Ancora è da provvedere, che 'l luogo, dove si ricolgono, non sia freddo, imperocchè 'l freddo, e la fame, le fa divenir magre: e non si lascino i vitelli, che poppino la notte con le madri, ma si menino ad esse la mattina, e poi quando saranno dalla pastura tornate. Ancora dee il diligente Mandriano rimuovere dell' armento le vecchie, e le sterili, e in lor luogo rimettere le novelle, e deputare all' aratro, e alla fatica le sterili. E quelle, che avranno perduti i vitelli, si deono sottomettere a lattare que' vitelli, a' quali le madri non danno latte abbondantemente.

Come, e quando i tori si debbono ammettere alle vacche.

CAP. LXII.

SCrive Varrone, che per la generazione si dee avere questa osservanza, cioè. Che le vacche non s' empiano di mangiare, o di bere, innanzi che si faccian coprire, perocchè si crede, che le magre, più tosto s' apparecchino a concepere. Ma il contrario è de' tori, i quali due mesi innanzi, che s' ordinino a coprire, si deono, più ch' all' usato modo, riempier d' erba, di paglia, e di fieno: e si deono dalle femmine partire, e poi rimettere nella greggia, quasi nella fine del mese di Maggio, o per tutto 'l mese di Giugno, e nel cominciamento di Luglio, secondo che scrive Palladio, acciocchè quello, che allora concepono, partoriscano nel temperatissimo tempo dell' anno, perocchè le vacche stanno gravide dieci mesi. Ancora non si deono far coprire innanzi che abbiano due anni, acciocchè, quando avranno tre anni partoriscano. Ancora affermano i Greci, che a voler generar

ma-

mafchio vitello, fi dee legare il granel finiftro, allora che dee coprire, e così, per generar le femmine, il dritto fimigliantemente fi leghi, imperocchè il feme del diritto genera mafchio, e del finiftro femmina. Anche fi deono lungamente aftenere i tori, innanzi che fi faccian coprire, acciocchè quando farà il tempo di coprire, più fortemente fi difpongano a luffuria. Anche baftano due tori a feffanta vacche, fecondo che fcrive Varrone: ma Palladio dice, che quindici vacche baftano a un toro. E fe nella regione, dove faremo l'armento, avrà abbondanza di paftura, fi potrà ciafcuno anno la vacca coprire: e fe ciò non fia, fi deono de' due anni l'uno, fottomettere al toro, e maffimamente fe faranno ufate di fervire ad alcun lavorìo.

Come i vitelli fi deono tenere, e quando caftrare,
e domare.

CAP. LXIII.

Quando faranno crefciuti i vitelli, fi deono le madri rimuover da loro, gittando nella mangiatoja verde paftura. Ancora, fecondo che quafi in tutte l'altre ftalle fi fa, fi deono mettere in quefte, pietre di fotto, o alcun'altra cofa, acciocchè l'unghie non infracidino, e dall'equinozio dell'Autunno innanzi, pafcano infiememente con le madri. Ancora non fi deono innanzi due anni caftrare, perocchè malagevolmente, fe innanzi fi fa, il ricevono. Ma quelli, che poi fi caftrano, duri, e inutili diventano. Caftranfi, fecondo il modo di Palladio, in quefta maniera, cioè. Che poichè 'l vitello farà legato, e in terra gittato, i fuo' granelli nella ftretta pelle s'inchiudano: e quivi, ftretti da un regolo di

le-

legno, con iscure affocata, o con asce, o più tosto
(e fia meglio) si ricidano con ferro, fatto a ciò, a
similitudine di coltello: e secondo questo modo, il ta-
glio del ferro ardente si calca, e aggrava al regolo,
e con un colpo il lungo dolore, per benificio della
prestezza, s'abbrevia. Ed incotte le veni, e ristrette
le pelli, la cicatrice nata, in un certo modo, con la
medesima tagliatura, difende la piaga dal flusso del
sangue. E la piaga della castratura s'impolveri con
cenere di sermento, e schiuma d'argento. E poichè
sarà castrato, si dee astener dal bere, e si pasca di
pochi cibi. E vegnendo al terzo dì, gli si dieno le
tenere vettucce degli arbori, e bronchi morbidi, e
le cime dell'erbe verdi. Ancora le loro tagliature si
deono ugnere diligentemente con pece liquida, e con
cenere, insieme mischiate, con alquanto olio, la qual
cosa penso, che sia vera, quando sanza ferro caldo si
castrano. Ma se si fa con ferro tagliente, e acceso, non
è mica la cura presente necessaria. Ancora a' vitelli di
sei mesi, si dia la semola del grano, e la farina dell'
orzo, e l'erba tenera, e s'ordini, che bevano la
mattina, e la sera. Ancora si debbono domare i buoi
nel tempo di tre anni, intorno alla fin di Marzo, o
al principio d'Aprile, imperocchè, dopo i cinque anni, non si posson domare, per la durezza di loro e-
tade. E però incontanente si domino nel campo, i
quali prima, quando son teneri, si dimestichino, toc-
candogli spesso, e lisciandogli, e appianandogli con
le mani, e poi si menino alle stalle: ma deono i nuovi giovenchi aver le stalle più larghe. I quali se saranno troppo malagevoli, e diversi, si deono mitigare,
tenendogli legati, e senza mangiare un giorno, e u-
na notte. E allora gli s'accosti il bifolco con dolci
lusinghe, e porgendo loro dilettevoli cose, non mica
dallato, o di dietro, ma dalla fronte, e gli branci-
chi

chi dolcemente le nari, e 'l doffo, in tal maniera,
che non ferifca col calcio, o cozzi col corno: il
qual vizio, fe nel cominciamento piglierà, riterrà
per innanzi. Ancora fono alcuni, che gli giungono
infieme, ed infegnan loro le più leggier cofe portare:
e fe s' apparecchiano, e ordinano ad arare, fi deono
far lavorar nella terra prima cavata, o ver nella rena.
Ma quegli, che s' apparecchiano per vettureggiare, fi
deono far tirar prima i carri voti, e fi deono menare
per li caftelli, e borghi, e vie, dove fi faccia ftrepito, e romore: e quello, che avrai fatto deftro, farai
ancora finiftro: e in quefto modo prenderà ripofo
quello, foffe faticato. Ancora nel. luogo dove la terra è leggiere, potrai ufar non forti buoi, ma vacche,
e afine, e 'l fimile potrai far nel carro leggieri. E ancora potrai ufare i detti giovenchi alla macine dell'
olio leggiere, acciocchè la nuova fatica, non ifchiac-
ci loro, e guafti i teneri colli. Ancora è un'altro
modo di domare, il quale è più fpedito, cioè. Che fi
prenda il bue non domato, e fi giunga con un' altro,
che fia forte, e manfueto, il quale infegnandogli, a-
gevolmente fi coftrignerà a fare ciafcun lavoro. Ancora fe poi, che farà domato, fi fermerà nel folco,
non fi dee tormentar con fuoco, o con battitura: anzi fi dee quando egli è in terra caduto, i. fuo' piedi,
in tal maniera, con alcuni legami legare, che non
poffa andar più innanzi, o ftare, o pafcere; e ciò
fatto, per fete, o per fame affannato, rimarrà fanza
'l detto vizio.

De'

De' buoi, quali si debbono comperare, e come si debbon tenere, e di conoscer la loro etade.

CAP. LXIV.

QUando si comperano i buoi, si dee guardare a questi segnali, cioè. Che sieno novelli, e con membra grandi, e quadrati, e che abbiano saldi, e sodi corpi, e co' muscoli in ciascuna parte rilevati, e che abbiano gli orecchi grandi, e la fronte lata, e crespa, e i labbri, e gli occhi nericanti, e le corna forti, e lunate, sanza magagna di chinatura, e con le nari aperte, e rilevate, e che abbiano la testa altiera, muscolosa, e composta, e con larga giogaja, e che caschi, e penda insino alle ginocchia, ed abbiano il petto grande, e le spalle larghe, e il loro corpo non sia piccolo, e i loro fianchi sien distesi, e i lombi lati, e il lor dosso sia diritto, e piano, e le loro gambe sode, e nervose, e corte, e le loro unghie grandi, le code lunghe, e setose, il pelo di tutto 'l corpo folto, e corto, e sieno massimamente di color rosso, o fosco. Ancora farà meglio a comperare i buoi delle contrade vicine, i quali non temano la varietà del terreno, o dell'aria. E se ciò non potesse essere, si facciano venire di luoghi, e contrade simili a quelle. Ancora si dee sopra tutte le cose curare, che s'accompagnino insieme buoi d'ugual potenza, acciocchè 'l più poderoso non facesse l'altro per affanno morire. Ancora si deono considerar tutte queste cose, cioè. Che sieno arguti, costumati, e mansueti, e che temano lo sgridare, e le battiture, e che sieno volonterosi di mangiare. Ma se la regione della contrada il sostiene, neun pasto è miglior per loro, che pasto verde: ma dove non foffe, sì fi cibi con quell' ordine, che coftrignerà la copia del pafto, e la fatica del bue ricercherà. E deonfi in quelle ftalle fimigliantemente tenere, che di fopra delle vacche fi diffe, cioè nelle ftalle laftricate, e affettate, e ben chiufe, acciocchè i lor piedi, e l' unghie fi confervino, fanza danno, ed effi fi poffano difendere dalle zanzare, e mofconi, e tafani. La loro età fi conofce in ciò, che mutano i denti dinanzi, dopo l' anno compiuto, innanzi diciotto mefi. Appreffo dopo i fei mefi, fucceffivamente mutano gli altri proffimani a quegli, infinattanto, che in tre anni gli avranno tutti mutati, e allora fono in buono effere, nel quale perfeverranno fino a dieci, o dodici anni, e vivono infino a quattordici, o quindici anni. E quando fono in iftato, e buona etade, hanno i denti lunghi, belli, e uguali. Ma quando cominciano ad invecchiare, dicrefcono, annerifcono, e fi rodono.

Della 'nfermità de' buoi e vacche.

C A P. L X V.

EGli è da fapere, che a' buoi avvengono molte infermitadi: l' una delle quali è, che ne' loro capi multiplica reuma, la quale volgarmente s' appella gotta robea, e avviene per foperchio mangiare, e bere, e propriamente dell' erbe troppo umide, e ancora, per troppo ripofo, e fuperflua umidità d' aere: e conofcefi in ciò, che il lor volto, e occhi enfiano: per lo quale enfiamento morrebbono, fe non fi curaffono: ma curanfi in cotal maniera, cioè. Che incontanente al bue infermo fi tragga fangue della vena, la quale è fotto la lingua, cioè. Che due quafi cocce, o vero gangole, che fon quivi, fi fegnino in più luoghi, con una punta di coltello ben tagliente,

sì che molto sangue n' esca fuori, e si faccia alle loro nari fumicazione d' incenso. Ancora diventano febbricosi, per troppa fatica, o stemperato caldo. E
secondo che scrive Varrone, queste son quasi le cagion delle infermità ne' buoi, cioè: per troppo freddo, o per troppo caldo, o per troppa fatica, o per
troppo riposo, o se, quando sarà partito dal lavorìo,
gli si darà mangiare, o bere, sanza alcuno intervallo.
E quando son febbricosi, si conoscono in ciò, che
sono caldi al toccare, e massimamente nella lingua, e
negli orecchi, e il loro alito, o vero spiramento, è
spesso, e caldo: a' quali si dee sovvenire, e soccorrere, con reggimento freddo, cioè. Che al tutto da
fatica, e affanno si cessino, e si tengano in freddo
luogo, coperti con foglie di salcio, e di vite, e mangino foglie di salcio, ed erbe fredde, e orzo cotto,
e raffreddato, e la sua farina, e beano acqua, nella
quale sien bollite foglie di salci, e dell' erbe fredde,
e orzo, poichè sarà freddo: e se parranno troppo ripieni, si scemi lor sangue. Ancora si dia loro a bere
l'acqua delle mele afre, e delle prugne. E ancora
si mangino le mele, e le prugne. O vero, che secondo Varrone, si cura questa infermitade, cioè. Che
si bagni d'acqua per tutto, e gli si fa unzione d'o-
lio, e di vino tiepido, e si sostiene dal cibo, e gli
si pone alcuna cosa addosso, acciocchè non sia percosso dal freddo, e quando ha sete, gli si dia acqua
fredda, e se non giova, gli si dee sangue cavare, e
massimameate dal capo. Ancora s' oppila loro, ed in-
grossa la milza, della qual malattia non guariscono,
ma lungamente si stanno così infermi, e cognosconsi
in ciò, che imbolsiscono, o vero tossono, e massimamente allora, che costretti son di trottare. Ancora
enfiano i buoi per costipamento, cioè per istrignimen-
to di ventre, per ventusità generata ne' lor ventri: e

co-

cognofconfi in ciò, che fe con la mano, o col dito
faranno percoffi, fopra le fontanelle, che fono allato
all' anche di dietro, fuona, come un tamburo, e pajono enfiati nel volto, e fono di dolor tormentati.
E alcuna volta fi gittano in terra, e giacciono volentieri. Curanfi con criftei, o con cannello, di che fi
diffe di fopra nel capitolo de' dolori del cavallo: o
con mano di fanciullo unta nell' olio fene cavi lo fter-
cò, e fi tagli la vena della coda, con tagliente coltello, per quattro dita dilungi dall' ufcita di dietro, dalla parte di fotto. Ancora fi dannificano nel collo,
per troppo aggravamento di fconvenevole giogo, e
maffimamente allora, che farà loro fopra 'l collo piovuto: e alcuna volta vi fi rompe, per gli umori, a
quel luogo corfi, la qual rottura fi cura con le medicine da faldar la carne, e che generino il cuojo,
le quali fono fcritte nelle cure delle infermità de' cavalli, in più luoghi, ed eziandio con altre cofe, le
quali ufano li malifcalchi de' buoi, e fpezialmente con
l' unzion dell' agrippa. Ancora ricevono lefion dalla
fpina, e dall' altre cofe acute, e dure, che ne' loro
piedi, o altrove entrano, per alcuno accidente, per
le quali fono coftretti di zoppicare, e curanfi in quefta maniera, cioè. Che fi cavi quello, che fia entra-
to ne' luoghi predetti, con le radici della canna pefte, o con le radici del dittamo, pofte nel luogo della lefion della fpina, e fafciate con pezza, o con l' altre medicine, fcritte nel trattato de' cavalli, della lefion della fpina, fi curino, sì come quivi pienamente
fi trattano. Ancora avvengono ad effi molte altre infermitadi occulte, e alcune manifefte, e ftanchezze,
le quali avvengono, per troppa fatica, e caldo, le
quali fi conofcono in ciò, che non mangiano, o che
mutano l' ufato modo del mangiare, e che volentieri
giacciono, e per lo caldo traggon fuori la lingua: e
mol-

molte altre mutazioni fi poffono in effi vedere da coloro, che gli hanno conofciuti, quando fono ftati fani. I buoi fani, e forti, e prefti fi conofcono in ciò,
che agevolmente fi muovono, quando fon tocchi, o
punti, e hanno le membra groffe, e gli orecchi levati. Ma i belli, e forti bùoi generalmente fi conofcono, fe tutti i membri fon groffi, e fi corrifpondon
bene infieme. Anche poffon venire a' buoi certe altre
infermitadi, le quali poffono conofcere, e curare i
buoni malifcalchi de' buoi, i quali hanno ufato, e
fperimentato cotali cofe, per lungo tempo. Ma quelle cofe, che io ho potuto con verità fapere, fedel-
mente ho meffo in ifcritto.

Della diverfità, e varietà de' buoi, e vacche, e d'ogni
loro utilità.

CAP. LXVI.

I Nfra la generazion de' buoi, alcuni fono, che fon
neri, e grandi, e forti, e quafi indomiti, e fi chiamano bufoli, i quali non fon bene abili a' carri, nè
all'aratro, ma legati, artificiofamente, con certe cate-
ne, s'adoperano a tirar per terra gran pefi, e molto
volentieri dimorano nell'acqua, e le loro cuoja non
fon tanto buone, quanto quelle degli altri buoi, avvegnachè fieno molto groffe. Ancora la lor carne è
troppo malinconica, e però non è buona, nè di troppo buon fapore, e avvegnachè cruda fia molto bella,
tuttavia, qaando è cotta, diventa molto fozza. Anche
fono altri buoi, i quali ufiamo comunemente, e fono
di tre maniere: de' quali alcuni fon più groffi, che
propriamente convengono alle pianure: alcuni fon piccoli, i quali s'adoprano più propriamente ne' monti,
e alcuni fono in quel mezzo, i quali fi confanno all'
un

un luogo, e all'altro. Ancora sono altri buoi, che
son giovanissimi, la cui carne è di temperata compleffione, onde dà buono nutrimento all' huomo, ed imperò conserva la fortezza, e la sanità. Altri sono di
perfetta etade, i quali propriamente, per le lor forze, sono da mettere alla fatica, e le lor cuoja sono
ottime, per far suola di calzari, e la lor carne è mezzanamente malinconica, e non molto convenevole, se
non a coloro, ch' hanno lo stomaco forte, e caldo,
e a coloro, che molto si travagliano. Anche sono
altri buoi, che son vecchi, e pigri alla fatica, i quali son meno utili, che i predetti, e la lor carne si
giudica esser troppo maninconica, e indigestibile. Ma
il lor cojame è buono, spezialmente s'egli è grosso.
Le corna de' buoi son buone a far pettini: le loro ossa a far dadi, e maniche di piccoli coltelli, e il loro sterco è buono a letaminare i campi, e alberi, e
a stuccare i granai, e certi altri vaselli, e canestri. Ancora son vacche, le quali son grandi, o mezzane,
le quali si tengono per generare, e nutrir vitelli, e
buoi, i quali si mettono alli carri, e agli aratri, agli
huomini necessarj: la cui carne, e cuoja son simiglianti a quella de' maschi. Ma il lor latte, e cacio, avvegnachè sia buono a mangiare, non si dee però tor
loro, ma si dee lasciare per li vitelli, alle madri de'
quali si disidera la vita, le forze, e l' accrescimento.
E sono altre vacche, le quali son piccole, che solamente si ritengono per latte, e per cacio, ed imperò,
quindici dì dopo 'l parto, si deono uccidere i vitelli,
e depurare al macello, la cui carne è temperata, e dige-
stibile molto, e ottima a coloro, che dimorano in riposo. Ma il loro latte, e cacio assai si confà all' uso dell'
huomo, avvegnachè non sia così buono, come quel della pecora. Anche si deono eleggere tali vacche, che non
fieno troppo piccole, e che abbian le poppe grandi.

                                             D e l.

*Delle pecore, come ſi comperano, e come ſi conoſce
la lor ſanità, e la loro infermitade .*

CAP. LXVII.

LE buone pecore ſi conoſcono all' etade, cioè: ſe
non ſon vecchie, nè del tutto agnelle: imperocchè l' agnelle, per la lor giovinezza, non poſſono ancor generare, nè le vecchie, per la vecchiezza, concipere : ma quella etade è migliore, nella quale s' attende il frutto, che quella nella qual ſi ſpera la morte . Anche ſi conoſcono alla forma, perocchè la pecora conviene, che abbia largo, e ampio corpo, e che ſia piena di molta, e morbida lana, e con velli lunghi, e ſpeſſi, per tutto il corpo, ripiena, e maſſimamente intorno alla cervice, e al collo. Ancora è meſtiere, che abbiano il ſuo ventre piloſo, e le gambe baſſe, e le code lunghe in Italia, ma in Siria corte. Anche ſi conoſcono per lo parto, cioè, ſe ſono uſate di generar belli agnelli. Conoſceſi ancor la lor ſanitade, e infermitade, imperocchè ſe s' apiranno i loro occhi, e le loro vene ſaranno roſſe, e ſottili, ſaranno ſane. Ma ſe ſaranno bianche, e roſſe, e groſſe, ſaranno inferme . Ancora ſe preſe con mano nella ſchiena, preſſo all' anche, ſi ſtringono, e non piegano, ſon ſane, e forti: ſe ſi piegano, ſono inferme. Ancora ſe preſe nella pelle del collo, e tirate innanzi, ſtanno ferme, e appena ſi laſcin tirare, ſon ſane : ma ſe agevolmente ſi tirano, ſono inferme. Ancora ſe andranno arditamente per via, ſaranno ſane, ma ſe andranno gravi, e col capo baſſo, e inchinato, certamente ſaranno inferme.

Co-

Come si tengano, e pascano, e in che luoghi.

CAP. LXVIII.

PRincipalmente si dee provveder della lor pastura, cioè, che per tutto l'anno sien ben pasciute d'entro, e di fuori. Appresso, che sieno in agiata stalla, e non ventosa, la quale abbia il suo riguardo, innanzi all'Oriente, che al Meriggio, e conviene, che 'l terreno, dove staranno, sia coperto di vermene, o di paglia, o d'altro strame, e che sia a pendìo, acciocchè si possa dall'umidità dell'orina agevolmente guardare, e purgare: imperocchè non solamente quelle umidità le lor lane corrompe, ma eziandio corrompe, ed intignosisce, ed infracida le loro unghie. Onde, dopo alcuni giorni, conviene, che si muti sotto esse altre vermene, o paglia, acciocchè più morbidamente si riposino, e fien più nette, perocchè in questo modo, pascono più volentieri. Ancora si dee fare una chiusura, per la quale si dividano le 'nferme dalle sane, e anche quelle, che hanno i piccioli agnelli. Ma queste cose si deono osservar ne' luoghi villatici delle ville, imperciocchè quelle, che pascono nelle selve, o vero campagne, portano i pastori con seco i graticci, o vero le reti, e tutte l'altre masserizie, con le quali dividono i pecugli delle pecore, le quali variatamente sogliono pasturare in diversi luoghi l'uno dall'altro lontano. Le pasture utili delle pecore son quelle, che nascono ne' campi novelli, o ne' secchi, e asciutti prati, ma le pasture de' paduli son nocive, e le pasture de' salvatichi luoghi son dannose alle pecore, che hanno la lana, perchè la pelano. Ancora spargere spesse volte del sale ne' luoghi delle pasture, o mischiarlo con quel che pascono, o ne' lo-

ro

ro abbeveratoi, è levar loro il faſtidio, cioè l'abbominazione: e nel tempo del Verno, ſe mancamento
farà di fieno, o di paglia, ſi dia loro la veccia, o il
più tenero dell'olmo, o del fraſſino, cioè cotal tenerume di--vette ſecche, ſerbate, e ripoſte. E nel
tempo della State ſi deono, al cominciamento, mettere alla paſtura, quando ſi comincia a far dì, allora, che 'l cominciamento della rugiada fa laudabile,
per ſua ſoavità, la teneretta gramigna, o vero erba.
E nell'ora quarta, allora, che 'l Sole comincia a
ſcaldar l'aere, ſi dia loro a bere acqua di fiume chia-
riſſimo, o di pozzo, o ver di fontana. E nel mezzo
del giorno, allora, che 'l Sole è caldiſſimo, ſi deono
mettere, o ricorre in valle, o ſotto arbore, che faccia ombra. Poichè 'l Sole comincia abbaſſare, e al-
lentare il caldo, e la terra da prima comincia a dive-
nire umida, per l'ombra del Veſpro, e per la rugiada, rivocheremo alle paſture la greggia. E ſi de' provvedere, che ſi ſazino per abbondanza di paſtura, e
che paſcano di lungi da' pruni, i quali ſcemano la
lor lana, e guaſtano loro il corpo. Ma nel tempo
della State, e de' dì della canicula, ſi deono le pecore in tal modo paſturare, che i capi delle gregge
ſieno ſempre volti a contrario del Sole. Ma nel Verno, o nella Primavera non deono uſcire alla paſtura, ſe non quando ſarà riſoluto il gelicidio, imperocchè l'erba, ove ſarà la brina, o vero la prui-
na, genera loro infermitade, tuttavolta baſterà menare all'acqua una fiata per dì. Quando ſon ſegate
le biade, ſi tengano nelle ſecce, la qual coſa è u-
tile, per due cagioni: imperocchè ſi ſaziano delle ſpi-
ghe cadute, e perchè le terre, l'anno ſeguente, fanno miglior biade, calpeſtando lo ſtrame, e letami-
nando il luogo. Anche per tutta la State, preſtamen-
te ſi mungono nell'aurora del dì, acciocchè l'uſata

paſtura non perdano, e quando il Sol ſarà riſcaldato, ſi rimenino, acciocchè 'l caldo del Sole, o 'l vento caldo, non poſſa lor nuocere. Ma la ſera ſtieno tanto fuori, che ricoverino il paſto, ch' elle avranno perduto il giorno: e quando ſaranno tornate, ſi guardi, ch' elle non ſieno calde nell' ora, che nella ſtalla ſi mettono. Ma ſe ſarà ſtemperato caldo, ſi vorranno menare in proſſimane paſture, acciocchè poſſano ricoverare all' ombra, e i paſtori non le laſcino importunatamente ragunare, e ſtrignere, nel tempo del caldo, ma ſempre le ſparpaglino temperatamente, e dividano, e quando ſi rimenano, non ſi mungano calde. Quando ſarà l' aurora apparita, incontanente ſi menino alle madri gli agnellini, ove tanto lungamente dimorino, che per ſe medeſimi vadano alla paſtura: ove ſollecitamente ſien cuſtoditi. E quando i paſtori vedranno la mattina le tele de' ragnateli cariche d' acqua, non laſcino paſcere i pecugli: e ſe ſarà gran caldo, e ſarà piovuto, non le laſcino giacere, ma ſi menino a' più alti luoghi, ove ſien dal vento percoſſe, e ſempre ſi muovano. Anche ſi deon guardar dall' erbe, ſopra le quali vien l' arena. E diſſe ancora un' eſperto paſtore, che del meſe d' Aprile, di Maggio, di Giugno, e di Luglio, non ſi deono laſciar molto paſcere, acciocchè non diventino troppo graſſe. Ma del meſe di Settembre, d' Ottobre, e di Novembre, dopo la mezza terza, ſi deon laſciar tutto 'l giorno nelle paſture, acciocchè ingraſſino quanto poſſono, acciocchè meglio poſſano uſcir del Verno. Nell' Autunno ſi voglion vender le deboli, acciocchè 'l Verno non vengan meno.

*Quando, e quali montoni fi debbono ammettere,
e quanto ftieno pregne, e quante pecore baftino a un montone.*

CAP. LXIX.

DEl mefe d'Aprile fi fa la prima copritura de'
montoni, acciocchè 'l tempo del Verno truovi
già grandi, e compiuti gli agnelli. Anche fi fa del
mefe di Giugno : e ancora fe fi fa del mefe di Luglio,
gli agnelli nati, innanzi al Verno, vivono, e vanno
innanzi. La feconda copritura fi fa dopo mezzo il mefe d'Ottobre, acciocchè intorno al principio della
Primavera partorifcano, allora, che l'erbe nafcono. E
dice Ariftotile, che chi vorrà, che gli agnelli fien mafchi, fi deono eleggere i luoghi ne' quali fpiri il Set-
tentrional vento, e contra cotal vento pafcere il gregge. E chi vorrà, che fien femmine, sì de' cercare i
luoghi, dove fpiri i venti Auftrali, e dirizzar contr'
a quegli il gregge. Ancora fono alcuni, che due mefi
innanzi rivocano, e coftringono i montoni dal coito,
acciocchè 'l lungo defiderio del coito, meglio accenda a ciò fare. Altri fono, che gli lafciano a lor volontade coprire, acciocchè non gli manchi il parto
per tutto l'anno. Ancora fecondo che fcrive Varro,
tutto 'l tempo, che le pecore mettono in luffuria,
deono una medefima acqua ufare, perocchè il mutamento dell'acqua diverfifica la lor lana, e corrompe
il ventre. E quando tutte avranno conceputo, fi deono i monton rimuover da effe, perchè farebbe danno,
per la lor moleftia. E non fi dee lafciare ammontar la
pecora di minore età di due anni, perocchè quello,
che ne nafceffe, non farebbe accettevole, e quelle
n'attrifterebbono. Ancora la pregnezza della pecora
fi ftende infino in cencinquanta giorni, ed imperò fi

deo-

deono fare in tal tempo coprire, che partorifcano intorno alla fine dell' Autunno, allora, che l' aere è temperato alquanto, e comincia a rimettere l' erba, per
le prime piove. Anche fi deono eleggere i montoni
bianchiffimi, in quelle contrade, dove le pecore fon
bianche. Anche ch' abbiano le lane morbide: ne' quali, non folamente la bellezza del corpo confiderar fi
dee, ma eziandio la lor lana, la quale, fe farà mac-
chiata, renderà variati figliuoli, e fe farà nera, faranno neri. Del bianco ne nafceranno d' altro colore,
ma del nero, fecondo che dice Columella, non fi
può giammai altro, che nero creare. Ancora elegge-
raffi il montone alto, e grande, e con grande, e lungo ventre, di bianchiffima lana coperto, con coda
lunghiffima, e larga, con le corna torte, e inchinate
verfo la bocca, e con gli orecchi coperti di lana, e
che fieno ampli nel petto, e larghi nelle fpalle, e
nelle groppe: e che abbiano il loro vello fpeffo, e
larga fronte. I tefticoli larghi, e che fia di prima e-
tade. Il quale tuttavolta puote, infino agli otto anni,
operare utilmente. Ancora fi dee la pecora di due anni coprire, quando bifogno farà, per figliare, infino
ne' cinque anni, la quale ne' fette muore, e vien meno. Anche pe' figliuoli fi conofce il montone, fe genera begli agnelli: e dicefi, che un montone bafta a
cento pecore. E dice Varro, che quante fono le cen-
tinaja delle pecore, cotanti montoni bafteranno.

*Quando fi tondono, e come, e quando fegnar
fi debbono.*

C A P. L X X.

DEl mefe d' Aprile, ne' luoghi caldi, fi tondano
le pecore, e i ferotini agnelli fi fegnino: ma
ne'

ne' temperati luoghi fi deon tonder del mefe di Maggio, e fpezialmente allora, che cominciano a fudare, in qualunque tempo, e dall' Equinozio della Primavera, infino al Solftizio, fecondo che dice Varro. Ma le tondute pecore ajuterai in quefto modo. Prenderai il fugo de' lupini cotti, e la feccia del vin vecchio, e mifchierai con effi la morchia dell' olio: delle quali cofe, in un corpo ridotte, le tondute pecore ugnerai, e dopo i tre giorni, fe 'l mar vi fia proffimano, fi tuffino dalla proda: ma fe fi pafcono in altri luoghi, con acqua piovana, alquanto cotta con fale, fi lavino allo fcoperto, dopo l' unzione, le lor membra: imperocchè la pecora, in tal maniera curata, per tutto l' anno fi dice, che non diventa rognofa, e dicefi, che genera morbida, e lunga lana. Ma le pecore lavate, conviene, che tre dì, per anno, s' ungano d' olio, e di vino: Per li ferpenti, i quali fpeffe volte ftanno nafcofi fotto i lor piedi nelle ftalle, arderemvi fpeffamente cedro, e galbano, o capelli di femmina, o corna di cervi. E fe alcuna fi magagnaffe, o tagliaffe nel tondere, sì fi dee quel luogo ugnere con liquida pece. Alcuni fono, sì come gli Spagnuoli, che le tondono due volte per anno, e le tondono di fei mefi in fei mefi.

Del conofcere l' età delle pecore.

CAP. LXXI.

I Denti delle pecore fi mutano dopo i diciotto mefi, cioè due dinanzi, e poi, dopo i fei mefi, fi mutano i due proffimani, e poi tutti gli altri, sì che s' agguagliano in tre anni, o in quattro al più, e infinattanto che fono ineguali, fon giovani, e quando

do fono eguali, fono compiute, e fatte. Quando fi
fcalzano, e crollano, e fcemano, e fi corrompono fono
vecchie, e allora il lor mufo diventa bigio, e groffo: e
ftanno in buono ftato, e profperità, infino a otto anni:
alcune baftano infino a dieci, fe faranno pafciute bene, ma fe fofterranno fame tofto invecchieranno.

*Quando, e come fi mungono, e come fi fa, e conferva
      il cacio.*

CAP. LXXII.

INfino alla fefta di San Michele, fi mungono le
   pecore due volte per giorno, e da indi innanzi
una volta, acciocchè troppo graffe non fi mettano
co' montoni, sì che in ifconvenevol tempo non partorifcano. Ma dopo la congiunzion de' montoni fi
guardino, acciocchè fien graffe. Per tutta la State
preftamente fi mungano, in fu l'aurora, acciocchè in
convenevole ora fi menino alla paftura. E quando fi
mungono, fi dee ftar cheto, eccetto che 'l maeftro,
il qual folamente parli quello, che è di bifogno. E
rappiglieremo il cacio di puro latte, con prefame dell'
agnello, e del capretto di latte, con la pellicina, che
fuole effere accoftata loro a' lor ventricini, o co' fiori
del cardo falvatico, o col lattificcio del fico: del quale fi dee tutto 'l fiere fcolare, acciocchè con la foppreffa fi coftringa: e poichè fi comincierà ad affoda-
re, fi ponga in luogo ofcuro, e freddo, e foppreffa-
to che fia, fi lievi via la foppreffa: e fi dee fpruzza-
re con fal trito, e arroftito: e fatto più duro, fi fop-
preffi, e calchi più fortemente, e dopo alquanti giorni, affodate le forme, fi pongano fu pe' graticci, per
modo, che l'una non tocchi l'altra, e fi ponga in
luogo chiufo, e rimoffo da' venti, acciocchè ftia te-
                                    ne-

nero, e graſſo. I vizj del cacio ſon queſti, cioè.
S'egli è ſecco, o veſpajoſo, la qual coſa avverrà,
quando ſarà poco premuto, o riceverà troppo ſale,
o ſe e' riarda, per lo caldo del Sole. Anche ſono alcuni, che quando fanno il cacio freſco, peſtano i
guſci verdi de' pinocchi, e miſchiano col latte, e rap-
pigliano con eſſo il timo peſto, e colato. Ancora gli
potrai dare ogni, e qualunque ſapore, che tu vorrai, cavato, che tu n' abbi il graſſo, aggiugnendo-
gli quella coſa, della qual tu vorrai, ch'egli abbia
'l ſapore.

Della 'nfermità delle pecore, e lor cura.

C A P. L X X I I I.

SOtto la gola delle pecore naſce alcuna volta gozzo, per abbondanza d' umori, che dal capo diſcendono, e perforavi la pelle, ed eſcene a poco a
poco un' umore, fatto quaſi, come acqua, e guariſcono. Anche ingroſſa lor la milza, ed enfia, e queſto avviene ſpeſſo del meſe di Maggio, e d'Aprile, per moltitudine di ſangue groſſo, e viſcoſo: onde ſpeſſo muojono ſubitamente, e vale ad eſſe, ſe
per lo naſo ſi mette uno ſtecco di due dita, fac-
cendone uſcir molto ſangue: onde certe guariſcono,
e certe nondimeno muojono. Anche hanno certe febbri, le quali ſi poſſon conoſcere, e curare, al modo, che ſi diſſe nel trattato de' buoi. Poſſono ancora ad eſſe altre infermità avvenire, le quali ſan-
no conoſcere, e curare gli eſpertiſſimi Paſtori, i quali tutto 'l tempo della lor vita mettono nella guardia
delle pecore, e ſolamente in cotali coſe ſtudiano.

Degli

Degli agnelli, come si tengano, e quando si castrino.

CAP. LXXIV.

QUando nascono gli agnelli, ciascuna settimana, per ispazio d' un mese, si dia loro il sale, da indi innanzi in ogni tempo, d' ogni quindici giorni una volta, e quando si rimuovono dalla madre, incontanente si tondono per li pidocchi, ed anche crescon meglio, e ciascuna settimana si dia loro il sale, e intorno a Pasqua di natale si giungono con le madri, secondo che dice Palladio. Ma Varro dice, che quando le pecore cominciano a partorire, i pastori le mettano in quelle stalle, le quali hanno ordinato a ciò in disparte, e ivi dentro gli agnelli, nati di fresco, pongano innanzi al fuoco, e gli tengano con la madre, per ispazio di due, o di tre giorni, infinattanto, che la cognoscano, e si satollin del pasto. Appresso, quando le madri vanno alla pastura, con la greggia, ritengano gli agnelli, i quali, poichè le pecore saranno rimenate la sera, sono nudriti del loro latte, e si mettono ancora in disparte, acciocchè non sieno calpestati dalle madri la notte. Questo medesimo fanno la mattina innanzi, che le madri escano alla pastura, acciocchè gli agnelli si sazino di latte, per ispazio di dieci giorni. E passato il detto tempo, ficcano certi pali, e leganvegli, con alcuna funicella leggieri, l' uno dall' altro partito, acciocchè tutto 'l giorno in qua, e 'n là correndo insieme, non si guastino membro alcuno. E se l' agnello non andrà alla poppa della madre, vi si dee portare, e ugnere le sue labbra di biturro, o di grasso di porco, e accostar le labbra al latte, e dopo pochi giorni, gittar loro la veccia molle innanzi, o erba tenera, prima che

che escanò alla paſtura: e anche quando ſaranno tornati. E in cotal modo ſi nutriſcano infinattanto, che ſieno di quattro meſi. E in quel mezzo non ſi mungano le lor madri. E quando gli agnelli ſon dalle madri rimoſſi, e partiti, ſi dee aver diligenzia, che, per deſiderio, non invecchiuzziſcano: ed imperò ſi deono morbidamente nutrire, e con buon paſti, e guardargli dal freddo, e dal caldo, acciocchè non patiſcano. E quando per dimenticamento del latte, non deſidera la madre, allora ſi metta nella greggia, con l'altro beſtiame.

Dell' utilità delle pecore, e agnelli.

CAP. LXXV.

L'Utilità delle pecore è grande, imperocchè della lor lana ſi fanno i veſtimenti neceſſarj, e dilettevoli alla ſanità, e alla vita dell'huomo, la quale, quanto è più ſottile, tanto è migliore, e di più valuta. Delle lor pelli co'peli, ſi fanno le pellicce, e i foderi de'panni, che ſono utili nel tempo del freddo: e delle cuoja pelate ſi fanno calzamenti, e carte. E il lor latte è convenevole a uſare in cibo, e aſſai ſalutevole, il quale, quanto è più freſco, tanto è migliore, e quanto è più ſpeſſo, tanto è di maggior nutrimento: e la ſua acquoſità, la quale è il ſiero, ſolve il ventre, e ne mena fuori la collera. E 'l cacio, che ſene fa, è nutrimento del corpo dell'huomo, lo quale quanto più è freſco, tanto più e migliore: e quanto più è ſecco, e vecchio, e più duro, tanto più è piggiore; e quello che è troppo ſalato, o troppo viſcoſo, o che troppo ſi ſpezzi, non è buono, ſecondo quel che dice Raſis: ma quello è buono, che tiene il mezzo

intra l' uno, e l'altro. La carne della pecora, non
è mica di fapor dilettevole, ed è troppo umida, e
fconvenevole, fe non fe forfe già a' viliffimi villani,
avvezzi a mangiarla, i quali di continue fatiche fi
travaglino. La carne degli agnelli è affai conveniente
allora, che fia dal latte partita, ma quella de' caftro-
ni è ottima, e di molto, e buon nutrimento, fe farà
d' un' anno, fecondo che dice Avicenna. Ma, paffata
la detta età, è piggiore, è quanto più invecchia, tanto è piggiore, è più dura a fmaltire. Le pelli, e le
lane degli agnelli fono ottime, e più acconce al coprimento del corpo dell' huomo, che quelle delle
madri.

Delle capre, capretti, quali s' eleggano, e come fi
tengano, e della loro età, e pregnezza.

C A P. L X X V I.

COlui, che vuole ordinare, e far greggia delle
capre, conviene, nel fuo eleggere, confideri
prima l' etadi, cioè, che apparecchi quella, che poffa
far frutto, e figliare: e di quefte apparecchi innanzi
quella, che più lungamente fruttifichi: e imperò è
da fapere, che la giovane è più laudabile, che la vecchia. Nella lor forma fi dee guardare, che fieno ferme, grandi, e con corpo lieve, e morbido, e che
abbiano il pelo fpeffo, e che abbiano fotto 'l mento
due tettole pendenti, perchè quefte cotali fono più
fertili, e fruttuofe. E che abbiano grandi uberi, acciocchè abbian molto, e graffo latte. Anche fi dee
guardare, che 'l becco abbia fimiglianti tettole fotto
'l mento, e 'l gorgozzule abbia lungo, e la fua cervice fia corta, e piena, e gli orecchi piegati, e grandi, e che 'l fuo capo fia piccolo, fplendido, di fpeffo,

fo, e di lungo pelo, e che fia convenevole ad entrare alle capre in anno, il quale non dura oltre a fei
anni. E delle capre, quelle, che due volte partorifcono l'anno, fon migliori, e i mafchi, di quefta cotale fchiatta, fi deono più tofto eleggere, per mettere alle capre. E a quefto beftiame fon migliori le ftalle, le quali guardano al levamento del Sole di Verno, e che hanno lo fpazzo laftricato, o ammattona-
to, acciocchè la loro ftalla fia meno umorofa, e lo-
tofa: anche fi metta lor fotto certe verghe, acciocchè
non fi bruttino: e fi deono tenere, e pafcere, quafi
al modo delle pecore. Ma quefto beftiame ha certa
proprietà, cioè: che più fi diletta di pafcere in falvatichi bofchi, che ne' prati, imperocchè ftudiofamen-
te fi pafturano di falvatichi bofchi: e ne' luoghi cul-
tivati fchiantano, e rompono, e rodono le verghe de'
piccioli arbucelli: ed imperò da *carpendo*, fon dette
capre. Perlaqualcofa in fu l'allogagion del podere fi
vuol far patti, che 'l lavoratore non pafca la capra
in ful podere. Dopo l'Autunno fi ricolgono i becchi
nella gregge, imperocchè quella, che concepe, dopo
il quarto mefe, partorifce nel tempo della Primavera.
E quando i capretti fon di tempo di tre mefi, fi fot-
tomettono, e cominciano a effer nella gregge. Crede-
fi, che fia affai gran gregge quella, infino a cinquecento, imperocchè le capre fon randage, e fi difpar-
gono: ma il contrario avvien delle pecore, le quali
fi raunano, e ammonticchiano infieme in un luogo.
A ogni decina di capre bafta un becco. Anche non
fi deono ferbare da otto anni innanzi, imperocchè
da indi innanzi diventano fterili. Anche non fia niuno, che prometta le capre effer fane, imperocchè,
fecondo che fcrive Varro, non fon giammai fanza
febbre. Ancora fpeffamente avviene, che ricevano piaghe ne' corpi loro, imperocchè tra loro combattono

con le corna, e anche pafcon in luoghi fpinofi: le
quali fi debbon curare nel modo, che de' cavalli fi
diffe, in più capitoli. L'utilità delle capre è fpezialmente nellé pelli, nel latte, e ne' cavretti, imperocchè delle loro pelli fi fa ottimo calzamento, e fene
cuopron le felle de' cavalli. Il lor latte è molto, e
ottimo al corpo dell' huomo, e fpezialmente non rap-
prefo, e che abbia poco della fuftanzia del cacio. Il
cacio, che fene fa, non è tanto laudabile, quanto
quello delle pecore. La lor carne è troppo fecca, e
dura a fmaltire, e però è rea, ma la carne de' capretti è ottima, e fpezialmente di que', che poppano: e
delle lor pelli fi fanno ottime carte, e dilicati calzamenti, convenienti a coloro, che dilicatamente viver
defiderano.

Delle troje, porci, e verri, come s' eleggano, e come
fi tengano, e della loro età, e della loro
utilità, e pregnezza.

CAP. LXXVII.

I Verri fi deono elegger grandiffimi, e d' ampio
corpo, e fieno innanzi tondi, che lunghi, e che
abbiano gran ventre, e groppa: il grifo corto, e la
cervice fpeffa di gangole, e che fia innanzi d' un
colore, che di variati colori, e che fieno luffuriofi,
di tempo d' un' anno, i quali, infino al quarto anno, fi poffon mettere alle troje. Le troje dovemo
eleggere, che abbiano i loro fianchi lunghi, e che
abbiano gran ventre da poter foftenere il pefo de' figliuoli. In tutte altre cofe deono effer fimiglianti a'
verri. Ma nelle fredde regioni fi debbono fcegliere
di fpeffo, e nero pelo, e nelle temperate contrade fi
prendano di qualunque pelo faranno. Anche fi fcel-
gan

gan di buona fchiatta., acciocchè partorifcan di molti porci. Questo bestiame fi può in tutti i luoghi tenere, e avere: ma meglio dimorano ne' campi paludofi, che negli afciutti, e fpezialmente, dove abbonda felva d' arbori fruttuofi. La qual, poichè faranno i frutti maturi, foccorra al mutamento dell' anno, cioè nel tempo del Verno. Nutricanfi maffimamente ne' luoghi, dove la gramigna abbonda, e l' erbe delle canne, e de' vinchi: ma quando mancano gli alimenti, fi deono dar loro nel Verno le ghiande, le caftagne, e fimiglianti cofe, o le fave, o l' orzo, o 'l grano: imperocchè quefte cofe non folamente ingraffano, ma danno dilettevol fapore alla carne. Nel tempo della State ricolgano il pafto la mattina, e innanzi, che il caldo cominci, fi ricolgano, e vadano in luogo ombrofo, e maffimamente in luogo, ove fia acqua. E poi, dopo il Meriggio, quando il caldo è allenato, vadano alla paftura. Nel tempo del Verno, non pafcano innanzi al confumamento della rugiada, e che 'l ghiaccio fi ftrugga. Quefti, come l' altro gregge, non fon da chiudere infieme, ma faremo i porcili fotto il portico, ne' quali ciafcuna troja fi rinchiuda. I quali porcili dalla parte di fopra deono effere fcoperti, acciocchè il paftore liberamente poffa vedere il lor numero, e che poffa fpeffe volte ajutare, e fovvenire a quegli, che fono calpefti dalle madri, cavandogli lor di fotto, e ancora di rinchiuder con ciafcheduna i proprj porcelli. E fecondo che dice Columella, non ne dee più d' otto nutrire. Ma pare a Palladio, che fei fien baftevoli. Perocchè avvegnachè più ne poffa nudrire, tutta fiata fpeffe volte vien meno, per maggior numero, che non è ufata. E Varro dice, che tanti porci può partorir la troja, quante poppe ella ha, e fe meno ne partorifce,

sce, dice, chè non è a sufficienza fruttuosa, e se più ne
partorisce, dice ch'è maraviglia, fra le quali maraviglie
si scrive quella antichissima, cioè. La troja d'Enea
di Lavinia partorì trenta porcelli bianchi. Possonsi
nutrire prima otto porcelli, quando son piccoli, ma,
quelli cresciuti, la metà sene lievi, imperocchè nè la
madre può dar loro sufficiente latte, nè que', che son
generati, si posson fortificare. I verri, che si deono
mettere alle troje, si deono due mesi innanzi metter
da parte. E l'ottimo tempo di mettere alle troje, si
è da calendi di Febbrajo, infino a' dodici di Marzo,
e così avviene, che partorisce la State, imperocchè
quattro mesi sta pregna, e partorisce, quando la terra è pregna di pastura. E non si deono far coprir
quelle, che sieno di men tempo d'un'anno. Anche
è meglio ad aspettare, che sieno di venti mesi, acciocchè partoriscano poi nel tempo di due anni. E
dal tempo, che avranno cominciamento, si dice, che
partoriscono infino all'anno settimo. E quando si congiungono si voltolano volentieri nel loto, il quale è
il lor riposo, sì come degli huomini il lavarsi. E
quando tutte le troje avranno conceputo i porcastri,
si spartiscono da capo i verri, e si mettono da parte.
Il verro quando è d'otto mesi, comincia ad entrare
alla troja, è ciò puote infino alli quattro anni fare,
da indi innanzi la sua virtù torna addietro, infinattanto, che perde la possibilità del coito, dipoi ingrassato, sene fa carne. Il porco suol venire a tanta grassezza, che se medesimo, stando ritto, non può
sostenere: onde si dice, che in Lusitania s'uccise porco, che fu trovato cinquecento settantacinque libbre,
e dalla cotenna all'osso, si trovò la carne alta un
piede, e tre dita, col lardo, secondo che scrive Varro. Anche soggiugne, che fu veduta in Arcadia una
troja, la quale, per la molta grassezza, non solamente

te non si poteva levare, ma in essa si ritrovò, che un topo fece il nido, e figliò. La fecondità della troja si conosce in ciò, che quello, che fa nel primo parto, non molto muta ne' parti seguenti. I porcai lasciano i porci due mesi con le troje, da indi innanzi, quando già possono pascere, gli rimuovono. I porci, nati nel Verno, diventan magri, per lo freddo, e perchè le madri gli schifano, per lo poco latte, e perchè fanno lor male alle poppe, co' denti. Il loro anno è diviso in due parti, imperocchè due volte partoriscono l'anno, e portano i figliuoli quattro mesi, e due gli nutriscono. Conviensi fare il porcile alto dattorno di tre piedi, e poco più ampio di quell' altezza da terra, acciocchè quando la troja pregna vorrà uscirne, non si scipi. Il modo dell' altezza sia in guisa, che 'l pastore possa agevolmente guardar dentro, sì che alcun porcello non sia calpestato dalla madre, e acciocchè agevolmente possa purgare il porcile. Nel porcile, dee esser l' uscio col sogliare di sotto, alto un piè, e un palmo, acciocchè i porcelli non ne possano uscir fuori, quando la troja. E anche dee il guardian de' porci, per tutte le volte, che purga il porcile, mettervi dentro la rena, o alcuna altra cosa, che sughi l' umore. E quando la troja avrà partorito, la dei provveder di maggior quantità di cibo, per lo quale possa più agevolmente avere l' abbondanza del latte: alle quali si suol dare, intorno a due libbre d' orzo, bagnato in acqua, la mattina, e la sera, se non s' avesse altra cosa, che mettere loro innanzi. Le troje si deono abbeverare due volte il giorno, per cagion del latte. Quando i porcelli sono svezzati dalla poppa, se 'l podere, e 'l luogo, il dà, si suol dar lor la vinaccia, e i granelli dell' uve. E non si metton fuora dal primo dì, che fanno i porcelli, infino al decimo giorno, se non per abbeverarle,

le, e paſſato il decimo giorno, ſi laſcìno alla paſtura
uſcire, in luogo proſſimano alla villa, acciocchè per
lo ſpeſſo ritornamento, poſſa nutricare i ſuo' porcelli.
E poichè i porcelli ſaranno creſciuti, ſeguiranno la
madre alla paſtura, e dipoi ſi dipartano dalla madre,
e paſcano indiſparte. Anche dee il guardator de' porci avvezzar le troje, ſì che facciano ogni coſa al verſo della zampogna. E primieramente, quando ſaranno
chiuſe, s'aprano, quando s'avrà ſonato, acciocchè
poſſano uſcire in quel luogo, dove ſia ſparnicciato
l'orzo: imperocchè in queſto modo meno ſi diſper-
de, che ponendolo in monticelli, e agevolmente ve
ne vengono più a rodere: ed imperciò ſi dice, che
ſi ragunin con la zampogna, acciocchè in ſalvatico
luogo, diſperſi, non periſcano. Caſtranſi utilmente i
verri di tempo d'un' anno, e non deono eſſere
di men tempo di ſei meſi, la qual coſa fatta, mutano il nome, e di verri ſon detti majali. Della
ſanità de' porci, una ſola coſa, per modo d'eſem-
plo, dirò, cioè. Che a' porci, che poppano, ſe la
troja non può aver latte, ſi convien dare il grano
fritto, imperocchè crudo ſolve il lor ventre: o metter loro innanzi l'orzo bagnato, infinattanto, che
ſi facciano di tre meſi. Infra cento troje ſi crede,
che dieci verri baſtino. L'utilità de' porci è in ciò.
Che primieramente la lor carne è convenevole ad
uſare in cibo freſca, e ſecca: e il loro lardo ſè
ottimo per condire tutti i cibi, e la lor ſugna è
buona per ugnere calzamenti, e conſervargli, e in
molti unguenti da curare infermitadi. Ancora ſen' hae
un' altra utilitade, cioè. Che meſſo nelle vigne, innanzi che mettano, o che s'apparecchino a ciò, e
anche fatta la vendemmia, ne ſterperanno la gramigna, e quaſi le fanno tanto utile, quanto 'l cavare.

De'

*De' Cani, quali debbono eleggersi, come tenere,
e ammaestrare, e della loro utilità.*

CAP. LXXVIII.

IL Cane è guardiano di quel bestiame, che ha bisogno della sua compagnia, per via di difensione,
infra le quali bestie sono massimamente le pecore,
e le capre, imperocch' elle sogliono esser prese da'
lupi, contr' a' quali ordiniamo i cani, per difensione. Nella gregge de' porci, sono alcuni, che si difendono, sì come i verri, i majali, e le troje. Le
generazion de' cani son due. L' una è quella de' le-
vrieri da giugnere, e da cacciar le fiere: l' altra generazione è quella, che si tengono per guardare, e
questi si confanno a' pastori, e di questi intendo di
trattare, a perfezion di quest' arte. Primieramente dico, che si convengono apparecchiare, e disporre a
questo uso, d' età conveniente, imperocchè i piccoli
catelli, e i vecchi cani, non difendono le pecore,
nè eziandio lor medesimi, e le più volte son preda
de' lupi. Deono ancora esser belli nella faccia, e
d' ampia grandezza, e con gli occhi nericanti, o
rossicanti, e di nari proporzionevoli, e le loro labbra
sieno quasi nere, o rosseggianti, e che abbiano il
mento indentro, del quale escano fuori due denti,
l' uno dalla parte destra, e l' altro dalla sinistra, un
pò maggiori, che que' di sopra, e che sieno diritti,
anzi che torti, e che abbiano i denti acuti, e dal
labbro coperti, e che abbiano i capi, e gli orecchi
grandi, e piegati, e con le cervici, e col collo grosso, e le giunture de' membri lunghe, e che abbiano
i piè grandi, e alti, e le loro dita spartite, e li loro unghioni sien duri, e piegati: e ancora che il lo-

ro corpo fia pendente, e la loro fchiena nè alta, nè chinata, o vero piegata, e coda groffa, e il loro latrare fia grave, e con grande aprimento di gola, e 'l miglior colore, è color lionino. Le cagne deono effer piene di mammelle, e i capi delle mammelle uguali. Ancora fi dee prender guardia di non comperare cani da beccai, nè da cacciatori, imperocchè i primi fono inutili a feguir le pecore, e i fecondi fe vedranno la lepre, o 'l cervito, più tofto, che alle pecore, gli andranno dietro. Perlaqualcofa de' cani, che fi comperranno da' paftori, quello è migliore, che è ufato feguir le pecore, e che non farà avvezzo ad alcuna cofa: imperocchè il cane, con agevol cofa s'avvezza, e s'aufa. I cani fi deono ben pafcer di pane, allora, che fon con la greggia, acciocchè per la fame, vogliendo cercar del cibo, non fi partiffono dalle pecore. Anche non fi deon lafciar manicar la carne della pecora morta, acciocchè per lo fapore non s'avvezzino a far danno alla greggia, ma dienfi loro l'offa ben trite, e rotte, imperocchè, per quefto, i lor denti diventano più faldi, e forti, e la bocca più larga: perchè più forte menano le mafcelle, e più fuftanzia hanno per lo fapore delle midolle, e prendano il giorno il cibo, dove pafcono, e la fera nel luogo dove s'aftallano. Le cagne fogliono tre mefi ftar pregne, e quando partorifcono, e ne fanno molti, fi convengono elegger quelli, che vorrai per tenere, e tutti gli altri gittera' via, perocchè quanti men fene lafcia loro, tanto, nutricandogli, diventan migliori. Anche fi mette loro alcuna cofa fotto, per la quale ftieno più morbidamente, e fi nutrifcano più agevolmente. I catellini cominciano a vedere in venti giorni: in due mefi, dal parto, non fi difgiungono dalla madre, e menanfi molti in un luogo, e ammettonfi a combàttere, acciocchè più a-

fpri

fpri diventino. Anche avvezzinfi a ftar legati, prima
con lenti legami, i quali fe di rodergli fi sforzano,
fi dia loro delle buffe, perchè non vi s' aufino. Alcuni con noci greche, con acqua trite, ungon loro
gli orecchi, ed entro a' diti, acciocchè le mofche, e
pulci, che quivi ftar fogliono, non gli offendano,
che fe non fi faceffe, diventerebbono ftizzofi. E acciocchè non fien feriti dalle beftie, fi pongon loro
collari di ferro, aventi fotto lieve cuojo, e co' chiovi
confitte, acciocchè al collo non nuoca la durezza
del ferro. Il numero de' cani, per la moltitudine
delle pecore, che fi tengono ne' luoghi falvatichi,
vuole effer molto, ma nel villatico gregge due ne
baftano, mafchio, e femmina, imperocchè infieme
più fon continui, e l' uno per l' altro diventa più a-
fpro. Se l' uno ne inferma, fanza can non rimanga
la gregge, i quali s' avvezzino la notte a vegghiare,
e il dì rinchiufi dentro a dormire.

De' Paftori quanti, e chenti debbiano effere.

C A P. L X X I X.

ALle maggiori torme di pecore, di neceffità, convengono effere huomini d' età compiuta, alle
minori i fanciulli alcuna volta baftano. Anche a quelle, che fono alle montagne, fi richieggono perfone
più ferme, che a quelle, che fon nelle valli, e che
ogni fera tornano alla ftalla. Adunque ne' bofchi è
lecito veder la gioventù, e quella quafi armata, ma
nelle valli, non folamente i fanciulli, ma le fanciulle
agevolmente le pafcono, nel dì. Pafcer fi debbono
le greggi infieme convenevolmente. Ciafcuno la notte debbe ftare intorno al fuo gregge, e comunemente
tutte vederle per novero: e alcuna volta fi dee ridu-

cer -

cer la gregge al suo luogo, e sotto un maestro, cioè un guardatore, debbono esser tutte, e questi sia maggiore, e più ammaestrato di tutti, e a lui tutti gli altri debbono ubbidire: e conviene, che sia di più età, che gli altri, acciocchè meno abbia a durar fatica. Nè vecchio, nè troppo giovane, ma che possa sostener la fatica delle montagne, la qual di necessità convien, che si faccia da coloro, che 'l gregge seguitano, e massimamente i caprini, i quali per le rupi continuamente vanno pascendo; sieno huomini feroci, e veloci corridori, e di membri espediti, che non solamente il bestiame seguir possano, ma da' rubatori, e lupi difendere, e che possano sostener le fatiche, che bisogna, correre, e lanciare, perchè ognuno a questo uficio non è adatto. Al maestro provveder conviene, che seguitino tutti strumenti, che alle pecore, e a' pastori è bisogno, e massimamente alla vita degli huomini, e a medicine delle pecore. Alla qual cosa hanno giumenti da basto del Signore, altri cavalli, altri muli, o vero asini, o vero altre bestie, che il peso addosso portar possono. Quegli, che stanno continuo nel podere, agevolmente hanno la conserva nella villa, che a' pastori le cose necessarie apparecchia: ma a quelli, che ne' boschi, e ne' salvatichi luoghi, pascon le gregge, aggiugner vi si convien femmine, le quali il gregge seguitino, e che apparecchino il cibo de' pastori, acciocchè sieno più solleciti. Il maestro delle pecore, sanza lettera, sofficiente non è, perciocchè le ragion del Signore, nè altro dirittamente far non puote. Il numero de' pastori esser dee, secondo la moltitudine delle pecore, e secondo la diversità de' luoghi da pascere, e i venditori degli agnelli, e i facitori del cacio, e de' caci maggiori, e de' minori, e così, secondo gli ficj, che tutte le cose, che sono bisogno si forniscano. *Del*

*Del leprajo, e lepri, e degli altri auimali fal-
vatichi, che fon da rinchiudere.*

CAP. LXXX.

IL leporario è un luogo rinchiuſo, nel quale ſi rac-
chiudon le lepri, e i cavrioli, e i cervi, e i conigli, e altri animali non rapaci, così anticamente
chiamato, imperocchè le lepri maſſimamente s'inchiu-
devano in quello. Ma di tutte queſte coſe la guardia, l'accreſcimento, e 'l paſto è manifeſto, e cono-
ſciuto, ed imperò brevemente è da ſpiegare. Vuole
eſſere il luogo aſſiepato intorno di materia, con foſſe,
o vero ripe, grande, o piccolo, ſecondo la poſſibili-
tà del Signore. Si faccia tanto alto, e ſerrato, che
nè lupo, nè altra beſtia entrar vi poſſa, nè di ſopra
ſaltare. E quivi conviene eſſer luoghi naſcoſi, con
virgulti, ed erbe, dove le lepri, di quando in quando, naſconder ſi poſſano, e arbori con grandi rami,
i quali, dal percotimento dell'aguglie, le difendano:
nel quale ſe lepri maſchi, o femmine poche metterai,
in breve tempo il luogo ſen' empierà, tanta è la fecondità di queſti quadrupedi, che ſpeſſo ſi truova,
che poi, che hanno figliato, di novello incontanente
ſon groſſe degli altri, i quali hanno nel ventre. Ed
imperò chi vuol conoſcere il maſchio dalla femmina,
sì come ſcrive Arcadio, i fori della natura dee ragguardare, imperocchè, ſanza dubbio il maſchio n'ha
uno, e la femmina due, ſe cautamente, e ſottilmen-
te ragguarderai. Ma delle lepri tre generazion ne ſon,
per lo più. Una maniera Italica, co'primi piè piccoli, e con quelli di dietro alti, e nella parte di ſopra del doſſo bigia, e nel ventre bianca, con orecchi
lunghi: la qual lepre, ſi dice, che poi, che è pregna,

gna, da capo concepe. In Gallia Tranfalpina, e in
Macedonia, fono una generazion grande molto, e in
Ifpagna, e in Italia mezzolane. Ancora in Gallia fene truova d'un'altra generazione, che fon tutte bianche. Una terza generazione è, che nella Spagna nafcono fimili alle noftre lepri in alcuna parte, ma minori, e in Provenza, e nelle parti di Lombardia, e
nelle lor circunftanze, che fi chiaman conigli. Lepre
è detta, imperocchè vanno con leggier piedi. Conigli
fon detti, perchè figliano fotto terra, dove fi nafcon-
dono, e dove fanno i lor covi, in campi, in bofchi,
in prati, in vigne. Aver fi poffon nel leprajo porci
falvatichi, capriuoli, e cervi, fanza dubbio, e quefto
racconta Varro, che concioffiecofach' e' foffe in un luogo, che fi chiama *ager lauretanus*, nel quale era
un luogo, con un'alto terrazzo, o vero triclinio,
maeftrevolmente fatto, fopra 'l quale era una felva di
cinquanta jugeri di terra. Il jugero fi è fpazio di lunghezza di terreno di piè dugenquaranta, e di larghezza di piè dugento venti, e la materia, cioè ripa, era
compofta: e fu chiamato uno, che venne adornato
d'una ftola, con una cornamufa, e fu comandato,
che fonaffe, e cantaffe. Egli fubito gonfiò la cornamufa, e cominciò a fonare: e fubito fu egli, e gli
altri attorniato di tanta moltitudine di cervi, e di cavriuoli, e d'altri animali di quattro piedi, che il ri-
guardamento parea belliffimo. Il leprajo è di grandiffima utilitade, e diletto, perocchè di pochi animali,
in breviffimo tempo fen' hanno molti, le cui carni a
mangiare fi convengono, ed hannofi agevolmente: e
le pelli fon buone per foderar delle veftimenta, e u-
tili per coregge.

Della

Della pescina, e pesci da rinchiuder.

CAP. LXXXI.

COlui, che pescina vorrà, prima dee eleggere il luogo conveniente, nel quale in nessun tempo vi manchi l'acqua, imperocchè in altri luoghi non può durare. Ma delle pescine, alcune sono grandi, alcune piccole, e alcune mezzane: e ancora alcune sono di fonti, alcune sono di stagni, alcune marine, alcune fluviali. S' elle son piccole, arminsi di pietre murate, di siepi, di legni, e vimini, acciocchè Lontra, o altro animal nocevole entrar non possa. Funi, o vero viti, sopra quella tendano, per li quali gli uccelli rapaci si spaventino: e in quelle si mettan de' pesci, che sieno a quell' acqua convenienti, cioè di quelli, che in quelle parti si truovano. Imperocchè alcuni stanno più volentieri in fonti, o in fiumi, altri in istagni, in laghi, altri si dilettano in acqua marina. Ma la piccola piscina vuole essere affonda, in quanto da' cavator far si puote. E se l'acqua sia di fontana, o vero di fiumi, in quella potranno ben vivere di que' pesci, che son nelle parti di Lombardia, cioè cavedini, scardoni, barliquii, e alcuni piccoli pesci, e forse trote. Ma se sarà di lago, o vero di stagno, che sia lotosa, meglio sarà per quella tinche, le quali, a modo di porco, si dilettano del fango, e anguille viscose, e anche tutti altri piccoli pesci, se non sieno di corruzione infetta. Ma i lucci non sono in piccola piscina da porre, imperocchè molti pesci divorano, avvegnachè le rane volentier mangino, che son nimiche de' pesci. Ma nelle grandi convenevolmente possono stare. E se l'acqua sarà marina, condotta dal Mare, tutte generazion di pesci marini, per

na-

natura piccoli, fi potranno in effa confervare. Se pi-
fcina grande aver vorrai, convienfi quella far di gran
lago, o vero di ftagno, nella quale fieno acque molto raunate, o di nevi, o di piove, o di fonti, o di
fiume in quella difcorrente, o vero acqua marina: il
che avviene in più luoghi. Ma fe di lago, o vero di
ftagno, l' acqua per alcun luogo efca, quivi fi richiu-
da, sì che s' impedifca l' ufcimento de' pefci, e non
l' ufcir dell' acqua. Ma fe è d' acqua dolce, potrannofi in quella porre, e ferbare ogni generazion di pefci, così grandi, come piccoli, in cotali acque vi-
venti. Sono alcuni pefci marini, i quali fi dilettano
d' acqua dolce, e quegli cotali fimilmente mettere vi
fi poffono. Ma fe farà d' acqua marina, mettere vi fi
debbon tutte generazion di pefci marini, s' ella fia
molto profonda, fe non foffe già pefce grande, come la balena, che in niuno luogo, fe non in pelago
di Mare fi può rinchiudere. Ma fe la pefcina fia di
mezzana grandezza, dalle cofe fopraddette, potrai
aver la dottrina, di quali pefci vi fi poffano inchiu-
dere. Della pefcina grande utilitade fi cava, imperocchè di pochi pefci, che vi fi mettono, in breviffimo
tempo molto multiplicano, e poffonfene vender molti, e molti averne ad ufo di manicare.

De' Pagoni.

CAP. LXXXII.

COmpiuto il trattato degli animali quadrupedi,
e de' pefci, di quelli di due piedi, e di tutti altri volatili è da dire: e prima de' pagoni, imperocchè, per la lor bellezza, più nobili fono, che tutti
gli altri. I quali fon da nutrire, sì come pienamente
diffe Palladio, agevolmente, fe de' ladroni, o animali
ni-

nimici, non si tema: i quali per li campi, spesse volte, discorrendo, si pascono, e i polli loro menano,
e la sera sopra altissimi arbori salgono. A questi una
sollecitudine si conviene, imperocchè le femmine,
che ne' campi dormon, per tutto, dalle volpi si guardino, ed imperò nelle picciole Isole, meglio si nutricano. A un maschio cinque femmine bastano: la
qual cosa da osservare è, sì come dice Varrone, se a
frutto ragguardi, imperocchè allora deono essere meno
i maschi, che le femmine: ma se a dilettazione, più
bello è il maschio, che la femmina. Il maschio l'uova, e i figliuoli suoi perseguita, sì come stranieri, infinattanto, che non si vegga lor segnale di cresta alcuna. A dì 13. di Febbrajo si cominciano a riscalda-
re, e le fave leggiermente arrostite, gli accendono a
libidine, se loro ogni quinto dì si dieno tiepide. Il
disiderio d'usar con la femmina, il maschio dimostra,
quando la bellezza della gemmata coda, sopra di se
volge, e correndo stridisce. Se l'uova de' paoni alle
galline si pongano, scusa le madri dal covare: tre
volte per anno il parto fanno. Il primo parto è di
cinque uova: il secondo è di quattro, il terzo di tre,
o di due. Ma a porle alle galline, si vuole aver la
gallina apparecchiata al primo crescere della Luna, a
nove dì. Nove uova le si pongono, le cinque sien di
paone, l'altre di gallina. Il decimo dì l'uova della
gallina gli si tolgano, e altre uova di gallina vi si
pongano in numero, come prima, acciocchè nel tren-
tesimo dì si possano co' pagoncini l'uova aprire. E
l'uova del pagone, che alla gallina sottoposte sono,
spesso con mano si rivolgano sottosopra, segnando
l'uova dall'una parte, sì che non falli, imperocchè
la gallina da se può farlo malvolentieri: e le maggiori galline eleggere ti conviene, imperocchè alle minori meno uova sottoporrai. Il nido si dee lor fare sot-

to tetto, e da terra levato, acciocchè ferpente, o beftia, andar non vi poffa, sì come dice Varrone. E
'l luogo davanti a loro vuole effer netto, e aperto,
acciocchè poffano ufcire a beccare, ne' dì competenti: perchè quefti uccelli amano il luogo netto da o-
gni parte, e il lor paftore fpeffo netti il luogo dallo
fterco. Poichè faranno nati, fe molti a una ridurre
vorrai, quindici baftano. I primi dì farina d'orzo,
con vino bagnata, a' pulcini darai, o vero farina cotta, e freddata: poi loro fi dia porro minuzzato trito, o ver cacio frefco, che fia ben trattone il fiero,
imperocchè il fiero molto nuoce loro. Grilli, levati
loro i piedi, fi danno loro, e così fono da pafcere
infino ad un mefe, e poi orzo potrai dar loro follecitamente. Il trentacinquefimo dì, poichè nati fieno,
gli puoi in un campo mettere, accompagnati dalla loro nutrice, a pafcere, la quale col chiocciar gli ri-
duce a cafa. La pipìta, e la crudità, in quel modo
fi cura, come alle galline, e allora è pericolo grande, quando comincia a producer la crefta, imperocchè hanno infermità, come i fanciulli, quando i denti mettono. L'utilità loro è quefta, che le lor carni
affai buone fono: ma a fmaltire fon dure. Le penne
de' mafchi fon belliffime, ed imperò alle fanciulle, per
ghirlande, e altri ornamenti, fono convenienti.

De' Fagiani.

CAP. LXXXIII.

ANutricare i Fagiani è da offervar quefto modo,
cioè. Prima vogliono effer giovani a producer
figliuoli, cioè, che l'anno indietro fien nati, imperocchè i vecchi non poffono effer fecondi: e del me-

fe di Marzo, o d'Aprile, mettano i mafchi con le femmine, e anche a un mafchio due femmine bafta. Una volta l'anno figliano, e venti uova al parto fi pongono, e meglio dalle galline fi producono, sì che quindici uova di fagiano una nutrice cuopra, e l'altre fieno di generazion della gallina. In fopporgli, la Luna, e 'l dì fi confideri, sì come degli altri abbiam detto. Il trentefimo giorno i maturi polli nafcono al lume, cioè efcono dell'uovo, e per quindici dì, con farinata d'orzo, ben meftata, e intrifa con vino, fi pafcano, ma fia fredda: poi fi dà lor panìco, e grilli, e uova di formiche, e guardargli dall' acqua, acciocch' e' non nafca lor la pipìta, che fe pipìta avranno, aglio, con pece liquida, a' becchi loro dovrai fpeffo fregare: e sì come alle galline, trarla. Le loro carni fono ottime.

Dell' Oche.

CAP. LXXXIV.

L'Oca, acqua, e erba defidera, e fanza quefte, male fi regge. A' luoghi ornati nimiche fono, imperocchè le cofe cultivate col becco guaftano, e con lo fterco bruttano. Haffene la piuma, la quale nell' Autunno divegliamo, e nella Primavera. A un mafchio tre femmine baftano. Se fiume vi manca una lacuna vi fi faccia. Se erba non vi aveffe, di trifoglio, fien greco, e d'erbe agre, di lattughe, indivia, per loro nutricamento, feminifi. Le bianche fon più feconde, che le varie, e bige, imperocchè di falvatiche fon divenute dimeftiche. Le dimeftiche cominciano a figliare in calende di Marzo, infino al folftizio eftivale, cioè infino a mezzo Giugno; quafi

quafi quindici uova a una oca baftano, e cova trenta dì. Ma meglio è, che alle galline l' uova fop-
ponghi, imperocchè più ne produceranno, e quando
fon nati, all' aja fi mettono. E quando quefto una
volta avrai fatto, l' ufanza riterranno. Se alle galline
l' uova dell' oche fopponi, acciocchè non nocciano
all' uova, ortica fotto porrai. I paperi, i primi dieci
dì fi deono col feme del papavero pafcere in cafa:
poi fuori gli poffiamo menare, dove ortiche non fia,
le cui punture fortemente temono, e maffimamente
in prati, o in pefcine, o in paduli. Aje abbiano fopra terra, dove non fi mettano più, che venti paperi, e fia fanza umore, e mettavifi fu ftrame, o vero
paglia trita. E da guardar fono dalle donnole, e da
altre beftiuole, le quali nocciono, come dice Varro.
In quattro mefi bene s' ingraffano: e più agevolmente
s' ingraffano, quando fon giovani, che quando fon
vecchi. Si dae loro tre volte il dì farinata, e perchè
molto difcorrono, però non fi deon troppo lafciare
andare a lungo. Rinchiudanfi in ofcuro luogo, e in
luogo caldo: così i giovani, come i vecchi ingraffano al bujo: i piccoli fpeffe volte ingraffano in trenta
giorni, e farà meglio, fe il miglio fi dia loro in cibo, quanto ne vogliono. All' oche ogni legume dar
fi puote, fuor che i mochi. Da lupo, e da golpe
fon prefe, e però da lor fi voglion guardare. L' utilità dell' oche è, che molto fono amate le carni de'
paperi, quando fon graffi, e che non fieno di più dì
quattro mefi, e le lor penne minute, ottime fono
pe' letti, e le dure dell' alie buone agli fcrittori, e
alle faette.

Dell'

Dell' Anitre.

C A P.   L X X X V.

L'Anitre fon della natura dell'oche, e in quel medefimo modo fi nutrifcono. Volentieri pafcono erba anitrina, che nafce nella fuperficie dell'acqua ferma, nel tempo dell'aduftion del Sole. Ogni ferucola, che va col corpo per terra, come ferpi, e lombrichi, e lucertole, e fimili, volentier pafcono, e tranghiottifcono. L'utilità è nelle penne, e nella carne, e ne' loro polli, ad ufo di manicare, ma fono affai indigeftibili, e vifcofe.

Delle Galline.

C A P.   L X X X V I.

COlui, che prefette galline vuole avere, dee eleg-ger le feconde, che fpeffe volte fon quelle di roffa piuma, e penne nere, e d'impari dita, e di groffi capi, e di levata crefta, e ampia: quefte in ve-rità a parto fono migliori. Le bianche al tutto fi fchifano. I galli vogliono effer nerboruti, con roffeg-giante crefta, e con corto becco, e acuto, e groffo: con occhi neri, con la penna del collo roffa, e di color vario, o vero dorato: con le cofce pilofe, con gambe corte, e unghie lunghe, con code grandi, e con ifpeffe penne, fpeffo gridanti, e battaglieri, e in battaglia pertinaci, e con gli animali, che nuocono alle galline, non folamente non temano, ma ancora, contr'a lor vadano. Se dugento nudrir ne vorrai, luogo chiufo è da aver, nel quale due gabbie per lo-ro abituro congiunte fieno, le quali verfo l'Oriente

guar-

guardino, e fieno di lunghezza dieci piedi, e di larghezza, e d'altezza poco meno. Ciafcuna abbia una
fineftra di tre piedi, e un piede più alta, fatta di
vimini radi, sì che dieno molto lume: e che per
quelle niente entrar poffa, che a lor nuoca. Intra
quelle due fia un'ufcio, per lo quale colui, che
l'ha a cuftodire, entrar poffa. Nelle gabbie fpeffe
pertiche meffe fieno, sì che tutte foftener le poffano, e contr'a ogni pertica, nella parete, fia il letto loro: e come dinanzi diffi, il luogo chiufo, dove
il dì fi poffano fpaffare, e fievi dentro fabbione, acciocchè nella polvere fi poffano involgere. I detti letti
fieno intagliati nelle dette pareti, o vero fermamen-
te confitti, imperocchè il movimento, quando ella
dorme, nuoce. E ne' nidi dove fanno l'uova, fi
de' metter paglia, e, quando avrà partorito, fi muti
il detto ftrame, e mettavifi del nuovo, acciocchè le
pulci, e l'altre cofe, che nafcer fogliono, le quali ripofar non le lafciano, vadan via, perocchè le
confumano. Perlaqualcofa l'uova fi convertono in
acqua, o fi corrompono. E qual vorrai porre, non
più che venticinque uova le fi pongono, avvegnachè, per la fecondità fua, talor ne governi più.
Palladio, e le donne noftre diciaffette, o vero di-
ciannove uova, comanda che fene pongano. Ma dicefi, che in alcuna parte del mondo fi truova huomini, che i forni in tal maniera fcaldano, che il lor
calore è eguale al caldo delle galline, che covano: e
in quel forno mettono penne piccole, e mille uova
di galline, e dopo venti dì, nafcono fucceffivamente,
ed efconfene fuori. E l'ottimo parto fi è dall'equinozio della Primavera, all'Autunnale, cioè da mezzo Marzo innanzi: e quelle, che innanzi, o poi, nate fono, non fon da porre. E quelle, che il becco,
nè unghioni non hanno acuti, debbon covare, e l'altre

tre fon meglio da fare uova, che da porre. Ottime al
parto fon quelle, che fon d' un' anno, o vero di due.
Quelle da covare rinchiuder fi debbono, sì che il dì,
e la notte covino, fuorchè la mattina, e 'l giorno, quando beccare, e ber fi dà loro. E convienfi, che 'l curatore vada, alquanti dì interpofti, e l' uova rivolga, sì
che ugualmente fi fcaldino. E a voler conofcer l' uova piene dall' altre, quando le vieni a porre, fi è
da metterle nell' acqua, imperocchè le piene vanno
a fondo, e le fceme nuotano a galla, la qual cofa
potrai conofcere percotendole. Anche a fperarle, quelle, che tralucono fon vane, quelle, che non tralu-
con fon piene. Anche è da fapere, che l' uova lunghe, e acute fon mafchi, e le ritonde fon femmine.
Al por dell' uova, fi vuole offervar, che fien di numero impari, e che l' uova, che fi pongono abbian
feme di gallo. Il curatore ivi a quattro dì, che l' a-
vrà pofte, dee tor l' uova, e fperarle, e quelle,
nelle quali non fi vede alcun fegno di pollo, levar-
le, e l' altre lafciare. E poichè fon nati i polli, fi
deono da ciafcun nido torre, e fottomettergli a quella, che meno uova ha, e l' uova, ch' ell' avrà, fotto-
metterle all' altre : ed il maggior numero fia trenta
pulcini, per gallina, ma maggior greggia non è da
fare, come dice Varro. I primi polli, per quindici
dì, debbono ftar tra la polvere, acciocchè i loro
becchi non s' impedifcano dalla terra dura, e a quegli il panìco, e il miglio è ottimo, e il loglio, e
tali granella minute. Ma il pafto delle galline, del
quale molto fi dilettano, fon vermicelli, e panìco,
e quafi ogni granello, e maffimamente il loglio molto lor fi conviene : e quefto è all' umano corpo nocivo. Per lo cibo della vinaccia diventano fterili, e
per orzo mezzo cotto fanno fpeffo uova, e rendon
l' uova più groffe, sì come Palladio dice. I polli
pic-

piccoli da por fono al Sole, o in ful letame, acciocchè entro vi fi ravvolgano, e in queſto modo meglio crefcono. Ma quando faranno pennuti, fi deono ridurre a feguitare una, o due galline, acciocchè l' altre tórnino a far dell' uova. E quando a covar cominciano fi debbon porre alla nuova Luna, imperocchè quelle, che prima fi pongono, non fuccedono: e in forfe venti dì fi covano. E quando fi covano, è da mettere intorno a' lor nidi corno di cerbió, imperocchè il fuo odore uccide i ferpenti. Molte lefioni ricevono da volpi, e da altri animali, imperò appreſſo di que' luoghi è da ſtirpar tutte erbe, e arbucelli, dove le volpi fi nafcondon per appoſtare. La notte fi rinchiudano nelle gabbie, ottimamente da ogni parte armate, e teſſute, e non fi lafcin di fuori di notte dormire, imperocchè la malvagia volpe, fi dice, gli appoſta, e che in alto falga, acciocchè veggano gli occhi fuoi lucenti, sì come faccelline, e con la coda, sì come baſtoncello, le minaccia: e così impaurite caggiono, e quella le prende. Anche fono appoſtate da' nibbi, e da alcuni altri rapaci uccelli, e maſſimamente da Aguglie, contr' alle quali fi tendon funi, o viti, o vitalbe, fopra 'l luogo, dove il dì dimorano. Prendonfi ancora le golpi con tagliuole, lacciuoli, e mille altri ingegni. E i nibbi, con rete, o viſchio, o con lacciuoli. La pipita a queſti ancor nafcer fuole, la quale è una bianca pellicella, che nafce fu la punta della lingua, e queſta lievemente, con l' unghia, fi tolga, e il luogo con cenere fi tocchi, e con aglio trito, netta la piaga, fi bagni. Ancora uno fpicchio d' aglio trito, con olio, alla ſtrozza fi metta: e ancora la ſtrafizzeca fa prò, fe a' cibi, continuo fi mifchi. E da guardar fono, che non bezzichino lupini amari, imperocchè agli occhi fanno nafcer granella, la, che l' acciecano, sì come dice Palladio. Le quali quando l'hanno, con un ago, lievemente, quelle pellicole sottili si lievano: e in questo modo si curano, ugnendo poi con latte di femmina, mischiato con sugo di porcellana, o vero con sale armoniaco, e comìno, mischiato con mele. Ancora da' pidocchi fortemente son molestate, massimamente quando covano, i quali uccide la strafizzeca pesta, e stemperata con vino, e l'acqua degli amari lupini, se passon dentro alle penne. L'utilità delle galline è, che di quelle nascono l'uova, le quali nutriscono i corpi umani molto, e subito, le quali usiamo in infiniti cibi: le quali ottimamente serbar si possono lungo tempo, se si terranno tre ore nel sale trito, o nella salamoja, e poi si lavino, ed in crusca, ed in paglia si serbino, o ver si serbino in sale. Anche di quelle nascono polli, che, quando son d'età tenera, sono in cibo ottimi, e se si castrano, fien capponi, che meglio, ch'altri polli, ingrassano, e sono di lodevole nutrimento. La carne ancora delle galline è buona, se son giovani, e se son grasse. Le penne loro ancora son buone in coltrice.

Delle Colombaje quali debbono essere.

C A P. L X X X V I I.

LE Colombaje si posson fare in due modi, o vero sopra colonne, con pareti di legname, di muro, di pietre attorniate, o vero sopra torre di grosso muro murate, e ciascuna puote aver nidi d'entro, e di fuori, in buche. Ma meglio è in muri di torre, che di legname, e meglio è dentro, che di fuori i nidi avere: imperocchè se di fuori avrai i nidi, la colombina si perde, la quale è di grande utilitade, e più

age-

agevolmente i pippioni da' rapaci uccelli fon rubati. Facciafi adunque la torre di pietra, con ifpazii larghi, o vero ftretti, fecondo la volontà del Signore, e fecondo la fua poffibilità, non troppo alta, con pareti bene intonicate, e imbiancate. Abbia in ogni quadro una piccola fineftra, che ferva all' ufcire, e all' entrar de' colombi, fotto la quale fia un circuito di pietre, fportato in fuori, che fia bene intonicato, il quale il falimento delle donnole, e dell' altre nocive fiere, impedifca: e fopra tetto fineftra abbiano, per la quale entrino i colombi, ed efcano, imperocchè volentieri i colombi fopra tetto dimorano al Sole. Sia la fineftra ingraticolata di ferro, o di legno, acciocchè per quella i rapaci uccelli entrar non poffano, volando. I nidi fi formino dentro, i quali alcuni fanno diritti, e mezzanamente ftretti. Alcuni gli fanno torti, nafcondendo le covanti colombe. Alcuni fanno fineftrelle late, e un poco concave, o vero lunghe: e i più cefte piccole, intorno alle pareti, e al tetto appiccano, e affermano, che in quelle le colombe più volentier covano. Ma per efperimento apparrà alcune colombe effere, che più volentieri in muro covano, che in ceftelle s' annidino: e alcune, che in contrario, e alcune, che più volentieri in aperto, in qualunque luogo, e fopra qualunque cofa, con nidio, o fanza nidio, covano. E alcune più volentieri fanno in occulto. Ed imperò non è inutile, penfo, nella colombaja, nidi d' ogni generazion fare, acciocchè a' diverfi affetti delle colombe foddisfacciano: avvegnachè quelle, che nel muro fono, da fterco, e da' pidocchi più agevolmente fi nettino, la qual cofa fpeffo far fi conviene, imperocchè da quegli, quando s' accrefcono, il più delle colombe covanti, fono offefe. E ancora ottimo, che nelle colombaje fi pongan pertiche in più parti,

e

e maffimamente intorno, e affi, fopra le quali, al tempo delle piove, e delle nevi, e al tempo del foperchio caldo, le colombe in gran quantità, dimorare, e ripofar fi poffano, e così dal luogo proprio, non agevolmente fi fceverranno; e nettifi ancora fpeffo il lor luogo, e fia, da ogni parte, bello. Imperocchè nella bella cafa, sì come gli huomini più volentieri dimorano, così i colombi nelle colombaje. E fappi, che ogni pajo due, o tre nidi almeno vuole avere, avvegnachè alcuna volta multiplicano in tanto, che riempiono ogni nidio, e 'l palco, e le travi, e tutti i luoghi. Palladio dice, che dalle donnole ficuri fi fanno, fe infra loro vecchia gineftra fi fparge. E anche dice, che i colombi mai il luogo non lafciano, fe del capeftro dello 'mpiccato fi ponga fopra 'l paffamento delle fineftre della colombaja. Ancora dicono, che menano degli altri colombi dall' altre colombaje, alla loro, fe del comìno, e mele mifchiato fi pafcano nel tempo della Primavera, quando comìnciano a figliare, o vero fe le loro alie di balfimo s'ungano. E fpeffo figliano, fe orzo arroftito, o fava, o moco, o veccia, o robiglie fi dia loro.

Delle nuove Colombaje, e Colombi.

CAP. LXXXVIII.

NElle Colombaje nuove, non fi voglion metter colombi vecchi, imperocchè fi partono, e ritornano a principali luoghi: ma mettanvinfi giovani, quando le penne compiute hanno, o vero quafi che compiute. E di quegli, che vi fi mettono, migliori fono i faffajuoli, e dopo quegli fono i tigrani, così dalla gente, per lo color delle penne, chiamati, cotali in colombaje meglio durar fi veggon, che gli altri. I bianchi al tutto fi fchifino, imperocchè durar non poffono, perchè dagli uccelli rapaci molto fi veggono dalla lungi. E quanto più da prima vi fene mettono, tanto più velocemente il luogo fen' empie: e fpezialmente da por vi fon del mefe d' Agofto, o di Settembre, o vero di Luglio, imperocchè allotta più agevolmente truovano i cibi ne' campi proffimani: perlaqualcofa non s' allungano dalla colombaja, e non fi perdono. Del mefe di Marzo, o d' Aprile, o di Maggio, da por non fono, per la contraria ragione. Per quindici dì al principio fi tengon chiufi, che non poffano ufcir fuori, e fe infino a un mefe fi tengon chiufi, farà più utile, imperocchè allora faran più graffi, e a ritornar più ammaeftrati, imperocchè i primi quindici dì dimagrano, perchè non fanno ancor ben beccare: e quando rinchiufi dimorano fi dà lor nella colombaja copiofamente l' efca, e dell' acqua, e negli altri quindici dì ingraffano. Dopo il detto tempo, s' apra loro, a tempo nuvolofo, o vero fereno, ma meglio è a tempo piovofo: imperocchè allora efcono, e ritornan dentro, e non fubito volano a lungi.

Come fi governino, e avvezzino.

CAP. LXXXIX.

QUegli, che nafcono nella colombaja, o che piccoli vi fi mettono, di quella non agevolmente fi partono, ma vanno alcuna volta ad altre colombaje, che truovano efca, quando non fene dà loro, nè nella loro, nè ne' campi ne truovano. Quafi tutti, poichè non hanno bifogno d' efca, fi tornano alla fua: e a quefto val più aver la fua bella, e
buo-

buona. Se nel tempo, quando non truovano efca
copiofamente, loro fene dia: la qual cofa è, quando le nevi, o vero il ghiaccio è fopra la terra: e
del mefe di Maggio, e d'Aprile, arati gli ftoppio-
ni, non fi partono, e fanno molti figliuoli. Il cibo
a quegli conveniente, è fave, grano, vecce, faggina, panìco, e ogni altro granello, lo quale volentier prenda. A cento paja di colombi, fi dia di
grano l'ottava parte d'una corba ogni dì, che è
il terzo d'uno ftajo, e quando non truovano efca di fuori, fi dia il doppio. Il beveraggio ancora
fi dia lor nella colombaja a fufficienza, e diefene
loro, quando non hanno acqua, fe non molto da
lunge, o che, per lo gran caldo, o gran ghiaccio,
trovar non ne poffono. O vero fene ponga in qualche vafo, o luogo, preffo alla colombaja, alla quale fcender poffano a bere. Ed imperò è quafi lor neceffario, che fieno appreffo a luogo, dove acqua difcorra, ove quivi, e bere, e lavar fi poffano. Mon-
diffimi fon quefti uccelli, sì come dice Varrone. Ottimo è, che fi dia loro di molte ragion granella mefcolate, sì come grano, fava minuta, moco, cicerchia, veccia, e rubiglia, faggina, orzo, fpelda, loglio, panìco, e miglio, e ciò che fi vegga, che più
volentieri appetifcano, e quello fpezialmente fi dia loro, acciocchè più difiderofamente quivi dimorino, e
meglio figlino. Palladio dice, che più fpeffo figliano, fe orzo arroftito fi dia loro, o vero rubiglie, o
vero fave. E dice ancora, che non difiderano la State, fe non panìco, e miglio, macerato nella mulfa,
della quale molto ingraffano. La mulfa è acqua melata, nella quale, qualunque granella immollate faranno, e date loro, non fi partono, e ancora gli altri vi menano: e quefto da non pochi s'afferma. Altri fono, che dicono, che non fi dà loro la mattina

na, nè il dì tale efca, acciocchè il dì proccurino andare a bezzicare altrove: ma diefi loro la fera, acciocchè truovin dentro quello, che non truovan di
fuori. Imperocchè s' ella fi deffe lor la mattina, non
proccurerebbon d' andare altrove: ma al tempo delle nevi fi dee dar loro la mattina, acciocchè non
vadan fuori, in luogo dove fien prefi, concioffiecofachè altrove non ne poffano trovare.

Dell' uficio de' Paftori delle Colombaje.

CAP. XC.

IL Paftor de' Colombi, fpeffo dee nettar loro il
luogo, e 'l letame riporre, perchè è ottimo.
E fe alcun ne truova ferito, sì lo curi, e fe alcuno
morto, sì il gitti. E fe alcuni vi fieno troppo fieri,
e battaglieri, in modo, che gli altri offendano, quindi gli rimuova, e in altro luogo, feparato da quel,
fi pongano. E fe pippioni v' ha da vendere, venda,
e cibo, e beveraggio fofficiente dia loro. Coloro,
che fogliono ingraffare i colombi, quegli che vender
vogliono, quando fon piumati, cibano di pan bianco mafticato, o vero molle. Il Verno due volte, la
State tre volte, ciafcun dì, la mattina, di meriggio,
e da fera. Quegli, che hanno grandi le penne, lafciano ne' nidi, con le gambe rotte, nudrire alle
madri, e a 'ngraffare, o traggono lor le penne d' un'
alia, imperocchè quegli, che ftanno fermi, più tofto
ingraffano, che gli altri, fecondo che dice Varro.
Anche fi deon curare, e difendere da ogni altra nociva cofa, imperocchè fon prefi dagli fparvieri, dal
nibbio, falcone, e da altri fimili uccelli rapaci, i
quali uccider fi può con due verghe invifchiate, fitte
in terra, intra loro inchinate le vette, l' una verfo

l' al-

l' altra : e in quel mezzo fi metta l' efca legata, e
così gl' ingannerai agevolmente. Palladio dice, che
ancora dalle donnole ficuri fi fanno, fe intra loro fi
gitta vecchia fpartea, che credo, che fia gineftra, della quale gli animali fi calzano. Anche dice Palladio,
che molti rami di ruta, in diverfi luoghi appiccati,
fi è contra gli animali nimichevoli. Anche fono offefi dalle faine, donnole, e gatte, e da altri animali, che vivono di rapina : contro a' quali debbe il
guardiano l' ufcio, e tutti i luoghi, onde entrar poffono, ottimamente ferrare, e fare intorno cornici,
che avanzino da ogni parte, acciocchè da niuna parte del muro poffano appiccarfi. Anche fono
offefi dagli uccelli rapaci, e da' diurni, e da' notturr-
ni, contra i quali chiuda la notte le fineftre, e fe
aperte le lafcia, ed egli oda lo ftrepito de' colombi,
entri arditamente col lume, e gli uccelli prenda, e
gli uccida, e non curi dell' ufcir de' colombi. Quegli uccelli rapaci del dì, con vifchio, e con reti
pigli, e uccidagli. La fineftra di fopra tetto, ferri,
e i cancelli, sì che i colombi entrar poffano, e u-
fcire, ma non gli uccelli rapaci, che fempre entrano con l' alie aperte. Anche fon moleftati i pippioni fpeffe volte da' pidocchi ; allora il guardiano ne
tragga 'l nido, e rinnuovilo. Anche nafce loro vajuo-
lo intorno agli occhi, il quale gli accieca, e maffimamente del mefe d' Agofto, i quali fono da vendere, o da mangiare, concioffiecofachè non fieno infermi, fe non nel capo. Anche fi partono alcuna
volta, imperocchè non han da beccare, a quefto fi
fovvenga loro. E alcuna volta, per lo fpaventamento
degli animali, contro a' quali fi ripari, come detto
è indietro. Anche muojono per vecchiezza, imperocchè non fi truovano nelle colombaje, oltre a otto
anni durare, sì come dicono gli efperti. Anche dee
il

il guardiano entrare fpeffo nella colombaja, e quante volte v'entra, porti feco un poco d'efca, e quegli avvezzi a chiamare, acciocchè quelli più dimeftichi faccia. Anche dee aver vafo di terra da tenere acqua nelle colombaje, il quale abbia un' affe fopra di fe, alquanto elevata, con molti, e fpeffi palchetti, infra i quali poffano porre il capo, e aggiugner l'acqua, fanza entrar nel vafo, per non bruttarla.

Delle utilità de' Colombi.

CAP. XCI.

Niuna cofa è de' Colombi più feconda, fecondo che dice Varrone, imperocchè in quaranta dì concepe, partorifce, e cova, e nutrica: e quefto è quafi tutto l'anno, e folamente tramezzano da mezzo Dicembre a mezzo Marzo, e fanno due pippioni per volta, i quali infieme crefcono, e hanno le lor forze, quando le madri partorifcono gli altri. Ma gli efperti del noftro tempo, e nelle noftre parti, dicono, che dopo i fei mefi partorifcono, e non prima, e mentre, che vivono, quattro volte, e cinque, e fei, e più fanno figliuoli per anno, fe efca abbiano abbondantemente. Ma fe non fi da lor nulla, tre volte almeno partorifcono, cioè di State. La carne de' pippioni a mangiare è molta buona, e dilettevole, e volentieri fi comperano. Anche *il loro* fterco è ottimo a tutte le piante, e femi, e puoffi fpargere in ogni tempo dell'anno. Quante volte una cofa fi femina in quello feme, fi fpanda, e poi quando vogliono. Una corba di quello vale per un carro di qualfivoglia altro: e di venti corbe, e di venticinque, e di trenta ottimamente s'ingraffa la bifolca

del

del grano, fe con mano, per lo campo, fi fparga u-
gualmente, e con quel grano, allora feminato, fi rivolga la terra. E nota, che tre paja di colombi l' anno, fanno una corba di colombina, fe la colombaja
ha dentro i nidi: e quanto meglio fi cibano, più
colombina fanno, imperocchè più fermi ftanno, che
fe convien, ch' altrove vadano a pafcerfi. Ancora è
un' altra utilità, la quale generalmente fi dice, che fi
poffono, per meffaggi, con lettere, fotto l' alia, o
vero fotto la coda, legate, a' luoghi da lungi mandare, fe del luogo, al qual fi mandano, recati fieno.
Anche racconta Palladio, la qual cofa non fo s' è
vero, che menano degli altri, fe di comìno fi pafcono continuo, o vero fe le punte dell' ale fi toccano
lor col balfamo.

Delle Tortole.

CAP. XCII.

PEr le Tortole fi dee fare il luogo grande fe moltitudine nodrir ne vorrai: e quello sì come de' colombi detto è, che abbiano ufcio, e fineftra, e acqua pura, e le pareti intonicate, e nette, con copritura, e in quelle abbia molti pali fitti, fopra i quali
poffano ftare comodamente, e abbiano luogo acconcio, dove fi pafcano, e per cibo fi dà loro panìco
afciutto. A cento venti tortole bafta quafi un mezzo
moggio, e continuo fi tenga netto i loro abitacoli
dallo fterco, sì che non ne fieno offefe, il quale fi
ferba, ed è buono all' agricoltura. A ingraffarle convenevol tempo è un mefe: e le madri loro molte ne partorifcono, nelle quali molto frutto è. Gli
uccellatori di Lombardia, maffimamente que' di Cre-
mona, tutta la State le tortole con le reti pigliano,

ed in una stanzetta piccola luminosa le rinchiuggono,
e a quelle danno continuo acqua pura, e miglio,
quanto ne vogliono: e così, quasi insino al Verno,
e vero dopo l' Autunno, si serbano: e così millecin-
quecento alcuna volta ne ragunano, le quali, oltr' a
misura, s' ingrassano, e così grasse ottimamente le
vendono.

Come s' ingrassano i Tordi, e le Pernici.

C A P. X C I I I.

CHi vuole avere i predetti uccelli, o vero altri, i
quali, quando son grassi, molto caramente si
vendono, faccia d' aver luogo chiuso, o di tegoli,
o di reti grandi coperto, grande, secondo la moltitudine degli uccelli, che rinchiuder vorrà. In questo
luogo l' acqua, per condotto, venir vuole, e quella, per canali stretti, farla venire a poco a poco, la
quale agevolmente seccar si possa: imperocchè se lata, o diffusa fosse l' acqua, s' imbratterebbe, e be-
rebbesi più inutilmente: e quello, che avanza loro
a bere, per condotto, sen' esca, acciocchè nel loto
non s' affatichino. L' uscio dee aver piccolo, e stretto, per lo quale il guardiano appena entrar possa, e
finestre rade, per le quali non sien veduti di fuori,
che non possano vedere arbori, o altri uccelli, imperocchè, per la vista loro, e per lo desiderio del volare, dimagrerrebbono: e tanto di lume aver si conviene, quanto basti loro a poter veder lume, dove
stanno, e dove si pascono, e dove s' abbeverano.
Appresso dell' uscia, e delle finestre sia provveduto,
che topo, o altri animali non vi possano entrare,
e dentro si ficchino molte stanghe, ove si riposino, e
ancora pertiche inchinate dal solajo alle pareti, alle

quali

quali molte pertiche fi congiungano attraverfo, e gl'
intervalli fieno al modo de' cancelli . Al cibo de' tordi fi pongano mineftre fatte con fichi, e di farro
mifchiato, e granella, le quali ufati fon di prendere, e di quelle, di che più difiderofi fono. Dì venti, innanzi che tor voglia i tordi, largamente dia
loro il cibo, e di farro fottile gli cominci a nutricare. E quando bifogno è, che di quefti fi prendano,
dal tordajo fi traggano, e quegli, che fono fufficienti, in un minore ftanzino, col maggior congiunto, e
con ufcio, e lume più rifplendente, fi pongano. Quivi quando quel numero avrae fchiufo, quelli, che
vuole tutti uccida, e nafcondagli, acciocchè vedendo-
gli gli altri, non fi fpaventino, e innanzi al tempo
di vendere muojano. L'utilità, e la dilettazione è
in quefto: imperocchè i vili, e di piccol pregio fi
rinchiudono, e ingraffati, caramente fi vendono, e
al mangiar de' Signori foddisfanno, e al difiderio di
fe, e di chi ne vorrà, quando farà di neceffità.

Delle ftanze dell' Api, e del luogo a quelle con-
veniente.

CAP. XCIV.

DEll' Api a dover trattare, dirò prima delle loro
ftanze, o vero fedie : delle quali dice Palladio,
che allogar fi debbono in alcuna parte dell'orto fe-
greta, e aprica, e calda, e da' venti remota, imperocchè impedifcon loro il portare alla cafa il pafto,
sì come dice Virgilio, non di lungi dall'abitabili cafe, acciocchè da' ladroni, e dall'avvenimento degli
huomini, e del beftiame fi fommuovano, e in luogo,
dove fia abbondanza di fiori, li quali in erbe, e in

frut-

frutti, e in arbori fi proccuri, con la 'nduftria, e diligenzia, e fieno gli arbori dalla parte di Settentrione difpofti: e fiume, o rivo, o fonte vi fia proffimano, che formi, in paffando, baffe lacune. Varrone dice, che preffo alla villa del Signor fi deono porre, dove non rimbombi voce dell'ecco, imperocchè fi ftima, che quefto le faccia fuggire. Porre fi deono in aere temperato, che di State non vi fia caldo, nè di Verno freddo, e che ragguardi verfo 'l Levante del Verno, cioè in quella parte, nella quale il Verno il Sole fi lieva: e abbia preffo a fe luoghi, dove fia molto pafto, e l'acqua fia pura. Virgilio dice, che innanzi a' loro abituri fronzuti arbori effer debbono: e anche dice, che nell'acqua, che quivi farà, debbono effer falci, che ftendano i rami attraverfo, e faffi grandi, acciocchè con ifpeffi ponti poffano pofare, e tener l'alie aperte di State al Sole. Anche dice Palladio, che poggerelli alti tre piedi fi facciano, e gli alveari fieno piallati, acciocchè lucertole, o altri animali falir non vi poffano: e fopra quefti poggi gli alveari s'alluoghino, in modo, che l'acqua piovere non vi poffa, di fpazio non molto fpartiti. Anche, sì come dice Virgilio, le pecore, e le caprette debbono effer rimote dal luogo dell'api, imperocchè fopra i fiori fi gittano, e ancora le vacche, acciocchè la rugiada non tranghiottifcano, e atterrin l'erbe nafcenti. Anche fi guardino da vifpiftrelli, e da lucertole, e da rondoni, e da altri uccelli nocivi, che quefte appoftano: e rimoffe da ogni grave odor di fango, e di qualunque altra cofa.

Degli

Degli alveari, come effer debbone.

CAP. XCV.

GLi alveari fon, sì come dice Palladio, migliori di cortecce d'arbori, maffimamente de'fuveri, imperocchè non trafmettono la forza del freddo, e del caldo. Poffonfi ancor far di ferule, e fe non fi truova di, quefto, di falcio, e de' fuo' vimini fi fabbrichino, o vero di legno cavato d'arbore, o vero di tavole compofte. Di terra peffimi fono, imperocchè di Verno gielano, e di State fcaldano. I luoghi fieno ftretti, onde deono entrare, acciocchè non fieno offefe dal caldo, e dal freddo. Da' venti la parete alta le difenda, e tutte loro entrate, verfo il Sole fien dirizzate il Verno: e in una corteccia due, o tre effer debbono, e fieno piccole, a grandezza dell' api, e che dall' entramento de' nocivi animali le riparino, per la ftrettezza. E fe vorranno contrariar l'api, altro ufcimento ufino: imperocchè fe gli entramenti non fono ftretti, sì come dice Varro, e Virgilio, il mele, per lo freddo ghiaccia, e per lo caldo fi ftrugge, e le pecchie guafta, per l'una cagione, e per l'altra: ma per gran parte gli huomini del noftro tempo, un folo mezzolano, o vero grande foro ufano, nel mezzo dell'alveario. A che debbono gli alveari effer grandi, per lo grande efciame, e piccoli per lo piccolo, avvegnachè nel piccolo più fpeffo l'efciame gittano, imperocchè due efciami non poffono ftare infieme nel piccolo. Alto, o vero lungo fia d'un piede, e mezzo, o vero di due, e largo due fommeffi, o poco più, o ver meno. Un' huomo efpertiffimo m'affermò, che migliori fono gli alveari quadri, di tavole fatti, che i ritondi, e migliori, fe

giac-

giacciono un poco inchinati innanzi, che diritti, ne'
quali poſſano in ordinanza, l'uno ſopra l'altro, al-
logarſi, e abbiano fondo da ogni canto, in cotal
modo diſpoſto, che quindi poſſano agevolmente ri-
muoverſi, quando biſogno farà di cavare il mele. Il
fondo innanzi debbe avere due fori piccoli, e quello
di dietro uno, nella parte baſſa, per li quali, da o-
gni parte, entrino, ed eſcano. Diſſe ancora, che
hanno trovato, che meglio lavorano, quando l'alveario dentro è ſcuro, il che è argomento, che i fori
debbono eſſer piccoli, e le feſſure dell'alveario ottimamente ſuggellate: la qual coſa molto c'inſegna la
loro induſtria: imperocchè i forami grandi, verſo il
Verno, di cera riturano, ſolo un foro laſciano alla
forma loro.

Del naſcimento delle pecchie.

CAP. XCVI.

LE pecchie, parte naſcon di lor medeſime, e parte del corpo d'un bue putrefatto, sì come dice
Varrone, ma il modo tace. Virgilio, dice il maeſtro
Arcadio, eſſere ſtato il primo trovatore di queſta coſa, e trovò il modo. Eleggeſi un luogo ſtretto, chiuſo di mura, coperto d'embrici, abbiente quattro torte fineſtre. Poi ſi tolga un vitello di due anni, e
queſto ſi combatta, e ſi moleſti per modo, che ſof-
fiando per le nari, e per la bocca, contraſtando alla
morte, con molte piaghe ſopra la pelle, per modo,
che tutte le 'nteriora ſi veggano, s'uccida, e ſi rinchiuda nel detto luogo: e ſotto le coſte gli ſi pone
pezzuoli di rami di timo, e caſſia recente, e queſto
ſi faccia, quando comincia a trar zeffiro, innanzi che
i prati comincino a verzicare, e innanzi che la rondine

dine venga, e faccia il nidio. Allora l'umor del vitello scaldato ribolle, e crea le pecchie: le quali prima, sanza piedi, nascono, e incontanente, con le stridenti ale, si mischiano, e si lievano in alto.

Come, e quando si comperino, e come si portino, e tramutino.

C A P. X C V I I.

DElle pecchie, ottime son le piccole, e varie, e ritonde, sì come dice Varrone. A comperarle, il comperator veder le conviene s'elle son sane, o s'elle sieno inferme. I segni della sanità sono, s'elle son frequenti nello sciame, e s'elle son nette: e se l'opera, ch'elle fanno è eguale, e lena. I segni delle men sane si è, s'elle sono pilose, e brutte, come quelle, che son polverose. Da provvedere è anche, che pieni si comperino gli alveari: la qual cosa, o il ragguardamento, o vero la grandezza del mormorìo, e la moltitudine di quelle, che vanno attorno, e delle ritornanti dello sciame, dimostrano. Se da tramutar sono ad altro luogo, questo si convien far diligentemente, e i tempi, che questo meglio far si possa, e da ragguardare, e i luoghi dove si traportano, che sieno sufficienti, è da provvedere. Il tempo è più tosto la Primavera, che nel Verno, imperocchè quelle, che di Verno si trasportano, malagevolmente s'avvezzano a stare: ed imperò spesse volte fuggono se di buon luogo le trasporti: e dove sufficienti pasti non fieno, fuggitive si fanno: e di vicina regione, più tosto, che da lunga, da trasportar sono, acciocchè non si spaventino della novità dell'aria. Ma s'elle son da recare dalla lungi, in collo di notte si portino, e non si vogliono nè posare, nè aprir gli alveari,

veari, fe non la fera vegnente. Ragguardiamo quindi, dopo tre dì, che tutto fuor non efca lo fciame,
perchè quetto è fegno, la fuga di prender penfano.
E non fi crede, che fuggano, fe fterco di primogeni-
to vitello fi ponga a' buchi de' vafi, sì come Palladio
dice. Nel mefe d'Aprile, come dice Palladio, ne'
luoghi convenienti, le pecchie cercheremo, e fe fon
d'appreffo, o di lungi, fi conofce così. Torrai fino-
pia liquida, o vero altro colore fimile, che tinga, e
in piccolo vafello porteremo, e offerveremo le fonti,
e l'acque proffimane: e allora che le pecchie vengono a bere, fi tocchino con un fufcello tinto, e poi
afpetteremo fe tofto ritorna quella, ch'avemo tinta:
e fe tofto torna, allora ftimiamo, ch'ella fia d'appreffo. Ma s'ella tarda, fia da lungi. E così, per lo
tempo, che pena, fi confidera, come fono di lungi,
o appreffo. A quelle, che fon dappreffo agevolmente
verremo, a quelle, che fon da lungi, in quefto modo verrai. Torrai un bucciuolo di canna aperto dall'
un de' lati, ma l'altro chiufo col nodo della canna, e dentro vi fi metta mele, e pongafi allato alla
fonte, e afpettifi, che v'entri dentro delle pecchie,
e come ve ne farà entrate, fi turi il foro della canna col dito groffo, e una fola ne lafcerai ufcire, la
cui fuga perfeguita, e quella perfettamente la parte ti
moftra del fuo ofpizio. E quando quella veder non
potrai, manderai fuor l'altra, e feguitala, e così tutte lafciate, ti moftreranno d'andare al luogo dello
fciame. Altri, appreffo dell'acqua un piccol vafello
di mele pongono, del quale, quando l'api avranno
bevuto, una al comune pafto andante, l'altre merrà:
lo fpeffeggiar delle quali crefcendo, notata la parte
delle volanti, infino allo fciame potrai feguire.

Co-

Come si tengano, e proccurino le pecchie.

CAP. XCVIII.

IL guardian delle pecchie proccuri, che appresso il lor luogo sia abbondanza di fiori, a' quali, o in erbe, o in frutti, o in arbori con la 'ndustria proccuri, e queste erbe quivi nutrisca, cioè. Timo, santoreggia, serpillo, vivuole, persa, jacinto, ghiaggiuolo, narcifo, gruogo, e tutte erbe di soave odore, e d'odoriferi fiori. E i frutti sieno rose, ramerino, ellere d'arbori, mandorli, peschi, peri, meli, e tutti arbori pomiferi, sanza amarore: e de' salvatichi querce da ghiande, roveri, bossi, terebinto, lentischio, cederni, tigli, leccio minore, e i taffi, e i pini si lievin via. I sopraddetti dolce mele fanno: gli altri arbori fanno mele rustico, sì come Palladio dice. E quelli massimamente son da seminare, se pasto naturale non v'è, come dice Varrone, i quali massimamente le pecchie seguitano: sì come rose, serpillo, appiastro, papavero, lente, fava, pisello, bassilico, cedrangola, che utilissime sono. E incominciano i fiori dall' equinozio della Primavera, e durano infino a mezzo Settembre. Ma alla sanità delle pecchie è utile a fare acqua melata col timo, ed avere acqua liquida, onde beano, e averla prossimana, la qual non discorra, e che non sia profonda, oltre a due, o tre dita, ove si mettano testi, e pietruzze, sopra i quali posarsi a ber possano: nella quale è da aver diligente sollecitudine, che l'acqua sia pura, e netta, che molto fa ad aver buon mele. E acciocchè non ogni tempesta di gragnuola, o di vento, o piove, o neve, o freddo non le commuova a andare altrove, si dee loro apparecchiar cibo, sì che non fieno costrette solamen-

mènte di mele vivere, o vero, dimagrate, abbando-
nar gli alveari. Ed imperò si tolgano fichi, in quantità di dieci libbre, e cuocansi in acqua, i quali, cotti, in iscodelle, preffo si pongono. Altri .fanno acqua mulfa, e pongonla ne' vafelli, ivi preffo: la qual
mulfa si fa così. Si toglie parti nove d'acqua, e parti
dieci di mele, e cuocefi un poco', nella quale aggiungono lana pura, la quale fucciano alcun tempo, acciocchè di troppo bere non s'empiano, o vero caggiano nell'acqua: e quefti vafelli pongono negli alveari. Altri uve paffe, e fichi peftano, e aggiungonvi
fapa, e di quefto in iscodelle danno loro, alle quali
il Verno a quefto pafto andar poffono. Nel tempo
della Primavera, quafi tre volte il mefe, e di State
fimilmente il mel si dee ragguardare, in quefto modo,
affumicandole lievemente, e da ogni fterco purgare
gli alveari, e tutti i vermi cavarne. E a ciò ancora
ragguardi, che molti Re non v'abbia, imperocchè
inutili fono, per gli appoftamenti, e guerre, che
fanno loro, perocchè due fon le generazion de' Du-
chi, sì come a Mecenate Virgilio fcrive, cioè: nero,
e vario. Il vario, che è migliore, si vuol ferbare,
e il nero uccidere nel melario, imperocchè dell'altro
Re è traditore, e corrompe l'alveo, o perchè fugga,
o perchè è fatto fuggire, con moltitudine di pecchie, e però uccidendolo, ceffa la battaglia delle
pecchie, sì come dice Virgilio. Del mefe di Maggio,
sì come dice Palladio, si cominciano a crefcer gli
fciami, e nell'eftreme parti de' fiari, maggiori si
creano le pecchie, le quali alcuni chiamano Re,
ma i Greci Κηφὶν chiamano, e comandano, che s'an-
nieghino, imperocchè il ripofo commuovono del cheto fciame: e ancora i popilioni, cioè parpaglioni abbondano, i quali anche uccider dobbiamo. Anche
appreffo del cominciamento di Novembre dallo fterco

net-

nettar si vogliono, imperocchè tutto il Verno quegli muovere, o aprir non possiamo: ma questo in dì chiaro, e caldo è da fare, con penne d'uccelli grandi, le quali hanno rigore, o vero con altro simile, tutte le 'nteriora si spazzino, le quali la mano non potrebbe aggiugnere. E allora tutte le fessure, che son d'intorno, di loto, di bovina mischiato, dalla parte di fuori, tureremo: e con ginestre, e con altre copriture, a similitudine d'un portico, copirremo, acciocchè dal freddo, e dalle tempeste si possano difendere. Il buon guardiano dee del mese di Settembre gli alveari vecchi riconoscere, e i pieni, e gravi, i quali nella State non composero gli sciami, vendere o vero l'api uccidere, e fare il mele, e la cera in quel modo, che innanzi, nel suo luogo, diremo. Anche dee il guardiano, sì come gli esperti affermano, di State tenere gli alveari, con sottili pezzuoli di tavole, un poco elevati, sì che l'api, e uscire, e entrar possano, ma non le lucertole: e di Verno con bovina ottimamente turare. Ancora quando molto impoveriscono del mele, il quale si conosce al vedere, se di sotto si ragguardi, o al peso: o vero meglio, faccendo un foro, sopra la parte mezzana, e per questo un fuscel netto dentro messo, dia loro del mele, o vero pollo arrostito, o vero altre carni. Anche dicono, che, se l'alveo è grasso, lascisi il Verno sopra le sue sedie, e se è magro, ripongasi in casa, in luogo oscuro, ordinato, sì che i topi non l'offendano.

Delle cose, che nuocono alle pecchie, e di lor cura.

CAP. XCIX.

DA provvedere è, come dice Varro, che le deboli dalle poderose non fieno offese, imperocchè,

chè, per questo, si menoma il frutto: ed imperò le
deboli, morto il lor Re, si sottomettono a un' altro
Re. Le quali se spesso contr' a se combattono, si vogliono sopraffar con l' acqua mulsa : e ciò fatto, non
solamente si rimangono dalla battaglia, ma isbrattan-
si, leccandosi: e maggiormente se dalla mulsa sono
spruzzate, alla quale, per l' odore più disiderosamente s' appigliano, e stupidiscono. E se dell' alveario meno spesso si partono, e ne soprastà alcuna parte, senza suffumicare, il porre lor presso erbe molto odorifere, massimamente appiastro, è ottimo. E da provvedere è ottimamente, che per caldo, o per freddo
non periscano. Se quando, per subita acqua, sono
oppressate, in pastura, o di subito freddo, che rade
volte addiviene, che sieno ingannate, e da gocciole
offese, giacciono abbattute ; allora è da ragunarle in
alcun vaso, e riporle in coperto luogo, e caldo e
buona cenere tiepida, e più calda, che tiepida, gittar sopra loro, discrollando pianamente il vaso, e le
pecchie, sì che quelle, con mano, non tocchi : e
porle al Sole, dove rivivano, appresso de' loro alveari, sì che alle lor case ritornino. Ma se sono inferme, che da questo si conosce, sì come dice Virgilio, che le 'nferme, hanno altro colore, e paurosa
magrezza, che molto le sforma, e i corpi delle morte arrecano fuori, e altre co' piedi appiccate a l' u-
scio pendono, o vero dentro nella loro casa tutte combattono, e sono cascanti per fame, e rattratte, e pigre, per freddo, e fanno dentro alla casa il susurra-
to più grave, sì come nelle selve mormora Austro,
e sì come il Mare mugghia nel percuoter dell' onde, e sì come nelle chiuse fornaci, quando il rab-
bioso fuoco svapora; allora vi s' accenda odorifero
galbano, e in cannelli di canna, mele darai loro, e
farà prò se di galla trita il sapor vi mischierai, o
vero

vero fecche rofe, o vero minuzzoli di carne arrofti-
ta, o vero uva paffa, o vero timo, o centaura, o
vero radici d' erba, che da' forefi fi chiama amello,
poni in odorifero vino, ne' caneftri poni all' ufcir dell'
api. Quefta erba fi conofce, che nafce ne' prati, e
fa lo ftipite, sì come felva, e le fue foglie molto
s' attorniano, e 'l fuo fiore è di color d' oro, e in
bocca è d' afpro fapore. Scaccianfi ancor, sì come
dice Palladio, le lucertole, e rane, e tutti altri animali all' api nimichevoli, e gli uccelli, con ifpaven-
tacchi, fpaventiamo. Del mefe di Marzo maffimamente foglion venir loro le 'nfermità: imperocchè dopo
i freddi digiuni del Verno, i titimagli, i fiori amari dell' olmo, che prima nafcono, difiderofamente ap-
petendo, fanno loro diffoluzion di corpo, e l' uccidono fe non le foccorri con veloci rimedj: e darai loro granella di melagrane pefte con vino afpro, e raf-
freddate fi pongano in vafelli. Se paurofe parranno, o
ver contratte di corpo, e faccian filenzio, e i corpi
delle morte fpeffo porteranno fuori, fatti canali di
canna, mele, con polvere di galla, o rofe fecche,
cotto, vi dovrai infondere. E` quefto innanzi a ogni
cofa bifogna, che le putride parti de' fiavi, o vero
le vote cere, le quali, per alcun cafo, lo fciame, a
pochezza ridotto, non potrae empiere, ricideralo,
con taglienti ferri, fottilmente, acciocchè l' altra parte moffa de' fiavi, non coftringa l' api, le caffette
commoffe abbandonare. Ma fe vedeffi, chi per abbondanza de' fiori attendeffero pure a far mele, e di
figliar niente penfaffero, e vedrai la pochezza; allora
turerai i fori, onde efcono, e non le lafcerai ufcire,
infino a tre dì, e per quefto modo fi conducono a
generare. Ora appreffo a calen d' Aprile da curar
fono gli alvei, per modo, che fi tolga ogni faftidio,
che 'l tempo del Verno contraffe, di vermi, vermi-
cel-

celli, e tignuole, e ragnoli (per li quali si corrompe
l'uso de' favi) e de' parpaglioni, che del suo sterco
vermini fanno. Il modo da uccidere i parpaglioni è
questo, come dice Palladio. Un vasello di rame alto, e stretto, la sera dentro fra gli alveari allogghere-
mo, e nel suo fondo un lume acceso porremo, e
quivi i farfalloni si rauneranno, e intorno al lume
voleranno, e la strettezza del vaso, al vicino fuoco
gli costrigne a morire. Allora si faccia fummo dello
sterco secco del bue, il quale è ottimo alla salute
dell' api: la quale purgazione, frequentemente, infino al tempo dell' Autunno, si faccia. E tutte queste
cose faccia il guardiano casto, e sobrio, e da mangiare, e da bere: e da agli, e da cibi agri, e da
odor fiatoso, e da tutti salsamenti rimosso.

De' costumi, e modi, e industria, e vita dell' Api.

C A P. C.

LE Pecchie non sono di solitaria natura, come l'a-
guglie, ma come gli huomini, imperocchè in
queste è compagnie d'opere, e d'edificj: e in queste
è ragione, e arte: di fuor si pascono, d'entro l'o-
pera fanno. Niuna di queste sta in luogo sozzo, o puzzolente. E se alcuna volta nell'aria disperse sono,
con cembali, e suoni, si riducono in un luogo. Il
lor Re seguitano, dovunque va, e quando s'allassa,
il sollievano, e se non può volare, gli entran sotto,
e portanlo, e così conservare il vogliono: e non sono senza operare, e odiano le pigre: e così impeto
faccendo, scacciano da se i fuchi, i quali non l'ajutano,
e consumano il mele, i quali, vociferanti, le più perse-
guitano, e le poche i fori dell' uscio dell' alveo tura-
no, fuorchè quello donde entrano, perchè vento non
vi

vi tragga. Tutte, sì come in efercito vivono, e così
in diverfe ore dormono, e l' opera fanno parimente,
e sì come in colonie fon mandate, e di quefte du-
chi fanno alcuni a voce, come un feguito di trombe.
Allora fanno quefto, quando intra fe, fegni di pace,
o vero di battaglia abbiano. Di melagrano, o di fparago il cibo folo, dell' arbore dell' ulivo prendono il
mele, ma non buono. Due minifteri fi fa della fava,
appiaftro, e zucca, e cavolo: ciò fono cera, e cibo.
Quel medefimo de' peri, e de' meli falvatichi, e del papavero, cera, e mele. Della noce greca triplice minifte-
rio far fi dice, e del lapfano, cibo, e mele, e cera: così
degli altri fiori prendono, quali ad una cofa, e quali a più. Ancora d' altra cofa fanno liquido mele,
sì come del fior del cece, e d' altra fanno il contrario, cioè del ramerino, che 'l fanno fpeffo. Così
d' altra fanno il mele infoave, sì come del fico: del
citifo buono, del timo ottimo, sì come dice Varrone. Ma Virgilio dice, che effe fanno l' aule, cioè le
magioni, e i regni di cera. Speffo ancora, errando,
ne' duri ciotti percuoton l' ale, e conviene render l' a-
nima fotto 'l pefo, tanto è l' amor de' fiori, e gloria
di generare il mele. E avvegnachè fieno di breve vita,
imperocchè oltre a fette anni non vivono, benchè la
lor generazion fia immortale.

*Quando, e come efcano gli fciami, e come fi cono-
fce innanzi al loro ufcimento.*

CAP. CI.

LO fciame, ufcir fuole, sì come dice Varrone,
quando l' api nàte fon molto profperevoli, e la
progenie in colonia voglion mandare, sì come in addietro i Sabini fecciono, per la moltitudine de' figliuoli.

li. Al che due fegnali fogliono andar dinanzi: uno,
che ne' fuperiori dì, maffimamente la fera, molte innanzi al foro del loro ufcire, a modo di grappol
d'uve, l'una appiccata all'altra, aggomitolate pendono. L'altro, che quando già volar debbono, o
vero quando cominciano, fuonano fortemente, come
i popoli, e i cavalier fanno, quando muovono gli
eferciti; le quali, quando prima ufciranno, nel co-
fpetto, volano, e l'altre, che ancora non fono ufci-
te, afpettanfi, infino che fi ragunino tutte. Ma Virgilio fcrive, che alcuna volta efcono fuori a battaglia,
imperocchè fpeffo, effendovi due Re, nafce tra loro,
e le lor feguaci gran difcordia, che fi conofce, perchè allora in aria un fuono grande, a modo di trombe s'ode. Quando paurofe intra fe fi congiungono,
e delle penne rifplendono, aguzzan l'ago co' becchi,
e le membra adattano alla battaglia, e intorno al Re
fi mifchiano, e fi ftringono, e con gran grida chiamano il nimico; allora fi difrompono con corfi, e
mifchiate s'aggomitolano, e faffi un gran fuono, e
ftrabocchevolmente caggiono più fpeffe, che la gragnuola, o le ghiande, quando fi fcuotono, o neve,
quando fiocca. E i Re, nel mezzo delle fchiere,
con valorofo animo, intra lor combattono, con ri-
fplendienti ale, e alla battaglia non danno luogo, infino che la zuffa non coftrigne, o l'uno, o l'altro
di dare i doffi. Quefti movimenti d'animi, e quefti
tanti combattimenti, con gittamento di poca polvere,
fi quieta. Ma quando amendue i guidatori, e amendue le fchiere rivocherai, al piggiore, acciocchè più
non offenda, darai la morte, e il miglior riponi, imperocchè fono di due maniere. Il migliore è di color
d'oro, l'altro è nero, e brutto. Anche efcono alcuna volta, per vana dilettazione, sì come il detto Virgilio fcrive, la qual cofa fi conofce, quando per l'a-

ria, volando, fcherzano, la qual cofa agevolmente vie-
tar fi puote, levando l'alie a' Re, acciocchè in alto
volar non poffano. Palladio fcrive, che la fuga, che
de' venire, o vero ufcimento dello fciame, fi conofce
imperò, che per due dì, o per trè, dinanzi, agra-
mente fi fa un tumulto, e un mormorìo fpeffo, il
quale ponendovi l'orecchie, fi conofce.

Come fi ricolgano gli fciami, e rinchiudanfi.

CAP. CII.

QUando il guardian dell'api vede lo fciame effere ufcito, e ftar nell'aria, incontanente fi
conviene polvere intra lor gittare, e con baci-
ni, o ferramenti fuon fare fortemente, sì che, fpa-
ventate, alla lunga non vadano. Ma fe in alcun luogo s'appiccano proffimano, quando vedrà dove porre
fi vorranno, erbe, e rami d'arbori, ne' quali fi dilettano, a una pertica ben legati, quivi apponga, sì
che fopr' effi s'appicchino. E quando tutte quivi faranno appiccate, quelle in terra ponga, e l'alveo,
fopr' a quelle, alluoghi, nel quale enterranno, e poi
la fera fi pongan, dove deono ftar continuo, o vero
fi tolga un piccolo alveo, d'odorifero vino bagnato,
e con pertica fi ponga in quel luogo, dove faranno
appiccate, nel quale, per fe, o vero per fummo, enterranno. E quando tutte vi faranno entrate, fi pongano fopra uno fcanno fpaziofo forato, il nuovo alveo ottimamente purgato, e d'odorifero vin bagnato,
e di finocchio verde, o d'ogni altre erbe odorifere,
e d'un pò di mele ftropicciato, fopra quello fi ponga, rimoffo il fuperior fondo dall'alveo, sì che per
fe, o per benificio del fummo, nella cafa nuova entrino, e poi la fera, nel fuo luogo fi pongano. Ma

se in alcun ramo s'appiccheranno, taglisi con tagliente ferro, e soavemente si disponga, e sopra lui s'alluoghi nuovo alveario, e facciasi, com'io dissi, quando in erbe, o vero rami annodati alla pertica s'appiccano. E se lo sciame intero raccogliere non si puote,
in due, o in più si puote raccogliere, e ciascuna parte sotto l'alveo allogare. Che se avvenisse, che avesse il Re con una parte, tutte l'altre parti a lui verranno, per se medesime. E se già in alcuno arbore
perforato enterranno, al luogo donde entrano, ed e-
scono, si ponga un'alveo piccolo, e per alcuno gran
foro sotto all'api, nuovamente fatto, si metta fummo, acciocchè nell'alveolo fuggano, di sopra alloga-
to, o vero in ramucelli quivi posti, se l'alveolo aver
non si potesse: e così intra più volte si potranno tutte avere. O vero se quell'arbore è sottile, con la se-
ga si ricida, e di sotto, e di sopra, e prendansi con
panni bianchi, e netti, e nel nuovo alveo si mettano, o vero, per se, in nuova sedia s'alluoghino, o
vero del detto arbore si caccino al tutto: e quando
poste si saranno in alcun ramo, e s'appiccano, o
vero appiccar si vogliono, facciasi, come è detto di
loro quando di proprio voler si partono. Ma s'elle
s'appiccheranno in erba, o in fruscolo, o in altro
luogo, sopra 'l quale nuovo alveo por si possa, non
è altro da fare, se non che in quello si ricevano, e
la sera s'alluoghino, dove deono stare. Ma s'elle
s'appiccano in alcun luogo alto, e sconcio, dal quale pe' detti modi aver non si possano, scuotansi con
lunghissime pertiche, sì che in terra caggiano, o vero si pongano in convenevole luogo. Il guardiano,
quando cotali cose proccura, sì come Palladio scrive,
dee esser puro da ogni immondizia, e fiatore d'alcuno agrume, o da altro mal sapore, libero. Anche
dee essere attento d'avere gli alveari apparecchiati
nuo-

nuovi, ne' quali si ricevano gli sciami rozzi, e giovani, imperocchè le novelle api, per l'animo vaga-
bondo, spesse volte si fuggono, se non s'osser-
vano, e quelle ch'escono dimorano uno, o due
dì, le quali ne' nuovi alvei da ricever sono immantenente, che torneranno. Osserverà il guardiano continuamente, fino all'ottava, o nona ora del dì, se
vede i segni della futtura fuga, e massimamente del
mese di Giugno: imperocchè, dopo le dette ore,
non agevolmente fuggire, o vero partire usano. Avvegnachè alcune incontanente procedere, e partir non
dubitino. Anche, quando a battaglia escono, proccuri, se quando saranno costrette da polvere, o altro,
tutte in un luogo, o si raunano, o s'appiccano, e
allora intendo tra loro esser pace, o vero tutte avere un Re, o vero, che riconciliate, sien d'accordo.
Ma se due, o vero più parti fanno, allora conosca,
che sono in discordia, e tanti Re essere, quante parti dimostrano. Dove più aggomitolate son l'api, e
più spesse, unta la mano di mele, o di melliloto,
o d'appio, cerchi de' Re, che sono un poco maggiori, e più lunghi, che l'altre api, e con più diritte gambe, e non son di più grandi penne, più
belli, e netti, senza pelo, se non che nella fronte
sono più pieni, e quasi un capello nel ventre portano, il quale a pugner non usano. Sono altri neri,
e irsuti, i quali si convengono spegnere, e i più
belli serbare, i quali, se spesso vagano, con gli sciami suoi, si serbano, tolte lor l'alie: perocchè stan-
dovi, niuna si parte. Se gli sciami non nascono grandi a sufficienza, quelli di due, o di più vasi, possiamo in uno ridurre: ma con dolce liquore l'api
imbagnate, e rinchiuse terremo, postovi il cibo del
mele, lasciandovi alcuni spiragli strettissimi nella cella: che se vorrai l'alveario, nel quale, per alcu-

na piftolenza, moltitudine fcemata foffe, d'accrefcimento di popolo riparare, confidererai negli altri abbondanti la cera de' favi, e l'eftremità, che hanno
i cacchioni: e dove fegno del Re, che dee nafcere
troverrai, con la fchiatta fua, lo caverai, e porralo
nell'alveario. Il fegno quando il Re dee nafcere fi
è, che infra tutti i fori, che hanno cacchioni, un
foro maggiore, sì come ubero, appare. Ma allora fon
da trafportare, quando moftrano i lor capi, e rofi i
fori, s'apparecchiano d'ufcir fuori: ma fe gli trafpor-
terai non maturi, morranno. Ma fe lo fciame fubito
fi leverà, con iftrepito di bacino, o di tefti fi fpa-
venti, e per quefto modo agli alveari ritorneranno,
o vero nella proffima fronde s'appiccheranno, e quindi in un vafo nuovo, unto di mele, e fregato d'erbe ufate, fi metta, e poi, o con mano, o con meftola, fi riponga la fera con l'altre.

Quando, e come fi può torre il mele alle pecchie.

C A P. C I I I.

DEl mefe di Giugno, fecondo che dice Palladío,
fi cavino gli alveari, i quali faranno maturi a
rendere il mele, della qual cofa faremo ammaeftrati,
per molti fegni. Primieramente, quando fon pieni di
pecchie, e vi fentiamo piccolo mormorìo, imperocchè
le vote fedie de' favi, sì come concavi edifizj, le voci, le quali riceveranno, fi lievano più in alto: perlaqualcofa, quando s'ode il mormorìo grande, e ro-
co, conofciamo non effere fufficienti a mietere le gra-
ticole de' fiali. Anche quando i fuchi, che fono api
maggiori, con grande infeftazione le perturbano, fi-
gnificano maturi i meli. Anche, fecondo Varrone,
fegno da cavare i favi è, fe dentro fanno gomitolo:
an-

anche fe i buchi de' fiali fon turati, quafi a modo di
carta. Allora fon pieni di mele. Caverannofi gli alveari nell'ora del mattutino, quando le pecchie im-
pigrifcono, e non fono defte dal \caldo, e facciafi
fummo di galbano, e di fecca bovina, la quale nel
polmentario, con accefi carboni, fi convien deftare,
il qual vafo fia così figurato: Che nella ftretta bocca il fummo poffa ufcire: e così dando luogo le pecchie, fi ricideranno i fiali. E per pafto delle pecchie
vi fi lafci la quinta- parte de' fiali: ma li putridi, e
viziati fiali, degli alveari fi tolgano. Anche del mefe
d'Ottobre gli alveari fi caveranno, per lo modo detto: i quali fi convengon vedere, e fe v'è abbondanza torne, e fe mezzolani fono, mezza parte, per la
povertà del Verno, lafciarne. Ma fe le buche de'
favi fon piene a metà, non fene cavi niente. Ma
Varrone fcrive, che la terza parte de' fiali folamente
fi tolga, e l'altro fi lafci per lo Verno, avvegnachè
pieni fieno gli alveari di mele. Ma fe tu temerai effere afpro Verno, niente al poftutto fene tolga, sì
come Virgilio fcrive. Ma gli huomini del noftro tempo, molto in quefto efperti, affermano, che 'l mele
fi dee lor torre folamente una volta l'anno, e quefto
nella fine d'Agofto, infino a mezzo Settembre. Ma
la cera corrotta, allora, e prima, qualunque otta fi
truova, torre fi dee. Anche il mele fi dee torre, fecondo che ve n'ha, e fecondo che v'ha pecchie poche, o affai: e che oltre alla quarta parte non fene
tolga. Il modo del torre il mele degli alveari, è.
Che fi chiuda con erba il foro, uno, o vero più,
fe più ven'ha, sì che l'ápi ufcir non poffano: e di
fotto, con un panno molle, o vero con paglia, facciafi fummo, acciocchè alla parte fuperiore dell'alveo
falgano: e piegato l'alveo, fi tagli il fiale, con fottil coltello, immollato fpeffo in acqua, acciocchè la

ce-

cere al coltello, non s'appicchi, e che i fiali, che rimangono, non s'offendano. Ma se l'alveo del fiale giaccia, i fiali si cominciano a fare nella parte di dietro all'asse di sopra appiccati: e questi del primo mele s'empiono: e poi nella parte dinanzi s'affaticano, e in quella parte dimoran tutte: ed imperò sicuramente si può aprire il fondo di dietro, il quale così disposto esser dee, che agevolmente s'apra, e tratti i fiali, col mele, segretamente, si riponga il fondo al suo luogo. Ma, quando l'api di questo s'avveggono, tutte vanno al votato luogo riempiere: e quando l'hanno riparato, e tutto ricompiuto, dalla parte dinanzi ritornano, e quivi dimorano: e per questo apertamente si può sapere, quando il luogo voto è ripieno.

Come si governa il mele, e la cera.

CAP. CIV.

IL mele si cava de' fiali in questo modo. I fiali, innanzi che si priemano, si toglie via se v'è alcuna parte corrotta, e cacchionosa, imperocchè di mal sapore il mele corrompono: e poi, così netti, si rompano, e minuzzati si mettano in cesta ben netta, e così si lascino tanto, che a poco a poco, per sè, n'esca il mele, o stretto con alcun peso: e quello, che n'esce è mel crudo bellissimo, e poi si cuoca il mele con la cera, sì come si dirà. Quando le pecchie fieno dibattute, e morte, si fa in questo modo. Del mese di Settembre si tolgano gli alveari vecchi, e gravi, li quali nella passata State non composono sciami: e sopra il fummo, e fiamma di paglia, un poco si tenga l'alveo, acciocchè l'api di sopra fugga-

gano, o vero s'abbrucin l'alie: e poi rivolgi il copertojo dell'alveo sopra terra, e con una verghetta di
ferro, taglia i bastoni, che son nell'alveo, e ottimamente con quella medesima, il mele, e la cera, e l'a-
pi strigni: e poi rivolgi l'alveo, e leva il coperchio,
e ponlo in su una stanghetta nettissima, sopra un bigon-
ciuolo, e con una paletta vi manda il mele, e la cera: il quale poi.in una forte taschetta poni, la quale
quando avrai legata fortissimamente, strignila, con
qualche strumento idoneo, o con vite da strettojo,
o vero intra due assi, poste in su due stanghette, nel
capo inferiore legate: o vero in una conca posta l'asse, e con pesi, in su la stanghetta, o vero intra due
bastoni, i quali due huomini tengano, e 'l terzo la
parte di sopra della taschetta fortemente attorca: e
quel che n'esce è mel crudo: e se più volte s'addop-
pi la taschetta, tanto meglio si strignerà: e poi quel
che nella tasca rimane, si ponga a fuoco lento, in
un pajuolo, e sanza bollire si scaldi, e sempre tieni
la mano nel vaso, e la cera minutamente apirrai tanto, che 'l mele, e non la cera, sarà interamente
strutto. E quando 'l mele comincerà, per lo caldo,
alquanto a scaldar la mano, ogni cosa si rimetta nella taschetta, e ancora priemi, come di sopra: e non
è dannoso se si prieme più lievemente, sì che del mele rimanga alquanto nella cera, conciossiecosachè assai
meno vaglia il mele, che la cera. E quello, che
n'uscirà, mel cotto si chiama, che si dee por ne'
vasi, e quegli tenere aperti parecchi dì, e nettarlo
di sopra, infinattanto ristia di bollire. Il più nobil
mele è quello, che innanzi premuto, è uscito per
se medesimo. La cera, che dopo 'l priemer del mele, nella tasca rimane, con l'api mischiata, o nò,
mettasi in un pajuolo netto, nel quale sia acqua
tanta, o più, quanta à la cera, e questa al fuoco

si

fi tenga tanto, che interamente fia ftrutta, la qual
fempre, con una meftola, o vero con alcun ba-
ftone fi mefti, e nella detta tafca groffa fi ponga,
e fortemente fi ftringa, sì che in fecchia, o veramente catino, in che abbia alcuna cofa d'acqua,
caggia, e ftia tanto, che ottimamente fia raffodata, e
poi fene cavi, e nettifi da ogni faftidio, che foffe
intra l'acqua, e la cera. E fe la voleffi più bella,
fanza acqua, un'altra volta fi liquefaccia, ed in vafello
d'acqua bagnato, di qualunque forma ti piacerà, ancor fi riponga. Qualunque cofa, nella tafca rimafa, fi
gitti, e la tafca fi lavi nell'acqua calda, e afciughifi
al fummo, e così durerà buon tempo.

D' ogni utilità dell' Api.

C A P.   C V.

DElle pecchie fi cava grandiffima utilità, fe abbiano luogo fufficiente, e faviamente, e follecitamente fi proccurino, imperocchè di poche, in brieve tempo, molti fciami fi fanno, fe gran piftolenza
di tempo non nuoce loro, imperocchè una volta l'anno, o due, e il più delle volte tre, partorifcono, e
metton lo fciame, e fanza gran fatica, o fpefa, fi
tengono, avvegnachè non fia però al tutto da mettervi negligenza. Delle quali, quando accrefcimento riceveranno, le vecchie di cinque, o di fei anni, le
quali fi fon rimafe di partorire, per l'età, di State
gran prezzo, imperocchè hanno molta cera, la quale
molto è neceffaria, fi poffon vendere, e le nuove ferbare. Fanno ancora gran quantità di cera, che maffimamente è neceffaria, e a' Re, e a' Prelati, e a ogni
altra perfona, come per tutti fi fa, che affai gran
prezzo fi vende, e che è più, che dì, e notte fa o-
nore

nore all' eterno Re. Anche fanno mele in gran quantità, il quale molto è utile, così a cibo, come a medicine infinite. A provar la loro utilità, dice Varrone, ch' e' furono due cavalieri Spagnuoli fratelli,
arricchiti, del campo Falifco, a' quali conciofoffecofa-
chè da lor padre lafciato foffe una piccola cafetta, e
un campicello, non maggior d' un jugero, intorno a
tutta la cafa alveari feciono, ed ebbervi l' orto, e tutto l' altro fpazio di timo, e di citìfo feme coperfero.
Coftoro ogni anno non ricoglievano meno di diecimila fefterci di mele: onde Perfio dice:

Nec thymo fatiantur apes, nec fronde capella.

INCOMINCIA

IL

LIBRO DECIMO

Di diverſi ingegni da pigliare gli Animali fieri.

GLi antichi Filoſofi, il cui intelletto fu dall'Onnipotente Dio sì alto ammaeſtrato, e illuminato, acciocchè conoſceſſero le coſe, che ſono utili all'umana generazione; intendendo le coſe, che ſono ſotto 'l Cielo, eſſer create, per utilità degli huomini, con ſottile ingegno penſarono in che modo gli animali aerei, terreſtri, e aquatici, che per lo peccato del primo padre, all'huomo non obbediſcono, pigliar poteſſono, e trovarono molte cautele, le quali gli huomini uſano, e con loro induſtrie, ſucceſſivamente, infiniti ingegni aggiunſono, da' più non ſaputi. Ed imperò tutti quelli, che ho potuti ſapere, intendo riducere in iſcritto, trattando, in che modo ſi piglino gli uccelli, e ſecondariamente le beſtie ſalvatiche, e poi de' peſci. Degli uccelli, in che modo ſi piglino, con uccelli rapaci dimeſticati, con reti, con lacci, e con viſchio, baleſtro, e archi, ed in alcuni altri modi. Delle beſtie, come ſi piglino con altre beſtie dimeſtiche, con reti, con lacciuoli, con foſſe, con tagliuole, e molti altri modi. De' peſci anche, come s'ingannino con reti, ceſte, amora, e calcina.

Degli Uccelli rapaci in genere.

CAP. I.

I Savj antichi, vedendo alcuni uccelli, che, volando per l'aria, prendevan gli altri, faviamente s'affaticarono, per dimefticar le generazion degli uccelli rapaci, acciocchè quegli, che per loro prendere non potevano, per loro ajuto pigliaffero: e di quefto fu il primo trovatore il Re Dauco, il quale, per divino intelletto, conobbe la natura degli fparvieri, e de' falconi, e quegli dimefticoe, e avvezzoe a pigliar preda, e delle loro infermitadi curargli, dopo 'l quale molti altri furono, che molti di quegli uccelli rapaci aggiunfero alla fcienza.

Dello Sparviere.

CAP. II.

LO Sparviere è uccello affai conofciuto, e la fua natura è, che viva di ruberia d'altri uccelli, e imperò va fempre folo, e non mai accompagnato, imperocchè alla preda non defidera d'aver compagnia, e quanto può, quando va predando, va preffo a terra, acciocchè dagli uccelli, ch'e' vuol pigliare, non fia veduto. Da tutti gli uccelli, i quali perfeguita, per iftinto di natura, è conofciuto: e quando il veggono, o fentono, garrono, fuggono, e quanto poffono, s'occultano. Quefti fono di velociffimo volato nel principio della lor moffa, ma poi è lento: ed imperò fe incontanente non piglia, lafcia di feguitar la preda: e fopra alcuno arbore, fpeffo, indegnato, in tal maniera fi pone, che appena vuol tornare

al

al Signore. E truovanſi gli ſparvieri nell' Alpi alcuni nidificare, e migliori di tutti ſono, sì come ſi dice, quelli, che naſcono nell' Alpi di Bruſia in Iſchiavonia. Buoni ancora naſcono nell' Alpi di Verona, e ne' confini di Trento. E di quegli alcuni ſon piccoli, i quali, per comun nome, ſi chiamano ſparvieri, e alcuni grandi, i quali ſi chiamano aſtori, e tutti ſono di generazion di ſparvieri, sì come il corvo, e la cornacchia, che ſono d' una medeſima generazione, piccolo, e grande. E queſto medeſimo in più animali ſi può vedere. E degli ſparvieri alcuni maggiori ſono, e queſte ſon femmine, che ſono di maggior vigore: e alcuni, che ſon minori, e chiamanſi moſcardi, e ſon maſchi, e di piccola utilità.

Della bellezza, e bontà degli Sparvieri.

CAP. III.

LA bellezza degli Sparvieri ſi conoſce, che ſien grandi, corti, e aventi piccol capo: e 'l petto, e le ſpalle groſſe, e ampie coſce: i piè grandi, e diſteſi, e 'l color delle penne nero: E la bontà ſi conoſce, imperocchè quello, ch' è tratto del nidio, è migliore, e quaſi mai dal Signor non fugge: e queſto ſi chiama nidiace: o vero, che di nidio uſcito, di ramo in ramo, va ſeguitando la madre, e ſi chiama ramingo: e queſto è ottimo: e quello, che fu preſo, quando uſcì del nidio, è di ſecondo merito, innanzi che le penne in fierità mutaſſe, e ſoro ſi chiama. Se alcuno di tal tempo preſo fue, rade volte ſi dimeſtica, e uſa con gli huomini: ma ſe ſi dimeſtica, è buono, imperocchè in fierezza fu uſato di pigliar preda. E quanto più animoſo è veduto, e più ardito, e di miglior coſtumi, tanto più dagli eſperti miglior ſi giudica.   *Co-*

*Come ſi dimeſticbino, e ammaeſtrino gli Sparvieri,
e cbe uccelli pigliano, e come ſi mudino.*

CAP. IV.

NUdriſconſi i nidiaci, e raminghi di buoni uccelli, e di buone carni, più volte il dì, a poco
per volta, acciocchè più ami il ſuo Signore. Puoſſi
ancora dar loro uova in iſcodella rotte, e dibattute,
ed in acqua bogliente gittate, e poi con le dita, infieme ſtrette, e quel medeſimo ſi fa ne' ſori dal principio. Ma quando ottimamente fieno dimeſticati, e
avvezzi, una volta il dì ſi vogliono paſcere, dopo
terza, quando la digeſtione avranno compiuta, che ſi
conoſce, quando hanno vota la gorga, da que' che
ne ſono uſati. E ſe 'l cibo della gorga, infino al dì
ſeguente, non diſcenderà, altrettanto, ſanza cibo, ſi
laſci. Anche ſi può due volte il dì cibare ſicuramente, ſe troverrai il cibo eſſer diſceſo della gorga, e
quante volte queſto vedrai, potrai ſicuramente paſcer-
lo, ſe tu non vorrai quel medeſimo dì, o vero il ſeguente, ire a uccellare: imperocchè allora ſi conviene ſia affamato, acciocchè con maggior diſiderio, ſeguiti la preda, e al Signore più agevolmente ritorni.
Dimeſticaſi, ſe molto ſi tenga in mano, e maſſimamente, pertempiſſimo, nell'ora dell'aurora, e intra
la moltitudine degli huomini, e a romor·de' mulini,
e de' fabbri, e ſimili luogora: e ammaeſtranſi i nidiaci, e i raminghi, imperocchè gli altri ſono in fierezza ammaeſtrati in queſto modo. Cibinſi nell'ora di
nona di buon cibo, e nel ſeguente dì ſi tenga in luogo oſcuro molto, infino a nona. Allora ſi tolga, e
portiſi al luogo da uccellare, e non ſi laſci prima alle gazze, o vero a pernici, imperocchè troppo ſon
for-

forti : e se quelle soperchiar non potesse, addeboli-
rebbe il suo ardire. Ma lascisi alle quaglie, tordi, e
merle, e simiglianti. Ma se vuo' ch' e' pigli le gazze,
abbiane una presa, e trarrale molte penne, e alcuno;
in un fossato nascoso, innanzi al cospetto dello spar-
vier si la gitti, e lo sparviere si lasci ad essa. Piglian
le quaglie, e le pernici, e le gazze, e ghiandaje, e
molti altri uccelli, sì come merle, tordi, passere, e
simili. Mudansi ciascuno anno, e pongonsi del mese
di Marzo, o vero d' Aprile, in una gabbia grande,
spezialmente a ciò fatta, e posta al Sole, allato al
muro, in opposta al meridiano, e mudasi, o vero
compresi la mudagione, nel principio d' Agosto, e
ne' più, nel mezzo, e d' alcuni nel fine, e d' alcuni
non si compie tutta. E a questo vale, se ben si pascano di buone carni, e massimamente d' uccelli, acciocchè bene s' ingrassino, e allora ottimamente si muda. E alcuni dicono a questi molto valer le carni
de' vispistrelli, e delle bisce, e testuggini, e delle lucertole : e alcuni avvisatamente gli pelano, acciocchè
le penne nuove rinascano più tosto, benchè, a così
fare, molti già sene son guasti.

Della loro industria, e come s' inducono a non partirsi.

C A P.   V.

GUardi il Signore dello sparviere, che in alcun
tempo non l' offenda. Ma quando lo vedrà adirato, e che non vuole star sopra la mano, o vero in
su la pertica, soavemente il tocchi, e rilievilo, quando pende, e quanto può consideri i costumi, e la
volontà sua, e in ogni suo voler lo seguiti, e sempre
in mano il cibi, ed in nulla gli contraddica : imperocchè lo sparviere è molto di sdegnosa natura. E
però

però, quando verrà a uccellare, non lo lafci, fe non vede, che fia ben defiderofo di pigliar la preda, e maffimamente a gazze, e a ghiandaje: e quello troppo da lungi non lafci, imperocchè quando e' non può aggiugner l'uccello, fpeffo, indegnato, fi fugge, e alcuna volta fale in albero, e non vuole al Signor tornare. Anche il Signore non l'affatichi oltre al modò, e non fia tanto defiderofo della moltitudine delle quaglie, o vero altri uccelli, che quello guafti, o che lo faccia adirare. Ma quando quelle avrà prefe, le quali vede, che lo fparviere appetifce, fia contento, e volentier di quella preda lo cibi, acciocchè fenta, che il fuo pigliar gli è giovato, e commuovafi ad amore d'uccellare.

Delle infermità degli Sparvieri, e lor cura.

C A P. V I.

AVviene allo Sparviere, che rifcaldi sì, oltre alla natura, e alla compleffion fua, che alcuna volta abbia febbre: e allora, che farà al toccare caldo, e ftarà trifto, che alcuna volta avviene, per li foli fpiriti, infiammati per troppa fatica, o per altro accidente: e alcuna volta per umori infracidati in alcuna parte del fuo corpo. E allora fe è magro, poco, e fpeffo fi cibi di carne di polli, e di piccoli uccelli, ma non di paffere, imperocchè fono di molto calda compleffione, e le dette carni gli dia ravvolte in cofe naturalmente fredde, sì come in granella di zucche, o di cocomero, trite, o in mucilagine di Silio, e di fimili, e alquanto fi cuocano in ifciroppo violato, e in fimili cofe, e gli fi dieno: e pongafi in luogo freddo, e ofcuro, in fu una pertica avvolta di panno lino, bagnata in fugo d'erbe frefche. Alcuna volta in-
fred-

fredda, e non può smaltire il cibo, e allora simigliantemente è tristo, e al toccar freddo, e il color degli occhi si muta a pallore, e a discolorazione, e allora si tenga in luogo caldo, e soavemente in mano
si porti, e alcuna volta si faccia volare, e dieglisi
carne d'uccelli, e massimamente di passere, e polli
maschi, e pippioni, alquanto cotti in cose calde: sì
come in vino, o vero in acqua, nella quale sia menta, salvia, persa, puleggio, e simili, e avvolgansi in
mele, o in polvere di finocchio, o d'anici, o di comìno: e non gli si dia nulla, se prima ogni cibo della sua gorga non è disceso: e se è magro, più spesso
si cibi: se grasso, più di rado, e meno. Ma in ciascun caso temperatamente è da cibare, tanto che sia
guarito. Ma se in niun modo smaltisce, e al tutto ritiene il cibo, dicono gli esperti, che si prenda cuor
di rana, e mettaglisi nella gorga, con una penna,
legato con un filo, e poi trai il filo, e così il pasto
gitterà. Anche gli vengono pidocchi, e allora ugni
la pertica, o il panno, che v'è su ravvolto, con sugo di morella, o d'assenzio, e così si lasci al Sole
dalla mattina, infino a terza. Ancora gli vengono alcuna volta vermini: allora dagli, sopra 'l pasto, sugo
di foglie di pesco, o vero polvere di santonico, e
farà liberato. E alcuna volta hanno mal di gotte negli
articoli dell'alie, o delle cosce. Quando in quelle ha
male, allora gli s'apra la vena, che è sotto l'ala,
o vero sotto la coscia, e caviglisi un poco di sangue. Anche gli vien podagra ne'piedi, per umori,
che gli scendon nelle giunture, e nelle dita, a gocciola, a gocciola. Allora si curano con latte d'erba, la quale lattajuola è chiamata, ugnendo loro di
quella i piedi, e ugnendone il panno lino, e quello avvolgendo in su la stanga, sopra la quale si tenga lo sparviere tanto, che la podagra sia rotta: e
al-

allora si lievi il panno, e ungasi la podagra di sevo, tanto che sia guarito.

Degli Astòri.

CAP. VII.

G Li Astòri son della natura degli Sparvieri, sì come è detto. Il conoscimento della bellezza, e della bontà loro è, sì come conoscimento degli sparvieri: e nascono in alpi, ed in boschi, e dimesticansi, e nutriсonsi, e ammaestransi, sì come gli sparvieri, e pigliano pernìci, e cutornìci, e fagiani, e aghiròni, e molti simili uccelli, sì come anitre, oche, cornacchie, e quasi tutti uccelli, a' quali s'ammettono, e a conigli, e lepri piccole, e grandi, avvegnachè quegli, sanza ajuto de' cani, tener non possano. Feriscono ancora i cavriuoli piccoli, e quegli impediscono in tal modo, che i cani pigliar gli possono. Mudano, come gli sparvieri, e quelle medesime infermità vengon loro, e in quel medesimo modo si curano: ma sono di più forte natura, ed imperò, non di leggieri infermano, e muojono. E non si richiede in loro cotanta diligenza, e non così agevolmente si parton da' lor Signori.

De' Falconi.

CAP. VIII.

I L Falcone è uccello conosciuto, e vive di ratto, e solo va alla preda, sì come ogni uccello rapace, per la cagion, nello sparviere, assegnata. Questo uccello è di mirabil volato nel principio, mezzo, e fine: il qual su rotando sale, e di sotto il ragguar-

Vol. II.   R r   da-

damento affissando, e dove vede l'anitra, oca, e
grù, sì come saetta con l'ale chiuse, all' uccel discende, e con l'unghia di dietro lo lacera: e se quel
non tocca, lo perseguita dovunque fugge, e spesse
volte, quando l'uccello, in fuga convertito, pigliar
non può, sì s'adira contra 'l detto uccello, che dopo lui, con furor volando, dal suo Signor molto si
dilunga, tanto che non torna a lui. Questo uccello
è molto animoso, e di nobil genere. I falconi, si
dice, che prima vennono del monte Gelboe nelle
parti di Babillonia, e quindi vennono in Ischiavonia,
al polo nudo, monte aspro: e quindi si sono spar-
ti, per alcuni altri monti sterili, dove si truovano.

Della diversità de' Falconi.

C A P. I X.

DE' Falconi, alcuni son grandi, i quali comunemente son chiamati falconi, e alcuni piccoli,
che si chiamano smerli. E de' grandi alcuni son neri,
e alcuni respettive, bianchi, e alcuni rossi, per lo
mescolarsi insieme a generare. Quando il terzuolo
d'uno ha perduta la sua compagnia, si mescola
con l'altra: e tutti questi falconi son femmine, e
i lor maschi son chiamati terzuoli. E son detti terzuoli, imperocchè tre per nidio ne nascono insieme, due femmine, e 'l maschio, e però terzuolo
è chiamato, i quali non son di tanta virtù, quanto le femmine, e sono molto minori, che le femmine.

Della

Della bellezza, e nobiltà de' Falconi.

C A P.   X.

LA bellezza, e nobiltà de' Falconi ſi conoſce, ſe ha il capo ritondo, e la ſommità del capo piana, e 'l becco corto, e groſſo, e le ſpalle ampie, e le penne dell' alie ſottili, e le coſce lunghe, e le gambe corte, e groſſe. I piedi lividi, e aperti, e grandi: e quello, ch' è cotale, il più delle volte ſarà molto buono, avvegnachè alcuna volta ſene truovino di quegli molto ruſtichi, e sformati, che ſon buoni. Ed imperò la bontà de' falconi, e l' ardire ſolamente per eſperienza perfettamente ſi conoſce. Ma impertanto la lor bontà, e 'l diſiderio di prender gli uccelli, molto accreſce la 'nduſtria de' ſuoi maeſtri. E per contrario, per non ſapergli governare, ſi rivocano da lor buon propoſito.

Come ſi nutriſcono, dimeſticano, e ammaeſtrano.

C A P.   X I.

NOn ſi vogliono tenere in legno, ma ſolo ſopra una pietra ritonda, e alquanto lunga, perchè in ſu quella più ſi dilettano, per iſtinto di natura, e per loro conſuetudine. Quelli, di queſti che ſon piccoli, di carne di becco, o di carne di polli ſpezialmente ſi nudriſcono. Quando degli uccelli, incomincerà a pigliare, dagli del primajo, ch' e' piglia, quanto ne vorrà, e ſimile fa del ſecondo, e terzo, acciocchè, per queſto, alla rattura degli uccelli, e a ubbidire il Signor s' innanimi. Ma da quindi innanzi ſtrignilo in queſto modo. Quando vuoi, ch' ei prenda

da degli altri uccelli, fcortica la gallina, e fanne tre
purgazioni, e daglile molli in acqua, e ponlo in luogo ofcuro, e lafcialo infino all' aurora del dì, e poi
lo fcalda a fuoco, e va a uccellare, e non l' affaticare, oltre che voglia, ma folamente quanto vuole,
e quanto egli defidera fi l' ammetti agli uccelli, e così volentieri, con teco dimorerà, e dovunque anderà,
volentieri a te fi sforzerà di tornare. Quando troverrai il tuo falcone ardito, e con gran defiderio prender gli uccelli, diligentememte confidera lo ftato fuo
in graffezza, ed in magrezza, ed in che ftato lo troverrai, in quello ritenerlo ti sforzerai, imperocchè a'-
cuni falconi meglio fi portano, quando fon graffi. Ma
i più, e quafi tutti, in iftato mezzano pruovan bene.
Alcuni, avvegnachè pochi, quando faranno più magri: e di quefta generazione i roffi, fecondo che,
per lo più, fi dice. E quando prima fi mettono agli
uccelli, prima a' minori, e poi fi mettono a' mezzolani, e nell' ultimo a' maggiori, perocchè s' elli fi
mettellero prima a' grandi, e foffero fopraffatti da loro, mancando la potenzia, e la 'nduftria, la quale,
per ufo, acquiftano, incomincerebbon, da indi innanzi, i grandi uccelli, e i mezzani a temere: e così molto malagevolmente ripiglierebbe l' ardire a fe
innato, lo quale, per lo poco fenno del fuo condu-
citore, aveva perduto. Molto fi dice far prò a' falconi, e pigliare ardire, fe tu il terrai molto in mano, e
diegli ad ora di terza una cofcia di pollo, e poi gli
poni innanzi dell' acqua, nella qual fi bagni: poi fi
ponga al Sole, sì che s' afciughi. E poi fi ponga in
luogo ofcuro, e infino al Vefpro fi lafci: e poi fi
tenga in mano, quafi infino a primo fonno. Poi gli fi
ponga innanzi lume di lucerna, o vero di candela,
per tutta la notte: e quando l' ora mattutina viene,
si fi fpruzzi di vino, e tengafi al foco e in fu l' alba

ba del dì si porti a uccellare, e s' e' piglia, gli si dia di quel, ch' e' piglia, quanta e' ne vuole: ma s' e' non piglia niente, dieglisi un' alia, e mezza coscia di gallina, e pongasi in luogo oscuro. E presso a mezzo Febbrajo, porrai il falcone in muda, e d' ogni carne lo ciberai, infino a un mese, e poi gli poni innanzi una conca d' acqua: ma prima gli dà beccare. E se vedi, ch' e' non mudi, ugni la carne, la qual tu gli dai, di ricotta, e mele. E se ancora non muda, togli una rana, e fanne polvere, e poni sopra la carne, e muderà. E guarda, che dalla muda nol tolghi, infinattanto, che compiute sien le sue penne. E quando della muda il torrai, non lo tenere al caldo, ma il più il tieni in mano, e non andare a uccellare, infino a quindici dì, con esso. Egli pigliano anitre, aghiròni, oche, grue, e starni, e molti altri uccelli. Ma dicesi, che s' e' mangia il sangue dell' aghiròne, che ogni disiderio di prender le grue perdono: ma le carni, sanza il sangue, non credono, che lo lascino incorrere in questo vizio.

Delle infermità de' Falconi.

C A P.   X I I.

A' Falconi vengono tutte le 'nfermità, che di sopra avemo detto degli Sparvieri, e a quelli medesimi segni si conoscono, e così si curano: imperocchè ogni uccel rapace, quasi è d' una medesima natura, ed imperò di quelle quì non bisogna trattare. Ma una cosa conosci, che i falconi son di più forte natura, che gli sparvieri, e non così agevolmente infermano, e muojono, s' egli avviene, che mangino innanzi, che 'l cibo sia smaltito del-

la

la sua gorga. Oltre a tutto questo alcuni Falconieri narrano molti modi di governare i falconi, e altre infermitadi venir loro, e altre cure esser loro necessarie, de' quali forse alcune son vere, che per molte sperienze s' appruovano. Ma molte cose di quelle, che dicono son senza ragione, e son più tosto apparenti, che esistenti: e però se qui alcune cose mancassero delle cure de' falconi, e degli uccelli rapaci, per huomini sperti, non una volta, ma molte, in lungo tempo si compieranno.

Degli Smerli.

C A P. X I I I.

GLi Smerli son di natura, e generazion de' falconi, e son quasi falconcelli piccoli, come dimostra la forma, e 'l color delle penne, e uccellasi con essi più tosto per diletto, che per utilità. Pigliano massimamente allodole, e di tanto desiderio, e animosità sono a quelle prendere, che spessamente l' hanno seguite nelle ville, infino nel forno ardente, o in pozzo, o sotto mantelli d' huomini. Anche piglian passere, e altri uccelli piccoli. Della lor dottrina, e cura più non dico, che per le cose di sopra basti.

De' Girifalchi.

C A P. X I V.

IL Girifalco è uccello rapace, maggior che 'l falcone, ed è di gran virtù, e di gran potenza, e di mirabile ardire, in tal modo, che trovati ne sono alcuni di sì audace spirito, che hanno assalito l' aguglie,

glie, e pigliano in verità ogni uccello, quantunque. grande, e fon quaſi della natura de' falconi: ed im però la dottrina de' falconi aſſai baſta a nutrirgli, e ammaeſtrargli.

Dell' Aquila.

CAP. XV.

L'Aguglia è ſimilmente uccello vivente di ratto, che per la ſua fortezza, e ſuo ardire, è chia mato Re degli uccelli, imperocchè tutti gli uccelli quella temono, ma ella niuno teme. Sono diverſe maniere d'aguglie. Alcune ſon molto grandi, alcune ſon mezzane, alcune piccole, e alcune ſono più no bili, non diſideranti ſe non uccelli, e animali, che vivon ſopra la terra: e alcune in un certo modo i gnobili, e degeneranti, che appetono, non ſolamen te le carni vive, ma eziandio le morte, e i peſci mor ti, e ſtanno ſopra carogne d'aſini, e di ſimili: e queſte cotali dechinano ad ignobilità, e natura di nibbi. L'aguglie ſi dimeſticano dagli huomini, cioè quelle, che piccole ſon tratte di nidio. Ma quelle, che lungo tempo in fierezza furono, non ſarebbe ſi curo a dimeſticare, imperocchè agevolmente, per lo ſuo ardire, e potenzia, offenderebbon nella faccia, o altrove, quello, che l'ammaeſtra. E dimeſticanſi, per pigliar con eſſe ogni grande uccello, e maſſima mente acciocchè prendan lepri, e cavriuoli, con aju to de' cani. E quegli, che l'aguglia a uccellar por ta, a ſoſtenerla dee eſſer forte. E incontanente, che vede i cani aver trovata la paſtura, laſci l'aguglia ammaeſtrata, la qual ſempre, ſopra i cani, volerà, e quando la lepre vedrà, ſubitamente diſcenderà, e prenderalla. Nutriconſi d'ogni carne, e non di leg gie-

gieri infermano. Ma quando la lepre avrà prefa, fi
pafca di quella più volte, acciocchè quelle poi più
volentieri perfeguiti. Quelli, i quali a' nidi dell'aqui-
le ftanno, prendano in mano un de' fuoi aquilini, e
quando gli pigliano, per paura dell'aquila, fieno ar-
mati, e maffimamente ne' lor capi. E quando il detto aquilino avrai, ad alcun palo, in alcnn luogo, non
molto dal nidio rimoffo, il leghi: Quefti griderrà, il padre verrà, e la madre, e recherannogli lepri, e conigli,
fene faranno in quelle parti, e galline, e oche, fene
potranno avere. E ancora gli recano alcuna volta
gatte, volpi, e nel diftretto di Modona già recaro-
no galline, con alcuni pulcini, intra le penne della
madre, i quali fanza alcuna lefion furon prefi.

De' Gufi, e Coccovegge.

CAP. XVI.

IL Gufo, e la Coccoveggia fono d'una medefima
natura, e fono animali, che più tofto la notte
volano, che 'l dì, imperocchè i loro occhi di notte
meglio veggono, che di dì. E conchioffiecofachè fieno fozzi, e di-rado dagli altri uccelli veduti, ma-
raviglianfi, e hanno gran diletto in vedergli, imperocchè l'anima, così fanza ragione, come la ragionevole, nelle cofe nuove, e non ufate, fpezialmente fi diletta. Gli huomini dunque veggendo gli
altri uccelli intorno volare al gufo, e alla civetta,
e quegli con molto difiderio ragguardare, penfarono·
ingegni, per li quali pigliaffero quelli, li quali al
gufo, e coccoveggia, rozzamente s'appreffano. Non
dunque gli nudrifcono, perchè gli altri uccelli piglino, ma perchè, per la lor prefenza, piglino quegli, che gli vengono a vedere, con vifchio, con

reti,

reti, o con altri ingegni. Vivono d' ogni carne, e maffimamente di topi, e d' affiuoli: e quando faranno ben pafciuti, convenevolmente digiunano due dì, tre, e quattro: il gufo, alcuna volta, infino a' otto dì non patifce: e le femmine fon migliori, che i mafchi, sì come ogni uccello rapace. La coccoveggia fi tien meglio in buche, e in fimili luoghi, che altrove; e fe ben dimefticata farà, ottimamente piglierà i topi nella cafa. Mangiano ancora lucertole, e rane, e ogni cofa, che abbia carne.

Come gli Uccelli con rete fi pigliano.

CAP. XVII.

GLi Uccelli con reti fi pigliano in molti modi. E un modo è, che fi pigliano alla pantera, alla quale fi pigliano anitre. Il modo è, che appreffo ad alcun palude facci una foffa di venti, o di venticinque braccia lunga, e quafi dieci, o dodici braccia larga, e ancora maggior, fe vorrai, e tanto concava, che v' abbia preffo a una fpanna d' acqua, e fia da due capi lunga, e acuta, e dall' un canto fia un foffato, e nell' altro, alquanto dalla lungi, fia una cafellina. Appreffo della foffa fia, da ogni lato, fpazii piani, tanto che vi cappia la rete, e poi fi faccia fiepi intorno intorno, acciocchè lupi, nè volpi, nè altri nocevoli animali vi poffano entrare, e gli uccelli, in quel luogo ftanti, cacciare. Nella predetta foffa, appreffo di dodici, o fedici anitre dimeftiche, il dì, e la notte vi dimorino di Verno, e faggina in buona quantità vi fi gitti nell' acqua, per le dimeftiche, e per le falvatiche, e fieno le dimeftiche alle falvatiche fimili in colore. E allato alla ripa della foffa fi ficchino pali di quattro pertiche, che lievin

le reti . I pali delle reti fi ficchino appreſſo degli
ſpazi apparecchiati . E ſopra quella corda de' pali piccoli, tutta la rete fi raccolga: e così quella rete cuopra gli ſtaggi, o vero baſtoni, che alzan la rete, e
fieno due reti grandi, polte in ciaſcun capo, sì come reti ajuoli, i quali alcuni chiamano copertojo,
le quali, quando ſi chiudono inſieme, in alto, ſi congiungono, a modo d'un comignolo di caſa di paglia . E il modo di quelle alzare è, che appreſſo
della caſetta ſia una forca, con pertica, nel cui capo ſottile ſia annodata la fune della rete, e nel groſſo ſia una ceſta forte, e grande, ripiena di terra,
che col ſuo peſo, quando vorrà, tirerà la rete,
quaſi a modo d'una macchina: e quivi trarranno
moltitudine d'anitre, che di notte per l'aria, volano, quando le dimeſtiche griderranno . E quando vene ſaranno ſceſe in gran quantità, chiuderai le reti.
E con la pertica, percotendo lievemente le reti, tutte le ſalvatiche nel cocuzzolo della rete, ch'è nel
ſopraddetto foſſato diſteſa, caccerai, e le dimeſtiche,
che non temono, rimarranno nella pantera . E poi
apirrai il capo del cocuzzolo, e agevolmente, co' denti, ſtrignendo loro il capo, l'anitre ucciderai, e così in un'ora, mille alle volte ſene prendono . Ed è
un'altro ingegno, col quale ſi pigliano le grù, e i
cigni, e ſtarne, e oche, il quale è cotale . Nelle ripe de' fiumi da ogni parte ſi pone un'arbore altiſſi-
mo, o vero due, inſieme congiunti, acciocchè più
lungo l'arbore ſia, e per tutto cavigliuoli, per poter
ſalire: e nella ſommità una carrucoletta, nella quale
ſi ponga la fune della rete, la cui lunghezza ſia,
ſecondo la larghezza del fiume, e ſecondo la diſtan-
zia degli arbori, e alta quanto ſon lunghi i legni, e
tiriſi la rete ſopra 'l fiume: e dipoi gli huomini, infino dalla lungi, vengano per la ghiaja del fiume: o-
gni

gni uccello, che troverranno, cacciando, i quali,
volando, dallo fplendor dell' acqua non fi difcofter-
ranno, infin che daranno nella rete: e allora fi china la rete con le funi, e gli uccelli fi pigliano. E
quefto modo luogo non ha, fe non quando farà nu-
golo, o nebbia, altrimenti gli uccelli levati, agevolmente fi partirebbon del fiume. E un'altro ingegno,
per lo quale fpezialmente fi pigliano oche, e ftarne,
il quale è cotale. Nel tempo del Verno, quando per
lo gielo, e Sole, è polvere ne' campi delle biade;
tendefi nella biada, in un folco, la rete lunga, per
quaranta braccia, o in quel torno, e larga quafi quattro braccia, dopo terza, quando gli vuoi pigliare la
fera; o ver la fera, quando gli vuoi pigliar la mattina. E quefta rete è fimile a una parete, e ha due
ftaggi lunghi, come la metà della rete, e tendefi con
duabus brachetis, come la parete, e difponfi, per modo, che per fe fi lievi agevolmente, imperocchè l' uomo non le potrebbe levare. E quando la rete, così tutta in terra farà fermata, fi raccolga tutta fopra la
corda, e cuoprafi la corda, e gli ftaggi, *& bracheta*,
di polvere, o d'erba, e fia in un foffato, in luogo
alquanto rimoffo, dove l'huomo fi nafconda, il qual
la rete dovrà tirare. Nel luogo della rete fieno due
oche dimeftiche, fimiglianti alle falvatiche, perciocc-
chè le falvatiche vengano più ficuramente: e quando
le falvatiche faranno difcefe in alcuna parte del campo, dalla parte oppofita vada il compagno, con un
cappello in capo, e con un marrone, o altra cofa
in mano, parli alcuna cofa, e paja, che lavori, al-
·trimenti fi fuggirebbono. E in quefto modo le conducono cautamente al luogo della rete, il che agevolmente fi fa per tutto 'l campo, quantunque
fia grande, fe quefto cautamente farà. E quando nella rete le vedrai, confidentemente parla al compagno,

e dì, che la rete tiri. Ma imperocchè quefto uccello è fagaciffimo, ti conviene al tutto guardare, che la mattina, al luogo della rete, non vadi, imperocchè incontanente fen' avvedrebbono, e dalla rugiada, e dalla brina da' tuo' piè moffa, e fuggirebbono. Ed imperò, quando tendi la fera è neceffaria quefta cautela, che quivi gli ftaggi ponga, e che per tutta la notte gli lafci, ma quando vuoi pigliar la fera, non è neceffaria quefta cautela. La maggior parte quefta cautela non offervano, ed imperò rade volte ne pigliano, e folamente le giovani non maliziofe. Anch' è un' altro modo da pigliare anitre appreffo l' acque, dov' è fabbione, ed è la rete fimile alla predetta, ma è piccola, e più fpeffa, e nel medefimo modo fi tende, e cuoprefi di fabbione: e 'l luogo del guardiano fia coperto d' alcuna cofa, e poi di fabbione, e abbia un piccol foro, donde veder poffa: e guardifi, che per lo foro non mandi il fiato, quando nel luogo fon gli uccelli. Quì non fon zimbelli neceffarj, ma per tutto 'l Verno fi ponga in quel luogo vinaccia, e faggina, acciocchè comincino a ufare il luogo gli uccelli. E quando vi faranno avvezzi, tendi la rete, e potrai il luogo guardare, e la via dell' entramento con lunga foffa cavare, e cuoprila, come con fagginali, o con altra cofa, e gittavi fu del fabbione. La detta rete, o fimile a quella, più fitta, potrai tendere in aje ottimamente, o in altri luoghi, a pigliar colombi, pernici, corbi, ghiandaje, allodole, e ogni uccel piccolo, che becchi. E potrai con l' efca fare, che quivi ftar s' avvezzino, e poi la rete tendere, e 'l luogo di paglia coprire. E quefto ingegno puote aver luogo a tempo di nevi, e in ciafcuno altro tempo. E farà l' efca conveniente, fpelda, fave, faggina, e loglio, e fimili. Con quella medefima rete, fanza efca, fi potranno pigliar gli uccelli di Sta-

te,

te, quando nel tempo del gran fecco, tenderai la rete preſſo ad acque. Anche è un'altro ingegno, per lo quale ſi pigliano con reti uccelli di diverſe generazioni, e maſſimamente colombi, e tortole, e alcuni altri uccelli di mezzana grandezza: e quaſi tutti uccelli piccoli, e ſparvieri, e quaſi tutti uccelli rapaci, e 'l modo ſi è. Che due reti aſſai lunghe, e alte, che da tutte genti ſon conoſciute, che volgarmente ſi chiaman pareti, e tendonſi in prati, ed in vie, ed in campi, e preſſo ad acque, di lungi l'una dall'altra, quanta è la lor larghezza, delle quali ciaſcuna ha due mazze, che le lievano, quando la comune fune ſi tira. La cui lunghezza è, ſecondo la larghezza delle reti, e il capo di ciaſcuna ſi ferma in terra, con piccol palo, e hanno dall'un capo una fune comune, la quale ſi lega a un certo palo comune, fitto in terra. Dall'altro capo hanno un'altra fune, che arriva infino al luogo dell'uccellatore, coperta con certi rami. Queſte reti, per colombi, e altri uccelli grandi ſon rade, e per li piccoli ſon ſottili, e ſpeſſe. Le predette reti, quando ſono in terra fitte, giacciono in terra l'una contr'all'altra, e quando la fune ſi tira, ſi congiungono, e cuopron gli uccelli, che ſono in quel mezzo. E in queſto ſpazio ſi tengono colombi, e tortole, alcuni accecati, o vero alcuni accigliati, che niente veggano, e con filo legati. E pe' piccoli uccelli vi ſi ponga una civetta, alla qual vedere, traggono volentieri. O vero ſi tengano quivi uccelli piccoli, con filo legati, a' quali altri piccoli vengono: e alcuna volta vi diſcendono ſparvieri, e falconi. L'uccellator mai aſpettar non dee, che alcuno uccello, che venga, in terra ſi ponga, ma quando ſarà preſſo, tiri la fune, e abbatta in terra l'uccello, e piglilo.

D' al-

D' altre reti, e ajuoli.

CAP. XVIII.

ED è un' altra generazion di reti, con la qual si pigliano molte generazion d'uccelli, e massimamente quando la terra è coperta di neve, che comunemente è chiamata ajuolo, ch'è di due reti, non molto grandi, ma spesse e forti, che in ciascun capo si congiungono, e si ficcano in terra, dilungate dalla parte di mezzo, ed hanno quattro mazzuole, con le quali si lievano in alto, nè si chinano a terra, quando si tira la corda, ma stanno alte, congiunte insieme, a modo d'una capanna, e la rete, e le funi, e le mazze si cuoprono con istrame, o paglia, e nel mezzo si mettono granella, che piacciono agli uccelli, che si speri, che vi vengano. E quando l'uccellator s'avvedrà quivi esser moltitudine d'uccelli, segretamente entri in una piccola capannetta ben chiusa, la quale far vi si convien prossimana, e subitamente tiri la fune, e fortemente a un palo, che dentro esser dee, l'annodi, e gli uccelli si pigli. E con questo ingegno si piglia agevolmente nibbj, e aguglie, e tutti uccelli, che si pascon di bestie morte, se una carogna, o un pezzo d'essa si ponga nel mezzo della rete, e ancora si piglierà le volpi, se vi si metta una gallina. Ma questa rete per aguglie, e per uccelli grossi vuole esser ben forte.

Al-

Altre reti.

CAP. XIX.

SOno altre reti, che fi chiamano ragne, molto fottili, sì che nell'aria appena fi veggono, con le
quali fi pigliano molti uccelli, e tendonfi ritte in a-
ria, legate a due pertiche, in luogo donde gli uccelli foglion paffare. E ancora fparvieri a quefte agevolmente fi pigliano. Similmente i falconi, quando appreffo fi tenga un colombo, e in quel medefimo modo tutti uccelli rapaci. E fono ragne di due generazioni: alcuna è femplice, ed alle verghe sì lieve s'acconcia, che quando fi tocca, cade, e l'uccello involg-
ge. L'altra fi ha tre panni, quello del mezzo grande, e molto fitto, quelli di fuori fon minori, e radi, e quando è legata alle pertiche, per uccellare,
e ben tirata, quelle di fuori ftanno molto diftefe, e
quella del mezzo molto lenta, e quella lentezza fi
raccoglie fu tra le due di fuori, e quando l'uccello
di fopra, volando, vi percuote, trapaffa amendue le
rade, e nella mezzana s'avvolge, ed in quella, quafi in un facco, pende.

Altre reti.

CAP. XX.

SOno altre reti, con le quali fi prendono pernici,
che fono lunghe, e ftrette, e nel mezzo hanno
una coda, a modo di facco, e quando l'uccellatore
uccella il dì con effe, ha uno panno roffo, con verghe, formato a modo di fcudo, e quello porta innanzi a fe, andando per lo campo, e per due buchi
guar-

guarda e cerca, e quando le vede, tende loro le reti intorno, con alcuni pali fitti, annodati alla fine
della rete, e la codazza, con cerchielli aperti, ftende, e diftefe le reti, va innanzi con lo fcudo verfo
le pernici, e nella coda delle reti, a poco a poco,
le pigne, non folo con paura, ma co'piè, fe fia
di bifogno. Quegli, che la notte uccella, la fera
cerca, dove la notte fi ripofano, e quando è ben
notte ofcura, a quel medefimo luogo, con lume, ritorna, e 'l lume con un vafo così acconcio, che non
.fia veduto, ed egli vegga appreffo di fe un buon
pezzo di terreno, e vada per un folco del campo,
e per l' altro torni in quel luogo, nel quale lafciò
le pernici, e quando le vede, sì le cuopra con
una rete, la quale hae, aperta in capo della pertica, formata a modo, come fi richiede a quefto fatto: e fe ha la predetta rete, la può tendere intorno a loro, e quelle cacciare, e tutte le piglierà.

Altre reti.

C A P. X X I.

È Un' altra rete, che erpicatojo è chiamata, affai
grande, con la quale fi prendono le pernici,
quaglie, a fagiani, e alcuni altri uccelli, con ajuto
d' alcun catello, a quefte cofe ammaeftrato, il quale gli uccelli cerchi: i quali quando gli truova, fta,
e non va a loro, acciocchè non le cacci: ma l' uccellator fuo Signore indietro ragguarda, e la coda
muove, in tal modo, che l'uccellator conofce, che
poco innanzi fieno gli uccelli. Allora egli, e 'l compagno la rete traggono, e gli uccelli, e 'l cane cuoprono, e così fi pigliano. E ancora un'altra piccola
rete adattata al capo d'una pertica, sì che fia a-

per-

perta, la qual s' adopera da un folo uccellatore,
e folo col quagliere alle quaglie, il fuon del quale
è in tutto fimìle alla voce della quaglia femmina :
per lo qual fuono i mafchi s' accoftano ardentemen,
re vicino all' uccellatore, ed egli allora gli cuopre,
e piglia.

De' lacciuoli da pigliargli.

CAP. XXII.

FAffi lacciuolo, per lo quale agevolmente fi pigliano gli uccelli, che vivon di ratto, in quefto
modo. Nel luogo, dove preffo dimorano gli uccelli
rapaci, o vero donde paffano, fi ficca fortemenre
da ogni parte un' archetto molto piegato, preffo al
quale, da una parte fi ferma una verga, nella cui
feffura fi ficca una coda di topo, o rana, o altro
pezzuol di carne: e dall' altra parte fortemente in
terra fi ficca pertica, avente in capo un lacciuolo,
e una piccola corda, con un fufcello, per lo quale la pertica piegata fi ferma all' archetto, e alla
piccola fenditura, che fi fa in capo della verga,
che tiene il topo: e 'l lacciuolo fi ftende intorno
al topo, o alla carne. E quando l' uccello torrà il
topo, o altra cofa poftavi, acciocchè ne la porti,
tocca la pertica : tocca, fi fcioglie dall' archetto con l' ucello rapace, e l' uccello rimane ap-
picato per li piedi. Anche fi fanno molti lacci delle fetole del cavallo, in una funicella della detta
materia teffuta, che fi tendono ne' folchi del grano, o ver d' altra biada. E ponfi la detta fune
alta da terra, quanto l' uccello è alto, o poco
più, acconcia col laccio aperto, e piegato sì, che
l' uccel, che paffa, meffovi entro il capo, fi pigli

per lo collo. E in quefto modo fi pigliano le pernici ne' campi, e le quaglie, e i fagiani negli andamenti de' bofchi, per li quali paffano: e gli uccelli d'acqua fi prendon pure in quel medefimo modo, quando preffo all'acqua, onde paffano, cotali lacci fi tendono. Ancora i colombi, e molti altri uccelli fi prendono con effi, quando covano, o hanno i pippioni, fe intorno al nidio loro fi tende.

Da pigliare i Colombi.

CAP. XXIII.

ANche nelle fave, e ne' fagiuoli feminati fi prendono colombi, e tortole, con piccoli lacciuoli, che volgarmente fi chiamano fcalelle. Di quefti lacciuoli, il modo è quefto. Che ne' capi d'un piccolo baftoncello, o vero melegario, di lunghezza d'un fommeffo, fi ficcano due fottiliffime verghette, alte una fpanna, e nel mezzo fi ficca una fpina, o vero pruno lungo due, o tre dita. E quefta fcaletta s'appoggi alla ripa del folco, dove fia un poco cavato, in tal modo, che la fpina giaccia in terra nella foffa, e le verghe fieno di fopra, ed a quella fi ponga il laccio appiccato ad un paletto fitto in terra, il quale aperto lievemente fi rimuova dalle verghe: e fia tenuto da quelle, e nella fpina fi ficchi il fagiuolo, o ver la fava, molle, folamente un granello: il quale quando l'uccello col becco prenderà, nell'alzare il capo, il laccio gli cadrà in ful collo, e la fcaletta co' virgulti, la quale l'uccello fentendo, fpaventato, il capo, e 'l collo tirerà, e in quefto modo rimarrà prefo.

Come gli uccelli si pigliano col vifchio.

CAP. XXIV.

GLi uccelli fi prendono col vifchio, o vero pania, in molti modi. Un modo è, che s' impaniano verghe fottiliffime d' olmo, dove altri vinchi
non fi truovino, le quali fieno piccole, o vero lunghe, fecondo la grandezza dell' uccello, per cui
s' impania. Ma prima fi dee temperar la pania, sì
che fia ben tegnente, in quefto modo. Lavifi ben
con acqua temperata calda, aprendola con le mani
bagnate, e nettandola ben da' brufcoli, e poi vi fi
mefcoli un poco d' olio d' uliva, acciò non fia sì
dura, che alle penne dell' uccel non poffa appiccarfi: la qual cofa fatta, s' appicchi alle verghe in tal
modo, che ciafcuna verga fia intorno intorno involta, le due parti, e la terza fia fanza vifchio rimafa, sì che toccar fi poffan con mano. Ma fe 'l tempo farà sì freddo, che la pania ghiacci, temperifi
con olio di noce. E quefte verghe piccole impaniate fi ficchino lievemente nelle verghe de' palmo-
ni, che fon pertiche grandi di rami d' arbori verdi, e maffimamente di quercia, aventi nel capo fuperiore quattro, o cinque verghe un poco elevate,
nelle quali fi ficcano le verghe fottiliffime impaniate.
E quando quel palmon farà ben fornito di verghe
impaniate, fi ficca in terra, in una foffatella fatta, acconcia in modo d' arbore diritta, e intorno
a quella fi ficcano rami d' arbori, alli quali s' appiccano gabbie, nelle quali fieno molti diverfi uccelli fpartiti, che cantino: e gli uccelli, che volan
per l' aria chiamano, e li chiamati fi pongono fopra
'l detto palmone impaniato, e tocchi dalla pania,
caggiono in terra, e fon prefi.

An-

Ancora con vischio.

CAP. XXV.

ANche con grandi verghe invischiate si prendono di molti grandi uccelli, e massimamente corbi, e cornacchie, con ajuto d' un gufo, in questo modo. Ne' luoghi, dove stare, o ver passar sogliono, taglisi ne' rami alcuno arbore, che da altri arbori molto sia di lungi, ma alcuni rami vi si lascino rimondi di foglie, o vero alcune pertiche vi si pongano sopra quelle, e in queste si ficcan lievemente le verghette grandi invischiate: e 'l gufo si ponga in terra, in luogo un poco alterello, sì che dagli uccelli meglio sia veduto, che volano. Al quale, quando gli uccelli il veggono, volano intorno, e per lo volare, lassi, sopra l' arbore impaniato si pongono, e così in terra rovinano, i quali l' uccellatore con una pertica gli perseguita, e uccidegli, imperocchè, se con mano gli volesse pigliare, sì l' offenderebbono col becco.

Del pigliar gli Sparvieri con vischio.

CAP. XXVI.

ANche col vischio si pigliano Sparvieri, Falconi, e uccelli rapaci, in questo modo. Ficchisi in terra due, o tre verghe impaniate, un poco di lungi l' una dall' altra, e piegate l' una contr' all' altra: e in mezzo di lor si leghi un' uccello, sì come colombo, o pollo, o carne, o topo, per li nibbj, o altri uccelli rapaci, che appetiscono tali cose: alle quali cose, quando verranno, sien presi.

Come

Come ſi pigliano le Paſſere al viſchio.

CAP. XXVII.

ANche ſi pigliano col viſchio le paſſere, e tutti uccelli piccoli, o vero grandi, ſe le verghe inviſchiate ſi pongano, dove gli uccelli ſi paſcono, o ſi raunano. Anche ſi pigliano con funi impaniate i rigogoli, quando a' fichi vengono, o all' uve, e tutti altri uccelli, che imbolano i frutti, ſe le predette funicelle dinanzi s' acconcino a' fichi, o agli altri frutti maturi, dove venir ſogliono. Ancora con funicelle lunghe impaniate, ſi pigliano ſtornelli, che molti inſieme raunati volano, quando ſia alcuno ſtornello, al cui piede ſi leghi una corda impaniata, e in mano ſi tiene, e laſciſi, quando la ſchiera giugne preſſo, allora con la corda laſciato ſene va, e con eſſa ſtrettamente vola, e molti toccan la corda, e s' impaniano, e inſieme con lui a terra rovinano. Ancora con viſchio ſi pigliano anitre, e ſimiglianti uccelli aquatici, quando s' impania una fune di giunchi, de' quali ſi fanno le ſtuoje, e poni la ſera nel lago, o in altro luogo, dove i detti uccelli ſogliono ſtare: e quando la notte nuotano, percuotono nella fune in ſu l' acqua teſa, e poi la mattina ſi truovano impaniati, e piglianſi: ma convienſi, che la pania ſia temperata per modo, che ſi difenda dall' acqua.

Come ſi pigliano col baleſtro.

CAP. XXVIII.

COme gli uccelli ſi prendano con baleſtro, e con arco è aſſaſ manifeſto a tutti quelli, che ſaetta-
no

no dovunque fieno, o in terra, o in arbore. Ma
in ciò fon da offervar certe cautele, non ad ognuno
manifeste, delle quali l'una è. Che 'l baleftratore, che
vuol l' oche, o altri uccelli grandi faettare, deve
aver faette biforcate dalla parte anteriore, in ciafcuna parte acute, che l' alie, che toccano, o 'l
collo, taglino, imperocchè la comune percoffa, o foro della faetta, non offenderebbe l' uccello in tanto, che rimaneffe quivi, ma, fedito, fen' andrebbe:
ma finalmente, fedito, altrove fi morrebbe. Anche,
quando faetta, dee guardare. non alla prima, nè all'
ultima, ma a una di quelle del mezzo, acciocchè
fe la faetta va, o più qua, o più là, come fpeffo avviene, che la prima, o l' ultima ferifca, acciocchè invano non faetti. Ancora chi vuole in arbore faettare i colombi, o i pippioni, con materozzoli, que' materozzoli debbono effer di pari pefo:
e quando vuol faettare, dee porre il piede in luogo fermo, e ragguardare il luogo, dov' è il colombo, o altro uccello, e allora baleftrare: e fe
percuote, ha quel che avere intende, altrimenti il
materozzolo rinvenir non potrebbe. Ma quello può
agevolmente ritrovare, fe a quel medefimo luogo vada, dov' era quando faettò, e per quel medefimo
luogo tragga un' altro del medefimo pefo, e per fe,
ó per altri vegga dove cade, e quivi molto appreffo
troverrà quello, che avea perduto. Ancora quelli,
che con baleftra, o arco vuol faettare, dee la mano manca tener fermiffima, fe dirittiffimamente vuol
faettare: ed è di neceffità, che abbia baleftro, o
arco ottimo, e faette dirittiffime. Ma colui, che
vuol faettar con faeppolo, o arco da pallottole, dee
aver le pallottole d' ugual pefo, e ben ritonde.
Anche fi pigliano in certi altri modi: un modo a
brevifello con la civetta, con la quale fi pigliano
tut-

tutti piccoli uccelli, il qual modo quafi a tutti noto è. Ma è da fapere, che in quefto modo pigliar
fi può, non folamente con la civetta, ma ancora
con un capo di gatta, imperocchè gli uccelli a quel
vengono. Ancora non folamente con brevifello, che
di due verghe fi fa, o vero con una monda verga invifchiata. Anche non folo alle verdi fiepi, come comunemente fi fa, ma ancora in qualunque
parte della via, o del campo, fe l'uccellator porti
fopra fe lieve ftrumento di molte frondi, con le qua'
fi poffa nafcondere: e non è di neceffità gli uccelli commuovere, fe non con folo fuono di foglie
d'arbori, o di rami, sì come comunemente fi fa:
e ancora con folo fuono di feme di papaveri in-
chiufo ne' fuo' gambi, o in altra cofa fimile, e
convenirgli, e chiamargli fi poffono, e con qualunque ftrane, ed inufitate voci s'allettano, imperocchè fi maraviglian di quelle. Anche fi pigliano a
fornuolo; e quefto i contadini ufano nelle notti
molto ofcure. Hanno una fiaccola, la quale un porta chinata, preffo alle fiepi verdi, nelle quali dormono gli uccelli, i quali, quando fi deftano, vengono allo fplendor del fuoco, e due altri con due
mazzuole, che hanno da capo, a modo di paletta,
teffuta di vinchi, gli ammazzano. Piglianfi ancora
le paffere, e i pafferotti fpezialmente, che fon men
fagaci, con mano, o vero con bertovello, il quale è una gabbia di vinchi, fatta, donde ufcir non
fanno. Anche fi prendono gli uccelli, ne' fori delle colombaje, con una dimeftica donnola, nel foro meffa. Anche fi pigliano con cefta, o vero pia-
ftrella, maffimamente nel tempo delle nevi, acconcia in modo, che quando entrano, toccando lo 'n-
gegno, rimangano coperti: fotto alle quali fi dee
metter granella da beccare di molte ragioni, fuor
del-

delle quali si pongano a modo d'un filo, sì che quando le truovano, seguitando, entrino sotto la cesta. Anche con iscarpello si pigliano le porzane nelle cannose valli dove dimorano. E lo scarpello uno strumento fatto con due archi molto piegati, poco di lungi l'uno dall'altro, intra i quali, un poco poi, si pone frutto d'erba coca, simile alle ciriege, il quale, quando prender vogliono, per lo collo si stringono. La forma di questo ingegno è simile di molti altri: non si può così apertamente descrivere, che pienamente s'intenda, sì come, veggendola, si conosce. Anche si prendono col cubattolo, al tempo delle nevi, il quale è uno strumento fatto di poche verghe, dentro concavo, e nella parte di fuori acuto, avente uno usciuolo, il quale giace in terra, coperto di paglia, che si lieva con un vimine fitto in terra, e di dietro percuote l'uccello, che entra all'esca, la quale è dentro, e non può averse d'altronde, imperocchè intorno intorno è chiuso di terra. Anche si pigliano le cornacchie con un dilettevole ingegno, cioè. Che di loro sen' ha una, e legasele l'ali con due piccoli cavigliuoli, e ponsi a rovescio in terra, ed ella fortemente grida, e sforzasi di fuggire, e l'altre prossimane corrono, volendo quella ajutare, delle quali una col becco, e con gli unghioni piglia, e fortemente la tiene, sì che pigliar la puoi, e in questo modo si pigliano delle gazze. Anche si dice che gli uccelli, che becchino grano, o vero miglio, che macerandolo in feccia di buon vino, e di cicuta, e seccatolo, dandolo loro a beccare, subito innebriano, e non posson volare, e si posson pigliar con mano.

Del

Del prender le beſtie, e le fiere, e prima come ſi prendan
le lepri co' cani .

CAP. XXIX.

L E Lepri ſpezialmente ſi prendono con cani, ma per
trovarle, biſogna cani chiamati ſegugi, o vero
bracchetti, i quali, quanto più ſottile odorato hanno,
tanto miglior ſono. Anche ſon neceſſarj cani al cor-
rer molto leggieri, che quelle perſeguitino, e piglino, i quali tutti a queſto s'ammaeſtrano, e a quelle pigliar s'inducono, quando delle preſe, alcuna
coſa, ſe ne dà loro a mangiare. Da' quali anche ſi
pigliano cavriuoli, e alcuna volta cervi, maſſimamente con ajuto di reti grandi, poſte ne' luoghi, dove ſi fugano. Anche ſi prendono da loro le volpi,
avvegnache ſieno in fugga molto ſagaci. Anche i
conigli, quando ſi truovan rimoſſi dalle lor cave.
Anche con cani ſi pigliano porci ſalvatichi, e lupi,
ma con ajuto de' cacciatori, imperocchè rade volte
ſoli preſumono appreſſarſi a quelli, ſe non ſono ma-
ſtini fortiſſimi, e audaci. Ma a pigliare porci ſalvatichi, di neceſſità ſono ſpiedi forti, con ferro acuto, e in mezzo una crocetta: i quali i cacciatori,
vedendo venire il porco adirato, appoggiano, e fer-
mano in terra, tenendo il ferro contra 'l porco,
che da quello, fedito, non ſi può infino al cacciatore appreſſare: e un picciol cagnuolo, a ciò
ammaeſtrato, lo ſeguiti, e coſì da' cani s'uccide,
e da' cacciatori. Anche ſi pigliano i cervi, quando
dall' huomo fediti con ſaetta, o palo, fuggono: e
un picciol catello, a queſto ammaeſtrato, per la via
del ſangue uſcente, il perſeguita tanto, che da quel

catello mezzo vivo, o morto fi truova. Anche da'
cani fi truovano, e pigliano gli fpinofi, e alcuni
altri animali.

Del pigliare i Cervi.

CAP. XXX.

COn le reti fi pigliano i cervi, com' è detto, e
le volpi, come di fopra fi diffe, quando della,
rete trattammo, che dalle genti è chiamata ajuolo.
Le lepri anche agevolmente, con le reti fi piglia rebbono, fe in quelle entraffono, sì come molte altre
fiere.

Come fi pigliano i Lioni.

CAP. XXXI.

COn lacci fi pigliano alcuna volta i lioni, e le
volpi, e le lepri, quando per alcuni forami
fogliono entrare in luoghi chiufi. Ma quefto fi fa in
due modi, l'uno, che il lacciuolo fia annodato ad
alcuna pertica piegata sì forte, che la fiera prefa,
per lo collo, fi lievi da terra, e rimanga impiccata.
L'altro, che preffo al laccio fia un forte cannello, .
ftrignente il laccio, con che è prefa la fiera, e im-
pedifcala, che non poffa rodere il laccio.

Del pigliar Lupi, e Volpi.

CAP. XXXII.

VOlpi, e lupi maffimamente fi pigliano con ta-
gliuola di ferro, che intorno a fe hae molti

ramponi aguzzati : ed eglino hanno intorno ad effe un'
anello, preffo alluogo, ove annodati fi volgono, al
quale s'annoda un pezzo di carne, e ogni cofa s'oc-
culta, fuor che la carne, e giacciono in terra ferme :
e quando il lupo tira la carne co'denti, l'anello fi
lieva in alto, o racchiude i ramponi intorno al
capo del lupo, il quale, quanto più tira, creden-
do fuggire, con effa più forte è ftretto, e tenuto. Anche fi fanno altre tagliuole, con le quali
generalmente fi poffono pigliar tutte le beftie per li
piedi, e per le gambe, e tendonfi occultamente
ne'luoghi, dove paffano, le quali fon di cotal figura, o forma, che fe non veggendole, intender
fi poffono. Ed imperò que'che tender le vuole,
veggale da quelli, che l'ufano, sì come veder la
volli io.

Come fi piglino alle foffe.

CAP. XXXIII.

NElle foffe, in quefto modo, maffimamente i
lupi fi pigliano. Faffi una foffa larga, sì come un gran pozzo, e tanta profonda, che quindi
non poffa ufcire. Quefta fi cuopre d'un ritondo
graticcio, che non tutta, ma quafi tutta, cuopra
la foffa, ma fia rafente l'orlo, e fotto il graticcio
in mezzo fi lega una ftanga più lunga, che 'l graticcio, e ritonda; e nel mezzo del graticcio fi lega un'oca, o vero un'agnello, e cuoprefi tutto il
luogo di paglia : e 'l lupo venente, volendo pigliar
l'oca, o l'agnello, cade nella foffa col graticcio
fubitamente rivolto. Anche alla foffa fi prendono
moltitudine di porci falvatichi, in quefto modo. Ne'
luoghi dove n'ufano molti, nel campo vi fi femi-

na molta faggina, e intorno al campo vi fi fa una forte, e fonda fiepe di vimini d' arbori, e da una parte sì vi fi lafcia una entrata aperta, e dirimpetto alla fiepe abbattura fi fa di fuori una foffa, affai profonda; quando la faggina è matura, vi vengono molti porci falvatichi, che entrano, per lo luogo efpedito. Allora al luogo venga quando vuole, ancora fenza arme, e nel luogo dell'entramento dimori, e in qualunque modo può, gridi, e faccia romore. I porci fpaventati, non trovando donde poffano ufcire, fe non per la fiepe abbattuta, quindi fi gittano, e tutti caggiono nella foffa, la qual veder non poffono, ftando dentro. Ancora per lupi, lepri, volpi, e tutte altre fiere, e cani, e porci, che guaftin vigne, faffi una foffa in quefto modo. Cavifi larga due fpanne, e lunga tre, o quattro piedi, e profonda da fei, o fette, o otto piedi, con ifponde pulite, e diritte, in terra foda, e dalle rovine, con muro, guardata, ed in luogo, dove ufati fono fpeffo paffare; quefta fi cuopra prima attraverfo di groffe erbe fecche, e poi di fottiliffima terra: e fe l'erba non foftenga la terra, pongafi di fotto due baftoncelli fottiliffimi attraverfo, e che agevolmente fi rompano, e l'erba, per lo lungo, sì che nel mezzo s'aggiunga. E fe non puoi, o non vuoi farla così profonda, poni intorno intorno a quella ftanghe, o vero afficelle ftrette, che abbiano molti cavigliuoli, o vero piccoli aguti fitti, e inchinati nella foffa, o verfo la parte del mezzo, un poco piegati, nella quale, rinchiufa la beftia, quando vorrà ufcir fuori, col capo, e con gli occhi in quella percuota: e offenderalla in modo, che ftarà cheta, fanza volerne ufcire. E fe vorrai, che muoja, poni nel fondo molti pali aguzzati, o molta acqua, e morravvi dentro. Anche fi può far la detta foffa in qualunque viottolo, con ajuto

d' ald'alcuna ribalta fatta di vimini, fermata ſopra una ſtanghetta ritonda, che agevolmente ſi volga, in ciaſcun capo, con uno uncino fortemente fitto in terra, nel qual ſi volga. E queſta ribalta ſia dall'un capo ferma, dilungi dalla foſſa un ſommeſſo, nell'altra parte: ne' canti, e nel mezzo ſieno appiccate pietre peſanti. Queſta ſtia rilevata, quaſi ritta, con una forca, la cui parte di ſotto ſia ſur' un baſtoncello piccolo, e ſia nel mezzo della foſſa attraverſo, ſopra un piccolo palicciuolo, da ogni capo, che ſia fitto nella ripa della foſſa, nella parte di ſopra: e in ſu queſto baſtoncello ſi ponga una verghetta, per lo lungo della foſſa, che ſoſtenga l'erba, e la terra ſolamente, e dalla beſtia, preſſa, diſcenda, e 'l baſtone, con la forca, e ribalta, faccia cadere. E queſta ribalta di dì ſtia ſopra la foſſa, sì che l'huomo, che vi paſſa, non vi caggia dentro. Se il cane, o 'l porco vi caggia, con una ſcaletta, con iſcaglioni d'aſſe, potrà cavarſene.

D'alcuni altri ordigni, co' quali ſi piglian le fiere.

CAP. XXXIV.

I Liofanti ſi pigliano in queſto modo. Concioſſiecoſa, ch'e' non abbiano ginocchia, non poſſon giacere, ed imperò, quando voglion dormire, sì s'appoggiano a grandiſſimi arbori, e s'addormentano. I cacciatori queſti arbori riſelgano: ma non affatto, sì che cader poſſano per ſe, ma appoggiandoſi i liofanti, caggiono: e quando rovinano, ſon morti da' cacciatori. Gli orſi ſi pigliano in queſto modo. L'huomo armato con arme di ferro il capo, e da ogni parte coperto, con un coltello acuto allato, s'appreſſa alla ſelva, o altro luogo dell'orſo: ed egli verſo l'huomo

mo armato fi dirizza, e abbracciafi con lui, e l'huomo con l'una mano, fguainato il coltello, il luogo
del cuore fora, e uccidelo. Le volpi nelle tane loro
fi prendono, in quefto modo. Hae il cacciatore un'
alveo di pecchie, più lungo, che largo. Quefto da
un capo è chiufo con pochi fili di ferro, e dall'altro
hae un'ufciuolo dentro dalla parte fuperiore, ganghe-
rato per modo, che fi poffa dentro alzare, e non u-
fcir fuora: e cadendo quefto ufciuolo, di fopra alza-
to, fi ferma, con un piccol fufcello. Quefto ftrumento fi pone nella tana della volpe, quando fi fa, ch'
ella v'è. E la parte, dond'è l'ufciuolo fi pone dentro all'entrata della foffa, e tutti gli altri entramenti
da lato di fuor della foffa, che fogliono effer più, fi
chiudono. La volpe, volendo ufcire, entra nell'alveo, non penfando da' fili fottili effere impedita, e
così trae feco il fufcello, e l'ufciuol fi chiude, e tor-
nando addietro, più fortemente è ferrata, e ferma.
Il cacciator, quando viene, fe vuole, con un ferro
acuto, l'uccide, o fe vuole in pozzo, o in gran tino d'acqua porta l'alveo, e apre fopr'effo, e la fa
rovinar nel detto pozzo, o in tino. I conigli fi prendon così. Il cacciator faccendo fuono, o ftrepito, gli
fa fuggir nelle fue cave; ed imperocchè fon paurofi,
agevolmente fuggono alle lor foffe, acciocchè quivi
ftieno ficuri. E 'l cacciatore pone allora una reticel-
la alla buca, ben fitta in terra, e per l'altro buco
mette un'animal domeftico, il qual fi chiama furetto, e la bocca ha chiufa con un frenello, acciocchè
aprir non la poffa, e i conigli non prenda, o mangi, e poi non voleffe ufcir fuori. Quefto furetto è
poco maggior, ch'una donnola, ed è de' conigli
proprio nimico: e così tutti i conigli fuor caccia,
e così, ufcendo, entrano nella rete, e fon prefi.

Come

Come si pigliano i Topi.

CAP. XXXV.

I Topi si pigliano, e uccidono in molti modi. Uno modo è con gatte dimestiche, che si tengono in casa. L'altro modo è, con trappole, che si fanno di piccol legno cavato, nel qual cade un' altro legno piccolo grave, e tiensi sospeso con un piccolo suscello, sotto 'l quale si pone un poco di cotenna di porco : e quando 'l topo la piglia, scocca, e cade addosso al topo. Ma questo modo è sì conosciuto da tutti, che non bisogna troppo spiegarlo. Anche si pigliano con un'asse levata, e sostenuta da un piccol suscello, pigliando l'esca, scocca l'asse, e muore il topo. E ancora è un' altro modo. Quando in un nodo di canna grossa si fa da capo un'archetto con corda, nella quale sta un' ago grande, e nel mezzo della canna hae un foro, e dentro si pone la cotenna legata ad alcuna verghetta, e sì acconcia, che quando il topo, per lo foro, la cotenna muove, l' arco scocca, e l'ago fora il capo del topo, e tienlo. Ancora d' un altro modo. Prendasi un vaso, donde non possano uscire, e facciasi mezzo d'acqua, la cui superficie si cuopre di spelda, che soprastà all' acqua, la quale il topo, vedendo, e non l'acqua, discende in quella, e anniega. Anche un' altro modo, che il vaso si cuopre d'una carta, e questa in croce si taglia, e nel mezzo vi si mette una cotenna di porco, e 'l topo, volendo ire a quella, la carta si piega, e 'l topo dentro rovina, e affoga, se acqua vi sia, e sanza acqua, in breve tempo si muor di fame, e la carta da se, per sua natura ritorna al suo luogo, e in questo modo molti sene pigliano. Dicesi ancora dagli esperti, che se i topi, nel vaso, sanza acqua cadenti, lungo

tem-

tempo viver fi permettono, per molta fame coftretti, fi mangiano intra di loro. Il più poderofo, divora il più vile: e fe tanto fi lafci, che rimanga il più forte folo, e quefto fi lafci andare, quantunque in qualunque parte ne truova, gli uccide, e manuca, imperocchè v'è avvezzo, e con agevolezza gli piglia, concioffiecofachè da lui non fuggano. Anche s'uccidono con rifagallo trito, mefcolato con farina, o con cacio grattugiato, il qual volentieri rodonó, e muojono: ma vuolfi guardare, che non vi fia acqua preffo, perocchè, potendo bere, fpeffe volte campano. Prendonfi ancora, fe fopra un vafo, donde non poffano ufcire, fi ponga un baftoncello feffo per mezzo, cioè l'una metà per mezzo rotto, in modo, che fe foftenga, ma non il topo, e una noce nel mezzo fi ponga, tratta dal gufcio, alla quale, quando va, il baftoncello rotto cade, e fe acqua v'è, muore, e affoga, o s'uccida fe non ve n'è. Se fotto la circonferenza d'una fcodella, una noce da una parte rotta fi ponga, e la rottura ragguardi dentro, in modo, che quando la piglia, caggia la fcodella, agevolmente riman prefo. Modo migliore, da pigliare i piccoli, e i grandi, è quefto. Prendafi due affi ben piane d'un braccio lunghe, e larghe un fommeffo, e quelle congiugni, e fieno diftanti quattro dita, o poco meno nella parte infima, con due piccole afficelle incaftrate, da ciafcun capo una, sì che di fotto a loro fia pari: e fotto quelle conficca una carta di pecora groffa, tagliata nel mezzo attraverfo, ma preffo al mezzo non confitta, e intanto riftretta, che poffa intra l'affe levarfi, acciocchè fe difcendendo fi torceffe, poffa alla fua forma riducerfi. Anche le dette due affi di fopra, ne' capi fi congiungano, e fopra loro fi tenga una afficella nel mezzo, avente un chiovo ritorto, al qual s'appicchi un pezzuol di

co-

cotenna di porco, o vero, che non s'appicchi la detta cotenna, ma nel mezzo delle dette affi fia appreffo alla carta, e sì come una meftola forata, acciocchè con la cotenna, agevolmente fi rivolga. Quefto edificio fi ponga fopra a qualunque vafo di terra, o vero di legno, onde i topi ufcir non poffano: e ottimo è, che fi fotterri in una maffa di grano, o d'altra biada, sì che i topi, quando enterranno, e quando s'appreferanno alla cotenna, rovinino, e la carta difcendente fi rilievi: e di qual fi voglia cofa, a che s'accoftino, fanno lo fteffo: nè le gatte, per quella ftrettura potranno entrare.

Del pigliare i pefci, e prima, come fi piglino con le reti.

CAP. XXXVI.

NEl Mare, appreffo del piano lido, fpezialiffimamente fi prendon di molti pefci, con la rete, la quale molti fcorticatoria chiamano. Quefta rete è molto lunga, e affai ampia, e fitta, avente corda dall'un lato piombata, e dall'altro fuverata, sì che poffa nell'acqua ftefa, e diritta ftare. Quefta rete, con una navicella, infra 'l Mar fi porta, lafciando a terra l'un capo, e fempre alcuna particella di quella difcenda nell'acqua. E quando i pefcatori faranno infra Mare, quanto la rete farà lunga; allora accerchiando con l'altro capo, ritornino alla riva: e alcuni di loro difcendano in terra, col capo della rete, e uno nella navicella ritorni, fuori del circuito della rete, e gli altri in terra: e da ciafcun capo tirin la rete in terra: e quello della nave ftia a mezzo della rete, movendo l'acqua, acciocchè i pefci, intra la rete comprefi, vedendofi dalla rete tirare a terra non faltin fuor della rete. E due pefcatori, da

ciafcun capo, in terra ftanti, traggano co' pefci tutta
la rete alla riva. E fpeffe volte ne traggono molti
piccolini, e grandi, e fpeffe volte de' piccoli pochi,
o niuno, perchè in quel luogo non ven' aveva. Anche fi prendono in Mare, con una rete fottile, non
molto grande, legata a due pertiche, che alcuni,
ftandofi nella navicella, aperta, la tuffan nell' acqua, e poco ftante, co' pefci, la lievano. Anche
fi pigliano ne' fiumi, e in tutte fpaziofe acque, con
rete, la quale alcuni chiamano traverfaria, che è compofta di tre reti, che le due fon groffe, e rade,
e quella del mezzo fottile, e fitta, ed ha nell' un lato piombo, e nell' altro fuveri: e fe fia molto lunga, abbia alcune zucche fecche, acciocchè ftia diritta
nell' acqua. Quefta rete fi fa lunga, e corta, fecondo
la larghezza dell' acqua: e tienfi nell' acqua per grande fpazio, acciocchè, notando i pefci per l' acqua,
percuotano nella rete: la qual rete rada paffando, av-
volgonfi di poi nella fitta, sì come gli uccelli nella
ragna fopraddetta. Anche fi pigliano con rivali reti in
poca acqua, e la rivale rete è piccola, e minuta,
annodata con due mazze, le quali il pefcator tien con
mano, e aperta, per l' acqua, la porta, e preffo alla
riva co' pefci racchiude. Anche fi pigliano con giacchio, il quale è rete fottile, e fitta, ed ha forma
tonda: intorno alla circonferenza impiombato, e ravvolto hae nel comignolo una lunga fune: e quefta
rete il pefcatore, fopra 'l manco braccio tien chiufa,
e nell' acqua aperta la gitta: la quale fubitamente al
fondo difcende, e tutti i pefci, che vi fon fotto, racchiude: e quelli, quando la trae con feco, racchiu-
fa, prende. Anche fi piglian con la negoffa, che è
una rete a modo della rivale, ed è annodata a una
pertica con due baftoncelli atanti da una parte. Quefta rete, ftando il pefcator fuor dell' acqua, la mette
ne'

ne'luoghi cheti, e co'pefci la lieva, e fpeffe volte
fanza effi. E alcuna volta, intorno a erba, e pruni,
preffo a terra, la mette, e con una pertica, percotendo nell'erba, i pefci occultati vi caccia dentro.
Anche fene pigliano molti in luoghi ftretti di valli,
con rete, la qual chiamano cogolaria, la qual rete è
grande, forte, e fitta, ed ha entramento ritondo, e
largo, e a poco a poco fi riftrigne infino alla coda,
la quale è molto lunga, ed ha molti ricettacoli, ne'
quali agevolmente entrano moltitudine di pefci, e tor-
nar non poffono. Quefta rete fi pone con due groffe
pertiche nel detto luogo ftretto, intorno al quale è
da ogni parte forte chiufura di legname, infino alla
ripa, alla quale le dette pertiche s' annodano. Quefta
rete il dì, e la notte fi tien quivi nell' entramento,
rivolta alla parte di fopra: per quefto luogo al poftutto, niuno pefce, che venga di fopra vi può paffare, che nella rete non rimanga, concioffiecofachè
niun luogo vi fia aperto. Difcendono adunque tutti
nella bocca aperta della rete: e poi nella coda ftretta. Il pefcatore alcuna volta, interpofti alquanti dì,
va al fopraddetto luogo, e la coda della rete trae
nella nave, e aprela: e alcuna volta truova tanti pefci, e maffimamente anguille, che fono aggomitolate, concioffiecofachè d' amore ardano, o vero fcardi-
ni, che adunati vanno, che a pena la navicella tener
gli può: e tutte l'altre forte di pefci, che ftanno in
cotali acque, fi pigliano in quella, ma non in fimile quantità. Anche fi pigliano nelle valli di molti
pefci, ne' luoghi aperti, e profondi, dove fpezialmente i grandi dimorano, con una rete, la quale
chiamano *degagum*, la quale è lunga, e larga, e
gittafi nel fondo: e ftrafcinafi un pezzo, e poi fi cava fuor con li pefci. Anche fi pigliano in valli larghe, e non profonde, molti pefci di diverfe genera-

zioni, che fi ritruovano in cotali acque, in quefto modo. Hanno i pefcatori gradelle, o vero gabbiuole, gran qantità, fatte di canne di paduli, con le quali chiudono grandi fpazii delle valli, non profonde, con ajuto di pali, lafciate piccole aperture, in molti luoghi, alle quali pongono reti piccole ritonde, larghe in bocca, e la coda, co' fuoi ricettacoli, ftretta, nella quale poffono entrare, e non ufcire. Quefte reti fempre il dì, e la notte lafciano, e quafi continuamente. La mattina le cavano con pefci, i quali, per li luoghi fpaziofi, notando, fperavan poter paffare. Fannofi ancora di quefte graticce ravvolte, sì che i pefci, che v' entran non fanno ufcire: ma quindi fi traggono, con una piccola rete, pofta in capo d'una pertica biforcuta.

Come fi piglino i Pefci con cefte, e altri ftrumenti fatti di vinchi.

CAP. XXXVII.

I Pefci fi pigliano con cefte di vimini, che da capo fon larghe mezzolanamente, e da piede ftrette, le quali i pefcatori, ftanti nell'acqua, per lo fondo, le menano a modo delle reti ripali: e alcuna volta cotali cefte, ma più leggieri, fi pongono ne' capi delle pertiche, e tiranfi per l'acqua torbida, ftandofi in terra, sì come di fopra de' negofli abbiam detto. Anche di vinchi fi fanno naffe ritonde, e larghe, con l'entramento dentro ftretto, e di fuori ampio, che 'l dì, e la notte, col pefo d'alcuna pietra, fi lafciano nel fondo dell'acqua, e hanno alcuna vite, nella coda legata, con che fi traggono: ma di due forme fi fanno. L'una è, che di dentro fia molto ampia, ritonda, nel cui fondo fi pone creta

molle, e granella, in quella inframmeffe, alle quali entrano alcune generazion di pefci, per cagion di cibo, e quindi non fanno ufcire. L'altra è tutta ftretta, e lunga, ma nell'entramento mezzanamente aperta, e nel mezzo molto ftretta: e poi è larga, e nella coda ftrettiffima, nella quale entrano, non per cagion di cibo, ma acciocchè quivi occultamente dimorino, e di niuna ufcir fanno.

Come fi piglino i Pefci con l'amo, e in altre guife .

CAP. XXXVIII.

COn l'amo fi pigliano i Pefci, in tre modi.
L'uno è, quando in quello fi pone un piccol
pefce vivo, col quale fi pigliano i pefci rapaci, che
inghiottifcono l'amo col pefciuol vivo. Quefto amo
fi richiede, che fia di rame, grande, e forte, con
forte cordella, ravvolta di filo, appreffo lui, acciocchè non poffa roderfi: e la fua corda s'annoda ad
un fafciuolo *paneriatum*, e nell'acqua ftante, con
l'amo, e col pefciuol vivo fi lafcia ftar tutta notte.
Il pefce prefo fuggir di lungi, od occultarfi dal fafciuolo è impedito, e così la mattina da' pefcatori è
trovato. Il fecondo modo. A una funicella di peli
bianchi di fetole di cavallo s'annoda un'amo, e quello, alla fommità d'una verga fottil, s'annoda, e
intorno a quell'amo un cibo, che da' pefci maggiormente s'appetifce, fi ravvolge, che non fi vegga l'a-
mo, e poi fi gitta nell'acqua, come manifefto è a
tutti. Ma in quefto da offervare è alcuna cautela,
cioè. Che 'l pefcator fappia, che efca ciafcuna generazion di pefci più appetifca, in ciafcun tempo dell'
anno imperocchè quel medefimo, fecondo la varietà
del tempo dell'anno, diverfi cibi addomanda. La
qual

qual cofa fi può fapere, fperando i pefci, e guatan-
do nelle budella, che efca v' è: e così diverfe efche,
ora una, ora un' altra, fecondo le ftagioni pongono.
Anche vale contr' alla malizia de' pefci, che l' efca
appiccata alle lenze non voglion prendere, s' egli hae
la verga, e la lenza fanza amo, con la quale fpeffe
volte gitti, alla quale alcuni, men cauti, vengono, e
portannela: la qual cofa, quando molte volte avranno fatto, l' amo poi vi metta, eziandio i maliziofi
vi s' appreffano ficuramente. Il terzo modo fi ferva
nell' acque profonde: imperocchè in quelle l' amo con
mano fi gitta, legato con lunga lenza, che abbia un
poco di piombo, per un braccio appreffo all' amo, sì
che difcenda al fondo, e quivi fi tenga, e maffimamente in acque correnti, cotale lenza fi tenga con mano,
appiccata al dito groffo, da quel che fia nella nave,
o vero ponte. E quando fentirae il pefce pigliar l' a-
mo, fortemente tragga, prima, acciocchè fi ficchi
nella fua bocca, poi a poco a poco tragga tanto,
che quello pigli con mano, il quale farà radiffime
volte piccolo, concioffiecofachè folamente i grandi dimorino in fondo, avvegnachè alcuna volta difcorrano,
per la mezzana, o ver di fopra. Con gli fpaderni fi
pigliano, e maffimamente tinche: e fono tre agora di
rame ritorte, e infieme legate, le quali, con alcune
corte funicelle fi legano, e pongonfi a una fune, non
molto di lungi l' uno dall' altro. A quefti fi pone code di granchi, o lombrichi groffi, e nell' acqua la fera fi gitti diftefa, e la mattina le tinche prefe fi tolgono. Con calcina viva fi pigliano i pefci, s' ella fi
mette in un facco, ed in acqua ftante, in piccol luogo, rinchiufa: e quefto facco da due nell' acqua, per
tutta la foffa, fi fcuota: e per quefto tutti i pefci,
quafi ciechi, verranno a galla, e con mano agevolmente fi prendono. Anche fi pigliano i groffi pefci
con

con la fiocina in acque chiariffime. E la fiocina uno
ftrumento di ferro, con molte punte, delle quali punte ciafcuna hae una barbuccia, che ritenga: e fono
alquanto fpartite tra loro: il quale il pefcatore hae in
capo d'alcuna afta di lancia, e va con effo chetamen-
te in nave per l'acqua, e quando il pefce vede, fortemente il fiede, e confittolo, il tiene. E quello fteffo farebbe, chi fteffe in terra, e nell'acqua torbida,
fe fi vedeffe il pefce.

INCOMINCIA
L'
UNDECIMO LIBRO

Delle regole delle operazion della Villa, repetendo in brevità le materie trattate ne' Libri precedenti.

NE' Libri di sopra diffusamente è detto d'ogni operazion della Villa, ma imperocchè la memoria degli huomini è brieve, e delle cose singulari a molti non basta, imperò è paruto utile le materie de' trattati, che si posson generalmente esprimere, secondo l'ordine del Libro, di conchiudere in brevi regole, sì che la sola notizia delle più cose s'abbia generalmente nella memoria.

Della Villa.

C A P. I.

GLi esercizj della Villa richieggono fortezza d'abitatori, industria, e acconciamento d'operatori, ed imperò la sanità del luogo spezialmente si dee cercare, e dell'aria, e del vento, e del sito della terra, e la bontà dell'acqua dimostra il luogo abitevole, fecondo, e sano. L'huomo savio, che dee comperare il podere, innanzi a ogni cosa, consideri la salute del luogo, acciocchè, dopo il comperamento, e fattura di case, quando sarà la pecunia spesa, non ne seguiti tostano pentimento, con detrimento delle persone, per cattiva aria, o per danno della cosa familiare.

Dell'

Dell' aria.

C A P. I I.

L'Aere.è caldo, e umido, fe niuna cagione ſtrana lo muterà. Quell'aere è buono, che non è putrefatto, e non ha eccellenza di caldo, nè d'altra inegualità, ma in tutte queſte coſe ſi truova eguale, o vero all'ugualità proſſimano. L'aere temperato, e chiaro, dà ſanità agli abitatori, e conſervagli, e le piante proporzionalmente megliorano, e fruttificano. Ma l'ineguale, e quello, che de' vapori de' laghi, e degli ſtagni, sì ſi conturba, adopera il contrario, e conturba l'animo, gli umori meſcola, e le piante corrompe. Ogni aria, che toſto s'affredda, quando 'l Sol tramonta, e toſto ſi ſcalda, quando ſi lieva, è ſottile: contraria, e converſo. L'aria peggior di tutte è quella, che 'l cuor coſtrigne, e la reſpirazione rende angoſcioſa. La ſalubrità dell'aria dichiarano i luoghi liberi dalle baſſe valli, e liberi nelle notti dalle nebbie, e gli ſani corpi degli abitanti.

De' venti.

C A P. I I I.

I Venti Meridionali, aſſolutamente conſiderati, ſon caldi, e umidi: i Settentrionali, freddi, e ſecchi: gli Orientali, e gli Occidentali, quaſi temperati. Ma in alcun luogo i Meridionali ſon freddi, quando dalla parte del Meriggio ſaranno monti nevoſi, e i Settentrionali caldi, quando paſſano per riarſi diſerti.

Dell' acqua .

C A P. I V.

L'Acqua è fredda, e umida, se alcuna cagione estrinseca non la muta. L'acque delle fonti della terra libera, nella quale niuna dell'estrinseche disposizioni, o qualità soprasta, son di tutte altre migliori. L'acque petrose son buone, e non impuzzoliscono agevolmente, per terrestre corruzione. L'acque de' fiumi correnti son dell'altre migliori, se sopra terra puzzolente, o lacunosa non passino: e quelle, che verso Levante corrono, e molto dal suo principio s'allungano, sono di tutte migliori. E quelle, che al Settentrione vanno, buone sono, ma quelle, che al Meriggio, o al Ponente vanno, son ree, e massimamente, quando traggono venti Meridionali. L'acqua lodevole è, nella quale le cose tosto si cuocono, e non ne rimane, nè odor, nè sapor niuno. Dell'acque d'una medesima disposizione, quella, ch'è più lieve, miglior si giudica. La sublimazione, e la distillazione, e la decozione, l'acque ree rettificano. Dell'acque, lodevoli sono l'acque piovane, e massimamente quelle, che vengono co' tuoni di State, avvegnachè, per la loro sottigliezza, si corrompano leggiermente. L'acque de' pozzi, e de' condotti, a comparazion dell'acque delle fonti, non son buone, e massimamente quelle, che passano per cannelle di piombo. L'acque pessime son le lacunali, e paludali, e quelle, che tengono mignatte, e tutte quelle, alle quali si mischia alcuna sustanzia metallina, e le grosse sono de' ghiacci, e delle nevi. L'acqua, temperatamente fredda, a' sani è miglior di tutte. L'appetito commuove, e fa lo stomaco forte: la calda il contrario adopera. L'acque salate fanno

di-

dimagrare, ᵉe diſeccano: le torbide criano la pietra, e l'oppilazione. Se la bontà dell'acqua, o vero malizia, per ragione, non può diſcernerſi, guardiſi alla ſanità degli abitatori.

Delle qualità del paeſe.

C A P. V.

LA caldezza, e la freddezza del luogo, e la diſpoſizion dell'umidità, e della ſecchezza, l'altezza, e la baſſezza, l'aſſai acque, e le poche, la lor malizia, e bontà, la vicinanza de' monti, paduli, lacune, e del Mare, e ancora la diſpoſizion della terra, la quale ſia fangoſa, o umida, o metallina, neroſa, o petroſa, del ſito dimoſtra la qualità. Gli abitanti ne' luoghi caldi anneranſi le lor facce, e capelli, e ne' lor cuori ſon timidi, e toſto invecchiano. Ne' luoghi freddi ſon di maggiore ardire, e meglio ſmaltiſcono: e ſe 'l luogo è umido, ſaranno graſſi, carnoſi, teneri, e bianchi. Quegli, che dimorano ne' luoghi umidi, ſono di bella faccia, e vengono loro continue febbri, e quando s'eſercitano, toſto s'allaſſano. Ne' ſecchi ſi ſeccano i polmoni, e offuſcanſi i corpi. I dimoranti ne' luoghi alti abitabili, ſon ſani, e forti, e ſoſtengon molta fatica, e vivono lungamente: ne' luoghi baſſi, il contrario. Gli abitanti ne' luoghi pietroſi hanno l'aria di Verno molto fredda, e di State calda, e i corpi loro ſon molto forti, e piloſi: molto vegghiano, e ſono inobbedienti, e di ma' coſtumi. E` in loro in battaglia fortezza, e nell'arti ſollecitudine, e acutezza. La città ſcoperta dall'Oriente, e dall'oppoſita parte coperta, è ſana, e di buono aere: il contrario ſito abbiente, è inferma. L'abitudine degli abitatori, fecondo fantà, e infertà, fignificano le qualità del fito.

Delle cafe.

CAP. VI.

LE cafe, e le tombe, e l'aje, e le corti, debbono effer fatte grandi nella villa, fecondo le facultà del Signore, e quantità degli animali, i quali vi debbono effer nutriti, e de' frutti da portare a quelli. Sieno ficure, e forti, con foffi, mura, e fpine, fecondo la potenza del Signore, e l'opportunità del luogo, e ficure da' ladri, e dagli affaffini. Ne' guernimenti delle tombe non fieno piantati arbori, che 'l guernimento non fia guafto, per la 'ngordigia de' frutti: e non fia proccurato accrefcimento d'alcuni arbori, in cotal guernimento, ma tutti gli arbori fien convertiti a fortezza di guernimento. La dilettazion de' Signori, addomanda, nelle ville, ficurtà, e bellezza. I fondamenti delle cafe deono effer più larghi, che la parete, e profondi, infino alla terra foda, la quale, fe venga meno, bafti la quarta parte di quello, che fi fa aver meffo fotterra. La rena, la quale, ftropicciata con mano, ftridifce, e la quale, fparta in panno lino candido, non lafcia alcuna cofa di fozzura, è buona a colui, il qual fa murare. In due parti di rena è da mefcolare una parte di calcina, e fe faranno mefcolate igualmente, farà materia fortiffima. Se nella rena del fiume metterai terza parte di terra creta, farà opera maravigliofamente foda. I legni fon buoni, per gli edificj, i quali fon tagliati del mefe di Novembre, e di Dicembre, e maffimamente fe fien tagliati, oltre alla midolla, e fieno lafciati alquanti dì fopra le radici. E quegli fon molto durevoli, i quali fono tagliati de' monti, dalla parte del mezzo dì.

De'

De' pozzi.

CAP. VII.

IL pozzo, se la fonte vien meno, si faccia in luogo convenevole, del mese d' Agosto, o di Settembre, rimosso da ogni letame, e palude: e quando l' acqua sarà menata d' altronde, diligentemente debbono esser proccurati i ricettacoli dell' acqua, acciocchè la vena piccola faccia sufficiente copia. Ove facciamo citerne, mettiamvi anguille, e pesci di fiume, i quali, per suo notamento, muovano l' acqua continuamente, e preservin da corruzione. Dove usiamo l' acque de' fiumi, sicura cosa è aver piccole citerne, con sabbione, il quale le purghi dalla terra, e rendale chiare.

Della presenza del Signore.

CAP. VIII.

LA presenza del Signore è frutto del campo: e quegli, il quale abbandona la vigna, è abbandonato da lei. La 'mportuna voracità de' lavoratori niuna cosa teme, se non la presenza del Signore, e la cautela.

Della terra.

CAP. IX.

LA terra naturalmente è fredda, e secca, ma accidentalmente spesse volte si muta, per le cose, che n' escono. Nelle terre è da cercar la fecondità,

e

e che bianca, e ignuda non fia la zolla, nè magro fabbione, fenza miftura di terra, nè fola creta, nè polvere renofa, nè magrezza pietrofa, nè falfa, o vero amara, o vero uliginofa, nè valle molto coperta. Ma fia la zolla putrida, e quafi nera, e a coprirfi dalla gramigna, e dal fuo fpandimento, fufficiente. Le cofe, che produce non fieno fcabrofe, nè ritorte, e non abbiano bifogno di fugo naturale. La terra utile a far del grano è quella, la quale naturalmente mena ebbio, giunco, gramigna, trifoglio, calamo, pruni graffi, fufini falvatichi, lappole, farfari, cicuta, malva, ortica, e fimili falvatiche erbe, le quali, per larghezza, e graffezza di foglie, dimoftran la terra allegra, e fruttifera. Alle vigne è utile la terra che di corpo è alquanto rada, e rifoluta, la quale fa virgulti belli, lunghi, e fruttiferi: non torti, nè deboli, nè fottili. Il fito della terra non fia sì piano, che l'acqua vi covi, nè sì repente, che tutta fen'efca, nè sì arido, che fenta troppo tempefta, e caldo, ma in tutte quefte cofe la mezzolanità fi richiede, e fempre è utile, quando è agguagliata. Nelle fredde provincie, dal Levante, o dal lato Meridionale, e nelle calde dal Settentrionale, il campo dee effere oppofto. La parte inferior delle terre è graffa, e groffa, e fredda: la fuperficie magra, fottile, e calda. Quattro fon le generazion de' campi, cioè: fativo, confito, pafcuo, e novale. Sativo è graffiffimo, e feminafi ogni anno. Ogni campo, che è caldo, e umido, e ha la fuperficie molle, non porofa, è agevole a coltivare, e fruttifero. Dopo quefto è da eleggere il graffo, e fpeffo: e fe quefto campo è lavorato, avvegnachè voglia gran fatica, rende buon frutto. Quella terra è peffima, che è fpeffa, fecca, magra, e fredda. La terra fecca diventa fterile, per l'arfura, e la falfa, o vero amara, non riceve mai me-

di-

dicina: ma quella, che per superfluo umore, è infe-
conda, con fosse convenienti si sana. I colli de' monti sostengon secco, e le valli hanno grassezza, per l'u-
more, chi vi discende. Ed imperciò questi cotali campi si deono solcar per traverso, acciocchè ne' solchi
stia la grassezza rattenuta. Non si voglion romper le
zolle, acciocchè le sopravvegnenti piove furiose, non
menin le terre mosse, col seme, alla valle. Novale è
il campo, che prima alla coltivatura si mena, o che
si mena alla prima virtù, per riposo d'un'anno, o
vero di più. Non si conviene alle piante il campo
polveroso, e secco, imperocchè la pianta richiede
luogo di continue solidità, nel quale radichi, e chia-
risca, e fruttifichi.

Dell' arare, e affossare.

C A P. X.

DEll'arare, e cavare sono quattro generali utilità, cioè. L'aprir della terra, ragguagliarla, me-
scolarla, e minuzzarla. Deesi aver cura, che 'l campo non s'ari fangoso, se già non fosse troppo secco:
imperocchè la terra fangosa, la quale è lavorata, secondo che s'è detto, non può esser ben lavorata in
tutto l'anno. E la troppo secca, è molto fatichevo-
le, e non si può tritar, come si conviene. Se il campo, che ha sostenuto gran secco, s'arerà, per una
piccola acqua, che 'l bagni, si dice, che fia steril tre
anni. Il campo forte, e di cattive, e di bastarde erbe ripieno, si vuole arar quattro volte, ma al poro-
so, netto, e sottile, basta una, o due volte. Ogni
campo ha assai delle tre, o delle quattro arature, e
rende il frutto proporzional, secondo il suo numero.
Quante volte il frutto avanza il guiderdone della fa-
ti-

tica, è da foprastar al cultivamento, ma fe la fatica avanza l'utilità del frutto, cotal luogo è da abban-donare. Ne' luoghi fecchi, i campi più avaccio fi fendono, negli umidi più tardi. Quegli, il quale, arando, lafcia intra i folchi la terra non lavorata, nuoce a' frutti, e diftrugge l'abbondanza delle terre: e più fecouda è la poca terra ben coltivata, che la molta mal lavorata. Da guardare è, che intra i fol-chi non fi lafci terra non moffa, e le zolle fon da disfare con martelli. Del campo fi perdon le 'nte-riora, fe non fi cultivan l'eftremitadi. Se il campo è pietrofo, fi raccolgano i faffi in di molti luoghi, e potraffi arare. Il giunco, gramigna, e felci, e tut-te altre erbe nocive, del mefe di Luglio fi vincono, per ifpeffa aratura, o per feminatura di lupini.

Del feminare.

C A P. X I.

NElle terre fredde fi dee feminare nell'Autunno, per tempo, acciocchè le biade prendano alcu-na fortezza, innanzi all'avvenimento del Verno: ma nel caldo, e graffo campo, indugifi quanto fi può, acciocchè la tofta fementa, per fecondìa delle male erbe, non affoghi. Il campo troppo umido dee effer feminato nella Primavera, e non nell'Autunno, al quale fi convien fave, o vero lino, le quali confumi-no la fuperflua umidità, con le radici divelte. Qua-lunque cofa fi femina nella Primavera, ne' luoghi cal-di, più per tempo fien feminate: ne' freddi più tar-di. L'Autunnal fementa vuole il contrario. I fottili campi, o vero acquidofi, fi feminan più pertempo, i graffi più tardi. Anche gli acquofi, nell'Autunno, fi feminano avaccio. Se 'l campo molto graffo, e frutti-

fero non fi femini ogni anno, non folo una volta,
ma molto, abbonda d'erbe baſtarde, per sì fatto modo, che fenza fatica grande, non fi medica. Ogni
grano in terra uliginoſa, dopo la terza feminatura,
fi converte in fégale. In catuno feme fon due coſe,
cioè. La virtù formativa, la quale è dal Cielo, e la
fuſtanzia formale, la qual riceve figuratamente nella
pianta, e negli organi della pianta. Ogni fementa dee
effer fatta, quando il feme ha maggiore ajuto dal Cielo, e queſto è nella prima età della Luna, perchè
allora è ajutato dal caldo, e umido, e dal vivifico
lume del Sole, e della Luna infieme. Ogni feminatura, la quale è fatta, quando il Sole da Ariete va in
Cancro, è perfetta, e l'Autunnale: allora le radici,
fi moveranno in debita quantità della fua fuſtanzia.
E quelle della Primavera, le quali fon nella concavi-
tà della terra, allora metteranno, e ajutate dal Sole
temperato, germoglieranno, e fioriranno, anzi al tempo della ficcità della State. Ma da guardare è, che
i femi, oltr'a miſura non fi gitti nel campo, che fe fi
farà, verranno ſtentati, e non faran pròd. Ed è da
guardare, che i femi, i quali fon feminati, non fien
corrotti: ma quelli fono ottimi, i quali non abbiano
più d'un'anno. Le generazion di tutti i piantoni, e
delle biade fien belle, ma nella tua metti le coſe provate, imperocchè nella nuova generazion de'femi, anzi l'eſperimento, non è da porre tutta fperanza. I
femi più avaccio tralignano, degenerano, e imbaſtar-
diſcono ne'luoghi umidi, che ne'fecchi. Ogni legume fi vuol feminare in terra afciutta, ma folo le fave
deon feminarfi nell'umida. Avvegnachè ne'campi temperati fia da feminare, nondimeno fe fia gran fecco,
i femi gettati, non fi conferveranno meno ne'campi,
che nè'granai.

Dell' acqua da innaffiare.

C A P.   X I I.

L'Acqua migliore di tutte a innaffiare i campi, e
a maturare il letame, è la paludale, o vero delle foffora, ragunata di piove, e di rugiada. Anche
alle piante l'acqua de' pozzi, e delle fonti, poichè
l'avrai fcaldata allo fplendor del Sole, fa prode.

Del letame, e del letaminare, e del tramutamento
delle piante.

C A P.   X I I I.

PEr lo troppo umido, e graffo letame, la fuftanzia della pianta diventa infetta di putredine, e di
nafcenze, e 'l fapor del frutto fi muta in peggio, e
riempiefi di foperchie foglie, e di molli ramucelli,
fanza frutto. Ottimo letame è quafi quel di tutti gli
uccelli, e d'animali di quattro piedi, il quale fia in
via a corromperfi, e non ancora abbandonato dal calor naturale, nè incenerito. Il letame nutrica più la
pianta, che 'l cibo l'animale, che fi nutrifce di quello: imperocchè la natura delle piante, meglio per letame, che per altro modo, fi muta. La fredda, e u-
mida terra, ottimamente s'ammenda, con arder la
feccia, e mettervi cenere. Il raunamento del letame
dee aver fuo luogo, il qual dee abbondar d'umore,
e per lo puzzo, fia rimoffo dal ragguardamento del
Signore, e dalla corte. Le ceneri, in luogo di letame, ottimamente fi fpargono. Ne' campi, lo fterco,
che fta per un'anno, è utile affai, e non crea l'erbe: ma fe è più vecchio, fa poco prò. I recenti le-
tami·

tami fanno prò a' prati, ad abbondanza d' erbe. I
purgamenti del Mare, fe fi lavano con acqua dolce,
fi poffon mefcolar con altro letame: I campi del monte fi voglion letaminar più fpeffo, che quei del piano: nel campo più raro, quando la Luna fcema,
imperocchè, fe quefto fi fa, nuoce all' erbe. Non fi
dee di State gittar letame più il dì, che fi poffa a-
rare, nè fi dee mettere a un' otta troppo letame, ma
poco, e fpeffo. Il campo acquofo richiede più letame, che 'l fecco. Se mancaffe letame, fi metta ne'
campi faffofi creta, ne' freddi, argilla, ne' pietrofi, o
troppo fpeffi, fabbione. Quefto fa prò alle biade, e
fa belliffime vigne. O fi feminino lupini, i quali quando faranno venuti, quafi a debito crefcimento, fi ri-
voltino. Il fango, tolto del fondo de' laghi, e de'
paludi, fa il campo graffo, e fruttifero, ed è al poftutto ottimo nutrimento delle piante. Il letame macero in temperata palude, ed in umidità putrefatta,
e mefcolato con convenevole fterco, è ottimo. I campi de' colli, nella parte fuperiore, molto, e fpeffo, e
nel mezzo poco, e di rado fon da letaminare. Nella
parte fotto, di letame non abbifognano.

D' alcuni principj delle piante, e loro operazioni.

CAP. XIV.

SEtte cofe fono, fenza le quali al tutto niuna pianta nafce, cioè: triplice calore del cerchio celeftiale, del luogo, e del feme: e triplice umore, cioè
di materia feminale, di terra, e di piova, di fopra
vegnente, e d' aere contenente. L' opere delle piante,
fono nutrire, crefcere, e generare. Il ventre degli arbori è la terra, nella quale lafciano ogni impurità.
Gli arbori ficcano le radici in giù nella terra, accioc-

ehè di quella, sì come dallo stomaco, traggano nutrimento: e se quelle solamente spargeranno alla superficie, tosto si seccano. Certo è gli arbori non sempre crescere, benchè abbiano le radici nella terra, imperocchè ogni cosa, la quale è secondo natura, ha nel suo genere quantità diterminata, intra due termini di grandezza, e di picciolezza. Le piante, succiando, per li pori hanno il nutrimento, e di quello, che dalla parte di fuori si lieva in gemme, formano ciò, che generano. Le piante, le quali hanno radici porose, e calde, attraggono più nutrimento, che non possono digerire, e imperò generano frutti, i quali tosto infracidano, se l' umido superfluo non sia menomato. Tutte le piante, le quali hanno gran midolla, son nutricate della midolla per pori trasversali: ma quelle, che hanno piccole midolle, son nutricate per pori, i quali vanno insin su, per ritto. La moltitudine de' rami procede da abbondanza di nutrimento, e dal Sole, che le percuote per tutto, il qual tira il sugo, e fallo uscir fuori. La carne, o vero la polpa ne' frutti, è fatta dalla Natura, acciocchè 'l seme, che cade in terra, sia letaminato da lei, e più agevolmente s' avanzi. Gli arbori molte volte fanno frutto di due anni, in due anni, per difetto di nutrimento, e per la virtù consumata, le quali cose sufficientemente nutrir non possono i rami, e i frutti, se non saranno rinnovati per sufficiente riposo. Ogni pianta, che del seme nasce, è salvatica, imperocchè 'l seme procede dalla radice, che è salvatica, e passa per lo stipite, e per li rami, acciocchè la virtù di tutto l' arbore acquisti, e possa generare simile a se. Quando alcuna radice si taglia da quella, il più delle volte ne nascono altre, che la pianta nutriscono in luogo suo. Se l' arbore vecchio, o molto consumato si taglia, debolmente pullulerà,

e

e producerà folamente gramigna, o funghi. De' falvatichi arbori, i frutti fon molti, ma i più, afpri,
per la fecchezza del nutrimento. De' dimeftichi fon
più pochi, ma fon maggiori, e più dolci, per la
contraria ragione. Ogni pianta mafchia, prima che la
femmina, pullula, per lo caldo, che più fortemente
la muove, e le foglie fue fon più ftrette, per la fecchezza del mafchio. Alcune piante impedimentifcon
l' altre in generazione, ed in frutto, sì come il noc-
ciuolo, e 'l cavolo la vite, e 'l loglio la biada, e
'l noce poco meno, che tutte l' altre per la fua mor-
taliffima amaritudine: ed imperò il più delle volte
vuole effere fchifata la piantazione, e la fementa di
diverfe cofe infieme. Ogni pianta abbifogna di quattro cofe, cioè: umido feminale, luogo terminato,
conveniente umor d' acqua, e temperato, che la nu-
trifca, ed aere fimile a fe, e proporzionale, acciocchè ben nafca, e crefca. Le piante nel caldo tempo
crefcon per l' ombra della notte, e per lo caldo del
Sole fi fanno fode, e legnofe. Le piante nel tempo
del Verno, raunano l' umor nelle radici: nella State
lo fpargon fuora, e accrefcono i rami. Tutte le cofe, che nafcono nella fuperfieie della terra, de' vapori, di fotto alla fuperficie della terra pertinenti, nafcono. I frutti de' monti fon più faporiti, che que'
de' piani, imperocchè in loro è meglio compiuta la
digeftione.

De' pori delle piante.

CAP. XV.

IL fugo è umor per li pori delle radici attratto,
per fimilitudine della pianta, per digeftivo calore
terminato a quella nutrire. Le radici, quanto a tirare

il

il nutrimento, sono simili alla bocca : ma imperocchè infondono calor vivifico a tutta la pianta, similitudine hanno del cuore. Le midolle son nelle piante, sì come la nuca negli animali. I nodi son creati in tutte le piante molto midollosi, e concavi, acciocchè ritengano il nutrimento, e lo spirito : per li quali convien, che vivano, e crescano infinattanto, che sarà convenientemente digesto. Le cortecce nelle piante sono, sì come il cuojo. negli animali, il quale non è generato per tessitura, e ordinamento di vene, ma per umor terrestro, mandato alla superficie. La materia delle foglie è umore acquoso, non ben digesto, alquanto con feccia della terra mescolato, con le quali la sagace natura difende i frutti dal superchio fervor del Sole. La materia del frutto è vapor secco ventoso a perpetuar la spezie delle piante, generata nell'anima vegetabile. La sustanzia de' fiori è generata d'umido più sottile, perfettamente digesto, il quale prima, bollendo, per lo calore, va innanzi al nascimento de' frutti.

Della generazion delle piante.

CAP. XVI.

ALcune degli arbori, e dell'altre piante si generano piantate : alcune per seme, e alcune per commistione degli elementi, e virtù celestiale. I rami, i quali son piantati sanza radice, se saranno di sustanzia soda, si fendano di sotto, quando si pongono, acciocchè più agevolmente attraggano il nutrimento. L'arbore, il cui seme sarà debole, diventerà migliore de' rami, e delle radici, che del seme. Le piante, umide, acquajuole, e molli, in qualunque modo sien fitte in terra agevolmente metton radici, e divenventan, grandi. Qualunque piante fon calde, avvegnachè fien dure, diventan buone de' rami fitti in terra, imperocchè la lor caldezza fortemente attrae il nutrimento. I rami degli arbori di foda fuftanzia, quando fi piantano, a lacerargli s'appiccan meglio, che tagliati, imperocchè i pori hanno più aperti, per gli quali attraggono il nutrimento. Tutte le piante, che hanno i frutti aromatici, caldi, e fecchi, più convenientemente fi piantano ne' monti: ma quelli, i quali fanno i frutti fodi, e umidi, fi deon più tofto porre, o feminar nelle valli. Gli arbori, i quali fanno piccol feme, e debole, fi poffon feminare, e piantare: ma quegli, che fi feminano, fon più pericolofi, e più penano a venire a perfezione, e anche ne nafce pianta falvatica: de' rami più tofto s'avanza, e quindi nafce dimeftica, non falvatica, fe di dimeftica fi toe il ramo. Gli arbori, che fanno feme grande, e forte, pervengon meglio di quello, che de' rami. Gli arbori, li quali non fanno alcun frutto, folamente diventan buoni de' rami, o delle piante, con le radici. Se il luogo da feminare non è ficuro dagli avvenimenti degli animali, i quali rodono, in alcun luogo chiufo convien nutrire i rami, e i femi per due anni in terra foluta, e dolce, e alquanto letaminata, pofcia l'arbore fia trafpiantato a' luoghi difpofti. Ogni novella pianta, nel tempo del gran caldo, fia ajutata con ifpeffa cavatura, e con bagnamento. Gli fpazj tra gli arbori, e le viti fon da lafciare, fecondo la grandezza degli arbori, graffezza del luogo, e ufanza del paefe. Ogni pianta, che è nel fuolo afciutto, o vero inchinevole, fi pianti più profonda; e nell'umido, e baffo, meno. Se la piantagione fia in terra cretofa, mefcolivifi fabbione, e nel fabbione creta: ma nella magra, convien por più letame. Quando la pianta fi trafpone, s'ella non fia piccola,

fia

fia oppofta a quelle parti del Cielo, come era imprima. Quando poni la pianta nella foſſa, taglierai della radice quello, che troverrai rio. Quando ſi pianta, convien guardare, che la terra non ſia troppo molle, o ſecca, ma ſia più toſto ſecca, che molle. Le traſpiantazioni ne' luoghi aridi, e montuoſi ſi facciano innanzi al Verno: negli umidi, e nelle valli, la Primavera: ne' temperati, nell' uno, e nell' altro tempo. Se ſi ſemina del ſeme degli arbori, ſcelgaſi i migliori, e di Gennajo ſi pongano affondo quattro dita, e non più: e ſe 'l luogo fia caldo, e ſecco, d' Ottobre, e di Novembre. I rami, che ſi piantan ſanza radici, meglio pruovano, ſe ſi pongono di Marzo, conciofſiecoſachè già ſia venuto il ſugo alla corteccia, o nel meſe d' Ottobre, quando lo ſpirito vivifico della pianta, non ha ancor fugga alle radici. Il ramucello, che ſi pianta non è da torcere, nè in alcun modo da tormentarlo: ma ſe ſarà di ſoda ſuſtanzia, farà prò, ſe parte ſene fenda di ſotto, o nella feſſura ſi metta piccola pietra. I rami da piantare, fien lieti, ſugoſi, netti, ſpeſſi di gemme, con molti occhi, e recati a una materia. I rami da piantar, che ſon troppo lunghi, quando ſi pongono, ſi taglino nella ſommità, e riducanſi a convenevol lunghezza, come nel ſalcio, nella vite, nell' ulivo, e negli altri arbori ſimiglianti.

Dello inneſtare.

C A P.   X V I I.

OGni inneſtamento è migliore in arbore ſimile, ſecondo generazione: come di pero in pero, e di vite in vite. Nel troppo duro ſtipite, lo inneſtamento è inconvenevole, imperocchè non può mettere

in

in lui le vene radicali, ma in quello, dove è poca durezza, e molta fugofità, ottimamente s'appiglia. Le
marze da inneftare fieno, fanza frutto, fugofe, nate
di frefco, con fitte gemme, e affai occhiate: e dalla
parte Orientale dell' arbore più tofto, che da altra
parte tagliati. La diverfità nelle mele, nelle pere, e
in tutti gli altri frutti, procedette dallo inneftamen-
to degli arbori di quella medefima fpezie. Lo inneftare ne' grandi arbori, ne' quali la corteccia è
groffa, e graffa, è da fare intra 'l legno, e la corteccia: ma ne' fottili fi fa più acconciamente nel legno feffo. Avvegnachè lo inneftare in molti tempi fi
poffa fare, migliore è quello, che fi fa, quando le
gemme cominciano a effer vedute: ma gli arbori, che
fanno gemma, è meglio, innanzi che fi cominci a
vedere. Lo inneftare a bucciuolo non fi può fare,
fe non quando la corteccia parte dal legno: ed è ottimo, fe da una parte fi fende il bucciuolo, e lafci-
glifi la fommità della verga, tanto che fi vegga la
pianta inneftata trar nutrimento dallo ftipite: intanto
che, pofciachè è crefciuta, rare volte lafcia il tronco
pullular fotto 'l nodo. Ogni inneftatura, quanto più
è baffa, tanto è migliore, imperocchè i frutti più dimeftica, e fa migliori.

Della medicina degli arbori.

CAP. XVIII.

SE de' vecchi arbori fi fendono le radici, e nelle
feffure fi caccin pietre, meglio attrarranno il nutrimento, e così alcuna volta fi fanno fertili quelli,
che la fterilità comprendea. Alle invecchiate piante,
per tagliamento de' rami, ritorna la gioventù, s'elle
non fon pervenute all' ultima vecchiezza. Ogni pian-

ta dimeftica, non cultivata, diventa falvatica, e maffimamente fe a fabbione, e arenofità è mutata, e ogni
falvatica fi dimeftica, quando è cultivata. La coltivatura confifte in dimefticar gli arbori, letaminare, e
agguagliar la terra, e condizionarla alla natura dell'
arbore, e nel tagliamento delle fpine, e delle fuperfluità, e dello inneftare. Quante volte il campo è in
alcuna mala difpofizione, il favio lavoratore lo muta
a laudabil difpofizione. Nel campo novale, alla cultivata ridotto, è da fare eftirpamento de' tronchi,
e delle radici falvatiche, le quali fugano ogni umor
del campo. Il novale campo più anni è abbondevole, e poi fi conviene dargli del letame, fe debbia
ftar fruttifero, e fe non è graffiffimo, interporgli ripofo: e maffimamente quando le piante, feminate nel
campo, fono mietute con l'erba, e con la paglia,
e divelte con le radici. Quando l'umore, e 'l vivifico fpirito de' campi, per li femi, e piante s'attrae,
a quegli manca la terra, e ripofandofi, per certo
tempo determinato, la fuftanzia ritorna di nuovo al
campo, all'un più tofto, all'altro più tardi, fecondo
che 'l campo, del campo, più fecondo fi truova.
Qualunque cofe, con fatica, e fpefa, e virtù fi com-
piono, fe non abbiano riftoro, per ripofanza, fi dif-
folvono, e corrompono. Se la neceffità coftrigne della falfa terra fperare alcuna cofa, dopo l'Autunno
fi pianti, e fi rinnuovi, acciocchè la fua malizia fi
netti, per le piove del Verno. Anche vi fi dee mettere alquanto di terra dolce, o di letame, o di rena, fe vi pogniamo virgulti.

Delle

Delle munizioni.

CAP. XIX.

NElle terre cretofe, che agevolmente rovinano, le ripe delle foſſe poco pendenti: nella roſſa, o ghiajoſa, e ſimiglianti, le quali non agevolmente rovinano, ſi poſſon far più pendenti: dove è molto neceſſaria la munizione alle vigne, e ad altri luoghi, ſi faccia ſolamente piantagion di pruni: dove non è tanta neceſſità, e ſievi careſtia di legname, per fuoco, e per edificj, ſi faccia la chiuſa ſolo d'arbori. Quando ſi piantano pruni, o arbori, per ſiepi, taglinſi dopo due anni preſſo alla terra, acciocchè pullulino, e le ſiepi diventin più ſpeſſe.

Regole della materia del terzo libro de' granai.

CAP. XX.

I Granai debbono eſſer freddi, ventoſi, e ſecchi, e di lungi da ogni umore, fiatore, e ſtalle, e rimoſſi dal vento, il qual vien dalla parte di Mezzo dì. Niuna coſa è più utile, a lungamente guardare i grani, che ſia ottimamente ſecco, e ſecco ſi metta in granai, e alcuna volta in luogo proſſimano, tramutato, ſi refrigeri. Il luogo nel quale i granai ſi pongono, non ſia troppo freddo, nè troppo caldo, imperocchè ciaſcun le biade corrompe. I legumi, ſe ſi ſeminano tardi, ſi deono tenere in molle in acqua di letame, acciocchè più toſto a germogliar ſien coſtretti. Ogni granello, che in terra graſſa naſce, è più graſſo, più nutribile, e più peſante, ma quello, che naſce nella magra, è 'l contrario. Il frumento, e ogni biada ſi ral-

le-

legrano di campo scoperto, e l'ombre fanno danno. Ne' luoghi umidi, e acquosi, il grano spesso traligna, e si converte alcuna volta in loglio, ed in vena. Il grano del colle è più forte d'ogn'altro grano, ma risponde meno alla misura. Ogni granello, trattone il miglio, si ferva più lungamente nelle spighe, che scosso. Tutte le cose, le quali si seminan nella State, richieggon terra soluta, e non creta, trattone la saggina, la quale non la ricusa, se sarà grassa.

Regola delle materie del quarto Libro delle vigne.

CAP. XXI.

COnciossiecosachè si truovino molte varietà delle vigne, catuno osservi il costume del suo paese, altrimenti patirà necessità di lavoratori, che le lavorino. La vite disidera aere di mezzana qualità, e più tosto tiepida, che fredda, e secca, che piovosa, e tempestosa: teme i venti, e le tempeste. Aquilone, le viti, che ha in opposito fa feconde. Austro le fa nobili: e così è in nostro arbitrio l'aver più vino, o migliore. I campi fanno più vino, i colli il fanno migliore: Ne' luoghi freddi le vigne si pongono dal Meriggio, ne' caldi da Settentrione: ne' temperati da Oriente, o da Occidente. I luoghi spesse volte mutano la natura alle viti, ed imperò le lor generazioni competentemente s'acconcino. Ordina nel luogo piano la vite, la qual sostenga nebbia, e brina, ne' colli quella, la qual sostenga siccità, e venti. Ne' luoghi grassi quella, la quale sia sottile, e abbondevole di frutti: nel magro fruttifera, e soda. Nel freddo, e nebbioso, quella, la quale anzi Verno matura avaccio: o vero quelle, che per fortezza di sue granella, tra le caligini, fioriscon sicuramente. Nel ventoso.

tofo le tenaci, nel caldo quelle, che il granello u-
mido, e tenero fanno: nel fecco quelle, che non
fopportan le piogge. Le generazion delle viti fon da
eleggere, le quali non voglian luoghi contrarj al luogo, nel quale dee effer pofta, e ciò è manifefto,
per la produzion del vino, la quale è ria in luogo contrario. La region ferena, e piacevole ficuramente riceve ogni generazion di vite. Il favio huomo ami le cofe provate, e mandi le cofe a' luoghi,
ne' quali può effere offervato quello, che fi richiede:
La terra, nella quale dee effer vigna, nè troppo fpeffa, nè rara, nè magra, nè graffa, nè campeftre,
nè china, nè fecca, nè uliginofa, nè falfa, nè amara, ma dee tener temperamento intra ogni fuperfluità, e dee effer più preffo alla rarità, che alla
fpeffezza. Il rozzo campo e falvatico fcegliamo per
le vigne, ed il piggiore fi è, dove è ftata la vigna vecchia. Ma fe la neceffità coftrigne, prima con
molte arature fi divelgano le radici della prima vigna. Ogni luogo da por vigna fi liberi prima da ogni
impedimento, acciocchè la terra rotta, dopo il molto
calcare, non fi raffodi.

Dell' elegger le viti.

CAP. XXII.

LE piante delle viti, che del mefe d' Ottobre,
o ver di Marzo fi tagliano dalla vite, miglior
fono, che d' altro tempo. Quando difideri di piantar vigna in luogo magro, non dei torre fermenti
di vigna troppo graffa, ma deonfi tor di vite mezzana, cinque, o fei gemme dilungato dalla vite vecchia, e rifiutiamo maffimamente que' delle vette,
quando vogliamo piantar la vite, fopra gli arbori.

Il magliuolo nato del vecchio non fia pofto. Per buon fegno di fertilità della vite è, fe farà frutto in ful duro, e empierà i rami piccoli di frutto, i quali furgono da ogni parte. In un' anno non può effer conofciuta la perfezion della vite, ma in quattro è conofciuta la vera nobiltà de' rami. Dalla nuova vite, che non ha nulla del vecchio, quel nodo, che molto abbonda fi dee cogliere per piantare.

Regole di piantar le viti.

C A P. XXIII.

SE la terra è graffa fi dee lafciare maggiori fpazj intra le viti, fe fottile, ftretti. Non fi dee piantare d'una fola generazion di viti, acciocchè l'anno rio non rimuova tutta la fperanza della vendemmia. Ne' luoghi acquofi dopo 'l Verno, e ne' fecchi anzi 'l Verno, è più utilmente fatta la pianta, la vigna, e la propaggine.

Dello inneftare.

C A P. XXIV.

IL tronco della vite da inneftare, s'elegga fodo, che abbondi di nutrimento d'umore, nè fia vecchio, nè per ingiuria, lacerato, fi fecchi. Inneftifi la vite rafente terra, o fotterra, perocchè fopra terra più malagevolmente s'appiglia. I rami fon da inneftare fodi, ritondi, fpeffi di gemme, e occhiati: di molti de' quali due, o tre baftano nella inneftatura. La vite inneftata fi lega bene, e guardifi da Sole, e da vento, con alcuna copritura, acciocchè

chè non crollino la vite, o rifcaldin troppo. Quando il tempo caldo giugne, il nefto della vite fi dee fottilmente, con panno molle, la fera rinfrefcare fpeffo. Quando le gemme della vite inneftata cominciano a crefcere, fi dee ajutar con palo, acciocchè niuno movimento dicolli il debol fermento.

Del potare.

CAP. XXV.

LA potagion delle vigne fi faccia dopo 'l Verno ne' luoghi freddi: ne' caldi, e temperati, innanzi, e poi, ottimamente può farfi. Deonfi levar tutti i fermenti lieti, ritorti, deboli, e fuperchievoli, e quelli, che fon nati in cattivo luogo. Ne' luoghi belli, e temperati poffono le viti effere fparte più alte, ma ne' magri, e ne' caldi, e chinati debbono effere fparte meno alte. La moltitudine, e la pochezza de' fermenti fia lafciata, fecondo la virtù della vite, e del fuolo. I vecchi fermenti, ne' quali furono i frutti del primo anno, fien tagliati, e i nuovi netti da viticci, e ramucelli, fien lafciati. Le feconde viti, nelle quali il frequente nodo abbonda con capi, corte, e quelle, che hanno le gemme più rade, per la lunghezza de' nodi, con capi più lunghi fon da potare. Nelle viti da potare, fon da confiderar tre cofe, la fperanza, che de' venir de' frutti, e la materia, e 'l luogo, il qual conferva la vite. La vite, che avaccio fi pota, più tofto pullula, e maggior fermenti produce: ma quella, che più tardi fi pota, più tardi pullula, e fa molti frutti. Dopo la buona vendemmia pota più corto, dopo la cattiva, più lungo. Molto fa prò alle viti, e

mafmaſſimamente alle novelle, ſe ſcalzate da piè, ſi lievano le radici, che mettono nella ſuperficie della terra.

Del cavar le vigne.

CAP. XXVI.

IL cavamento delle vigne è da fare innanzi, che troppo le gemme ingroſſino, imperocchè ſe l' aperto occhio della vite vedrà il cavatore, accecheraſſi la ſperanza grande della vendemmia. Quelle, che fioriſcono, è da non toccare. Il cavamento delle vigne dee farſi a tempo, che non ſia la terra troppo molle, nè troppo ſecca, ma quando è polverizzevole, e di mezzana diſpoſizione: e ſia ſtudio, che tutta la terra ſi muova igualmente, e maſſimamente appreſſo le viti, acciocchè in quella non rimanga niente di terra non lavorata, la qual coſa, con una verga il diligente guardiano cerchi.

Dell' uve, e del vino.

CAP. XXVII.

SE l' uve graſſe, quando ſon quaſi mature, ſi sfoglino dintorno, e colganſi, la rugiada raſciutta, e in tempo chiaro, il vino ſarà più durabile, e più potente. Le lucide uve non graſſe, *nec conſumta*, fanno il vino più potente, le troppo mature, più dolce, l' acerbe più bruſco, l' acquoſe più acquoſo. L' uve, che ſi colgono, mentre che la Luna creſce, fanno vino da non baſtare. Il vino s' offende di più cagioni, per caldo, per freddo, per fiatore, per forti tuoni, per tremuoti, per movimento di botti,

ti, e alcuna volta un poco per venti Auſtrali, e allora ſi cura con piccola medicina contraria. Alcuna volta un poco più, e curaſi con medicina più forte; e alcuna volta s' offende intanto, che del tutto perde ogni calor naturale, e allora, per niun modo ſi può curare, perocch' è morto, e al morto niuna coſa fa prò.

Regole del quinto Libro degli arbori.

CAP. XXVIII.

AVvegnachè alcuni arbori deſiderino l'aria calda, e alcuni fredda, e la maggior parte temperata, e alcuni la terra graſſa, e alcuni magra; (*) impertanto in tutte queſte convengono, che tutti la terra, nella ſuperficie ſecca, e nelle interiora richieggano umida. Nel tempo dell'Autunno ſi conviene rimondar le radici degli arbori, e porvi alquanto letame, il quale, per diſcorrimento di piove, ſi porti alle radici coperte. Ma ſe troppo ſabbionoſa ſarà la terra, convenevolmente riceverà la creta graſſa, e ſe troppo cretoſa, ſabbione. Gli ſtipiti degli arbori più ſi lievano alti nella terra graſſa, che nella magra. Dalla adoleſcenzia delle piante, infino a debito compimento, ſollecitamente ſi dee curare, che 'l tronco in rami, i rami in verghe, le verghe in rami fruttiferi ſi dividano, e vegnente la vecchiezza, ogni ſiccità ſia tagliata, e la ſuperfluità de'rami, la quale comodamente non può ſoſtentar co'frutti. Le piante degli arbori, dal tempo, che ſaranno poſte, infino in tre anni, non ſi potino. Ogni potamento degli arbori ſi può far dal tempo del cadimento delle foglie, infino

(*) *impertanto, in queſto tutti convengono*

a che cominceranno a mettere, falvo che per gran freddo. Attendere fi conviene, che i baftardumi de' ramucelli, non nell'arbore, o d'intorno, preffo allo ftipite vegnienti dalle radici, per niun modo fi lafcino: conviene che fien tagliati, infino al loro cominciamento. L'erbe, le quali nuocono all'arbore, per grandezza di lor radice, molto conviene effer divelte intorno all'arbore. Se l'arbore fa frutti verminofi, fucchifi il tronco fopra le radici, e nel foro fi metta conio di quercia. Quando gli arbori diventano languidi, quegli fcalzati, e delle radici inutili, rimondi, vi fi ponga terra d'altra difpofizione.

Regole del feſto Libro degli orti, e prima dell'aere.

CAP. XXIX.

L'Orto defidera aere libero, e temperato, o proffimo al temperato, imperocchè i luoghi di troppa caldezza, o fecchezza, temono, fe già non s'ajutan con l'innaffiare. Non può ancor foftenere i luoghi intemperati di freddo mortificante. Ne' luoghi ombrofi, è di niuna, o di piccola utilità. L'orto defidera la terra mezzolanamente afciutta, e umida, più tofto, che fecca. La creta è agli orti, e a'lor lavoratori molto nimica. L'erbe nate nella troppa foluta terra, nel principio della Primavera, ottimamente s'avanzano, ma di State fi feccano. Buona pofta d'orto è quella, la quale ha fopra fe rivo, per lo quale poffa, quando bifogna, effer bagnato, per convenevoli folchi. L'orto, che a temperata aria foggiace, e umor di fonte vi fcorra, fi può dir libero, e non abbifogna d'alcuna difciplina di feminare. L'orto difidera terra graffiffima, ed imperò abbia fempre letame, nella fua parte più alta, il fugo del quale, per

fe,

se, faccia fecondità, e di quello tutti gli spazj degli orti, una volta l'anno, sieno ingrassati, quando debbono esser seminati, o piantati. Se l'orto è presso alla casa, dee esser di lungi dall'aja, acciocchè non riceva la polvere della paglia nimica dell'erbe, la quale fora le foglie, e seccale. Buona posta d'orto è, alla quale lievemente è inchinato il piano, e l'acqua corrente vi vien per diversi spazj.

Dell' ordinar gli orti.

CAP. XXX.

LE parti degli orti così sono da dividere, che quelle, nelle quali nell'Autunno si seminerà, nel tempo della Primavera sien lavorate, e doviamo cavare nell'Autunno, quelle, le quali riempiemmo con semi la Primavera, acciocchè le terre si ricuocano per beneficio del gielo, e del Sole. Ma se s'abbia carestia di terreno, in qualunque tempo la terra si truova eguale, tra umidità, e secchezza, può lavorarsi, e immantenente seminarsi, se con letame sarà ingrassata. Il cavamento dell'orto è da fare imprima profondo, e grosso, e sopr'esso, sparso il letame, ancora si lavori minutamente, e la terra si mescoli con letame, e quanto si può, in polvere si riduca.

Del seminar gli orti.

CAP. XXXI.

NE' luoghi freddi si faccia la sementa dell'Autunno per tempo, quella della Primavera più tardi. Ne' caldi l'Autunnale più tardi, e quella della Primavera più tosto. L'erbe posson bene esser se-

minate partite, e mefcolate, acciocchè nelle mefcolate fien divelte quelle, che faranno da trafpiantare, e
l'altre ivi ricevano accrefcimento. L'erbe, che non
fi trapiantano, debbon feminarfi più fpeffo. E da
guardare, che i femi, i quali fi feminano, non fien
corrotti, e però fon da eleggere quegli, i quali dentro fon bianchi, più pefanti, e groffi, e i più fien
tali, che non abbian paffato l'anno. Speffe volte addiviene, che i femi, quantunqne fien buoni, feminati, non nafcono, impediti per alcuna malizia de' corpi celeftiali. Il più delle volte fi truova utile feminare infieme diverfi femi, acciocchè 'l tempo alcuna
volta ad alcun de' femi contrario, non lafci al tutto
la terra ignuda. La feminatura di tutte l'erbe è buona, quando la Luna è in accrefcimento, e fpeffo di-
futile procederà nel menomamento. Quafi tutte l'erbe fi trafpiantano acconciamente, alquanto crefciute,
e quando non fia troppo fecca la terra.

Come s' ajutano gli orti.

CAP. XXXII.

IL più delle volte fa prò agli orti farchiar con mano, o con farchietto l'erbe nocive, e quante volte bifognerà, fi divellano, acciocchè alle migliori
non tolgano il nutrimento. Quello che più nuoce
all'orto fi è andar molto per effo, quando è lavorato, e 'l muover la terra, quando è troppo molle. Se
la terra dell'orto è cretofa, mettavifi fabbione, o
molto letame, e muovafi fpeffo: e fe è fabbionofa
in maniera, che l'umor, che riceve, tofto fi confu-
mi, vi fi mefcoli letame, e creta.

Di

Di cogliere l' erbe, femi, fiori, e barbe.

CAP. XXXIII.

L'Erbe, per cibo, fi voglion cogliere, quando le lor foglie faranno pervenute al debito accrefci-mento: ma per medicina fi voglion cogliere, poichè faranno ben compiute, e innanzi, che mutin colore, e caggiano. I femi fi colgono pervenuti al lor termi-ne, e fi fecca la lor crudezza, e acquofità. Le radi-ci fi voglion cogliere quando caggiono le lor foglie. I fiori coglier fi debbono, poichè fono aperti intera-mente, innanzi che fi comincino a fterminare, e ca-dere. I frutti fon da cogliere, poichè finifce il com-pimento loro, innanzi che fieno apparecchiati al ca-dere. Qualunque cofe fi colgono al menovar della Luna, fon migliori a ferbar, che quelle, che fi colgo-no al crefcimento: e qualunque fi colgono a tempo chiaro, fon migliori, che quelle, che fi colgono in difpofizion d' umidità d' aria, e vicinità di tempo di piova.

Delle virtù dell'erbe.

CAP. XXXIV.

L'Erbe falvatiche delle dimeftiche fon più forti, e di minor quantità, fecondo Plinio. E delle fal-vatiche, quelle de' monti fon più forti, e quelle i cui luoghi fon ventofi, e alti, fono ancora più for-ti: e quelle, il cui color farà più tinto, il fapor più apparente, e l' odor più acuto, faranno nel fuo gene-re più potenti. La virtù dell'erbe s'addebolifce, do-po due, o tre anni, fecondo Plinio.

Della

Della conservazion dell'erbe, de'fiori, de'semi,
e delle barbe.

C A P. X X X V.

L'Erbe, i fiori, i semi, son da serbare in luoghi
oscuri, e asciutti, e conservansi meglio in sacchetti, o in vasi chiusi, e massimamente i fiori, acciocchè l'odore, e la virtù non isfiati. Le radici si
serban bene in rena sottile, s'elle non son radici,
che si servino secche, che similmente in luogo secco,
e oscuro, meglio si serveranno. I semi de'porri, e
delle cipolle, e d'alcune altre erbe, meglio ne'suoi
gagliuoli, con le pannocchie, che altrimenti, si ser-
vano.

Regole del settimo Libro de'prati, e boschi.

C A P. X X X V I.

I Prati desiderano aere temperato, o vero a frigidità, e umidità prossimano: perchè la superchia freddezza impedisce la generazion dell'erbe, e la troppa
caldezza, e secchezza consuma tutto 'l vigore. Desiderano terra grassa, per l'abbondanza dell'erba, ma
a saporosità mezzolana, e la molto magra al tutto ri-
fiutano. Vogliono acqua, e massimamente piovana, e
calda, o vero lacunale grassa, e la fredda gli offende. Il luogo desideran molto basso, dove sia continuo umore. Il troppo basso, non è acconcio a buone erbe, ma a paludali, senza sapore.

Del

Del rinovare i prati.

C A P. X X X V I I.

I Prati, avvegnachè generalmente da fe pervengano, fannofi ancora con opera manuale, ftirpati i bofchi, e i luoghi falvatichi, e rappianati i campi, e feminati di vecce, mefcolate con feme di fieno. I prati fi governan bene, fe fi tolga ogni impedimento, che vi nafca, e l' erbe groffe, dopo gran piova, fi divelgan dalle radici. I prati, che più volte di State s' innaffieranno, molte volte fruttificheranno, e fegheranfi nell' anno. De' prati vecchi fi rada il mufchio, e fatti fterili, molte volte s' arino, e di nuovo fi feminino.

Del fieno.

C A P. X X X V I I I.

I L fieno fi de' fegare a tempo caldo, e chiaro, quando fi fpera, che la fecchezza dell' aria debba durare, e quando l' erbe fono a debito crefcimento, e che i fiori pervenuti, non incomincino a feccare. Il fieno convenevolmente fotto copertura fi ferba, o vero a fcoperto, acconcio, che l' acqua non lo guafti. Il fieno è di grande utilità, poichè le beftie, che lavorano, e le pecore, tutto 'l tempo dell' anno ne poffon vivere.

Del bofco, e come fi faccia.

CAP. XXXIX.

I Bofchi, o naturalmente nafcono di diverfi arbori, fecondo la varietà delle terre, e del fito, e dell'

aria,

aria, o vero fi pongono dall'huomo. Chi vuol piantare il bofco, confideri prima il fito, e la natura
della terra, e dell'aria, dove e' defidera farlo, e
quegli arbori folamente vi ponga, che fi confanno a
quel luogo, acciocchè rifpondano alla 'ntenzion di
chi pianta: e quegli ponga più radi, o fitti, fecondo che più, o meno poffon diftenderfi i rami, o
le barbe.

Regole dell'ottavo Libro de' Giardini.

CAP. XL.

I Giardini, o vero pomieri, o verzieri, alcuni fono d'erbe, e alcuni d'arbori, e alcuni dell'uno,
e dell'altro. Quegli di fole erbe, la terra vogliono
magra, e foda, sì che erbe fottili, e capillari producano, che dilettano, maffimamente la vifta. Il Giardino dee avere intorno diverfe generazioni d'erbe o-
dorifere, che dieno diletto, e conforto, imperocchè
ogni odore è all'anima foaviffimo cibo. I verzieri richieggono, da Meriggio, e da Occidente, arbori buoni, e radi: dagli oppofiti, luoghi aperti, acciocchè non
tolgano l'aura dilettevole, imperocchè l'ombra de'
rei arbori è nociva: la fuperchievole ombra genera
infermità, e toglie la fanità dell'aura falutifera. I verzieri vogliono effer grandi, o piccoli, fecondo che
richiede la nobiltà, la potenzia, e ricchezza del Signore. Ne' verzieri ciafcuna forte d'arbori, nel fuo
ordine, fi dee porre, non mefcolata con altra, ad
accrefcimento di piacere, e vaghezza. I grandi arbori vogliono effer venti braccia di lungi l'uno dall'
altro in ifchiera, i piccoli dieci: e le fchiere, o vero filari degli arbori, potranno ftare quanto piacerà
più lontano. Gli arbori del verziere hanno bifogno
di

di cavatore, acciocchè poffano più durare, falvo che
i meli : ma intra l' una, e l' altra fchiera fi convengon prati. Ne' verzieri, non dee alcuno fuperfluamente
dilettarfi, fe non quando alle neceffarie cofe, e im-
portanti avrai foddisfatto. La verde, e bella munizione delle molte piante, intorno agli abitacoli della villa; apporta molto diletto. Molto giova avere grandi campi abbondanti, e confinati dirittàmente, e cin-
ti di buone foffe, e guerniti intorno di fiepi, e di .
buoni arbori, e ornati dentro d' acconce vie, d' arbori, di fonti, e rivi correnti.

Della dilettazion delle vigne.

CAP. XLI.

MOlto diletta aver belli vignazzi, che facciano
molte, e buone, generazion d' uve. Non tutte le cofe che delle maraviglie dell' uve dagli antichi
fono fcritte, per efperienza vere fi truovano. Ma impertanto dagli oziofi ammaeftrati, non fono al tutto
da difpregiare, acciocchè, per la ventura, la varietà
de' tempi, e de' luoghi, o la 'mperizia di quegli,
che rade volte provano, il provante non inganni.
Il più delle volte diletta aver vini di diverfi colori, e
fapori, che non malagevolmente può farfi. I vini medicinali affai agli abbifognanti fi truovano utili.

Delle dilettazion degli arbori.

CAP. XLII.

DI gran diletto è avere ne' proprj luoghi abbondanza di buoni arbori, e di diverfe generaziọ-
ni: ed imperò il diligente padre di famiglia, da ogni

parte ne dee recare, e proccurare, che da altri ne fien recati, e quegli, in ordini convenevoli, inneſtare, e piantare. Molto diletta avere inneſtagion maraviglio- ſe, ed in un' arbore di diverſe maniere, ed imperò il padre della famiglia queſto proccuri. Molto diletta la bellezza, e la dirittura degli arbori, e però è da ſtu- diare, che non ſien torti, e non abbiano rami trop- po brutti, e baſſi. Molte maraviglie d' inneſtagione ſi moſtrano a coloro, che ogni coſa cercano ſpermenta- re. Se ſi fenda l' arbore fruttifero in alcun ramo, e nella fenditura ſi metta alcuna polvere odorifera, di qualſivoglia colore, nel luogo della midolla, acquiſta il frutto odore, ſapore, e colore della coſa inchiuſa nel ramo.

Della dilettazion degli orti.

CAP. XLIII.

MOlto diletta avere orto ben diſpoſto, e ben la- vorato: e però s' ingegni il padre della fami- glia averlo in luogo graſſo, e ſoluto, nel quale fon- te, o rivo, per iſpazj diviſi, corra, sì che tutto poſ- ſa bagnarſi nel tempo della gran caldura. Ogni ge- nerazion di buone erbe, e da mangiare, e medicina- re, è utile avervi.

Regole del nono Libro del nutricar gli animali.

CAP. XLIV.

NEgli antichiſſimi tempi vivevano gli huomini ſo- lo de' cibi, che naturalmente la non lavorata terra faceva: e poi conſeguentemente cominciarono a vivere dell' agricoltura, e della paſtorizia: ma ora di quel-

quelle vivono, e delle fcienze delle fcritture, e arti infinite. Di tutte le generazion d'animali dimefticati infino a ora, in alcune region fi veggon falvatichi.

De' Cavalli, e Cavalle.

CAP. XLV.

CHi vorrà comperar Cavalli, e Cavalle, bifogna, che cognofca bene età, generazione, forma lodevole, fanità, infermità, bontà, e malizia. De' cavalli, e di tutti altri animali, che non hanno divife l'unghie, e de' cornuti, che divife l'hanno, l'età a' denti pienamente fi conofce. Gli ftalloni fi dee guardare, che poco fi cavalchino, o niente, in altro modo s'affatichino, e folamente due volte il dì s'ammettano, fe generofi puledri crear vorrai. Le cavalle pregne tener fi deono non molto magre, nè molto graffe, e non fi sforzino, e non foftengan fame, nè freddo, e infieme non fi ftringano in luoghi ftretti: Le cavalle generofe, che mafchio nutricano, folo uno de' due anni s'ammettano, acciocchè poffano dar copia di puro latte a' puledri. Lo ftallone dee effere di cinque anni, e la femmina di due anni conceperà. I puledri in luogo pietrofo fi tengano, e due anni folamente la madre feguitino. I puledri, quando faranno da domare, foavemente fi tocchino nella ftalla, e vi fi tengano fofpefi i freni, acciocchè s'aufino al toccamento, e vedergli. I luoghi de' cavalli fi tengano il dì netti, e la notte, a ripofo, fi faccia letto infino al ginocchio, e la mattina fi lievi, e nettogli il doffo, e tutte l'altre fue membra, a piccol paffo fi meni all'acqua, e in quella fia tenuto infino alle ginocchia, per lungo fpazio: e quando ritornerà, innanzi che rientri nella ftalla, ottimamente ftropicciargli, e raſciugargli le gambe. Compiuto il cavallo, in competenti carni ſi dee tenere, acciocchè poſſa più ſicuramente cavalcarſi. La troppa graſſezza genera infertade, e la troppa magrezza fa debolezza, e bruttezza. Il cavallo riſcaldato, o ſudato, niente roda, nè bea, infino, che coperto, un poco paſſeggiato attorno, dal ſudore, e riſcaldameneo ſia libero. Al cavallo è buono, e utile, nel tempo caldo, una copertura di panno lino, per le moſche, e di Verno di lana, per lo freddo.

Dell' ammaeſtrare i Cavalli.

CAP. XLVI.

IL Caval, che ſi dee domare, e ammaeſtrare, prima gli ſi metta un freno leviſſimo, il cui morſo ſia unto di mele, o d'altra coſa dolce, e pianamente ſi meni a mano. E quindi, ſanza ſella, ſoavemente ſi cavalchi, e poi con ſella, per via piana, tanto che s'auſi a ricever la ſella, e 'l freno. Il cavallo avvezzo, con leggier freno, e ſella, a camminar pianamente, debbe con più forte freno, ſe biſogna, condurſi a' campi arati, per piccola ora, e nel freddo, e ammaeſtriſi primieramente a trottare, e poi a galoppar con piccoli ſalti. E meniſi nella Cittade, per luoghi di ſtrepito, e di romore, il cavallo, che convenientemente s'avvezzi al freno. Al corſo avvezzar ſi dee una volta, pertempiſſimo, ciaſcuna ſettimana, prima infino alla quarta parte d'un miglio, e poi, a poco a poco, gli ſi allunghi la via.

*Dell' universal conoscimento della bellezza, bontà,
e difetti de' Cavalli.*

CAP. XLVII.

IL Caval bello ha il corpo grande, e lungo, e alla
sua lunghezza, e grandezza proporzionalmente
tutti i membri rispondono. Il pelo bajo scuro, da
tutti è tenuto più bello. Il cavallo, che ha le nari
grandi, e enfiate, e grossi occhi, naturalmente si
truova ardito. Il cavallo, che ha le coste grosse, e
'l ventre ampio, e le schiene piegate, forte, e sofferente si giudica. Il cavallo, che ha distesi i garretti,
e le falci corte, in movimento tostano, e agile esser
dee. Il cavallo abbiente le giunture delle gambe naturalmente grosse, e i pasturali corti, forte si giudica. Il cavallo abbiente le gambe, e delle gambe le
giunture ben pilose, e i peli lunghi, è affatichevole.
Il cavallo abbiente le mascelle grosse, e 'l collo corto, malagevolmente s' affrena. Il cavallo abbiente
tutte l' unghie bianche, non avrà mai duri piedi. Il
cavallo abbiente gli orecchi grandi, e pendenti, e gli
occhi indentro, sarà pigro, e lento. Il cavallo, le
cui gambe dinanzi sempre si muovono, sono di ma'
costumi. Il cavallo, che spesso muove la coda in giù,
ed in su, è di mal vezzo.

Della infermità de' Cavalli.

CAP. XLVIII.

LE 'nfermità avvengono a' cavalli nel capo, nel
ventre, nel dosso, e nelle gambe, e ne' piedi,
e nell' unghie, alcuna volta per umori, e spesso per
mala

mala guardia. I dolori avvengono a' cavalli, o per
fuperfluità d' umori cattivi, che fon nelle vene, o per
ventufità entrante nel corpo del cavallo fcaldato, per
li pori aperti, o inteftini, nata per vifcofi umori, e
foperchievole roder d' orzo, o d' altra cofa, che enfj
nel ventre, o per lo troppo tener d' orina, che enfia
la vefcica. Per tutte quefte cofe generalmente è rimedio, che il cavallo per la ftalla, con una cavalla liberamente fi lafci andare. Sale in aceto fufficientemente infufo, molto vale contro a ogni enfiagione
incominciante nel doffo. In molte infermità de' caval-
lì, è ultimo rimedio lo 'ncuocere: ma debbefi molto
diligentemente guardare, che effo la cottura non poffa mordere, nè ad alcuna cofa fregare, imperocchè,
per lo troppo pizzicore, il luogo, co' denti, infino
all' offa, e a' nervi, morderebbe. Molti fono i fegni,
per li quali fi conofce in che parte del corpo il cavallo abbia male, e per li quali pronofticar fi può la
liberazione, e la morte del cavallo, che per regola
fon tutti fcritti in fine del trattato de' Cavalli, e però quì più non ne diremo.

De' Buoi.

C A P. I L.

I Gradi dell' età de' Buoi fon quattro. La prima de'
vitelli, la feconda de' giovenchi, la terza de' buoi
giovani, la quarta de' buoi vecchi. Chi armento vuol
comperare, dee primieramente aver cura, che le vacche fieno acconce a portar figliuoli, e più tofto d' età
intera, che d' imperfetta: ben compofte, che tutte le
fue membra fien groffe, e a proporzione rifpondenti-
fi. I luoghi, agli armenti di buoi, e vacche, fon da
apparecchiare il Verno in maremma, la State in monti freddi, e coperti. La ftalla de' buoi dee effer di
rena,

rena, o laſtricata di pietre, alquanto a pendìo, acciocchè l' umore poſſa traſcorrere, e alla parte del
freddo alcuna coſa oppoſta dee contaſtare. Ancora è
da proccurar, che non iſtien troppo ſtretti, che non
ſi cozzino, e non ſi ammucchino, e la State ſarà ottimamente fatto il ſerrargli ſpeſſo, acciocchè nè da'
tafani, nè da ſimili beſtiuole ſien travagliati. Deeſi
ancora far loro ſotto buon letto, acciocchè ripoſar ſi
poſſano agiatamente. La State due volte, il Verno
una ſi menino a bere. I buoi ſani, forti, e agevoli
ſi conoſcono, ſe agevolmente ſi muovon, quando ſon
punti, ed hanno i membri groſſi, e gli orecchi levati. I belli, e forti generalmente ſi conoſcono, ſe tutti i membri ſien groſſi, e bene inſieme corriſpondenti.

Delle Pecore.

C A P.   L.

L E Pecore buone ſi conoſcono dall'età, s'elle non
ſon vecchie, nè agnelle: anche dalla forma,
s'elle ſon di corpo ampie, e abbiano molta lana, e
morbida, e i peli lunghi, e folti, per tutto 'l corpo.
La ſanità loro ſi conoſce, ſe l' occhio è chiaro, e
le vene rubiconde, e ſottili, ſon ſane: ma s'elle ſon
bianche, o vero rubiconde, e groſſe, ſono inferme.
Anche ſe, tirandole per lo collo, ſi muovono malagevolmente, ſon ſane, ſe agevolmente, il contrario.
Ancora ſe arditamente vanno per via, ſon ſane, ſe
pigre, a muſo chino, ammalate. Le pecore, biſogna
per tutto l' anno paſturarle ben fuora, e dentro. Le
ſtalle buone alle pecore, ſon quelle, che non ſono
in luogo ventoſo, nelle quali ſia lo ſpazzo convenevolmente coperto di ſtrame, e a pendìo, acciocchè poſſa ſcolare l' umidità dell'orina, la quale guaſta

la

la lana, e fa loro fcabbiofe l'unghie. Le pafture utili
alle pecore, fon quelle de' campi novali, o de' prati
più fecchi. Quelle de' paduli fon nocevoli, e le falvatiche dannofe alla lana, lo fpeffo gittar loro fale ad-
doffo, le tien nette di faftidio.

Dell' Api.

C A P.   L I.

L' Api nafcono parte d'api, e parte di bue putrefatto. L'api ottime fon piccole, varie, e
ritonde. Il fegnal della fanità è lo fpeffeggiamento
nello fciame, fe fon nette, e fe l'opera, ch'elle
fanno è eguale, e lena: ma le non buone fon pilofe, ruftiche, e come polverofe.

Regole del decimo Libro del prendere gli animali.

C A P. L I I.

LA natura di tutti gli uccelli rapaci fi è, che vadano fempre foli, e non mai accompagnati, o
di rado: imperocchè non vogliono compagnia alla
preda, e da tutti gli animali, a' quali pongono appoftamenti, per inftinto di natura, fon conofciuti, e
come fentono il nimico, fuggon gridando, e nafcon-
donfi da lor quanto poffono. Gli uccelli rapaci, fe
di buone carni fi pafcano, a ore convenevoli, e non
fi faccia loro ingiuria, e non fi mandino contr'agli
uccelli, oltre al lor volere, rade volte fi parton da' lor
Signori. Se il Signore non feguita la volontà dello
fparviere, o d'altro uccello rapace; o in altra cofa
gli fia contrario, agevolmente lo perde, concioffiecofachè fia di natura fdegnofa, e adirifi di leggieri.

I

I falconi in quello ſtato di graſſezza ſi deon ſervare, nel quale ſi truovano più audaci, e meglio pigliar gli uccelli. Gli uccelli rapaci ſon quaſi tutti d'una natura. Gli uccelli ſi prendono con altri uccelli dimeſticati, cioè. Con iſparviere, aſtore, falcone, ſmerlo, girfalco, aguglia, gufo, e coccovèggia. Gli uccelli ſi pigliano con reti di diverſi modi, cioè. A pantèra l'anitre. Con rete ſopra fiume ſteſa ſi pigliano i grù, i cigni, le ſtarne, e l'oche. Anche con altra rete oche, e anitre ne' campi, e preſſo all'acque. Anche alle pareti colombi, e tortole, e quaſi tutti uccelli piccoli. Anche all' ajuolo uccelli piccoli, e grandi rapaci. Anche con ragne piccoli uccelli, e grandi, e rapaci. Anche a una rete ſtretta, e lunga le pernici. Gli uccelli ancora ſi piglian con varj lacciuoli, in terra ordinati, e in arbori intorno a' nidi. Quaſi tutti uccelli ſi pigliano con pania, con verghette, e vimini, e con funicelle, e vimini inviſchiati. Tutti uccelli pigliare, o uccider ſi poſſono con baleſtri, o con archi, e in alcuni altri modi. I peſci ſi pigliano con reti di diverſe generazioni, cioè. Con iſcorticaria in Mare, e con traverſaria ne' luoghi di fiumi, e di lacuni ſpazioſi, con le reti da riva, in piccole acque, ed in grandi con navi. Anche con giacchio, e negoſſa. Anche nelle valli con coclearia, e degagna, e con gradelle, e piccole reti. Anche con ceſte, e con gabbie, con amo, ſpaderni, e calcina. Le fiere beſtie ſalvatiche ſi pigliano con cani, reti, lacci, e altri modi diverſi, e aſſai.

INCOMINCIA

IL

DODECIMO LIBRO

Nel quale si fa memoria di tutte le cose, che in ciascun mese son da fare in Villa, e prima del mese di Gennajo.

NE' Libri paſſati s' è pienamente, e diſteſamente trattato, e detto di tutte quelle coſe, che ſi deon far nella Villa, ma ora mi pare utile di fare un compendioſo memoriale, per lo quale il padre della famiglia, quando va alla Villa, agevolmente ſappia quello, che in ogni tempo dee fare d' utilità, e diletto: e quando vorrà vedere *il modo di tutto quel*, che dee fare nelle parti, dove diſteſamente s' è detto, agevolmente il vedrà.

Di quello ſi dee fare nel meſe di Gennajo.

CAP I.

IN queſto meſe, ſpezialmente ne' luoghi caldi, ſi può conoſcer la bontà, o la malizia dell' aere, e de' venti, e della terra, e del ſito del luogo abitabile, avvegnachè, ne' temperati, meglio ſi diſcerne in certi altri meſi. Ancora ne' luoghi caldi le corti, e le caſe aſſai acconciamente potranno farſi, e gli arbori ſi poſſon per gli edificj ottimamente tagliare. Anche ſi può proccurare nuovo letame, e 'l vecchio portare a' campi, e alle vigne, ſeminar fave, cicerchie, e vecce. Anche ſe i campi non ſon molli ſi

poſ-

poſſon prima arare. Anche ne' luoghi caldi ſi poſſon letaminar le vigne, e potare. Anche ſi poſſon porre nel ſemenzajo le ſorbe, le peſche, le noci, le mandorle, e le ſuſine, e inneſtare ogni arbore, che fa gomma, e far l'orto, ſe la terra non è molle. Anche ne' nuovi prati ſi poſſono ſparger le vecce, e i ſemi dell'erbe: e le pertiche de' ſalci, e i vinchi, e i canneti per le vigne, e le ſelve, e ogni legname, per lo fuoco, 'ſi può tagliare. Ancora tutti i vaſi da uſare, e i carri, e ciò che nelle caſe ſi fa, quantunque tempo ſia, di queſto meſe ſi fanno. Ancora tutti gli animali dimeſtici ſi poſſon comperare, e i ſalvatichi pigliare, e l'api di luogo a luogo traſportare, e mutare.

Febbrajo .

· C A P. I I.

DEl meſe di Febbrajo, e di tutti gli altri, ſi può conoſcer la bontà, e la malizia del luogo abitabile, e comperarlo: e la caſa, e ciò che in eſſa, ed intorno ad eſſa, è da fare, può farſi. Anche ſi può portare il letame a' campi, alle vigne, e agli orti, e a' prati, e tutti letaminare. Anche ſi poſſono acconciamente arare i campi, e ſeminare in eſſi la fava, la cicerchia, e certi altri legumi, e roncare il grano, la ſegale, e 'l farro, e la ſpelda: e ſcolar l'acqua de' lor luoghi, e arder le ſtoppie. Ancora ne' luoghi caldi ſi può ſeminar la vena, e 'l cece, e ne' temperati la rubiglia, e 'l piſello. Di queſto meſe ne' luoghi umidi ſi deon lavorar le terre, dove la vigna ſi dee piantare: e ne' luoghi caldi, e ſecchi, appreſſo la fine, utilmente ſi pianta, e fa lo 'nneſtamento della vigna, quando le gemme cominciano a uſcir fuori, e innanzi che lagrimino d'umore acquidofo, ma fpeffo. Ancora fi fa ottimo potamento di vigna ne' luoghi temperati, e caldi, fe la molta neve, o la troppa gran freddura non lo ftroppiaffe. E come queſte cofe fi debbon fare, pienamente nel Libro quarto delle vigne s'è dimoftrato. Ancora di queſto mefe fi legano ottimamente le viti agli arbori, o a' pali, fopra i quali elle vanno, e tagliansi loro le radici difutoli, e ponsi loro il letame a' piedi. Anche fi deon palar le viti, e rilevare, e ne' luoghi marini, e caldi, cavare. Anche fi poffono intorno alla fine tramutare i deboli vini, e cuocere, quando foffiano i venti della Tramontana, e non quando foffiano gli Auftrali, acciocchè da corruzion fi confervino. Puoffi ancor di queſto mefe, quando la terra non è, nè fecca, nè molle, porre, e trafporre, e inneftare tutte piccole piante d'arbori, e maffimamente fe 'l verde fugo farà corfo infino alla corteccia. Anche fi poffono gli arbori potare, e acconciare, e nettargli da tutti i fuperflui rami fecchi, e fcabbiofi, e difutoli. Ancora i rofai, e i nuovi canneti fi poffono ordinare, e piantare. Ancora di queſta mefe, fe la terra non è fecca, o molle, fi poffono porre gli orti, zappare, o in altro modo cavare, e letaminare, e ogni generazion d'erbe, che nella Primavera fi mangiano, feminare, e porre, sì come fono agli, atrepici, anici, aneto, appio, affenzio, artemifia, bruotina, bietola, baffilico, cavolo, cipolla, finocchio, fcatapuzza, regolizia, lattuga, menta, porro, papavero, petrofemolo, paftinaca, fpinaci, fenape, fantoreggia, fcalogni, e tutte l'altre erbe: e ancora le medicinali erbe falvatiche fi poffon feminare di queſto mefe negli orti, e altrove. Ancora di queſto mefe fi poffon piantare, e proccurar le piante, e far le fiepi fecche di vimini, o vero di fpine, o d'altra materia nelle corti,

ti, campi, vigne, e orti. Ancora fi può far felve,
e falceti, così di dimeftichi, come di falvatichi arbori. Ancora fi fanno di quefto mefe acconciamente i
verzieri, così d'erbe, come d'arbori, e tutte altre
dilettevoli cofe, delle quali nell'ottavo Libro ragio-
nammo. Ancora di quefto mefe comperar fi poffono,
e proccurare gli armenti de' cavalli, degli afini, e de'
buoi, e le greggi delle pecore, delle capre, e de'
porci, e far leporai, e pifcine, come appieno è trattato nel Libro nono. Ancora pavone, oche, galline,
e colombe, perchè di quefto mefe cominciano a ri-
fcaldarfi, come di fopra dicemmo, fi poffono far covare. Ancora di quefto mefe fi poffon comperar le
pecchie, e deono effere affumicate più volte, e da
ogni lordura nette, e uccifi i cattivi Re, e fatte
tutte altre cofe fcritte pienamente nel lor trattato.
Ancora di quefto mefe gli fparvieri, e i falconi fi
deon proccurare, e porgli in muda, intorno alla fine. Poffonfi ancora di quefto mefe pigliar le beftie
falvatiche, e gli uccelli, e i pefci, con varj, e diverfi ingegni detti di fopra.

Marzo.

C A P   I I I.

DEl Mefe di Marzo fi fendono ottimamente i
campi, fe è confumata la lor fuperflua umidità,
e la terra già pervenuta ad aggualianza intra umidità, e fecchezza. Anche fi femina la vena, e 'l cece, e la canapa ne' luoghi caldi, intorno alla fine,
e la fava ne' luoghi freddi, e ne' temperati, nel cominciamento, in luogo graffo, e quella fava, ch'è
di Gennajo feminata, in quefto tempo, fi farchia, di
quattro foglie. Anche fi farchia, e netta dall'erbe

il

il grano, la fpelda, e l' orzo. Ancora di quefto mefe fi femina la faggina, e 'l miglio, e 'l panìco, e fi
poffon feminare i fagiuoli. Intorno al principio fi
pòtano, e inneftan le viti, e rilevanfi, e cavano,
quando la terra è temperata. Ancora fi potano, e
piantano le viti di quefto mefe, e propagginanfi, e
rinnuovanfi. Anche fi travafano i vini, allora, che
l' aere è chiaro, e fpirante Borea. Anche fi cuocono
i deboli vini, acciocchè fi confervin meglio, e non
fi volgano, e ottimamente fen' empiano i vafelli, pofti nella fredda cella, e chiudanfi, sì che un poco
sfiatino, acciocchè non diventino acetofi. In quefto
mefe fi poffon piantare, trafpiantare, e cavare dattorno tutti gli arbori, e inneftare que', che non
hanno gomma. Ancora fi lavorano gli orti, e daffi
loro il letame, e in effi fi feminano tutti i femi fpe-
cificati nel mefe di Febbrajo. E ancora intorno alla
fine i cocomeri, e i citriuoli, le zucche, i poponi.
E ancora fi pianta in quefto tempo la falvia, ficcando
in terra i fuo' ramucelli. Ancora fi deon ne' luoghi
freddi purgare i prati, e ne' temperati, e caldi guardargli. Di quefto mefe fi deon comperare i cavalli,
e le cavalle, e i buoi, e le vacche, verri, e troje,
e fare gli armenti, e le greggi, e mettere i mafchi
alle femmine. Domare i cavalli, e i buoi, e affumi-
car le pecchie, e purgar l' arnie da' vermini, e dal
faftidio. Ancora gli fparvieri, e gli aftori fi deon
mettere in gabbie grandi nella muda, e nutrirgli di
buona carne. Poffonfi in quefto mefe pigliar beftie,
uccelli, e pefci, fe non fien tali, che folo fi prendano ne' tempi freddi, o nevofi.

Aprile.

CAP. IV.

DEl mese d'Aprile s'arano i campi grassi, e gli umidi, i quali tengono l'acqua lungamente, e i secchi s'arano la seconda volta. Anche si semina acconciamente il cece ne' luoghi freddi, e ne' luoghi temperati la canapa, e la saggina, intorno al principio del mese. Cavansi le vigne ne' luoghi freddi, e ne' temperati, e i vin grandi acconciamente si possono tramutare. Anche si posson seminare, e innestare i melagrani, e 'l pesco, come dice Palladio, si può ingemmare. Di questo mese, ne' luoghi caldi, si tondon le pecore, e i parti serotini si segnano, e s'ammettono i montoni, e i cavalli, e gli asini. Anche si deono tutte le piccole piante degli arbori guardar dalle bestie. Anche si seminano le zucche, i citriuoli, i cocomeri, i melloni, l'appio, l'ozzimo, capperi, serpillo, lattuga, bietola, le cipolle, e gli atrepici, se si possono innaffiare, secondo che dice Palladio. Ancora ne' luoghi di già arati, bisogna governare i colombi, perchè poco da beccar ritruovan pe' campi. Anche, secondo Palladio, si deon riveder l'api, nettar l'arnie, uccidere i farfalloni, che quando la malva fiorisce, abbondano. Ancora di questo mese, sì come negli altri mesi di State, si posson pigliar fiere, e uccelli, e pesci.

Maggio.

CAP. V.

DEl Mefe di Maggio s' arano i campi graffi, e che tengono molto l' acqua, e che avranno l' erbe grandi, e non maturo il feme, e gli afciutti fi poffono arar la feconda volta. In quefto mefe tutte le cofe feminate fono preffo al fiorire, e non fi deon toccar dal cultivatore. Anche ne' luoghi freddi, e u- midi fi feminano i fagiuoli, e 'l miglio, e 'l panìco. Ancora di quefto mefe fi deon tagliare i bofchi, quan- do hanno meffo tutte le foglie, sì come dice Palla- dio. In quefto tempo fi cavano i femenzai, e le vi- gne la feconda volta, e fi fpampanano. Anche ne' luoghi molto freddi, e piovofi, fi potano gli ulivi, e nettanfi dal mufchio, e fe alcuno avrà feminato lupi- ni, per letaminare il campo, in quefto tempo, con l' aratro, gli doverrà metter fotto. Ancora di quefto mefe, come il medefimo dice ne' luoghi caldi, il pe- fco fi può inneftare a buccia, e inneftare il cedro, e fimile il fico, e trafpor la pianta della palma. An- cora di quefto tempo fi lavorano gli fpazj de' campi, deftinati a feme, o a piante, per l' Autunno. Anche di quefto mefe fi femina il curiando, l' appio, i mel- loni, i citriuoli, le zucche, i cocomeri, il cardo, e le radici: e la ruta fi pianta, e 'l porro fi trafpone, acciocchè, adacquato, crefca, ed ingroffi, e trafpon- gonfi ottimamente i cavoli, e le cipolle. Anche fi fe- mina la porcellana, e di qualunque tempo fi femini, folamente nafce nel tempo caldo. Ne' luoghi marini, e caldi fi feghi il fieno, innanzi che fia divenuto ari- do, e fecco: e fe fi bagnerà per piova, prima non dee rivolgerfi, che la parte di fopra non fia rafciutta.

E

E deonsi di questo mese castrare i vitelli, e tonder le pecore. Anche si rappiglia il latte, e fassi il formaggio. Ancora si deono uccidere li Re dell'api, i quali nascono in questo tempo nell'estremità de' fiali, e ancor nel modo predetto deono uccidersi i farfalloni, sì come è detto.

Giugno.

C A P. V I.

DI Giugno si dee conciar l'aja, e nettarla d'ogni fastidio, e bene appianarla. In questo tempo si può seminare il miglio, e 'l panìco, e fassi primieramente la mietitura dell'orzo, poi presso alla fine, si compie la mietitura del grano ne' luoghi caldi, e si comincia ne' temperati. Ne' freddissimi luoghi faremo quelle cose, che di Maggio aviam tralasciate. Ne' luoghi erbosi, e freddi, fenderemo le terre, e acconceremo i vignazzi, coglieremo la veccia, e segheremo il fieno, per pasto delle bestie. Anche di questo mese si dee far la mietitura de' legumi, e la fava si dee divellere nel menomamento della Luna: e poichè sarà battuta, e raffredda, si dee riporre. Il lupino similmente di questo mese si coglie. Ancora le pere, e le mele magagnate si deon trascerre, e levare, dove i rami son troppo carichi. Di questo mese si può il ramo del melagrano rinchiudere in un vasello di terra, acciocchè renda i frutti di quella grandezza. Anche di questo mese, sì come del mese di Luglio, si fa il nesto, che si chiama impiastrare, ne' peri, e ne' meli, e ne' fichi, e negli ulivi, e in tutti altri arbori, i quali nella corteccia abbian grasso sugo: e seminasi ottimamente borrana, e porcellana, e molte altre erbe, se si possono con adacquamento ajutare. Anche fi fegano i prati, compiuto, e non fecco il fiore. Anche fi caftrano i vitelli, e faffi il formaggio, e le pecore ne' luoghi freddi fi tondono: cavanfi i fiali, fe avranno molto mele, e faffi la cera. Anche ufciranno di quefto mefe gli fciami nuovi, e però il guardian delle pecchie dee fempre ftare attento, ch'elle non fuggano, e fpezialmente infino all' ottava, o alla nona ora: e fempre dee aver l'arnie apparecchiate, e quelle ricorre, e nel fuo luogo allogarle, come è detto pienamente nel fuo trattato.

Luglio.

C A P.   V I I.

DEl mefe di Luglio fi deono i campi arati, arar la feconda volta, e la mietitura del grano, e de' legumi, ne' luoghi temperati, sì fi finifce. I campi falvatichi fi nettano dalle barbe, e da' bronchi: e anche la felce, e la gramigna fi diffipa, e fveglie, innanzi i dì caniculari. Ancora intorno alla fine fi feminano le rape, e i navoni. Anche le viti novelle, la mattina, e la fera fi deono fcalzare, mancato il caldo, e divelta la gramigna, polverizzarle. E gli arbori, che faranno ftati tra la biada, fegata ch'ell'è, fi rincalzino, intorno a effi, per lo caldo, mettendo terra. E di quefto mefe ne' luoghi umidi, fi può ingemmare il fico, e inneftare il cederno. Anche fi può in quefto tempo fare impiaftro, cioè il nefto così appellato, e inneftare il pero, e 'l melo negli umidi luoghi. Ancora le mele magagnate, che troppo caricano i rami, fi deon corre, e anche fi potrà piantare il tallo del cedro, fe s'ajuti con l'annaffiate. In quefto tempo, ne' luoghi temperati, fi deono cor le mandorle, e fottometter le vacche a' tori, e le pecore

re fimigliantemente a' montoni, e feganfi i prati, che non hanno ancor matura l' erba.

Agofto.

CAP. VIII.

DEl mefe d' Agofto i campi fi deono arare la terza volta: ancora nel fuo cominciamento fi poffono feminar le rape, dopo la prima piova, e le radici, e i navoni, e i lupini foverfcio, acciocchè le terre, e le vigne ingraffino. Anche nel cominciamento, e innanzi, fi divelle il lino, e la canapa, quando ingiallan, per maturezza, e fcuotefi loro il feme, e maceranfi, fe ti piace, e altramenti fi proccurano, fecondo che fie bifogno. Ancora intorno alla fua fine fi coglie la faggina, la quale allor fi truova matura. E ancora fi colgono, e feccanfi i fichi; e le noci, e tutti gli altri frutti degli arbori, che fon maturi, fi prendono, e ripongonfi. Anche ne' luoghi freddi fi fpampanano le viti, e ne' luoghi caldi s' adombran l' uve, acciocchè per la forza del Sole, non fi fecchino, Anche in quefto tempo fi può far l' agrefto. Ancora in molti luoghi caldi, intorno alla fine, fi comincia a fare apparecchiamento della vendemmia. Ancora di quefto mefe fi può diffipar la gramigna, e le felci, arando fpeffo la terra Anche di quefto mefe fi poffono innettar gli arbucelli, e inneftare il pero, e 'l melo. Anche di quefto mefe fi poffono inveftigar l' acque ne' luoghi dove mancano, e provarle, e far pozzi, e condotti: e paffato mezzo detto mefe, fi feminano i cavoli, sì che quando faranno crefciuti, fi trafpongano.

Settembre.

C A P.　I X.

DEl Mese di Settembre si fanno acconciamente le citerne, i pozzi, e i condotti. Anche si può arare il campo grasso, e quello, che lungamente è usato tener l'umore. In questo tempo il campo umido, piano, e magro, si dee la seconda volta arare, e seminare. I luoghi magri a pendio si deono arare, e seminare intorno all'equinozio. E deonsi letaminare i campi ne' colli, più spesso, e nel piano più rado, e spezialmente quando la Luna è scema. Anche ne' luoghi uliginosi, e magri, o freddi, o ombrosi, intorno all'equinozio, si semina il grano, e la spelda, allora che 'l tempo è chiaro, e fermo. Anche ne' luoghi caldi si semina in questo tempo il lino, che volgarmente si chiama vernio. Anche si ricoglie, e si ripon la saggina: e intorno al principio di questo mese si semina nell'alpi la segale, e intorno alla fine, l'anno seguente, si miete. Ancora intorno al principio di questo mese, si seminano, per cagion d'ingrassamento, i lupini, e cresciuti, si metton sotto. Anche alla fine di detto mese si semina la ferrana, in luogo letaminato, per lo pasto delle bestie. Ancora nel principio di questo mese, ne' luoghi temperati, si spampanano le viti, e spoglianti delle lor foglie, e nella fine si fa la vendemmia, e tutte quelle cose, che a vendemmia appartengono, e seccar l'uve, che si debbon serbare, e puossi far la sapa, anche il defruto, e 'l coreno. Anche si colgono i frutti degli arbori, che allor si mostran maturi. In questo tempo si seminano i papaveri, ne' luoghi caldi, e asciutti. Gli orti, che s'hanno a seminar nella Primavera, profondamente si

ca-

cavino, e 'l letame vi ſi metta a Luna creſcente. Ancora nel principio ſi ſeminano i cavoli, e intorno alla fine, l'aglio, l'anèto, la lattuga, e la bietola, e
le radici ne' luoghi aſciutti. Anche di queſto meſe ſi
poſſon far nuovi prati, eſtirpando prima dalle radici
pruni, e bronchi, e arbori, e erbe larghette, e ſode. Anche purgare i vecchi prati dal muſchio, e
quelli, che ſon vecchiſſimi, arare, e di nuovo formare i prati novelli. Anche di queſto meſe ſi cacciano
l'api vecchie, e faſſi il mele, e la cera: e ancora di
queſto meſe ſi piglian le quaglie, e le pernici, con
gli ſparvieri.

Ottobre.

CAP. X.

D'Ottobre ſi poſſon fare i pozzi, cavar le foſſe,
e portare il letame a' campi e ne' temperati luoghi acconciamente ſi ſemina il grano, l'orzo, il farro, la ſpelda, il lupino, il lino: ancora ſi fa la vendemmia acconciamente, dove non ſia fatta di Settembre, e maſſimamente da quegli, che molto deſideran
vin maturo, e ſi meſcolano, e diverſificano in colore,
e ſapore. Dove la qualità dell'aria è calda, e ſecca,
dov'è la terra arida, e ſottile, dov'è il colle dirupi-
nato, o magro, ſi pongono acconciamente le viti. In
queſto tempo, ne' luoghi ſecchi, magri, caldi, areno-
ſi, e ſcoperti, ſi fa meglio ciò, che dinanzi ſi diſſe
de' lavorii del por delle viti, e del potarle, e pro-
pagginarle, e racconciarle, o mandarle agli arbori,
acciocchè contro alla magrezza della zolla, e la ſecchezza dell'aere, con l'acque del Verno ſieno ajutate. Di queſto meſe, ſpezialmente intorno alla fine, ſi
dee ogni novella vite ſcalzare, acciocchè le ſuperflue
barbe

barbe fi taglino : e fe quivi farà il Verno piacevole, lafceremvi aperte le viti: e fe forte, e afpro, ricopirremle, innanzi che venga il freddo. E fe farà troppo freddo, porremo alquanto di colombina, intorno alle piccole viti. Di quefto mefe, ne' luoghi caldi, e difcoperti, s' ordinano gli uliveti, e fannofi i femenzai, e tutte quelle cofe, che s' apparteranno agli ulivi. Ancora fi rimondano i rivi, e le foffe, e fi piantano i ciriegi, e i meli, e i peri, e tutti altri arbori, che non temono il freddo, e maffimamente fi poffon piantare, e trafporre ne' luoghi caldi, e fecchi: e le forbe, e mandorle fi pongon nel femenzajo. I femi del pino fi fpandono. In quefto mefe fi lavorano gli orti, che deon feminarfi di Primavera. Ancora fi femina negli orti l' aglio, l' anèto, gli fpinaci, il cardo, la fenape, la malva, le cipolle, la menta, la paftinàca, il timo, l' origamo, e 'l cappero, e la bietola, in luoghi fecchi. Anche dice Palladio, che 'l porro, feminato nella Primavera, fi trafpone, e acciocchè crefca nel campo, fi dee fpeffo cavar dintorno. Ancora fi toglie alle pecchie il fuperchio mele co' fiali, e tutta la cera corrotta.

Novembre.

CAP. XI.

DEl mefe di Novembre, ne' luoghi caldi, intorno al principio, fi femina acconciamente il grano, e l' orzo, e la fegale: e appreffo la fine fi femina la fava nella feccia, non arata: e 'l lino, e la lente fi feminano di quefto mefe. Ancora tutto quefto mefe, ne' luoghi caldi, e fecchi, fi deono por le viti, e la propaggine verrà bella: e ne' luoghi freddi fi convien cavare intorno le viti novelle, e coprir le piante degli

gli

gli arbori, e le magre letaminare. Ed in queſto tempo, e di poi, infinattanto che la terra diventi ghiacciata, ſi dee cercar la vigna vecchia: s'ella è in forte pedale, cavarvi dintorno, e empiervi di letame, e
potata ſtrettamente, infra 'l terzo, o 'l quarto piede
da terra, s'intacchi, con tagliente coltello, nella più
verde parte della corteccia, più volte, e ripercoſſa,
ſpeſſo ſi provochi, e coſtringa a germinare in quel
luogo, acciocchè ſi rinnuovi, e racconci. In queſto
tempo ſi fa la potatura dell' Autunno nelle viti, e
negli arbori, maſſimamente dove dalla temperanza
della provincia ſiamo promoſſi a ciò fare. Ancora di
queſto meſe, quando l'uliva comincerà a eſſer varia
vajolata, ſi coglie, e gli uliveti ſi potano: e deonſi
levar le vette, che vanno in alto, acciocchè ſi ſpan-
dano per li lati: la qual coſa ne' neſpoli, ne' fichi,
ne' peſchi, e ne' cotogni ſi dee oſſervare. Ancora di
queſto meſe acconciamente ſi pongono gli uliveti: i
noccioli delle peſche, e delle pine nelle region calde,
e ſecche, e quegli delle ſuſine quaſi in tutti i luoghi.
Anche la caſtagna ſi ſemina, e ſi traſpone: e ne' luoghi caldi, e ſecchi, ſi pongon le piante ſalvatiche di
peri, e di meli, ſopra i quali ſi dee inneſtare, e pon-
gonſi i talli del cotogno, del cedro, del neſpolo,
del fico, del ſorbo, del ciriegio, del moro, e i ſemi
del mandorlo. Anche ſi traſpongono, ne' luoghi caldi, e ſecchi, e ſcoperti, i grandi arbori, co' rami
tagliati, e con le radici ſanza leſione, ajutandogli,
con adacquamento, e letame aſſai. E deſi tagliare il legname, che ſi vuol per gli edificj, quando la Luna è ſcema. Ancora di queſto meſe ſi
mettono i montoni alle pecore, e i becchi alle capre, acciocchè il parto, nato di Primavera, poſſa nutrirſi. Ancora di queſto meſe ſi piglian,
con diverſi ingegni, le fiere, gli uccelli, e i peſci.

Di-

Dicembre.

CAP. XII.

DEl mese di Dicembre si può seminar la fava, la qual nasce solamente dopo 'l Verno: e tagliasi il legname per le case, e per tutti altri lavorii, e le selve, e i superflui rami degli arbori, e le siepi verdi per fuoco, e le pertiche, e le canne per le vigne, e apparecchiansi, e fannosi i pali: e similmente si possono i vinchi per le vigne tagliare, e si posson far le corbe de' vimini, le ceste, le gabbie, e molti altri arnesi, e stovigli di bisogno, e anche le siepi secche. E ancora di questo mese si posson pigliar le fiere salvatiche, e massimamente nel tempo delle nevi, co' cani, e gli uccelli, con uccelli rapaci dimesticati, e con diverse reti, e con vischio.

IL FINE.

DICHIARAZIONE

DI ALCUNI NOMI DI PIANTE E D'ALTRE VOCI

Di qualche ofcurità, e dubbiezza, che s'incontrano
nella verfion Tofcana

DELL' OPERA

DEL CRESCENZIO.

Lib. I. Cap. IV.   *Vol. I. pag.* 15.
*Sopra la quale acqua le cofe ftitiche de' frutti freddi
fono da dare, sì come cotogne, e mele afre, e CERCON-
CELLO.*

Altrove, cioè nel titolo del Capo XXXIII. del Libro
IV. *Cerconcello* è tolto per la cofa fteffa, che Cerfoglio. Diverfa nondimeno trovafi l'interpretazione data a quefto vocabolo dagli Accademici della Crufca.

*Cerconcello, che anche dicefi Sergoncello, erba nota
di fapere alquanto agretto:* parole che dinotano fuor
d'ogni dubbio quella pianta, ben lontana da ogni
fimiglianza del Cerfoglio, che già un tempo da' Botanici fu detta *Tarchon,* ovvero *Draco herba,* dal Mattiuolo, in volgar lingua *Dragoncello,* e modernamente
dall'illuftre Linneo *Artemifia Dracunculus.* Ma niuna
in vero di quefte due piante intefe il Crefcenzio di
proporre, qual correttivo dell'acque inchinevoli alla
putrefazione. Le parole del tefto latino, ne' migliori
codici a penna, fono le feguenti: *Super quam ftyptica
funt exhibenda, ex fruttibus frigidis, ficut Cydonia* (fot-
tintendefi *Mala*) *Martiana, & Acetula.* E' chiaro,
non parlarfi qui fe non di frutta, che abbiano dell'a-

Vol. II.   F f f   gro,

gro, e dell'aftringente; quali fono appunto le Mele
Cotogne, e fimilmente le Mele *Martiane, o Matiane,*
che così al tempo del Crefcenzio fi chiamavan le Mele falvatiche, come dal Plateario, autore non molto
di lui più antico, fi raccoglie. *Mala Matiana, ideſt
filveſtria, frigida funt & ficca, virtutem babent conſtrin-
gendi.* A quefte poi in terzo luogo fi aggiungono le
Mele dette *Acetule,* cioè quelle affai verifimilmente,
che al Capo XII. del Lib. V. chiamate fono più d'u-
na volta *Mele Acetofe.*

Lib. I. Cap. IV.   *Vol. I pag.* 15.
Una di quelle cofe, che le fchiarano, fi è l'ALLU-
ME JAMENI.
Jameni è aggiunto dato dagli Arabi a quella forta
di Allume, che i Latini chiamarono *Alumen fciſſile.*

Lib. I. Cap. VIII.   *Vol. I pag.* 30.
E 'l mafchio fabbione, e la rena, e il CARBUN-
CULO darà certane acque, e di molta abbondanza.
Carbunculo qui è una terra renofa di color nero,
di cui l'Aldrovando. *Apud Auſtores Rei Ruſtica, Car-*
bunculus ufurpatur pro terra, ubi teſſella lapidea, & ni-
gra reperiuntur: binc carbunculofus vocatur ager, qui co-
pia bujufmodi carbunculi abundat. Muf. Metall. Lib. IV.
Cap. LXXX.

Lib. I. Cap. IX.   *Vol. I. pag.* 33.
Innanzi, che vi fi volga il corfo dell' acqua, vi fi
dee mettere FAVILLA miſta, che con alcun liquor vi
difcorra, acciocchè faldi, e incolli i doccioni, fe aveſſero
alcun vizio.
L'ammaeſtramento è tolto da Palladio, le di cui
parole, trafcritte dal Crefcenzio, fon quefte: *Sed an-*
tequam in iis aqua curfus admittatur, favilla per eos,
mix-

mixta exiguo liquore, decurrat, ut glutinare possit, si qua sint vitia tuborum. Lib. IX. Tit. XI.

Ma ben altra significazione della voce *Favilla* fu già presso i Latini, altra lo è al presente fra gl'Italiani. Giusta la proprietà della odierna nostra lingua, *Favilla* è lo stesso, che *Scintilla*, cioè una particella minutissima, e lucida di vivo fuoco; laddove i Latini, distinguendo favilla da scintilla, per favilla intesero una sottil cenere, qual si è quella, che va ricoprendo la brace, già vicina ad estinguersi.

Parva sub inducta latuit scintilla favilla:
   Ovid. Metam. Lib. VII. vers. 81.
Paullatim cana prunam velante favilla:
   Ibid. Lib. VIII. vers. 526.
Cum contectus ignis e se favillam discutit, scintillam emittit. Plin. Lib. XIII. Cap. XXII.

Una sì fatta cenere dunque, leggieri e sottile, stemprata con poco liquore, intese Palladio, che si facesse scorrere per gli Acquidotti fatti di fresco, prima d'introdurvi l'acqua; affine di saldarne e stuccarne ogni fessura, o altro simil difetto, che peravventura vi fosse.

Lib. I. Cap. XI.   *Vol. I. pag.* 37.
Il Salcio, o vero il Larice segaticcio, secondo che scrive Palladio, e utilissimo, le cui tavole, se metterai nella fronte, o vero estremità de' tetti, si diffenderanno dal fuoco; perocchè non ricevon la fiamma, nè generano carboni, sì come egli medesimo dice.

Ne' più corretti testi latini a penna non è nominato il Salcio, ma soltanto il Larice, benchè con doppio nome. *Laris seu Arese, secundum Palladium, utilissima &c.* Palladio stesso al Tit. XV. del Lib. XII. *de Materie cædenda*, non parla del Salcio, ma del solo Larice; del quale appunto correva in que' tempi

la ſtrana opinione, che il ſuo legno, dato al fuoco
non s'incendeſſe: intorno a che può leggerſi l'epiſtola
ſcritta dal Mattiuolo al noſtro Uliſſe Aldrovando: una
di quelle, che l'Anno MDLVIII. furon date in luce.

Lib. I. Cap. XI. *Vol. I. pag* 37.
Il CEDRO (cioè il ſuo legname) *è durabile, ſe
non è tocco da umidore.*

Intende qui l'Autore il Cedro, famoſo preſſo gli
antichi, per la ſuppoſta incoruttibilità del ſuo legno:
albero conifero, della razza de' Pini, e degli Abeti,
che ancora latinamente fu detto *Cedrus*, e novellamen-
te dal Linneo *Pinus Cedrus*. Coſa ben diverſa da eſſo
è il noto agrume, detto volgarmente Cedro, cioè il
Citrus de' Latini, coſì pure nominato dal Creſcenzio,
e *Cederno* dal ſuo Volgarizzatore. L'uſo nondimeno
del moderno linguaggio Italiano, è di chiamare in-
diſtintamente l'uno e l'altro albero col nome di
Cedro.

Lib. I. Cap. XII. *Vol. I. pag. 38.*
*Il Villano o vero Caſtaldo del luogo, o vero il La-
vorator del podere dee eſſere bene ammaeſtrato, e bene di-
ſciplinato, e oſſervator di buon coſtumi.*

I teſti latini tutti manuſcritti, e ſtampati da noi
veduti, dicono: *Villicus diſciplina utatur ſecundum
Varronem*. Similmente il Sanſovino nella ſua traduzione. *Il Contadino dee eſſere bene ammaeſtrato, ſecondo
Varrone*. Non ſenza ragione però il Volgarizzator Fiorentino tralaſciò l'allegazion di Varrone, avendone
forſe riconoſciuta la falſità: il quale sbaglio, ſe vuolſi
imputare al Creſcenzio, convien dire, che foſſe traſ-
corſo di penna; non potendo eſſere ſtato a lui igno-
to il vero Autore, da cui queſto intero capo aveva
tolto; il qual fu Catone, all'articolo intitolato *Villici
offi-*

officia. Dove è da. notare, che *Villicus* giuſtamente
s'interpreta Caſtaldo, o Fattore, non Villano, o Contadino, o Lavorator di terreni.

Lib II. Cap. VIII. *Vol. I. pag. 64.*

Vi creſcon ſopra i lor ceppi arbori, che ſi chiamano
TREMULE, *e arbori, che ſi chiaman* MIRICI, *nelle
parti della Magna.*

Il primo di queſti alberi è quello ſenza dubbio,
che dal Linneo, con nome uſato già da gran tempo,
diceſi *Populus tremula*: il ſecondo, arbuſto piuttoſto
che albero, dee facilmente corriſpondere alla *Tamarix
Germanica* dello ſteſſo Autore.

Lib. II. Cap. VIII. *Vol. I. pag 65.*

*Ancora è coſa provata, che quando i rami del Peſ-
co s'inneſtano nel tronco, o vero pedale del Pruno, e
del* CINO, *amendue le nature de' detti arbori ſi mutano,
e fanno più groſſi, e miglior frutti, che gli altri . . . . .
onde il Peſco non è lontano dal Pruno, e dal Cino . . . . .
Ed imperciò allora quello che ſi lieva in alto, ſopra
il luogo ove s'inneſta, a poco a poco ſi muta in altra ſpezie, la quale è l'arbore, che ſi chiama* ESCULO:
*onde per la figura delle foglie ſi conoſce, che quell'arbo-
re ha alquanta vicinitade, e conformità al* CINO, *ed
al Pruno: e i noccioli che ſono negli* ESCULI, *o vero
frutti del detto arbore, dimoſtrano la proſſimità.*

Non molta diverſità di ſenſo trovaſi nel teſto latino. *Item expertum eſt, quod cum inſeruntur fraga
Perſici in Pruni, vel Cini ſtipitem, permutantur amba-
rum arborum natura, & fiunt Eſcula majora, & melio-
ra, quam alia Eſcula . . . . . non enim longe eſt Per-
ſicus a Pruno, & Cino . . . . . & ideo tunc illud, quod
ſupra locum inſitionis extollitur, permutatur paullatim
in ſpeciem aliam, qua, eſt Eſculus arbor, qua per figu-*
ram

ram foliorum agnoscitur, quod illa aliquid vicinitatis
babet ad Cinum, & Prunum: & offa qua funt in Efcu-
lis, etiam banc indicant vicinitatem: & pradicta fcribit
Frater Albertus.

Quefte ultime parole, che non furono tradotte
nella verfion Fiorentina, e mancano fimilmente nel
tefto latino ftampato in Bafilea, danno a conofcere,
che quanto vien riferito in quefto capitolo, delle maravigliofe trafmutazioni delle piante, di una in un altra, è ftato prefo, almeno in gran parte, da Alberto Magno, cui il Crefcenzio, per difetto del fecolo
in cui viffe, preftò quella fede, che forfe in tempi
più illuminati non gli fi farebbe preftata. Ma ella
non è agevol cofa il rintracciare, qual forta di albero intendeffe Alberto, fotto nome di *Cinus*, e quale
fotto nome di *Efculus*: quantunque ambidue egli ce
li rapprefenti, come non troppo difcordanti dalla forma, e naturalezza del Perfico, e del Prugno. Coll'
appellazione di *Cinus*, nè preffo i Botanici antichi,
nè preffo i moderni, trovafi notato albero alcuno:
con quella di *Efculus*, ovvero *Aefculus*, dall'antichità più rimota, fino a'tempi noftri, non mai altro fi-
gnificoffi, che una fpezie di Quercia, di ghianda alquanto dolce, che per cibo fervir potrebbe ancora a-
gli uomini. Al Linneo ultimamente è piaciuto valerfi
di un tal vocabolo, a dinotare quell'albero, ftraniero
già all'Italia, che prima da' Botanici era chiamato
Hippocaftanum, e dal volgo appellafi *Caftagna d'India*,
● *Caftagna cavallina*.

Lib. II. Cap. IX.　　　　*Vol. I. pag.* 71.
Onde in pochi luoghi, che di tanta caldezza fi tem-
prino, nel detto tempo (nel Cancro, e nel Lione)
fi pianta; sì come in luogo freddo molto, e umido, ●
per monti, ● perchè è molto preffo al polo aquilonare.

ll

Il senso di queste parole, non oscuramente manchevole, supplisscasi col testo latino : *In paucis tamen locis , qua tanto fervore temperantur , fit plantatio in tempore prædicto ; sicut est locus , qui vocatur CORONIA , frigidus valde & humidus , aut ex montibus , aut quia multum est juxta polum aquilonarem .*

Nel Codice più antico della Biblioteca pubblica , il quale fu già della S. M. di Benedetto XIV. in una nota marginale, dello stesso carattere del testo, si trova scritto : *att. si velit dicere Colonia :* e nella traduzione del Sansovino leggesi : *siccome sarebbe quel luogo, che è chiamato Codonia.* Ma niuna di queste mutazioni, o correzioni ha luogo. *Coronia,* è nome di una Città della Gotlandia, provincia della Svezia, posta in sulla spiaggia dello stretto di mare, chiamato il Sund, al grado 56. di latitudine boreale ; secondo la lingua natural del paese detta volgarmente *Landskron.* Luogo di cui veramente dall' autore potè dirsi, che tra quelli, che distintamente erano allora conosciuti, non poco si avvicinava al polo aquilonare.

Lib. II. Cap. XIX.   *Vol. I. pag.* 103.

Questo cotal campo di continuo umor bagnato , dagli Egizj , i quali primieramente distinsero i campi , è chiamato , (cioè con vocaboli equivalenti della loro lingua) *SUBCENEUS* o *CENULENTUS.*

Sembra, che il Volgarizzatore non si tenesse sicuro, di avere ben compreso il senso dell' ultime parole ; avendole esposte in latino, come le aveva trovate. Sono però esse chiare abbastanza, qualora col dittongo *oe* scritte sieno, come è di ragione. Ma negli antichi Codici è noto, che i dittonghi universalmente si tralasciavano ; benchè noi, ad intelligenza più distinta, gli abbiam segnati, qualunque volta ci è accaduto trascriverne i passi. Men rettamente nel

Cre-

Crefcenzio di Bafilea leggefi : *Subtenens , aut temulentus* .

Lib. II. Cap. XXVIII.   *Vol. I. pag.* 148.

Palladio comanda, che fi colgano i femi maturi della Spina, o vero Pruno, che fi chiama Rovo Canino, e mefcolinfi con la farina de' Leri, con l' acqua macerata; e poi in tal maniera fi mifchin nelle funi vecchie della STRAMBA, che fra le funi fi confervino, infino al principio della Primavera.

Ecco le parole ftelfe di Palladio, riportate ad litteram dal Crefcenzio, nel fuo tefto latino. *Melius erit Rubi femina, & Spina, qua Rubus caninus vocatur, matura colligere, & cum farina Ervi, ex aqua macerata mifceri: funes deinde fparteos veteres hoc genere mixtionis fic inducere, ut intra funes femina recepta ferventur, ufque ad verni temporis initia. Lib. I. Tit. XXXIV.*

Che per Rovo Canino fi debba intendere alcuna fpezie di Rofaio falvatico, e per farina di Leri quella del legume, detto dal Linneo *Ervum Ervilia*, fi tiene generalmente per cofa certa. *Funes fpartei* poi, o come al Volgarizzatore è piaciuto di tradurre, *Funi della Stramba*, fono corde, che fi lavoravano, e ancora fi lavorano al prefente in Ifpagna, delle foglie pieghevoli, e tegnenti a modo del Giunco, di una Gramigna propria di quel paefe, chiamata ne' tempi andati femplicemente *Spartum*, e ora dal Linneo verifimilmente comprefa, con altra fua fimile, fotto la denominazione di *Lygeum Spartum*. Di ambedue parla diftintamente il Clufio. *Rar. Plant. Hift. Lib. VI. pag. CCXX.*

Lib. III. Cap. IX.   *Vol. I. pag.* 167.

Il FARRO è quafi fimile alla Spelda, ma è più groffo in erba, e nel granello.

Per

Per Farro talora intendeſi qualunque maniera di grano, la quale mondata, e infranta cuocaſi in mineſtra, talora alcuna ſpezie in particolare, più che ad altro, deſtinata a queſt' uſo. *Ubique Far vocatur* (ſono parole del Ceſalpino) *quodcumque ſemen, quod a cortice mundatum, & confractum elixatur in cibos . . . . . . in Gallia ciſalpina ſemen eſt proprium, tritico longius, dorſo acuto, colore rufo, in ſpica craſſiori quam Spelta, multiplici folliculo, in binis ordinibus, & in ſingulis ordinibus bina ſemina, conjugatim diſpoſita, propriis membranis arcte incluſa. Lib. IV. Cap. XLIII.*

Il Farro quì deſcritto dal Ceſalpino è ſenza dubbio lo ſteſſo, di cui parla il Creſcenzio, volgarmente in Bologna detto a' tempi noſtri *Farriuola*, da' Botanici delle età traſcorſe *Zea dicoccos*, e modernamente dal Linneo *Triticum Spelta*. Altra è veramente la Spelta preſſo gl' Italiani: ma il Linneo ſi è attenuto al coſtume delle Nazioni, riſpetto a noi, Oltramontane, che più a queſta, che ad alcun altra biada, danno il nome di Spelta.

Lib. III. Cap. XVI.   *Vol. I. pag.* 176.
Ma l' Orzo Marzuolo, che a Bologna ſi chiama MARGOLLA, ſi ſemina per tutto il *meſe di Marzo*.

Marzuola, e non *Margolla* è il nome, che a queſta ſpezie d' Orzo danno i Bologneſi. Il Linneo, cogli altri Botanici, il chiama *Hordeum diſtichum*.

Lib. III. Cap. XXI.   *Vol. I. pag.* 184.
La SPELDA è conoſciuta &c.
La Spelda, o Spelta coſì detta comunemente in Italia, è la ſpezie di grano, cui li Botanici paſſati diedero il nome di *Zea monococcos*, e il Linneo quello di *Triticum monococcos*. Quanto al vocabolo antico *Zea*, che preſſo i Greci, e i Latini, ebbe vario, e

Vol. II.   G g g   ta-

talora incerto fignificato, il Linneo lo ha trasferito a
dinotare quella biada, non conofciuta in Europa a'
tempi del Crefcenzio, la quale chiamafi volgarmente
Grano turco, o *Maiz*, e preffo di noi *Formentone*.

Lib. III. Cap. XXII.   *Vol I. pag.* 185.

La SEGALE è conofciuta, e le fue maniere non fo-
no che una &c.

In quefto Capitolo intefe veramente il Crefcenzio
di parlar della Segale, da lui *Siligo* latinamente nominata: *Siligo nota eft, & ejus quidem non funt diverfita-*
tes &c. Giufta pertanto, e conforme alla mente dell'
Autore dee dirfi la verfion Fiorentina, feguita ancora
dal Sanfovino; quantunque preffo i Latini altra cofa
veramente foffe *Siligo*, altra *Secale*. A tralafciarne più
altre prove. *Siliginem dixeris* (parole fono di Plinio) *pro-*
prie Tritici delicias: candor eft fine virtute, & fine ponde-
re. *Lib. XVIII. Cap. VIII.* Alla Segale ben conofciuta da
lui fotto il proprio fuo nome, afcrive qualità in tutto
oppofte. *Secale Taurini fub alpibus Afiam vocant, te-*
terrimum, & tantum ad arcendam famem utile, fecun-
dum tamen, gracili ftipula, nigritia trifte, fed pondere
pracipuum. *Lib. XVIII. Cap. XVI.* Quale poi tra le
fpezie di grano da noi conofciute corrifponda alla Sili-
gine degli antichi, agevol cofa non farebbe a deter-
minarfi.

Lib. III. Cap. XXIV.   *Vol. I. pag.* 187.

Il RISO è caldo nel primo grado, e fecco nel fe-
condo &c.

Quefto breve Capitolo del Rifo non è del Crefcenzio. Effo non trovafi in alcuno de' tefti latini,
da noi veduti, manufcritti, o ftampati, e manca fimilmente nella traduzione del Sanfovino. Quando, e
da chi, e per qual modo foffe aggiunto, poco o nul-
                                                    la

la rileva il cercarlo. Bene egli è certo, che niuno árgomento quindi potrebbe trarfi, da chi intendefle di provare, che a' tempi del Crefcenzio foffero in ufo le coltivazioni del Rifo in Italia.

Lib II. Cap IV.   *Vol. I. pag. 192.*

Le maniere delle Viti fon trovate molte &c.

Oltre a quaranta fpezie di Viti, o d' Uve annovera il Crefcenzio, con i proprj nomi di ciafcheduna, ufati certamente allora in quefta, o in quella Città d' Italia, e da lui, come meglio il potè, latinizzati; di alcun de' quali fi farà forfe oggi perduta, o refa incerta la fignificazione. Qui fe ne pongono alcuni pochi, ne' quali appare qualche leggier differenza, tra 'l tefto latino, e la traduzione.

Sarcula	nel lat.	*Faracla*
Morgigrana		*Mardegana*
Gmarefta		*Guiliarefca*
Ginnaremo		*Giviaronus*

Lib. IV. Cap. XI.   *Vol. I. pag. 215.*

Inneftafi ancora nell' arbore dell' Olmo, e forfe in alcuni altri, fecondo Columella; sì come nel tronco dell' ARBORE GALLICA: infino alla midolla fi perfori con un fucchiello, e quivi fi ficchi il ramo della Vite.

Le parole del tefto latino fon quefte: *Inferitur autem in arbore Ulmi, & forfan in quibufdam aliis, fecundum Columellam, ut truncus arboris, Gallica ufque ad medullam perforetur Terebra; ibique affigatur furculus Vitis:* dov' è chiaro, che *Gallica* è aggiunto di *Terebra*, non di *Arbor*; il che poi anche vie maggiormente fi conferma dol paffo fteffo dall' Autore citato di Columella. *Nos Terebram, quam Gallicam dicimus, ad banc inftionem commenti, longe babiliorem, utilioremque comperi-*

rimus ; nam sic excavat truncum , ne foramen inurat.
Lib. IV. Cap. XXIX.

Lib. IV. Cap. XVII.   *Vol. I. pag. 230.*

   Alcuna volta nella vigna entrano bruchi, che ogni verdezza rodono, e vermini, verdi, e ASURI piccoli, i quali TARADORI si chiamano a Bologna, i quali nati con l' uve, i tralci teneri forano e seccano.

Qui la traduzione non è perfettamente conforme all' originale, le cui parole son le seguenti. *Aliquando vineas invadunt ruga, qua omnem viriditatem corrodunt, & vermes virides, & azuri parvi, qui Tajaturi vocantur Bononia, qui natos cum uvis palmites forant, & desiccant.*

Parla in questo luogo l' Autore di que' bacherozzoli, che offendono i novelli pampani, in tempo di primavera, della razza de' piccoli scarafaggi, di colore tra 'l verde e l' azzurro, i quali *Tagliadori*, o più veramente *Tagliadizzi*, a Bologna vengono chiamati. Il nome è preso dalla naturale industria, di cui son dotati, benchè a danno nostro, di tagliare e ricidere i gambi di alquante foglie della germogliante Vite; non già interamente, ma tanto e non più, che basti a farle appassire, senza spiccarsi, e cadere dal tralcio: e ciò affine di poterle agevolmente torcere, accartocciare, ed incollare strettamente insieme; il che pur fanno, con diporre le loro uova fra que' rivolgimenti, e piegature, perchè ivi sieno custodite e difese. Dinotati furono da' Greci col nome d' 1ψ, e da' Latini con quello di *Convolvulus*, o *Involvulus ;* e di essi fa menzione Plauto nella Cistellaria *A. IV. Sc. II. v. 63.*

   L. *Imitatus es nequam bestiam, & damnificam.*
   P. *Sed quidnam amabo? L. Involvulum,*
     Qua in pampini folio intorta implicat se.
Ma non era Plauto un Naturalista, nè pose mente ad
                               os-

offervare, fe l'infetto, rinvoltava quelle foglie per in-
viluppare fe ftefso, ovvero le fue uova. Ne' paefi fet-
tentrionáli non allìgnan le Viti; e però non è maraviglia, fe nello fterminato numero di fopra 870. fpezie d' Infetti Coleopteri, o fia dalle ali incafsate, dal
Linneo diftintamente conofciute, e nel fuo *Syftema
Natura* con i proprj nomi contrafsegnate, quefta,
per altro sì notabile, o manchi, o non fia diffinita in
termini baftevoli a ravvifarla. Una rozza figura ne dà
l' Aldrovando *de Infeflis pag.* 473. *num.* 9. Il Volgarizzatore del Crefcenzio fembra aver tolta la parola
afuri, che in-alcun codice fi farà trovata, in vece di
azuri, per un fuftantivo, qual nome di una particolare fpezie d' infetto; e tale altresì fu il fentimento
de' Compilatori del Vocabolario della Crufca, nel quale perciò fi trova fcritto: *A'furo: verme piccolo, che rode le Viti: in latino il Crefcenzio lo difse Afurus*. Ofser-
vifi quì di pafsaggio, che non difse già il Crefcenzio,
che quefti tali bacherozzoli verdazzurri, nafcefsero
colle uve, ma che guaftavano i teneri tralci nati con
l' uve.

Lib. IV. Cap. XXXVIII. *Vol. I. pag.* 251.

*Ogni Vino fpefso fi volge apprefso del tramontar del-
le Pliade, e apprefso del Solftizio eftivale, e apprefso
fotto il cane fboglientante, che vulgarmente CURINO è
chiamato.*

Così ancora ne' tefti latini manufcritti da noi veduti. *Omne vinum fapius vertitur, circa Vergiliarum oc-
cafum, & circa Solftitium aftivale, & circa Canis a-
ftum, quod vulgariter Curinas vocatur.* Nella edizione
di Bafilea è fcritto: *quod vulgariter Currus vocatur:*
e nella traduzione del Sanfovino: *che volgarmente fi
chiama Cumma.* Convien dire, che per inavvertenza
de' Copifti, alcuno errore s' introducefse ab antico ne'
tefti

tefti ; a emendazion del quale niun lume ci fommini-
ftra il Cap. X. del Lib. VII. delle Geoponiche Greche, da cui quefto luogo è ftato prefo. Niun paefe
d'Italia certamente è noto, in cui al corfo de' giorni
caniculari fia dato il nome di *Curino*, o di *Curro*, o
di *Cumma*.

Lib. IV. Cap. XXXIX. *Vol. I. pag.* 254.

E preffo alla fine del bollire, fi ponga in ciafcuna
caldaja dell' INGAMULA, e del Livertiffio fecco, o
vero del Livertiffio folamente.

Ne' migliori Codici latini: *juxta finem ebullitionis*
ponatur in quolibet caldario Ingamula, & Livertixii fic-
ci, vel Livertixii tantum.

Per *Livertiffi* è certo, e farà provato altrove,
doverfi intendere i frutti fquamofi, detti volgarmente
fiori, del Lupulo. *L' Ingamula* o *Ingamula* qual cofa fia, fe droga, fe erba, nomata così per isbaglio
de' Copifti, chi è ora, che poffa vantarfi, di faper
darne conto?

Lib. IV. Cap. XL. *Vol. I pag.* 257.

E` detto di perfone efperte, che il Vino è ben chia-
rificato, e rimoffo dal-mal fapore, fe fi ponga in vafo
CARRARIO una mezza libbra d'Allume di rocca chiaro,
e altrettanto di Zucchero rofato, con libbre otto di Mele.

Similmente nel latino: *Clarificari optime ab ex-*
perto valde dicitur, fi in carrario vafe libra media A-
luminis de rocca clari, & tantumdem facchari rofati,
cum libris octo mellis, ponatur.

Il Sanfovino per *vafo carrario* interpretò *vafe di*
terra. Ad altri forfe potrebbe cadere in mente, che
quì s' intendeffe, come per determinazion di mifura,
tal piccola botte, che anche in buon linguaggio Tof-
cano, è detta *Carratello*.

Lib.

Lib. V. Cap. XVI.   *Vol. I. pag. 330.*

Ma Frate Alberto dice, che quando s' inneſtano (i
Neſpoli) *ſopra 'l pedale d' arbore d' altra generazione,*
come di Pero, di Melo, o di SPINAMAGNA ſimile al
Faggio nel legno, e nella corteccia, detta volgarmente
Spina Sagina, creſcono i Neſpoli maggiori, e migliori,
che non ſono gli altri. Ma ſe i Neſpoli in alcuna region
mancheranno, è provato, come dice Alberto, che la ver-
mèna del Peſco s' inneſta nel tronco della Spinamagna,
la quale è ſimile al Faggio, e le Neſpole creſcono ancora
in più quantità, e non fanno noccioli.

Qual ſia giuſta la mente di Alberto la *Spinama-*
gna, o ſia *Spina Fagina*, meglio forſe così detta ne'
teſti latini, che non *Sagina* nella verſione, e coſa aſſai incerta; come pur difficile ſi è il raffigurare più
altre piante dallo ſteſſo Alberto ricordate. *In libello*
Alberti Magni, de Mirabilibus Mundi (così il Geſnero)
diverſa herbarum nomina, ſed corruptiſſima leguntur. Hæc
legat qui bonas horas male occupare volet. Il Creſcenzio per sì fatte eſperienze, da ſe inutilmente tentate,
ſi valſe della Spinalba: confeſſando però ingenuamen-
te, di avere più volte inneſtato il Neſpolo nel Pero,
nel Melo, nel Cotogno, e nella detta Spinalba, e
non averlo trovato ſenza nocciolo, nè creſcere in
quantità.

Lib. V. Cap. XXVI.   *Vol. I. pag. 362.*

La QUERCIA, il ROVERO, il CERRO ſono arbo-
ri grandi, i quali ſono quaſi di una medeſima natura &c.

Tre ſpezie di Quercia qui diſtingue l' Autore.
I. La comune di baſſo pedale, i cui rami in larghezza
molto ſi diffondono, di legno duriſſimo, che ſotterra,
eziandio in umidi luoghi, non ſi corrompe, anzi vie
più ſempre s' indura. II. Quella, il cui pedale aſſai creſce in altezza, di legno ſaldo bensì, ma alquanto più
dol-

dolce , e per confeguenza a diverfi lavorìi più atto ,
detta , per l'ampiezza delle fue foglie dagli antichi Botanici *Platiphyllos* , da' Tofcani *Farnia* , da noi Bolo-
gnefi *Rovere* . III. Quella di' ghianda amara , di legno
preffo che intrattabile , che univerfalmente in Italia *Cerro* è chiamata .

Il Linneo comprende le due prime , come fe foffero una fola , fotto la generale denominazione di *Quercus Robur* : la terza da lui è detta *Quercus Aegilops* .
Di quefte tre fpezie di Quercia , che fono le principali , appena fi trova , che altri dopo il Crefcenzio , abbia aggiuftatamente fcritto , fuori che il Cefalpino al
Lib. II. Cap. II.

Lib. V. Cap. XXXI.   *Vol. I. pag. 367.*
  L' *Abete* , *che volgarmente fi chiama PIELLA* , *e
Larice* , *fono quafi una medefima cofa* .
  Nel tefto latino meglio fi riconofcono per tre alberi.
diftinti : *Abies* , *& qua vulgo vocatur Piella* , *& Arefe fere eadem funt arbores* . E veramente tutti quefti alberi dal Linneo ugualmente fono riguardati come fpezie
di Pino. L' Abete è detto da lui *Pinus Picea* , la Piella *Pinus Abies* , e il Larice , o Arefe *Pinus Larix* : nel
che veramente allontanoffi quefto celebre Autore dal
linguaggio de' Botanici , che lo avevano preceduto ; i
quali generalmente , non all' Abete più comune in Italia ,
ma aila Piella , che è l' *Abies tenuiore folio fructu deorfum
inflexo* del Tournefort , dato avevano il nome di *Picea* .

Lib. V. Cap. XXXIV.   *Vol. I. Pag. 369.*
  L' *AVORNIO* è *arbore piccolo* , *il quale fimigliantemente nafce in alpi &c.*
  Nel latino : *Avornus eft arbor parva* , *qua fimiliter
circa alpes oritur* . Il fuo nome preffo il Linneo è *Cyti-
fus Laburnum* . A' noftri tempi più comunemente in
              Ita-

Italia chiamafi *Maio*. Dal Cefalpino nonpertanto è
detto *Laburnum vulgo Avornellum*.

Lib. V. Cap. XXXVII. Vol. I. pag. 371.

*Il BRILLO è un piccolo arbucello, il quale nafce
nell' arene de' fiumi &c.*

Nel lat. *Brillus eft arbufcula parva, quæ in arenis
fluviorum oritur.* E' pianta, che fi connumera tra i
Salci, dal Linneo detta *Salix belix*.

Lib. V. Cap. XLIII. Vol. I. pag. 374.

*Il FRASSIGNUOLO è arbore fimigliante al Fraſſi-
no nel legno, e nelle fronde &c.*

Nel lat. *Fraxinagolus eft arbor Fraxino in frondibus
& ligno fimilis.* La defcrizione, che fegue appreffo,
moftra ad evidenza, che qui trattafi dell'albero detto
già da' Botanici *Lotus*, e da altri *Celtis*, fegnatamente
dal Linneo *Celtis auftralis*: e quantunque il fuo volgar nome in Bologna, a' tempi noftri, fia quello di
Facanapa, che nondimeno anticamente fi chiamaffe
ancora *Fraſſinago*, ne fa fede una via dello fteffo nome, dentro le mura della Città, in cui doveva già
effere un groffo albero di quefta fpezie, ed ove pure al dì d'oggi, in una fiepe fe ne veggono, benchè poco fparfi in rami, alquanti vecchiffimi pedali.
Dal volgar nome *Fraſſinago* fi è fatto il *Fraxinagolus*
del Crefcenzio, e da quefto il *Fraſſignuolo* del fuo
Traduttore.

Lib. V. Cap. LIV. Vol. I. pag. 388.

*Il SECCOMORO è un piccolo arbore, fimigliante
quafi al Sanguine &c.*

Il vero Seccomoro, o Sicomoro, è una fpezie di
Fico propria dell'Egitto. Qui il Crefcenzio, fotto un
tal nome, intefe un albero de' noftri monti, il quale,

le, dalla fuccinta defcrizione, ch'egli ne ha lafciata, non ofcuramente fi riconofce per lo Piftacchio falvatico, detto già da molti Botanici *Staphylodendron*, e dal Linneo *Staphylæa pinnata*.

Lib. V. Cap. LVII.   *Vol. I. pag.* 389.

La SPINAGIUDAICA *è migliore di tutte le fpine per fiepi &c.*

Spina Giudaica quella da noi è detta, che in Tofcana chiamafi *Spina Marruca*, cioè a dire il *Rhamnus Paliurus* del Linneo.

Lib. V. Cap. LIX.   *Vol. I. pag.* 390.

La SCOPA *è arbucello molto piccolo, quafi fimigliante al Ginepro &c.*

Intendefi qui la pianta, di cui è abbondanza nelle noftre colline, detta dal Linneo *Erica arborea*.

Lib. V. Cap. LXII.   *Vol. I. pag.* 391.

Il VINCO *è arbore noto, il quale fi pianta come il Salcio &c.*

E fpezie appunto di Salcio fi è il Vinco; cioè quella, che dal Linneo appellafi *Salix vitellina*, come *Salix alba*, e per lui chiamato il Salcio più groffo, e più comune.

Lib. V. Cap. LXIII.   *Vol. I. pag.* 392.

Il JUDETTO *è arbore noto, il quale non diventa grande &c.*

Nel lat. *Videllus eft arbor nota, qua non efficitur magna &c.*

Videtto da noi dicefi una fpezie pur di Salcio, che dal maggior numero de' Botanici fi denomina *Salix caprea*.

Lib.

Dell' APPIO altro è dimeſtico, e altro è ſalvatico. Il dimeſtico altro è d' orto, e altro è d' acqua . . . . Il ſalvatico è detto APPIORISO; perocchè purga il malinconico umore, per la cui abbondanza la triſtizia ſi genera.

Quello, che il Creſcenzio chiama qui Appio dimeſtico d' acqua, è l' *Apium graveolens* del Linneo, da cui non ſi diſtingue, ſe non per eſſere mitigato, e raddolcito, in virtù della coltivazione, l' Appio dimeſtico degli orti, detto da noi volgarmente *Sèlero*; come bene oſſervò, fino a ſuoi tempi, Valerio Cordo. *Apium etiam ſponte in nigro & pingui ſolo, circa pagorum foſſas, & rivulos naſcitur, ſativo per omnia ſimile, & idem, præter quam quod non colatur. Annot. in Dioſc. pag.* 55.

Quanto all' Appio ſalvatico, ciò che di eſſo in queſto luogo ſi trova ſcritto, è tolto dal Plateario, il quale dietro la ſcorta de' Medici della ſcuola Arabica, chiamò *Appioriſo* quella pianta, cui prima i Greci, e i Latini dato avevano il nome di *Erba Sardonia o Sardoa*: ſpezie veramente, non di Appio, ma di Ranunculo, le cui foglie all' Appio alquanto ſi raſſomigliano. Di eſſa fu creduto, che mangiata eccitaſſe violentiſſime convulſioni, le quali conduceſſer l' uomo a morire, quaſi in apparenza, e in atteggiamento di ridere. *In Sardinia naſcitur quædam herba, ut Salluſtius dicit, Apiaſtri ſimilis; quæ herba, comeſa hominum rictus dolore contrahit, & quaſi ridentes interimit:* così il Comento di Servio all' Ecloga VII. di Virgilio. Moſtraſi ora per Erba Sardonia la ſpezie di Ranunculo paluſtre, dal Linneo detta *Ranunculus ſceleratus*; e di eſſa probabilmente inteſero qui di ragionare il Plateario, ed il Creſcenzio; benchè, quanto all' etimologia del nome di *Appioriſo*, non concordaſſero col ſentimento più comune degli altri Scrittori.

Lib. VII. Cap. XXIII. *Vol. II. pag. 35.*

*Il molto uſo della Cipolla fa un infertà nel capo,
la quale è chiamata SUBET.*

Giuſta il linguaggio de' Medici Arabi, *Subet* è
quel ſonno profondiſſimo, che con Greco vocabolo,
da' Latini diceſi *Carus*.

Lib. VII. Cap. XXXVI. *Vol. II. pag. 44.*

Del CERFOGLIO, cioè CERCONCELLO.

Il Creſcenzio nel teſto latino dice ſemplicemente
de Cerfolio. Cerconcello come altrove ſi è dimoſtrato, è pianta in tutto diverſa dal Cerfoglio.

Lib. VII. Cap. XXXVII. *Vol. II. pag. 47.*

Il CRETANO, ciò ſono i Ricci marini &c.

Nel Lat. *Cretanus, ideſt Rinci marini*. Parla ſenza
dubbio l' Autore del vero Cretano, che è il *Crithmum
marinum* de' Botanici; pianta per altro da non con-
fonderſi colli *Rinci*, o ſia coll' Eringio marino.

Lib. VII. Cap. XL. *Vol. II. pag. 49.*

*Il Cocomero ſalvatico, è erba nota, del cui ſugo ſi
fa LATTOVARO in queſto modo &c.*

Non piccola confuſione ne' Codici ancora latini
a penna, è nata, per la ſimiglianza de' due vocaboli
Electuarium, ed *Elaterium*. Chiamaſi propriamente *E-
laterium* il ſugo condenſato del Cocomero ſalvatico,
che è un aſſai forte purgativo. *Elaterium ſcilicet ſuccus
Cucumeris agreſtis &c.*: coſì il Plateario, che è la fonte onde attinſe il Creſcenzio. *L' Elaterio è il ſugo con-
creto del Cocomero ſalvatico &c.*: coſì più modernamente il Ricettario Fiorentino. Leggaſi dunque nel
principio di queſto capo. *Il Cocomero ſalvatico è Erba
nota, del cui ſugo ſi fa l' Elaterio, in queſto modo &c.*,
e più baſſo alla linea 18. *E colui che prenderà l' Elaterio*

rio non dee dormire sopra esso. Ancora *Eraderii*, che leggesi nella linea 23. è lo stesso vocabolo *Elaterio* in altra guisa difformato. *Lattovaro*, che viene dal barbarolatino *Electuarium* non ha luogo propriamente, se non nella linea 7. ove dicesi: *Altri bollono il sugo suo col mele, quasi fino al consumamento del sugo, e dannolo a modo di Lattovaro.* Un altro errore della traduzione, riconosciuto per lo confronto di essa, con i migliori testi Latini, merita qui riflessione, siccome quello, che riguarda la giusta dose, di un rimedio purgante di grande attività, e di non lieve pericolo; benchè a questi tempi poco o nulla da noi usato. Il fallo è nato dalla men retta interpretazione delle cifere, o caratteri medici, forse nel Codice, di cui si servì il Volgarizzatore, mal formati, e che perciò il condussero a notare in più di un luogo once, in vece di minori pesi. Dose oggi approvata è da gr. III. a gr. X.

Lib. VI. Cap. XLVII.   *Vol. II. pag. 56.*

La FLAMULA è calda e secca nel quarto grado; è chiamata Flamula, perchè ha virtù incensiva, ed è simigliante alla Vitalba nelle foglie, e ne' fiori, ma i fiori sono azzurrini.

La Flamula dunque del Crescenzio, è la pianta, da molti Botanici detta *Clematis cærulea*, e dal Linneo *Clematis Viticella*.

Lib. VI. Cap. LII.   *Vol. II. pag. 58.*

Li GAMBUGI si sono di natura di Cavoli &c.

Nel lat. *Gambusi sunt de natura Caulium &c.* Questi oggi sono detti più comunemente *Cappucci*.

Lib. VI. Cap. LV.   *Vol. II. pag. 60.*

La Garofanata è simigliante alle novelle foglie del Rogo, o vero a Flaponi.

Nel

Nel lat. *Gariofilata fimilis eft novellis foliis Rubi, feu Flaponibus*.

Fiopponi, è nome, che fi dà volgarmente in Bologna a una forta di Fragole tonde, e biancaftre, le quali da' Francefi dette fono *les Caprons*, è da alcuni latinamente *Fraga mofcbata*. Ma forfe qui l' Autore intefe di proporre la fimiglianza del Rovo Ideo, i cui frutti in Tofcana, e nell' Alpi noftre fi chiaman *Lamponi*.

Lib. VI. Cap. LVI.   *Vol. II. pag. 60.*

L' UMULO cioè RUVISTICO, o vero LIVERTIZIO, lo quale fa i fiori, i quali, per la loro feccbezza, fi confervano lungbiffimamente &c.

Nel lat. *Humulus ideft Lupulus, & Livertigo: Flos ejus, propter ficcitatem fuam confervatur per longitudinem maximam temporis.*

Se *Ruviftico* in Tofcana è nome volgare dell' arbufcello detto in latino *Liguftrum*, com' è fcritto nel Vocabolario della Crufca, già non poffono riguardarfi come finonimi *Umulo* e *Ruviftico*; non effendo l' Umulo, fecondo anche le parole del.Crefcenzio, altra cofa, che il Lupulo, pianta notiffima, che in quefta noftra parte d' Italia, chiamafi *Lovertifio*: non fo fe per la ragione addotta dal Manardo Ferrarefe: *Græcorum vulgus Bryum nunc vocat, noftri Luvertitium, quafi Lupum vertitium. Annot. ad Cap. XXIV. Mef. de fimpl.* Ancora il Linneo, come il Crefcenzio, ha preferito il nome di *Humulus* a quello di *Lupulus*.

Che poi effo Crefcenzio chiami fiori del Lupulo quelli, che fono realmente frutti, non è maraviglia; tale effendo ftato il linguaggio degli Scrittori, che lo avevano preceduto, e cui era egli folito feguire, ed imitare.

Lib.

Lib. VI. Cap. LXIV.   *Vol. II. pag. 67.*

LINGUA AVIS cioè Correggiuola, è *calda*, *e umida nel primo grado &c.*

Giuſta il Linneo è detta *Polygonum aviculare*.

Lib. VI. Cap. LXVI.   *Vol. II. pag. 70.*

Queſta cotale appellano i Greci ἀγρία ϑρίδαξ, (cioè Lattuga campeſtre) *Anche n'è un altra ſpezie, che creſce nelle ſelve, la quale appellano SCARICION, le cui foglie peſte con la polenta vagliono alle ferite.* : .. *Ed è un altra ſpezie, di Lattuga, la quale ha le foglie ritonde, e corte, la quale molti appellano ACRIA, nel cui ſugo gli ſparvieri, ſcarpellando la terra, e intignendovi gli occhi, diſcaccian l'oſcuritade, quando invecchiano &c.*

Leggaſi *Iſatis* in vece di *Scaricion*, e *Hieracia* in vece di *Acria*: tali eſſere i nomi di queſte ſuppoſte ſpezie di Lattughe ſalvatiche, raccogliendoſi dall'Autor medeſimo, da cui il Creſcenzio ne ha tratte le vere, o falſe relazioni; il quale è Plinio, al Lib. XX. Cap. VII.

Lib. VI. Cap. LXXI.   *Vol. II pag. 73.*

I POPONI deſiderano terra, e aere chente, i Cedriuoli, e i Cocomeri, ma meno graſſa &c.

Nel lat. *Melones deſiderant talem terram, & aerem, qualem Citruli, ſed minus pinguem.*

I Poponi così detti in Toſcana, e preſſo di noi *Meloni*, vengono dalla pianta, cui piacque al Linneo di dare il nome di *Cucumis Melo*: ſimilmente il Creſcenzio, adattandoſi al patrio linguaggio, chiamò in latino i frutti di eſſa *Melones*, anzi che *Pepones*, o *Melopepones*, come vorrebbono alcuni.

Ivi più abbaſſo.

Altri (Poponi) *ſono, che ſono verdi, e molto lunghi, e quaſi tutti torti, i quali ſi chiaman Melangoli: e*

queſti

questi appelliamo noi MELLONI, i quali si mangiano acerbi, come i Cedriuoli.

Nel lat. *Alii vero* (Melones) *sunt subtiles; virides, valde longi, & quasi omnes curvi, & vocantur Melanguli, qui comeduntur acerbi, sicut Citruli.*

Le parole dianzi riferite della versione Italiana, *e questi appelliamo noi Melloni*, non sono tradotte dal testo del Crescenzio, ma aggiunte di proprio senso dal Volgarizzatore Fiorentino; *Melloni* appunto chiamandosi·in Toscana, questa spezie, non so se di Cedriuoli, ovvero di Poponi, detti forse una volta da noi *Melangoli*, ma che al presente affatto si trascurano; i quali sono frutti della pianta detta da' Botanici *Cucumis flexuosus.*

Lib. VI. Cap. LXXXII.   *Vol. II. pag. 84.*

Il NENUFAR è freddo, e umido nel secondo grado .... ed enne di due maniere. Una che ha fiori purpurini, la quale è migliore, e altra fiori gialli, la quale non è tanto buona.

Lo stesso affermasi nel testo Latino: *cujus duplex est differentia, una purpureos habens flores, & alia croceos, qua non est adeo bona.* Dovrebbe dire, che l'una è di fior bianco, l'altra di fior giallo; non trovandosi veramente in Europa spezie alcuna di Nenufar, o Ninfea di fior porporino. L'errore fu in origine del Plateario, da cui trascrisse questo capo, come più altri, il Crescenzio.

Lib. VI. Cap. LXXXIII.   *Vol. II. pag. 84.*

Il NAPPELLO è Navon marino, che cresce nel lito del mare &c.

Ciò che qui è scritto del Nappello, è preso in gran parte da Avicenna; nè troppo bene si adatta alla pianta velenosa, col nome di Nappello oggi conosciuta.   **Lib.**

Lib. VI. Cap. XCVIII.   *Vol. II. pag.* 101.

Il RAFANO non si semina, imperocchè non ha se-
me; ma si pianta la sua corona fresca &c.

Il Rafano, di cui qui si parla è il rusticano,
detto dal Linneo *Cochlearia Armoracia*, i cui semi più
tosto non si curano, che manchi assolutamente dalla
pianta il produrli.

Lib. VI. Cap. C.   *Vol. II. pag.* 105.

Si prenda la Ruta, e si cuoca in vino, e se ne fac-
cia Ε″γχρισα.

Meglio Ε′γκάθισμα, che è il bagno dalla cintura in
giù, detto da' Medici *Semicupium.*

Lib. VI. Cap. CV.   *Vol. II. pag.* 109.

Il SATIRIONE si tiene che sia l' Appio salvatico.

Il Satirione, il *Testiculovulpis*, il *Testiculo del Ca-*
ne, de' quali trattasi più abbasso, alli capi CXXVI.
e CXXVII. sono piante tutte di un ordine, conosciu-
te da' Botanici col nome di *Orchis*. La denominazione di Appio salvatico a niuna d' esse può conve-
nire.

Lib. VI. Cap. CVI.   *Vol. II. pag.* 109.

La SPONSASOLIS, la Cicoria incuba, e Solsequio
è tutta un erba &c.

La volgare Cicorea, per vedersi il mattino ador-
na di fiori, all' apparir del Sole, fu ne' bassi secoli
chiamata *Sponsasolis.* In vece poi d' *incuba*, ne' Codici latini meglio leggesi *intuba.*

Lib. VI. Cap. CXI,   *Vol. II. pag.* 113.

Lo STUZIO, e 'l Cavolino salvatico sono una me-
desima cosa &c.

Struzio chiamalo il Plateario, da cui questo capitolo è ſtato preſo: *Struthium calidum eſt, & ſiccum in ſecundo gradu: idem eſt quod Cauliculus agreſtis.* Che qui ſi parli di una ſpezie di Cavolo ſalvatico par coſa certa; ma non ſi trova ragione, per cui ad eſſa convenir poſſa il nome di *Struthium*, il quale preſſo gli Antichi fu proprio di una pianta diverſiſſima dal Cavolo, di cui ſi valevano a purgare le lane.

Lib. VI. Cap. CXII.   *Vol. II. pag.* 114.

Lo SCORDEON, *cioè l' Aglio ſalvatico, è caldo e ſecco nel terzo grado &c.*

E veramente una ſpezie di Aglio ſalvatico ado-pravaſi in medicina, col nome di *Scordeon*, a' tempi del Creſcenzio; eſſendoſi allora perduta la cognizione dello Scordeo legittimo degli Antichi, che ſi uſa ora da noi; di cui il Ricettario Fiorentino: *Scordeo e un erba, che ha la foglia ſimile a quella della Quercinola, ed ha odore d'Aglio.*

Lib. VI. Cap. CXIV.   *Vol. II. pag.* 114.

Il SISIMBRIO è caldo e ſecco nel terzo grado, ed è di due maniere, cioè dimeſtico, e ſalvatico.

La denominazione di Siſimbrio dagli Antichi ta-lor fu data ad alcuna ſpezie di Menta odorifera, talo-ra ad una pianta naſcente nell' acque, di ſapor acro, la quale chiamiamo ora *Creſcione, o Naſturzio aquatico.* L' uno è l' altro Siſimbrio del Creſcenzio, ſono di que' della razza delle Mente, e ciò è certo: ma non è agevol coſa il determinare, ſe di queſta, o di quella ſpezie. Quanto al ſalvatico, moſtra l' Autore di con-fonderlo col Calamento, di cui altrove, al Cap. XXXI. aveva ragionato.

Lib. VI. Cap. CXVII.   *Vol. II. pag.* 116.

Le SENAZIONI, *cioè Creſcione, che per altro vocabolo s' appellan Naſturzio aquatico &c.*   **li**

Il Nasturzio aquatico, pianta di uso assai segnalato in medicina, e una di quelle, fra loro diversissime, ch' ebbero dagli antichi il nome di *Sisymbrium*; da essa fino a' tempi nostri, ancora presso i Botanici sistematici, costantemente ritenuto. Donde sia nato quello di *Senationes*, datole dal Plateario, e dal Crescenzio, non è facile il saperlo: quando essi non avessero inteso di così latinizzare l'antico Italiano vocabolo *Crescione*; il che parve, che opinasse il Volgarizzatore, allorchè così espose la sua traduzione. *Le Senazioni, cioè Crescione*. Avvi di vero una pianta detta *Senecio* da' Latini, grecamente *Erigeron*, ma in tutto diversa dal Crescione, o Nasturzio aquatico.

Lib. VI. Cap. CXIX. *Vol. II. pag. 116.*

La Serpentaria, la Columbaria, e la Dragontea sono una medesima cosa.

Columbaria è vocabolo sottentrato, non si sa come, in tutti i testi latini, e in tutte le versioni, in vece di *Colubrina*, uno de' veri sinonimi della Serpentaria, o Dragontea.

Lib. VI. Cap. CXXIII. *Vol. II. pag. 119.*

Il TETRAHIT, cioè l'Erba Giudaica è calda, e secca nel terzo grado.

La pianta, che ne' bassi secoli fu da' Medici chiamata *Tetrahit*, ovvero *Erba Giudaica*, è quella, che poi da' Botanici fu detta *Sideritis hirsuta*; perchè stimata corrispondere alla Siderite, da Dioscoride nel primo luogo ricordata.

Lib. VI. Cap. CXXIV. *Vol. II. pag. 120.*

La Tassia è Erba TUNICANORUM, imperocchè pesta fa enfiare la faccia, e il corpo, come se fosse lebroso.

Nien-

Niente meno ofcura è la formola, che abbiamo
ne' Codici, ne' quali in vece di *Herba Tunicanorum*,
leggefi *Herba Trutanorum*. Forfe nell' Originale giufta
il barbarolatino di quel fecolo, era fcritto *Herba Truf-
fatorum*: il che verrebbe a fignificare, erba di cui
poffon valetfi i pitocchi, per accattare più facilmente,
con infingerfi lebbrofi. La fpezie di Taffia, di cui
parla qui il Crefcenzio, come natìa della Calabria,
fembrar potrebbe quella, che dal Linneo è notata col
nome di *Thapfia foetida*.

Lib. VI. Cap. CXXVIII.   *Vol. II. pag.* 121.

*Il Timo è un' erba molto odorifera, il cui fiore
EPITIMO è appellato.*

L' *Epitimo* non è fiore del Timo, ma è Cufcu-
ta, pianta parafitica, che crefce, e s' inviluppa dintorno al Timo. Diofcoride nondimeno fi efpreffe circa l' Epitimo, in maniera poco diverfa da quella del
Crefcenzio.

Lib. VI. Cap. CXXX.   *Vol. II. pag.* 123.

VIRGAPASTORIS è il Cardo falvatico &c.

Intende qui l' Autore quella pianta, le di cui pannocchie fpinofe fervono a cardare le lane, da' Botanici detta *Dipfacus*, o *Carduus fullonius*.

Lib. VII. Cap. I.   *Vol. II. pag.* 127.

*Producerà Giunchi PANNÌE e QUADRELLI, e fi-
miglianti paludali erbe.*

Ne' Codici migliori uniformemente fta fcritto:
*producetque Juncos, & Pauerias, Quadrellos, & fimiles
berbas paludales groffas*. Così ancora fi farà trovato
nel tefto latino veduto dal Sanfovino, la cui traduzione ha *Paviere* in vece di *Pannìe*. E veramente *Paviere*, e *Quadrelli* fi chiamano preffo di noi varie maniere

niere d'erbe paluftri, dell'ordine di quelle, che colli nomi di *Cyperus*, e di *Carex*, conofciute fono da'Botanici.

Lib. VIII. Cap. VI.   *Vol. II. pag.* 147.

E allora nella detta cavatura infondono τεναιτὸν, *così appellato da' Greci, con acqua in prima rifoluto, ad ingraffamento di fapa.*

Copontenaicon fi trova fcritto il vocabolo greco con caratteri latini dal Sanfovino: ma la lezion vera vuol ricavarfi da Palladio, da cui tutto quefto capo è ftato prefo, al Lib. III. Tit. XXIX. *Tunc* ὁπὸν κυρηναϊκὸν, *quod Graci fic appellant, in excavata parte fuffundunt, ex aqua prius ad fapæ pinguedinem refolutum.* Ο'πὸϛ κυρηναικὸϛ, cioè *fuccus cyrenaicus*, è la lacrima, che da' Latini fu detta *Lafer*, e ora volgarmente chiamafi *Affa fetida*; la quale già un tempo portavafi dal paefe di Cirene, di odore, per quanto fcrivono, men ributtante di quella di Perfia, che fola al prefente ufiamo. Vedi *Diofcor. Lib. III. Cap. LXXVI.*

Lib. IX. Cap. VII.   *Vol. II. pag.* 167.

Ed abbia (il Cavallo) *gli orecchi piccoli a modo d' ASPIDO.*

Allo fteffo modo leggefi. in tutti i tefti latini manufcritti, e ftampati: *auriculas parvas & afpideas deferat.* Ofcuro ciò nulla oftante quanto alcun altro appare quefto luogo del Crefcenzio, non potendo cadere veruna comparazione tra le orecchie del Cavallo, e quelle dell'Afpido, che, al pari delle altre ferpi, manca di orecchie vifibili, e che fporgano in fuori. Qualche lume può trarfi, dagli antichi Scrittori *de Re Ruftica*, dal noftro Autore veduti, e fpeffo citati. Commenda Varrone il puledro, e pronoftica qual fia per riufcire fatto cavallo, *fi caput habet non magnum, nec*

                                        mem-

membris confufis, fi eft oculis nigris, naribus non augu-
ftis, auribus applicatis. Lib. II. Cap. VII. Secondo Columella la bella forma del Cavallo *conftabit exiguo ca-*
pite, nigris oculis, naribus apertis, brevibus auriculis,
& arrectis. Lib. VI. Cap. XXIX. Giufta il fentiménto
di Palladio, *pulchritudinis partes ha funt; ut fit exi-*
guum caput, & ficcum, pelle propemodum offibus adhae-
rente, aures breves, & arguta, oculi magni &c. Lib. IV.
Tit. XIII. Probabil còfa è, che il Crefcenzio, valen-
dofi di alcuna delle mentovate formole, lodaffe nel
Cavallo *auriculas applicatas*, ovvero *arrectas*, o anche
più verifimilmente *argutas*, e che il vocabolo da lui
ufato, qualunque foffe, per fallo de' Copifti, rimaneffe trasformato in quello di *afpideas.*

Lib. IX. Cap. VIII.   *Vol. II. pag.* 168.

Il miglior Cavallo che fia, è quello, il cui volto è
ampio .... e che ha fottile il mufello, ET CAPUT FAS-
TUM, e foavi peli &c.

Così parimente nel Crefcenzio latino di Bafilea:
Melior Equus eft ille, qui habet vifum amplum .... &
fubtile mufellum, & caput faftum, & fuaves pilos &c.
Il Volgarizzatore incerto del fignificato di quelle
parole *& caput faftum*, le ha riportate in latino, fenza tradurle. Ma una sì ftrana foggia di locuzione non
fi trova in alcuno de' Codici, che abbiamo. Il più
antico, e più autorevole di que' dell' Iftituto, in vece di *Caput faftum*, ha *Caput nafi*; e così pure doveva effere fcritto in quello, che ebbe per le mani il
Sanfovino, la di cui verfione, per pòco la medefima
che l' antica Fiorentina, dice: *Il miglior Cavallo, che*
fia, è quello, il cui volto è ampio .... e che ha fottile
il mufello, e il capo del nafo, e foavi peli. Nel Codice della Biblioteca de' Canonici Regolari di S. Sal-
vatore leggefi affai chiaramente in quefto luogo *Caput*
fic-

ficcum : formola ufata prima dall' Autore, nell' annove-
ráre i fegni, non della bontà, ma della bellezza de'
Cavalli, e tolta da Palladio, le di cui parole nell' an-
notazion precedente fon riferite. Chi voleſſe foſtenere
il *Caput fuſtum*, potrebbe forſe immaginarſi, eſſere di-
notato per tal eſpreſſione, qual indizio della bontà del
Cavallo, l'avere il capo, per così dire, faſtoſo, cioè
non dimeſſo, ma follevato, e quaſi dimoſtrante una
cotale ſpezie di alterigia nel ſuo portamento.

Lib. IX. Cap. X. Vol. II. pag. 171.
Delle infermità de' Cavalli, e cura loro.

De' nomi delle varie infermità de' Cavalli, che
ne' feguenti capitoli, oltre a quaranta, ſi annoverano, è accaduto lo ſteſſo, che di que' delle differenti
ſpezie dell' uve ; cioè, che molti di eſſi, alterati nota-
bilmente nella terminazione, o forſe anche andati in
diſuſo, appena più poſſono eſſere inteſi, almeno in
queſta parte d' Italia. Dalla indicazione della ſede
di ciaſcheduna di dette malattie, e dalla deſcrizione
degli accidenti, che le accompagnano, non ſarà peravventura difficile, il riconoſcere, quali delle moder-
ne denominazioni, ad eſſe corriſpondano.

Lib. IX. Cap. XI. Vol. II. pag. 173.
Ma ſe il luogo foſſe nerboruto, vi ſi ponga ſuſo Ri-
ſagallo polverizzato, al peſo di un TARENO, o più,
e meno, ſecondo che parrà che biſogni.

Tareno è nome di una moneta, che già ſi coniava
in Salerno, in Amalfi, e forſe in altre parti del re-
gno di Napoli, e di Sicilia, e peſava circa la trente-
ſima parte di un oncia. Per lo che erraron coloro,
che cogli Editori di Baſilea, e col Sanſovino a *Tare-*
no foſtituirono *Careno* : parola di neſſuna cognita ſi-
gnificazione.

Qui

Qui però convenevol cofa è il notare, che l'ufo
del Rifagallo, e degli altri forti corrosivi, non fi
tiene in molti cafi, tanto ficuro ed opportuno, quanto a' tempi del Crefcenzio fi riputava; avendone la
fperienza di più fecoli fuffeguenti fatto fcorgere il pericolo, e 'l danno. Non è già che l'Autor noftro
affai bene non conofceffe, doverfi sì fatti rimedj adoperare con molta circofpezione e cautela; eome da
ciò ch' egli lafciò fcritto alli capi XVI. XLIII., e
LVI. apparifce: pure in varie circoftanze gli propofe più
alquanto liberamente, e con maggior facilità, di quello, che a' tempi noftri, in virtù de' nuovi lumi in quefta
materia acquiftati, peravventura fi poteffe concedere.

Lib. IX. Cap. XVIII.   *Vol. II. pag.* 183.
*Si prenda Senazioni, CURTANA, Paritaria, e ra-
dici di Afparago.*

Nel lat. *Accipiantur Senationes, Curtania, Paritaria, & radices Afparagi.*

Col nome di *Senazioni* altrove fi è veduto, che
l'Autore intende il Crefcione, o Nafturzio aquatico.
Curtana poi, attefa la virtù diuretica, che in effa fi
fuppone, può crederfi, che altra cofa non fia, fe
non il *Cretano*, di cui nel Capo XXX. del Lib. VI.
è fatta menzione.

Lib. IX. Cap. XXVI.   *Vol. II. pag.* 192.
*E fe gli occhi fono ofcurati, o STELLATI, fotto
entrambi gli occhi fi ponga la STELLATA, tuttavolta
quattro dita di fotto.*

Le parole del tefto latino fon quefte. *Si vero ca-
liginati funt oculi, Aftelati fub ambobus oculis imponatur,
quatuor tamen digitis deorfum.* Scorgefi qui apertamente, che la denominazione di *ftellati* non può in
alcun modo competere agli occhi ottenebrati de' Cavalli,

valli, e che però qui è stata aggiunta erroneamente, qual sinonimo di *oscurati* dall' Autor della traduzione, o forse da' copiatori. Ma non è già chiaro abbastanza, qual sorta di rimedio, o medicamento sia quello, che qui viene proposto; detto ne' varj Codici latini, ora *Astelati*, ora *Asteleti*, ora *Astoleti*, e più abbasso nel Capitolo XXXII. ben due volte *Astelata*: per li quali vocaboli il Volgarizzatore, posto ha sempre quel di *Stellata*. Il sentimento de' pratici nell' Arte Veterinaria, si è, ch' esso possa essere un' impiastro, della natura de' vescicatorj, o dall' attività di quelli non troppo lontano.

Lib. IX. Cap. XLVIII.　　*Vol. II. pag.* 213.

Appresso con la CURASNETTA del ferro si tolga via la BULLESIA del piede, quasi infino al vivo dell' unghie del piede &c.

Similmente ne' testi latini a penna. *Deinde diligenter cum Curasnetta ferrea bullesia pedis, usque ad vivum adhibiletur.*

Curasnetta nel Vocabolario della Crusca è tolta per una cosa medesima coll' *Incastro*, strumento noto de' Maliscalchi; il quale secondo la descrizione dello stesso Vocabolario, è tagliente *in forma di vomero*, e *serve per pareggiare le unghie delle bestie*. Ma veramente, l' Incastro, a giudizio de' periti, non è ferro idoneo all' operazione qui dall' Autore proposta; e ciò per esser fabbricato in maniera, che stando la mano dell' operatore lontana dal luogo, che si convien tagliare, vi si debba esso strumento sospignere, e si sospinga di fatto con forza. Laddove nel caso nostro, dovendosi raspare, ed estrarre, allor che è guasta, la *bullesia* del piede, cioè una sustanzia interposta fra l' unghia, e la carne viva, come l' Autore spiega al Capo XLV. vuolsi in ciò usare di molta dilicatezza,

con tenere la mano all' opera del continuo vicina : al
che, più che qualunque altro, può valere lo ftrumento da' noftri Malifcalchi detto volgarmente *Rognetta ;*
che è un ferruzzo corto e fottile , terminato in una
ftretta lamina uncinata . E quefto perciò , anzi che
l' Incaftro , è da credere che fia la *Curafnetta* , di cui
qui dal Crefcenzio è fatta menzione. Strumento diverfo è quello, che al Cap. L. e altrove chiamafi
da lui latinamente *Rofnetta* , e dal Volgarizzatore *Rofetta* ; il quale non mai ad altro fine viene propofto ,
che di tagliare ; e potrebbe corrifpondere a quella
fpezie di coltello , alquanto incurvato , a guifa di falce , che pure è in ufo preffo i Malifcalchi , e che da'
più di loro detto è volgarmente *Ronchetta* .

Lib. IX. Cap. LXXVIII. *Vol. II. pag. 259.*

*Alcuni con NOCI GRECHE con acqua trite ungon
loro* (a' Cani) *gli orecchi , ed entro a' diti , acciocchè le mofche , e pulci , che quivi ftar fogliono , non gli offendano .*

Noci greche preffo gli antichi Latini furon dette
le Mandorle . *Nux graeca eft , qua Amygdala dicitur ;*
così Macrobio al Cap. XVIII. del Lib. III. de' Sa-
turnali . Qui però non tutte le Mandorle fi vogliono
intendere , ma foltanto le amare , giufta l' infegnamen-
to di Columella . *Fere autem per aftatem fic mufcis
aures canum exulcerantur , fape ut totas amittant : quod
ne fiat , amaris nucibus contritis linienda funt .*

Lib. IX. Cap. LXXXI. *Vol. II. pag. 263.*

*E fe l' acqua fia di fontana , o vero di fiumi , in quel-
la potranno ben vivere di que' pefci , che fono nelle parti
di Lombardia , cioè CAVEDINI , SCARDONI , BARLI-
QUJ , ed alcuni piccoli pefci &c.*

Nel lat. *Et fi aqua fontana , vel fluvialis fit , in
ea poterunt commode vivere , ex iis qui funt in partibus*

Lombardiæ, Cavidani, Scardua, Barbi, & quidam alii parvi pisces .

Cavedine è il pefce, cui diedero i Naturalifti il nome di *Capito.* La Scardova, qui detta Scardone, è il *Cyprinus latus* de' più di loro. In vece poi di *Barliqui*, voce entrata per errore di ftampa nell'antica edizione Fiorentina, e quindi paffata in quella di Napoli, e nella prefente, dover leggerfi *Barbj* fu faggiamente avvertito dagli Accademici della Crufca nel loro Vocabolario .

Lib. IX. Cap. XC. · *Vol. II. pag.* 279.

Palladio dice, che ancora dalle donnole ficuri fi fanno (i Colombi) *fe intra loro fi gitta vecchia SPARTEA, che credo che fia la Gineſtra, della quale gli animali fi calzano.*

Il luogo di Palladio, qui dall'Autore citato, e nel Lib. I. al tit. XXIV. *A muſtelis tuta fient, fi inter eas frutex virgofus, fine foliis, afper, vel vetus Spartea projiciatur, qua animalia calciantur.*

Qual pianta fia lo Sparto degli Antichi, di cui facevanfi funi, calzari per le beftie, ed altri lavori, già fi è dimoſtrato altrove; cioè nel fine della Annotazione al Cap. XXVIII. del Lib. I.

Lib. IX. Cap. XCVI. · *Vol. II. pag.* 286.

Le pecchie, parte nafcon da loro medefime, e parte dal corpo di un bue putrefatto, sì come diſſ Varrone; ma il modo tace. Virgilio dice, il Maeſtro Arcadio effere ſtato il primo ritrovator di queſta cofa.

Non è maraviglia, che il Crefcenzio teneffe per vera la generazion delle pecchie dal fangue, e dalle carni corrotte de' giovenchi; effendo viffuto in tempi, ne' quali una tal cofa era creduta altrettanto certa, quanto qual fi foffe altra gran verità; confermata in

oltre

oltre dalla teſtimonianza d'innumerabili Scrittori antichi ; de' quali ben venti, tra Greci e Latini, ne annoverò il Redi, nelle ſue Sperienze ſopra la generazion degl' Inſetti, ove fu il primo a paleſarne la falſità. La favola eraſi abbellita da' Poeti, i quali vollero far credere, che ritrovamento sì maraviglioſo foſſe dovuto ad Ariſteo paſtor ſovrano, regnante in Arcadia, di cui però Virgilio :

Tempus & Arcadii memoranda inventa Magiſtri
Pandere, quoque modo caſis jam ſæpe invencis,
Inſincerus Apes tulerit crnor &c.

Lib. IX. Cap. XCIX.　　　*Vol. II. pag.* 293.

Radici d'erba, che da foreſi ſi chiama AMELLO,
poni in odorifero vino &c.

Il ſentimento più comune de' Botanici ſi è, che la pianta celebrata da Virgilio, col nome di *Amello*, ſia quella, che perciò appunto dal Linneo è detta *After Amellus*.

Lib. IX. Cap. CV.　　　*Vol. II. pag.* 305.

A provar la loro utilità dice Varrone, ch'e' furono due Cavalieri Spagnuoli, fratelli, arricchiti del campo Faliſco ; a' quali conciò foſſe coſa che dal lor padre laſciato foſſe una piccola caſetta, e un campicello non maggiore di un jugero, intorno a tutta la caſa alveari feciona, ed ebbervi l'orto, e tutto altro ſpazio di Timo, e di Citiſo ſeme coperſero. Coſtoro ogni anno non ricoglievano meno di diecimila ſeſtercj di Mele.

E veramente nel Libro terzo di Varrone, ſcritto in dialogo, come gli altri, al Capo XVI. Cornelio Merula, uno degl' interlocutori, s'introduce a ragionare così.

Hunc Varronem noſtrum audivi dicentem, duo milites ſe habuiſſe in Hiſpania fratres Vejanios, ex agro Faliſco, locupletes, quibus cum a patre relicta eſſet parva villa,

&

& agellus non sane major jugero uno, hos circum vil-
lam totam alvearia fecisse, & hortum habuisse, ac re-
liquum Thymo, & Cytiso obsevisse, & Apiastro. Hos
nunquam minus, ut peraque ducerent, dena millia ses-
tertia, ex melle recipere esse solitos.

Quindi si raccoglie, che Spagnuoli non furono
già i due fratelli Vejanj, fatti ricchi per la rendita
delle api, ma Italiani, del territorio Falisco, presso a
Civita Castellana, i quali avevano militato sotto a Varrone in Ispagna, allora quando egli, come uno de'
Luogotenenti di Pompeo Magno, nel principio della
guerra civile, aveva comandato agli eserciti in quella
provincia. E non è maraviglia, che dal Volgarizzatore del Crescenzio, sieno stati chiamati Cavalieri,
piuttosto che semplici soldati, come di fatto lo erano; noto essendo abbastanza, che nel secolo in cui
esso Volgarizzatore scrisse, la voce latina *Miles* non
s'interpretava in altra maniera.

Ivi più abbasso.
Onde Persio dice
Nec Thymo satiantur apes, nec fronde capella.
Un tal verso, difettoso nella quantità di una delle
sue sillabe, non trovasi in Persio, ma è tolto, con
qualche piccola mutazione, dall'Ecloga X. di Virgilio.
Nec Cytiso saturantur apes, nec fronde capella.

Lib. X. Cap. I.   *Vol. II. pag.* 307.
E di questo fu inventore il RE DAUCO, il quale
per divino intelletto conobbe la natura degli Sparvieri, e
de' Falconi, e quegli dimesticoe, e avvezzoe a pigliar pre-
da, e delle loro infermitadi curargli.
Simigliantemente nel latino. *Et horum inventor*
dicitur fuisse Rex Daucus, qui divino intellectu no-
vit naturam Accipitrum, & Falconum, & eos dome-

ficare, ad prædam inftruere, & ab ægritudinibus libe-
rare.

Quefto Ré Dauco non fi fa in qual tempo vi-
veffe, nè in qual parte regnaffe, nè fi trova ramme-
morato in veruna Storia. Forfe il Crefcenzio non in
altro fondoffi, che in qualche popolar tradizione; del
che porge non leggier indizio la parola *dicitur*, che
leggefi nel proprio di lui tefto latino. Ctefia Scrittore
Greco, alquanto più antico di Ariftotile, citato da
Eliano al Lib. IV. Cap. XXVI. parla del coftume,
che avevano gl' Indiani de' fuoi tempi, di addomefti-
care uccelli rapaci per la caccia. Potrebbe dunque ad
alcuno cadere in mente, che degl' Indiani appunto
Re antichiffimo foffe quel Dauco, cui il Crefcenzio
attribuifce l' onore di una sì fatta invenzione.

Lib. X. Cap. VIII. *Vol. II. pag.* 314.

I Falconi fi dice, che prima vennono dal monte
Gelboe, nelle parti di Babillonia, e quindi vennono in
Ifchiavonia, al polo nudo (ad palum nadum dicono i
tefti latini) monte afpro, e quindi fi fono fparti per al-
cuni altri monti fterili.

La narrazione par tolta, almeno in parte, dall'
Opufcolo di Alberto Magno *de Falconibus, Afturibus,*
& Accipitribus, ove al Cap. X. non di ogni fpezie di
Falcone, ma di una fola di color nero, fi trova fcritto.
Hunc Falconem Fredericus Imperator, fequens dicta Guil-
lelmi Regis Rogerii Falconarii, dixit alium vifum effe
in montanis quarti Climatis, quæ Gelboe vocantur; &
deinde juvenes expulfos a parentibus veniffe in Salamina
Afiæ montana, & iterum expulfos nepotes deveniffe in
Siciliæ montana, & fic derivatos effe per Italiam. Fin
qui Alberto. Nulla però di tutto ciò trovafi nello
fcritto fteffo dell' Imperador Federico II. che ha per
titolo: *De Arte venandi cum Avibus*: neppure in quel
luo-

luogo, ove si annoverano i paesi, ne' quali i Falconi nascono, cioè al Cap. IV. del Lib. II. Ma vuolsi avvertire, che di detta opera, si è perduta ora alcuna parte. Quanto alla geografia del Falconiere del Re Ruggieri, o ad altra, che in sequela d' essa sia venuta, nessuno in questo luogo ne aspetti da noi la spiegazione.

Lib. X. Cap. XVII.   *Vol. II. pag.* 323.

E questa rete è simile a una parete, e ha due staggi lunghi, come la metà della rete, e tendesi con DUABUS BRACHETIS, *come la parete.*

Brachetta è vocabolo, che presso di noi significa varie maniere d' appicagnoli, o legature, con che si viene a congiugnere una cosa coll' altra. In questo luogo segnatamente dinota que' due cappj, o laccj, che stringono le due paretelle alle stanghe, qui chiamate *staggi*. Il Volgarizzatore, cui noto non era un tal significato, diverso da quello, che ha la stessa voce in Toscana, pose le parole del testo latino senza tradurle; meglio senza dubbio, che non fece il Sansovino, il quale fidatamente sostituì *bacchette*, in vece di *brachette*.

Lib. X. Cap. XXIII.   *Vol. II. pag.* 330.

Che ne' capi di un piccolo bastoncello, o vero MELEGARIO, *di lunghezza di un sommesso, si ficcano due sottilissime verghette, alte una spanna.*

Melegario è lo stesso, che altrove il Traduttore, chiama *Sagginale*, cioè il fusto della Saggina, detta da noi volgarmente *Melega*.

Lib. X. Cap. XXVIII.   *Vol. II. pag.* 336.

Anche con iscarpello si pigliano le PORZANE, *nelle cannose valli, ove dimorano* E' lo scarpello uno strumento *fatto di due archi molto piegati, poco di lungi l' uno dall'*

al-

altro , intra i quali un poco poi si pone il frutto d' ER-
BA COCA simile alle Ciriege .

Porzane son varie maniere di quegli Uccelli, che
da' Naturalisti si appellano *Gallinula aquatica* : quella
in ispezie detta da essi *Gallinula Chloropus*, e dal Linneo *Fulica Chloropus*. L' Erba Coca è la pianta da'
Botanici chiamata *Alkekengi*, ovvero *Halicacabum*, e
dal mentovato più volte Linneo *Physalis Alkekengi* :
alli cui sinonimi aggiugne l' Ambrosino nella sua Fito-
logia alla pag. 31. *Herba del Corallo, Herba Cocca Bo-
noniensibus* .

Lib. X. Cap. XXXVI.   *Vol. II. pag.* 347.

Anche si pigliano nelle valli di molti pesci .... *con
una rete, la quale chiamano* DEGAGUM .

Degagna è il volgar nome della rete, detta dal
Crescenzio latinamente *Degagum* .

Lib. X. Cap. XXXVIII.   *Vol. II. pag.* 349.

E la sua corda (cioè dell' amo) *si annoda ad un
fasciuolo* PANERIATUM .

Cuidam parvo fasciculo paveriarum dicono i migliori testi latini ; cioè ad un fasciuolo di *paviere*. Cosa sieno presso di noi le *paviere*, nell' annotazione al Cap.
I. del Lib. VII. si è sufficientemente dichiarato .

IL FINE.

TAVOLA

De' Capitoli del Libro

DELLE VILLERECCE UTILITÀ

D I

PIERO CRESCENZI

Cittadino di Bologna

AD ONORE DEL SERENISSIMO

RE CARLO.

LIBRO PRIMO

*Nel quale è lo 'nfegnamento, e dottrina, che
fpettano alla cognizion della fanità
de' luoghi abitabili.*

LIBRO SECONDO

Della natura, e delle cose comuni alle culture di cadauna generazion di campi.

LIBRO TERZO

Del lavorare i campi, e della natura, e utilità de' frutti, che si ricolgon ne' detti campi.

LIBRO QUARTO

Delle viti, e vigne, e della cultura loro, e della natura, e utilità de' lor frutti.

4

LIBRO QUINTO

*Degli alberi, e natura, e
utilità de' frutti loro.*

Degli

TAVOLA

DE' CAPITOLI DEL SECONDO VOLUME.

LIBRO SESTO

Degli Orti, e della natura, e utilità, così dell' erbe, che fi feminano in quelli, come dell' altre, che in altri luoghi, fenza induftria, naturalmente nafcono.

De'

6

Della

Del

8